U0107771

中央高校基本科研业务费专项资金资助

浙江大学文科精品力作出版资助计划资助

审美直观与
艺术真理
——现象学与当代美学的基本问题

Aesthetic Intuition and Artistic Truth
Phenomenology and the Basic Problems of
Contemporary Aesthetics

苏宏斌　著

中国社会科学出版社

图书在版编目(CIP)数据

审美直观与艺术真理:现象学与当代美学的基本问题/苏宏斌著.
—北京:中国社会科学出版社,2023.11
ISBN 978 - 7 - 5227 - 2705 - 9

Ⅰ.①审…　Ⅱ.①苏…　Ⅲ.①现象学—美学—研究
Ⅳ.①B83 - 069

中国国家版本馆 CIP 数据核字(2023)第 206305 号

出 版 人	赵剑英
责任编辑	郭晓鸿
特约编辑	杜若佳
责任校对	师敏革
责任印制	戴　宽

出　　版	中国社会科学出版社
社　　址	北京鼓楼西大街甲 158 号
邮　　编	100720
网　　址	http://www.csspw.cn
发 行 部	010 - 84083685
门 市 部	010 - 84029450
经　　销	新华书店及其他书店

印　　刷	北京明恒达印务有限公司
装　　订	廊坊市广阳区广增装订厂
版　　次	2023 年 11 月第 1 版
印　　次	2023 年 11 月第 1 次印刷

开　　本	710 × 1000　1/16
印　　张	27.25
插　　页	2
字　　数	381 千字
定　　价	149.00 元

目　　录

自　序

一

这本小书是我在过去二十多年间运用现象学的观念和方法探讨美学和文艺学问题的成果。我对现象学的兴趣最初萌发于1995年前后。那时我进入学界不久，对于当时学界围绕李泽厚的"积淀说"所展开的争论（以《学术月刊》等刊物为中心）十分关注。事实上这种争论在20世纪80年代中期就曾出现过，不过那时我还没有涉足学术研究，只是有所耳闻而已。在阅读了陈炎、尤西林等学者的论文之后，对美学研究产生了浓厚的兴趣。我那时对美学理论所知甚少，除了系统阅读过李泽厚的著作之外，对中外美学史都不甚了解。为了补上这一课，我就追溯中国当代美学的发展历史，自然就关注到了20世纪五六十年代的"美学大讨论"。仔细研读了当时各家各派的代表性论文之后，我却陷入了一种深深的困惑甚至绝望之中，原因在于这些文章勾起了我以往关注文艺学界相关论争的苦涩回忆。自新时期以来，我国学界围绕着文学的意识形态性、文学的主体性、文学价值论、艺术生产论等问题进行过多次争论，这些争论所涉及的都是文学的本质等重大理论问题，因而参与者甚众，看起来热闹非凡，也产生了许多重要的理论成果，但其中却存在着一个令人困惑的方法论上的怪圈：无论双方讨论的是什么问题，最终都会落脚在唯物主义与唯心主义、辩证法与形而上学之间的对立，最终只能使讨论无疾而终。这种论争总是呈现出相似的套路：每当一方指责另一方陷入了唯心主义的错误，另一方就反诘对方坚持的是机械唯物主义；当第三方试图用辩证法把两者统一起来的时候，总会有其他学者指责他坚持的是唯心辩证法，或者说他归根到底坚持的还是机械唯物论，没有充分重视文学的主体性或作家以及读者的主观能动性。受业师王元骧先生的影响，我当然想坚持马克思主义的辩证法思想，但在仔细推敲马克思的《1844 年经济学哲学手稿》《关于费尔巴哈的提纲》《〈政治经济学批判〉序言》等著作后，觉得他尽管肯定唯心主义发扬了人的能动性，但他强调社会存在决定社会意识、经济基础决定上层建筑，似乎还是无法像他所宣称的那样彻底超越主观主义和客观主义、唯灵主义和唯物主义之间的对立。回顾当年的美学大讨论，我发现这个怪圈原来在美学研究中早就上演过，而且历经大约半个世纪之后仍然无法摆脱。面对这个怪圈，我无所适从，不知该如何确立自己的学术立场。

大约正是在这个时期，西方的后现代主义思潮开始传入中国。阅读了西方学者的著作和中国学者的解读之后，我恍然悟到这种方法论上的两军对垒与西方现代思想所批判的二元论思维方式十分相似。从中国学界对后现代主义思想表现出的热情来看，我觉得对美学和文艺学研究的方法论进行变革是当时学界的共同渴望。不过我在对德里达、福柯、德勒兹、利奥塔等人的思想进行了研读之后，却并没有把后现代主义作为自己进行美学研究的方法论基础，原因在于我更希望找到一种后形而上学的思想方式，而这些后现代主义者的思想却都以批判性见长，对于建构某种新的思维方式和话语体系兴趣寥寥，在这个方面唯一取得较大建树的德勒兹却几乎无法借鉴，原因是他采取了一种打破学科界限的致思方式，把地质学、生物学、历史学、神话学和数学等领域的观念和知识熔于一炉，让哲学思考变成在各个知识领域中的自由"游牧"。我自认并无这种天马行空的思想才华，因此只能寻找某种更具操作性的建构性思想。正是这种学术偏好把我的注意力引向了现象学。

我对现象学的最初了解来自倪梁康、张庆熊、陈嘉映、张祥龙等学者的介绍。倪梁康的《现象学及其效应——胡塞尔与当代德国哲学》、张庆熊的《熊十力的新唯识论与胡塞尔的现象学》等著作给我带来了胡塞尔思想的启蒙，陈嘉映的《海德格尔哲学概论》、张祥龙的《海德格尔思想与中国天道》则激发了我对海德格尔思想的兴趣。随后我就开始系统地阅读胡塞尔、海德格尔、萨特、梅洛－庞蒂、杜夫海纳和茵加登等人的著作，在此基础上撰写并发表了一系列关于现象学哲学、美学和文艺思想的论文，并且于2005年在商务印书馆出版了专著《现象学美学导论》。我之所以一开始就把摊子铺得很大，对主要的现象学家都加以涉猎，而不是像大多数学者那样选择其中的一个代表，原因是我对现象学的兴趣首先集中在方法论层面，希望从中找到一种能够帮我摆脱二元论的思想方法。应该说，我的这个意图并没有落空，现象学的确在这方面给了我最重要的启迪。尽管现象学运动存在许多内部分歧，甚至包含许多不同的学派，比如早期的哥廷根学派和慕尼黑学派、中期的存在主义和后期的解释学等，然而贯穿现象学运动的思想追求始终是彻底地超越形而上学。当胡塞尔把现象学的座右铭确定为"面向事情本身"，并且强调要悬搁和排除一切成见的时候，就注定了现象学把超越唯物主义与唯心主义、理性主义与经验主义等对立当成了目标，原因在于这些观点从现象学的角度来看都只是一些思想成见。海德格尔尽管在现象学的观念、对象和方法等问题上都与胡塞尔存在深刻分歧，但他强调现象学的本质直观应该以生存论和存在论上的理解与领悟为前提，其原因仍在于在他看来后者能够更彻底地消解主体与客体、物质与精神之间的二元对立。萨特提出在反思性的自我之下还有一个更加本源的前反思的自我、梅洛－庞蒂提出身体—主体和世界之"肉"等概念，都是为了在本体论或存在论层面彻底超越形而上学的二元论思维方式。另一方面，现象学对我来说更为可贵的是，它并没有停留在对形而上学的批判和解构方面，而是具有强烈的建设性和可操作性。尤其是胡塞尔提出的现象学的直观和描述方法，可以让现象学家在对最习以为常的现象的直观中，直接产生深刻的哲学洞见。随意翻开每个现象学家的著作，我们都能轻易地找到类似的段落，这一点甚至可以成为我们鉴别现象学著作的明确标志。正是由于这个原因，我从那时开始就决意把现象学作为自己一生学术研究的出发点，这一决定至今没有动摇。

二

这二十多年来，我对现象学的研究始终采取的是两条腿走路的方式：一方面系统研究现象学的美学和文艺学思想，另一方面则是运用现象学的观念和方法来探讨具体的美学和文艺学问题。前一方面的成果除了上文提到的《现象学美学导论》之外，还有 2016 年出版的论文集《现象学及其美学效应》（中国社会科学出版社）；后一方面的成果在文艺学方面主要体现为 2006 年出版的专著《文学本体论引论》（上海三联书店），在美学方面则汇集为现在的这本小书。

本书共分六章。第一章探讨的是现象学对于美学研究的方法论启示。需要说明的是，本书所讨论的是广义的现象学，即并不限于胡塞尔意义上的现象学，而是把以海德格尔、萨特和梅洛－庞蒂为代表的存在主义（实即存在论现象学），以海德格尔、伽达默尔为代表的解释学都包括在内，因为后两种思潮尽管在 19 世纪就已产生，但在 20 世纪受到了现象学的深刻影响，所以可以归入广义的现象学运动。在第一节中，我们讨论了现代美学所面临的理论困境，并且把现象学作为摆脱这种困境的重要出路。在第二节中，我们探讨了现象学对于文艺学研究的方法论启示，认为从本体论上来说，现象学启示我们改变以往的认识论文艺观，把文艺活动理解为对于人生价值和意义的理解和领悟，而不仅仅是对于社会生活的反映和认识；从认识论上来说，现象学的主体间性理论启示我们把文艺活动看作主体间的理解和交往活动，以此来补充和完善以往那种主客体之间的认知关系模式。在第三节中，我们以李泽厚创立"积淀说"的过程为例，认为李泽厚在阐释康德和马克思思想时采取的那种"六经注我"式的做法，实际上与解释学对于成见在理解活动中具有本体论意义的主张相契合，因而显示了解释学方法对于美学理论创新的意义。

第二章的内容是从现象学的角度对美学基本问题所做出的阐释，分别涉及美学的学科属性、美的本质、审美经验的内在机制、康德图式概念的美学意义、西方美学史上的形式问题、中国当代美学的基本理论范式等问题。本书主张，美学学科应该从鲍姆加登所主张的"感性学"发展为"直观学"，原因在于感性学无法解释艺术活动所具有的感性和理性相统一的特征，也无法摆脱柏拉图对诗的指控和黑格尔的"艺术终结论"。直观学则以胡塞尔的本质直观理论为基础，认为直观是一种本源性的认识能力，感性和理性都建立在直观的基础上，因此直观论美学就能够克服感性学的种种弊端，对审美和艺术经验做出更加合理的解释。在美的本质问题上，本书提出了"美是物的直观显现"这一命题，认为美是感性直观和本质直观共同作用的产物，无论是实在之物还是观念之物、个别之物还是一般之物，只要通过直观显现出来，就能够成为审美对象。对于审美经验的内在机制，本书反对以往学界把审美归结为瞬间感受的看法，认为审美经验是一个动态过程，包括呈现阶段、构成阶段和评价阶段三个环节。对于康德所提出的图式概念，本书主张其并不像康德所说的那样只适用于认识活动，而是认识活动和审美活动的共同基础，因而也是一个重要的美学范畴。对于西方美学史上的形式问题，本书主张在西方思想中存在着两种形式观，一种是把形式视为具体事物的感性外观，另一种则是把形式视为事物的内在结构，是构成事物的本体，并且由此出发对西方现代艺术的形式主义和抽象主义特征进行了阐释。对于中国当代美学的理论范式，本书主张由于当代中国社会和思想处于前现代、现代和后现代并存的特殊时代，因而在美学研究中出现了主体性、主体间性和后主体性三种范式多元共存的独特局面。

第三章的主要内容是对现代艺术的现象学阐释，其中第一节是从现象学的角度对美国当代学者阿瑟·丹托提出的"艺术终结论"做出的回应，认为丹托的主张来自黑格尔，而黑格尔观点的源头则是柏拉图在《理想国》中对诗和艺术的真理性的否定。西方美学史上之所以一再出现各种版本的艺术终结论，归根到底是因为从古希腊以来源远流长的理性主义传统，这一传统把理性视为把握真理的根本方式，艺术自然就因为其感性特征而丧失了存在的合法性。本书则主张，直观才是把握真理的本源性方式，是感性和理性的共同根源，艺术的根本特征在于其直观性而不是感性特征，因而艺术在真理的谱系上就具有了原初性的地位。第二节是对印象派绘画现象学阐释，认为印象派绘画之所以会成为现代艺术的开端，是因为这派画家试图把时间维度引入绘画这种空间艺术形式，由此把握住了现代社会所具有的变易性特征，而胡塞尔所提出的内时间意识的现象学则为我们剖析印象派绘画的独特观念和技法提供了理论基础。第三节则从方法论的层面，对海德格尔与夏皮罗就梵·高画作《鞋》的阐释而引起的学术公案进行了全新解读，认为这场争论暴露出现象学所主张的无成见的直观方法与解释学对成见的合法性的强调之间的理论张力。

从第四章到第六章，依次从现象学的角度对中国当代美学的三种理论形态——实践美学、身体美学和生态美学进行了阐释，其中重点无疑是实践美学，因为从 20 世纪 70 年代末至今，实践美学始终在中国当代美学中占据主导地位。本书首先探讨了实践在马克思主义哲学中的本体论地位问题，认为马克思主义哲学已经从根本上超越了唯物主义与唯心主义之间的二元对立，其所主张的是实践本体而不是物质本体，肯定的是自然的先在性而不是物质的先在性。在此基础上，本书对马克思的"感觉通过实践直接变成了理论家"这一命题进行了全新的阐释，认为马克思所说的理论家并不是指抽象的理性能力，而是一种能够把握事物本质的直观能力，因而与胡塞尔所说的本质直观之间是相通的，或者说为胡塞尔的本质直观理论提供了社会历史的证明。同时，本书对李泽厚的实践美学在中西美学史上所处的地位进行了分析和评价，并且从现象学的角度对他的"积淀说"进行了阐释和重构，认为这种理论乃是对马克思"感觉的人化"理论的误读，马克思思想中蕴含的实际上是生成说而不是积淀说。对于近年来涌现出的身体美学，本书也从现象学的角度出发提出了自己的主张，认为身体美学的理论源头是梅洛－庞蒂的身体哲学和绘画美学，身体美学的要义在于肯定身体在艺术和审美活动中的主体性地位，但同时也不应该彻底摒弃近代美学中的心灵概念，而是应该予以妥善的安顿。对于 21 世纪以来的生态美学，本书肯定了中国学者的原创性地位，并且对生态美学给美学研究带来的深刻变革进行了深入的探讨。

三

自 2013 年以来，笔者撰写了一系列运用现象学方法阐释美学史上重要理论家思想的论文，其中大多收进了论文集《现象学及其美学效应》。在当下的这本小书中，我们又从现象学的角度对当代美学的各种基本问题和理论形态进行了阐释。那么，我们所说的现象学阐释究竟有什么含义呢？

客观地说，"现象学阐释"这个说法并不是笔者的发明，而是现象学研究中的一个常用术语。海德格尔就曾撰写过《对亚里士多德的现象学解释——现象学研究导论》《康德〈纯粹理性批判〉的现象学阐释》等著作（事实上他关于前苏格拉底哲学家、柏拉图、黑格尔、谢林等人的研究著作都可以冠以"现象学阐释"之名），胡塞尔的学生和助手欧根·芬克也曾撰写过《黑格尔〈精神现象学〉的现象学阐释》这样的著作。如果我们把这类著作与通常的哲学史研究相比较，就会发现其中的明显差别。以海德格尔对诸多哲学家的阐释为例，他显然并不以明晰他们的本意为目标，而是试图通过对其思想的研究来为自己所关注的问题和试图建构的理论寻找资源和提供指引。在他的《康德与形而上学疑难》（又名《康德书》）第一版序言中，海德格尔明确承认："对《纯粹理性批判》的这一阐释与最初拟写的《存在与时间》第二部分密切相关。"① 那么，怎样才能在康德的著作与自己的思想之间建立联系呢？海德格尔在该书札记中这样说明自己所采取的方法："是一种去深思那未说出的东西的企图，而不是将康德固守在他已说出的东西上。已说出的是贫乏的，未说出的才是丰盛的。"② 康德的《纯粹理性批判》一向被公认为哲学史上的经典著作，海德格尔却断言他在该书中所说出的内容是"贫乏的"，而自己将从中挖掘和阐释出的东西才是"丰盛的"，且不说此话所透露出的狂妄，单从哲学史研究的角度来看，显然也缺乏对研究对象的应有尊重。

正是由于这个原因，此书在当时的德国学界引起了轩然大波，正统的哲学史家们纷纷感到义愤填膺。在回顾这段历史的时候，海德格尔一方面坦诚自己对康德的阐释是"强暴性的"，另一方面却毫无悔改之意，反而为自己的做法进行了辩护："人们对这一强暴的谴责完全可以在这部作品中找到很好的支持。每当谴责将矛头对准思想者之间所要进行的一场思想对话之际，哲学历史的研究甚至总会站在谴责的一方。历史语文学家有着自身的任务，与它使用的方法相异，一场思想的对话遵循不同的法则，这些法则更加容易被违反。在一场对话中，走向错失的危险性越大，错失者就越多。"③ 在这段话中，海德格尔把一般的哲学史家蔑称为"历史语文学家"，认为他们只会在现有的哲学著作中寻章摘句，而自己对康德的研究则是一种思想者之间的对话，其目的是从中孕育出新的思想。这类对话的确有可能犯下某些

---

① ［德］海德格尔：《康德与形而上学疑难》第一版序言，王庆节译，上海译文出版社2011年版，第1页。

② ［德］海德格尔：《康德与形而上学疑难》，王庆节译，上海译文出版社2011年版，第238页。

③ ［德］海德格尔：《康德与形而上学疑难》第二版序言，王庆节译，上海译文出版社2011年版，第1页。

语义解读上的过错，但如果像这些哲学史家那样畏惧这种风险，那么就将由此错失真正的思想成果。这就是说，海德格尔认为只要能够从对哲学著作的重新解读中生发出新的思想，那么就根本无须顾忌一般的学术史原则。

不过，这种强暴式的过度阐释在哲学史上也并非没有先例，比如黑格尔那皇皇四卷本的《哲学史讲演录》就把整部西方哲学史诠释成向着自己的思辨哲学发展的历史，鲍桑葵的《美学史》也在一定程度上把西方美学史解释为向着黑格尔的美学体系生成的过程。那么，海德格尔的著作究竟在何种意义上被称作"现象学阐释"呢？仍以他的《康德与形而上学疑难》为例，他把康德的《纯粹理性批判》阐释为对形而上学的奠基，并未违反康德自己以及哲学史家们的主张，但他把这种奠基说成是对自己的基础存在论（basic ontology）的展开，则显然就是对康德思想的"强暴"了。以此为起点，他把康德的诸范畴统称为"存在论谓词"，并且把康德的关键词"先验的"（transzendental）等同于现象学的重要概念"超越的"①。在讨论康德《纯粹理性批判》第一版中提出的三重综合理论时，他将其与自己在《存在与时间》中提出的时间学说对应起来，认为"直观中领会的综合"与"现在"相对应，"想像中的再生的综合"与"过去"相对应，"概念中认定的综合"与"将来"相对应，并且不顾康德对知性作用的强调，人

① 这两个概念在德文中是同一个词，但在中文中则视语境采用了不同的译法：在康德的《纯粹理性批判》中，transzendental 一般译为"先验的"，意指经验赖以可能的前提，transzendent 则译为"超验的"，意指超越于经验之外的实体，如"上帝"等。在胡塞尔和海德格尔等现象学家的著作中，这两个词则未做精确的区分，因而不同的译者采用了不同的译法，比如李幼蒸在翻译胡塞尔的《纯粹现象学通论》（商务印书馆1996年版）时把 transzendental 译成了"先验的"，王炳文则在翻译胡塞尔的《欧洲科学的危机与超越论的现象学》（商务印书馆2001年版）时，把 transzendental 和 transzendent 都译成了"超验的"。王炳文在自己的"译后记"中还专门说明了采取这种做法的理由，由此引发了一场不大不小的争论，倪梁康、孙周兴等学者都曾参与。对于王炳文的做法我们持赞同态度，因为现象学在运用这两个术语的时候，涉及的都是自我（胡塞尔）或此在（海德格尔）如何在意向性活动中超越自身的问题，因此译为"超验的"是合理的，但把这种译法推广到康德哲学中则是不恰当的，因为康德对这两个概念做了明确的区分，并且赋予了截然不同的含义。

为夸大康德著作中"纯粹知性概念的演绎"部分第一版和第二版之间的差异，把这三重综合都归之于先验想象力，最终得出了"先验想象力"就是时间这一结论。经过这些铺垫之后，他把康德所说的人的认识能力的有限性归结为人的存在方式的有限性，认为康德所说的通过感性和知性等认识能力产生知识的问题，实际上就是自己的基础存在论所说的存在的意义在此在生存的时间境域中显现出来的问题，由此在康德的认识论和自己的基础存在论之间建立了联系。

从上面的分析可以看出，海德格尔所谓对康德哲学的现象学阐释，实际上就是从自己的存在论现象学出发，对于康德哲学的主要概念和命题进行重新解释，使之体现出与自己的思想之间的关联。如果从哲学史研究的一般原则出发，这种阐释在很大程度上就是对康德哲学的误解甚至曲解，称之为"强暴"也并不过分。不过从另一个方面来看，这种阐释又有着多方面的建设性功能：既使海德格尔把自己的基础存在论安置到了西方哲学的传统之中，从而增强了其合法性，同时也使康德哲学呈现出了一副新的面孔，在一定意义上使其被纳入了现代哲学的框架。事实上，现象学阐释的功能还不仅限于此，在海德格尔的哲学思想成熟之前，此类阐释还起到了帮助他磨砺自己思想的武器，孕育自己思想体系的作用。他于1921—1922年间撰写的《对亚里士多德的现象学阐释》一书副标题就叫"现象学研究导论"，也就是说这部著作不仅是对亚里士多德的阐释，同时也是一种带有原创性的现象学研究。海德格尔如此解释这部著作的"目标和道路"："然而，接下来的考察既不是意在着手拯救某种哲学或为亚里士多德进行辩护，也不是旨在通过污蔑现代科学的成就来复兴亚里士多德或开创某种亚里士多德主义。这不是哲学研究的严肃目标，不管它现在涉及亚里士多德或康德还是黑格尔。毋宁说，对亚里士多德的论文和讲座的解释发源于一些具体的哲学难题，虽说这种对亚里士多德哲学的深入研究，绝不仅仅表现为某种偶然的'从历史方面'的筛选或说明，而是说，它本身就是共同构成这些难题的一个基本部分。单单是这些难题本身，就赋予了研究的开端、道路和规模以分量和幅度。"① 在这里，海德格尔明确宣称这部著作不属于哲学史，而是一种严肃的哲学研究，其目的不是为亚里士多德辩护或反过来批评亚里士多德，而是为了借助对亚里士多德哲学的阐释来解决自己的哲学难题。

从这里可以看出，同样是冠以"现象学阐释"之名，不同著作或不同作者赋予这一概念的含义实际上则大相径庭。事实上，芬克虽然明确宣称自己关于黑格尔《精神现象学》的阐释是为了找到一条通向现象学的道路，但实际上他最终完成的是一部大体上中规中矩的哲学史著作。与之不同，海德格尔所说的"现象学阐释"则包含巨大的语义空间和张力，既可以从现象学角度来重构研究对象，也可以把研究对象作为借径，从中孕育出新的哲学思想。如果我们把视野放开到德里达和德勒兹等人对于哲学史的研究，就会发现越是具有独创性的哲学家，在解读其他哲学家的著作时就更加放纵和自由。不过，无论阐释者对研究对象采取何种态度，只要这种阐释是从现象学角度出发的，那就必须把现象学的观念和原则作为自己的先在视域。就我个人而言，所采取的就是一种我自己所理解的现象学视角，这一视角的基本原则是，把现象学视为一种对于思想的本源性的追求，认为现象学不同于其他西方现代思想的特征在于，它把重点放在对于后形而上学思想的建构方面，其方法则是通过不断地实行彻底的现象学还原，呈现出主体与客体、物质与精神、理性与感性、本质与现象、身体与心灵浑然未分的一体性状态，并且通过对这种状态的直观来对其加以描述。在这一原则之下，我选择性地吸收了胡塞尔、海德格尔、梅洛-庞蒂等人的思想，在重新阐释康德、黑格尔、马克思、叔本华和李泽厚等人的美学思想，以及对美的本质等理论问题进行分析的时候，我主要借鉴了胡塞尔的本质直观理论，不过我对这种理论进行了改造，将其与康德的图式理论统一起来了；在对实践美学和生态美学进行评析、重

---

① ［德］海德格尔：《对亚里士多德的现象学解释——现象学研究导论》，赵卫国译，华夏出版社 2012 年版，第 12 页。

构或建构的时候，我较多地吸收了海德格尔的存在论思想，把实践理解为一个本体论范畴，把生态学视域中的审美经验与生存活动关联起来；在对身体美学进行阐释和评价的时候，我则大体上采纳了梅洛－庞蒂的观点，强调了身体在审美经验中的主体性地位，同时又坚持身体与心灵之间的一体性关系。

总体而言，笔者对"现象学阐释"的理解接近于海德格尔，因此笔者在此书中对马克思的实践美学和李泽厚的"积淀说"进行阐释的目的，并不是为了重新评价他们的思想，而是为自己所要建构的"直观论美学"进行思想实验。事实上，本书第二章的部分章节就可以看作这一美学建构的初级形态。我相信自己对胡塞尔和康德思想的改造，已经为一种新的美学形态奠定了基础，眼下的这本小书则是一种必要的铺垫和预演。

第一章　美学研究的方法论问题

从某种意义上来说，方法论问题是我国当代美学研究中的首要问题。20世纪80年代之前，我国当代美学始终以马克思主义作为自己的思想基础，但这并不意味着方法论问题得到了彻底的解决，相反，究竟应该如何理解马克思主义，就成为人们产生思想分歧的根源。20世纪五六十年代的"美学大讨论"，以及80年代围绕文学反映论、文学的意识形态性、文学的主体性、文学价值论、艺术生产论以及李泽厚的"积淀说"等发生的历次争论，都说明我国当代美学在方法论上存在广泛的分歧和争议。随着西方现代思想陆续传入我国，这种争议无疑又进一步复杂化和尖锐化了。在我们看来，这些分歧和争议最终都可以归结为如何超越形而上学的二元论思维方式的问题：从20世纪50年代到80年代，我国当代美学的各种争论最终都可以归结为唯物主义与唯心主义、机械唯物主义与辩证唯物主义之间的对立；从20世纪90年代至今，学界关注的重点则是如何运用西方现代的思想资源，清除我国当代美学和文艺学研究中的主客二分和本质主义倾向。因此，我们将首先梳理西方现代思想为批判和超越形而上学所做出的努力，而后分别探讨现象学和解释学对于我们完成这一使命所具有的意义。

第一节　反对形而上学与现代美学的出路

现代美学把反对形而上学的二元论思维方式作为自己的主要使命。形而上学在根本上是一种二元论的思维方式，这种思维方式在本体论上表现为世界的二重化原则，即把世界区分为本体与现象两个层面；在认识论上则表现为主体与客体之间的相互对立。传统美学作为哲学的一个组成部分，自然也处在形而上学思维方式的支配之下。简单地说，在本体论上，传统美学坚持一种本质主义的观点，把美的本质问题视为美学研究的核心任务；在认识论上，传统美学坚持理性认识相对于感性认识的优先地位，因此把审美经验置于科学认识之下，使美学变成了科学认识的附庸。

现代美学的根本任务就是反叛形而上学的统治地位，从而实现方法论上的根本变革。为此，现代美学进行了多方面的探索。英美学界的分析美学以维特根斯坦（Ludwig Wittgenstein）的语言哲学思想为依据，认为传统美学所谈论的那些形而上学的命题都是没有意义的，因此他们反对给美下定义，认为现代美学的任务就是对传统美学进行清理和“治疗”活动，即把那些无意义的命题加以清理；欧陆学界的现象学运动则在反对和超越二元论思维方式方面进行了不懈的努力：胡塞尔（Edmund Husserl）通过自己的先验还原和本质直观学说，分别从本体论和认识论两个方面来超越二元论；海德格尔（Martin Heidegger）、伽达默尔（Hans-Georg Gadamer）的存在哲学和解释学思想也昭示了一种非二元论的思想之路。从美学的角度来看，这些努力获得了丰富的理论成果：现象学美学摒弃了传统美学关于美的本质问题的研究，代之以对审美活动的意向性分析；存在论美学把艺术和审美活动视为存在真理的一种发生方式，从而在根本上超越了近代的认识论美学；解释学美学揭示了审美经验和理解活动中的循环特征，从而为我们超越主客二分的二元论观点提供了宝贵的启示。

　　然而现代美学的这种建设性努力在当代却遇到了难以克服的障碍，从而陷入了更深的危机之中。这一危机的发生与风靡当代的后现代主义紧密地联系在一起。后现代主义者否定了现代思想家为建构一种后形而上学的思想所进行的努力，认为形而上学的产生与西方语言之间有着密不可分的关系，因而形而上学是无法超越的。如此一来，美学不再能从事任何建设性的努力，甚至作为统一形态的美学学科也将不可避免地陷于消亡。我们以为这种状态绝非美学发展之福音。当代思想的误区在于，认为任何关于真理、深度的谈论，任何试图建立统一思想体系的努力，都是形而上学的幽灵在作祟。从美学的角度来看，人们反对谈论美的本质问题，反对建立统一、完整的美学体系，认为这必然会陷入本质主义和二元论之中。我们认为，这种观点表面看来是一种激烈的反本质主义，实际上却与本质主义者持有同样的思想逻辑。因此，我们将努力澄清这一思想误区，从而揭示出当代美学超越后现代主义的可能性。

一

　　德里达（Jacques Derrida）曾经说过，形而上学作为一种二元论的思维方式，其根本特征是惯于设定一系列的二元对立范畴，如在场/不在场、精神/物质、主体/客体、能指/所指、理性/感性、本质/现象、声音/书写等，而所有这些对立都不是平等的，其中一方总是占有优先的地位，另一方则被看作是对于前者的衍生、否定和排斥，如在场高于不在场、声音优于书写、理性高于感性等，由此形成了所谓"声音中心主义""逻各斯中心主义"等，因此他认为要想超越形而上学，就必须消解这些等级对立，而"对这些对立的解构，在某个特定的时候，首先就是颠倒等级"。① 从美学的角度来看，上述概括显然是同样有效的，因为传统的美学研究始终处于这种二元论思维方式的统治之

---

① Jacques Derrida, *Dissemination*, trans. Barbara Johnson, Chicago：University of Chicago Press, 1981, p.41.

下。具体地说，在本体论领域，人们设置了本体界与现象界、本质与现象之间的二元对立，在认识论领域则设置了主体与客体、理性与感性之间的二元对立，而在这些相互对立的范畴之中，人们又把本质、理性置于现象、感性之上，认为只有理性认识才能把握事物的本质和真理，而感性认识则只能把握流变、生灭的现象，无法获得真正的知识。这样一来，审美以及艺术经验就被置于哲学以及科学研究之下，因为这种活动必须通过感性认识来进行，自然也就无法获得真理了。由此看来，美学研究同样也面临着一个超越形而上学的任务。

不过，现代美学批判和超越形而上学的努力显然并不是从德里达才开始的，这实际上是整个现代美学的核心任务。20 世纪初叶产生的英美分析美学就旗帜鲜明地主张，传统美学所坚持的是一种"本质主义"的思维方式，应该把所谓"美的本质""艺术的本质"等问题都作为无意义的问题而加以抛弃。莫里斯·韦兹（Morris Weitz）就认为，艺术是不可定义的，一切试图给艺术下定义的尝试都是错误的和不可能的，原因在于我们无法找到定义艺术的充分必要条件："试图发现艺术充分且必要的属性，这在逻辑上并不周密。因为这样一种属性，或进一步，这样的准则不会出现。艺术，作为概念的逻辑，并不拥有必要且充分的属性。因此，关于艺术的理论在逻辑上不可能存在。"① 无独有偶，另一位分析美学家肯尼克也对传统美学给艺术等概念下定义的做法进行了猛烈的批判。在他看来，传统美学所提出的种种问题，如什么是艺术？什么是美？什么是审美经验等等，都是一些无法解答的问题："就是这种将美学概念化繁为简，化乱为整的冲动驱使着美学家们犯下了第一个错误：一方面提出'艺术是什么'这一问题，一方面又想像回答'氦是什么？'那样来回答它。"② 在这些美

---

① ［美］莫里斯·韦兹：《理论在美学中的作用》，载［美］大卫·戈德布拉特、李·B. 布朗选编《艺术哲学读本》，牛宏宝等译，中国人民大学出版社 2016 年版，第 529 页。

② ［美］肯尼克：《传统美学是否基于一个错误？》，载［美］M. 李普曼编《当代美学》，邓鹏译，光明日报出版社 1986 年版，第 226 页。

学家们看来，美学研究的任务就是对传统的美学命题进行一种"语言批判"，即通过语言和逻辑分析的方法，清除传统美学中那些无意义的形而上学命题，以此来完成对于美学的"治疗"任务。

与英美学界不同，现代欧陆美学尽管也明确反对形而上学的二元论思维方式，但却并不主张对于"美的本质"等传统美学命题采取简单否定的做法，而是试图建构一种非二元论的思维方式，从而对这些美学命题做出一种非形而上学的解答。在这一过程中，我们认为主要形成了两种思想传统：直观主义和解释学。其中，属于前者的主要有叔本华（Arthur Schopenhauer）、柏格森（Henri Bergson）、克罗齐（Benedetto Croce）以及胡塞尔，属于后者的则有狄尔泰（Wilhelm Dilthey）、海德格尔和伽达默尔等人。

直观主义的根本特征就在于把直观置于理性之上，认为直观活动才是把握真理的根本方式。显然，这种观点是对形而上学的"理性中心主义"倾向的直接颠覆。在这一点上，每个直观主义者可以说都是旗帜鲜明的。叔本华认为，"直观总是一切真理的源泉和最后根据"[①]，"一个直接确立的真理比那经由证明而确立的更为可取，正如泉水比用管子接来的水更为可取是一样的。直观是一切真理的源泉，是一切科学的基础；它那纯粹的，先验的部分是数学的基础，它那后验的部分是一切其他科学的基础"[②]。这就是说，直观乃是一切真理的源泉，一切科学的基础。至于理性，则只能把直观所获得的知识和真理以概念的形式固定下来，因此只是直观知识的摹写或复制，近似于"镶嵌画中的碎片"。同样，柏格森也主张，"知性的特征是不理解生命的本质"[③]，相反，直觉则可以进入事物内部，与对象融为一体："所谓直觉，就是理智的交融，这种交融使人们自己置身于对象之内，以便与

---

①　［德］叔本华：《作为意志和表象的世界》，石冲白译，商务印书馆1991年版，第123页。

②　［德］叔本华：《作为意志和表象的世界》，石冲白译，商务印书馆1991年版，第107页。

③　［法］柏格森：《创造进化论》，王珍丽、余习广译，湖南人民出版社1989年版，第129—130页。

其中独特的、从而是无法表达的东西相符合。"①

那么，直观或者直觉②活动到底是如何进行的呢？对此直观主义者的看法却是各不相同的。叔本华认为，直观活动的典型形式就是"观审"，而观审活动的具体过程则是这样的：

"如果人们由于精神之力而被提高了，放弃了对事物的习惯看法，不再按根据律诸形态的线索去追求事物的相互关系——这些事物的最后目的总是对自己意志的关系——即是说人们在事物上考察的已不再是'何处'、'何时'、'何用'，而仅仅只是'什么'；也不是让抽象的思维、理性的概念盘踞着意识，而代替这一切的却是把人的全副精神能力献给直观，浸沉于直观，并使全部意识为宁静地观审恰在眼前的自然对象所充满，不管这对象是风景，是树木，是岩石，是建筑物或其他什么。人在这时，按一句有意味的德国成语来说，就是人们自失于对象之中了，也即是说人们忘记了他的个体，忘记了他的意志；他已仅仅只是作为纯粹的主体，作为客体的镜子而存在；好象仅仅只有对象的存在而没有觉知这对象的人了，所以人们也不能再把直观者（其人）和直观（本身）分开来了，而是两者已经合一了；这同时即是整个意识完全为一个单一的直观景象所充满，所占据。所以，客体如果是以这种方式走出了它对自身以外任何事物的关系，主体也摆脱了对意志的一切关系，那么，这所认识的就不再是如此这般的个别事物，而是理念，是永恒的形式，是意志在这一级别上的直接客体性。"③ 从这段话来看，观审活动要求主体提高自己的精神能力，并且放弃自己的抽象思维或理性认识，由此才能摆脱与事物以及意志的关系，成为一种纯粹的认识主体，或者说是彻底放弃自己的"主体性"，

① ［法］柏格森：《形而上学导言》，刘放桐译，商务印书馆 1963 年版，第 3—4 页。

② 直观或者直觉等词都译自英语中的 intuition 或德语中 intuitiv、Anschauung，其词源则是拉丁语中的 intueri。对于这些概念的翻译和理解问题，可参看苏宏斌《论克罗齐美学的发展过程——兼谈朱光潜对克罗齐美学的误译和误解》，《文学评论》2020 年第 4 期。

③ ［德］叔本华：《作为意志和表象的世界》，石冲白译，商务印书馆 1991 年版，第 249—250 页。

使自己成为映现客体的一面镜子。这样一来，主体就能够"自失"并"浸沉"于对象，从而超越事物的个体性和特殊性，把握到事物的永恒理念或形式。

与叔本华这种彻底的直观主义相比，柏格森则给予了知性活动以一定的地位。在他看来，直觉在根本上就是一种人与动物所共同具有的本能，本能的特点在于其直接性，即不需要思考就可以直接把握到事物本身，因而消除了与事物之间的距离感，能够与对象融为一体；不过，本能所能把握到的对象总是有限的，动物凭借本能只能把握到与自己的生存直接相关的那些对象。要想把握到普遍存在的生命，就必须扩大直觉对象的范围。柏格森认为，这就要求本能必须与意识结合起来，即能够对自己的本能活动进行反思，因此他说，直觉是"指脱离了利害关系的，具有自我意识的本能，它能在对象上反思自身，并且能无限扩大对象的范围"，这样，"它就能给我们提供一把理解生命运动的钥匙"。① 不难看出，柏格森尽管把直觉置于知性之上，但却认为它必须与知性结合在一起，才能把握生命的本质。然而问题在于，本能与反思是两种完全不同的活动，因为本能就是指一种不经过反思来直接把握事物的方式，如果经过了意识的反思活动，那么这必然已经演化成一种理性活动而不再是直觉或者本能了。这两者究竟怎样才能和谐地统一在一起呢？对于这个关键的问题柏格森却语焉不详，由此可见，他对于直觉活动的内在机制并未做出清楚的揭示。

与叔本华、柏格森等人相比，胡塞尔对于直观活动内在机制的解释显然更加清晰和深入。叔本华在指出了主体在直观活动中所必须达到的状态之后，并没有进一步分析直观活动的具体过程，而是直接断言直观活动由此就能够把握到事物所包含的"理念"，这显然就使他的直观学说呈现出浓厚的独断论和神秘主义色彩；柏格森更

---

① ［法］柏格森：《创造进化论》，王珍丽、余习广译，湖南人民出版社 1989 年版，第138—139 页。

是只限于指出直观与知性必须相互依赖，然而对于直观活动如何能够与反思的知性结合起来，却没有进行具体的分析。而胡塞尔则不同，他深入分析了直观行为的内在机制。对于本质直观的具体方法，胡塞尔在不同的时期有过不同的表述。早期他所坚持的是一种个体直观加目光转向的方法。胡塞尔认为，本质直观虽然与个别直观（感官知觉）有本质的差异，但却要以一个个体直观为基础。在个体直观中，个体对象被构造出来，它们为我们发现一般的观念对象提供了基础，但要真正把握此一对象，还需进行目光的转向，即意识的目光不是指向对象的个别性，而是指向其一般性，比如我们不是注意纸的红色而是红色本身。通过这种目光的转向，红色本身便原本地、直接地被给予我们。按照这种观点，本质直观原则上只需要对一次个体直观进行目光转向便可完成。但在晚年的《现象学的心理学》和《经验与判断》等著作中，胡塞尔对这个问题有了新的、更为细致的表述。在此他把"本质变更"看作是本质直观的方法，具体说来，则是个体直观与自由想象相结合的方法，即从一个具体的感知或想象体验出发，通过想象来对实例加以变更，从而获得不变的常项即本质。这个过程包括以下三个步骤：首先，它要求意识在个体感知或想象体验的基础上，通过自由想象创造出丰富多彩的例子，使它们展现于意识的目光之前。比如对红的直观可以依据由想象而产生的各种各样红的事物，它们既可以是实在之物，也可以是非实在的东西。这样的例子原则上可以是无限的，但至少必须以达到认识的自明性为限度。其次，这些例子并非任意产生的，每一变项都必须与原有的例子部分地重叠或一致，以此在各变项之间保持统一联系。比如在对红的直观中，红的事物可以各不相同，但在呈现为红色这一点上却必须相叠合。最后，我们必须使注意的目光朝向各变项间的同一性，由此确认作为同一性的本质或观念。胡塞尔把这个过程概括为前像（项）与后像（项）之间的"综合统一"或"递推相合"："在这种综合的统一之中，所有这些个别性都呈现为是一种相互间的转变；而后，在进一步的迈进中，这些个别性又呈现为是由个别性构成的随意序列，同一个普遍之物作为本质在这些序列中达到个别化。"① 我们认为，胡塞尔的上述论述清晰地解释了直观活动的内在过程和具体步骤，使得本质直观学说真正具有了可操作性，可以说是西方现代直观主义哲学所取得的最高成就。

直观主义在美学上所造成的主要后果就在于西方传统哲学的理性主义倾向，把直观置于理性之上，从而彻底改变了审美与艺术活动的地位，使其成为一种把握真理的根本途径。从柏拉图（Plato）做出艺术与真理"隔着三层"的断言开始，审美活动在传统思想中就一直被置于哲学和科学活动之下，原因即在于形而上学认为只有通过理性才能把握真理，而审美和艺术却是一种感性活动。直观主义者把直观看作比理性更重要的认识能力，这自然就使审美活动的地位得到了彻底的改变。事实上，大多数直观主义者所说的直观活动往往首先就是指审美和艺术活动。叔本华所谓"观审说"在很大程度上就是一种美学理论；克罗齐、柏格森的美学和艺术理论同样也是其直观主义思想的直接产物。胡塞尔尽管由于致力于现象学基本理论的奠基而没有建构起完整的美学理论，但他同样明确指出，"现象学的直观与'纯粹'艺术中的美学直观是相近的"，② 因为"对一个纯粹美学的艺术作品的直观是在严格排除任何智慧的存在性表态和任何感情、意愿的表态的情况下进行的，后一种表态是以前一种表态为前提的"。③ 熟悉胡塞尔思想的人都知道，所谓排除任何"存在性表态"正是现象学还原的基本要求，而本质直观与本质还原在胡塞尔那里其实是同义词，因而本质直观活动与审美经验之间的距离实在是很接近的。正因为这样，胡塞尔之后的现象学家如梅洛－庞蒂、杜夫海纳即将其现象学思想运用到了美学研究之中。

---

① 倪梁康主编：《胡塞尔选集》上卷，上海三联书店1997年版，第505页。
② 倪梁康主编：《胡塞尔选集》下卷，上海三联书店1997年版，第1203页。
③ 倪梁康主编：《胡塞尔选集》下卷，上海三联书店1997年版，第1202页。

二

然而在现代美学的另一传统——解释学看来，直观主义的这种努力却是注定不可能成功的。这是因为，任何直观主义理论都建立在这样一个假定或前提的基础上：直观活动要求主体排除一切"先入之见"，以此来消除横亘在主体与客体之间的任何障碍，从而使客体的本质直接而完整地对主体显现出来。胡塞尔的本质直观学说自不必说，叔本华的"观审说"同样要求主体必须放弃自己惯常看待事物的方式，也必须排除任何理性概念以及抽象思维的干扰，从而使自己处于"自失"的状态，而柏格森更是把直观看作人与动物共有的一种本能活动。显然，直观主义者认为只有这样才能彻底消除主体与客体之间的二元对立。然而从解释学的立场上看来，任何解释活动中的"先见"都是无法彻底消除的，而且从某种意义上来看，所谓先入之见其实是根本不应消除的，因为这正是任何理解活动得以可能的本体论前提。

解释学最初只是一门解释《圣经》的学问，在文艺复兴和宗教改革时期，逐渐发展为一种文献学的方法论，从《圣经》解释扩展到了对一切历史文献的研究。在近代，施莱尔马赫（Friedrich Schleiermacher）突破了文献解释的范围，把解释学发展成了一种研究一切对话中理解得以可能的条件的科学，使解释学成了一切文本解释的基础。不过，真正把解释学发展成为一种人文科学的方法论，并且自觉地将其作为反对形而上学的思想武器的，应该说还是狄尔泰。

狄尔泰对解释学的首要发展就在于他把自己的生命范畴引入了解释学，使"生命表现"成为理解和解释活动的主要对象，这样，解释学就取代传统的认识论，成了把握生命本体的方法论基础。本来，施莱尔马赫已经提出要把对文本的解释与文本作者的写作意图和心理个性联系起来，狄尔泰则进一步把这种心理个性发展成了生命体验，这就使解释学从心理学的层面上升到了生命哲学的层面。不过，生命本身是一种内在的精神结构，何以能够成为他人理解的对象呢？这就需要使生命本身通过各种表现活动来外化为各种文化产品，我们通过对这些文化产品的解释就可以理解生命本身。那么，对于生命及其表现形式的理解是如何进行的呢？狄尔泰认为，所谓理解就是"指通过呈现于感觉中的表现认识其心理生命的过程"①，也就是要通过各种生命的表现形式来理解生命本身。要想从他人的生命表现来追溯到他人的生命体验，就必须使自己通过移情和模仿活动来进入他人的内心。具体地说，这是一个与表现活动相逆反的过程：他人在表现活动中把自己的生命体验加以外化，而理解者则在这种外化活动的结果——诸如文本等表现形式——的指引下，使其内化为自身的体验，并且在这个过程中极力模仿他人所可能具有的生命体验，以此来获得对于他人及其作品的理解。要做到这一点，就需要理解者具有与被理解者同样丰富的精神境界："人类本质和历史的伟大刻画者必须具有一个异常丰富的内心世界。"② 不过即便如此，也难以保证理解者一定能够准确把握理解对象的原意，因为在同样丰富的内心世界之间难道不存在差异吗？更重要的是，理解他人的过程同时也是一个自我理解的过程，因为实际上理解者所获得的只是自己的生命体验。那么，他为何能够推己及人，把自己的体验转化到他人的头上呢？归根到底，理解者怎么能够在自己的意识中重新体验一个在他之外的、别人的体验呢？为了解决这个问题，狄尔泰求助于黑格尔（Friedrich Hegel）的"客观精神"概念，认为在理解者与被理解者之间存在一种精神上的共同性，即所谓人类的共同本质："所有人都有一个同样的外部世界，都产生同样的运算系统、空间关系、语法关系和逻辑关系"，"他们生活在这个外部世界和共同的结构心理关联的关系中，于是产生了同样的爱好和选择方式，同样的目的和手段间的关系"③。看起来狄尔泰在这里陷

---

① 转引自李超杰《理解生命》，中央编译出版社 1994 年版，第 96 页。
② 转引自李超杰《理解生命》，中央编译出版社 1994 年版，第 99 页。
③ 转引自李超杰《理解生命》，中央编译出版社 1994 年版，第 100 页。

入了理论上的困境之中，以至于不得不重新倒向他早年所批判的黑格尔哲学。

那么，导致狄尔泰陷入困境的原因究竟是什么呢？我们认为正是由于他试图消除理解者与理解对象在生命体验上的任何差异，认为只有这样才能获得对于理解对象"原意"的准确把握。从一定程度上来说，狄尔泰在此实际上与直观主义者站到了同一立场。与之不同，20世纪的海德格尔则明确强调，理解者的任何解释都是从自己对理解对象的先入之见或"先在把握"出发而做出的。那么，为什么我们不应该设法消除这种先入之见呢？这是因为在他看来，"先行具有、先行看见及先行把握构成了筹划的何所向。意义就是这个筹划的何所向，从筹划的何所向出发，某某东西作为某某东西得到领会"。① 这就是说，正是通过自己已经具有的先入之见，解释者才得以筹划或把握到对象的意义，如果这种先入之见被消除了，那么对象的意义也就无法显现出来了。或许有人会问，如果说解释者在解释活动之前已经先行领会到了对象的意义，那么解释活动还有什么必要呢？这里的关键在于，解释者在解释活动之前所拥有的乃是一种对于理解对象的"前存在论的领悟"，这种领悟尽管是本源性的，但却并未经过反思，因而尚无法用具体的概念和术语表达出来，而解释活动的任务正是通过反思把这种本源性的意义加以分解。因此海德格尔认为，正是这种本源性的领悟构成了任何解释活动的基础和前提。从这个角度看来，直观主义者所谈论的直观活动就是非本源性的，因为直观同样必须以这种存在论上的领悟为前提："我们显示出所有的视如何首先植根于领会，于是也就取消了纯直观的优先地位。……'直观'和'思维'是领会的两种远离源头的衍生物。连现象学的'本质直观'也植根于生存论的领会。"②

① ［德］海德格尔：《存在与时间》，陈嘉映、王庆节译，生活·读书·新知三联书店 1987 年版，第 185 页。

② ［德］海德格尔：《存在与时间》，陈嘉映、王庆节译，生活·读书·新知三联书店 1987 年版，第 180 页。

正是从海德格尔的上述思想出发，伽达默尔才创立了自己的"哲学解释学"。从美学的角度来看，这种解释学思想的主要贡献就在于把"解释学的循环"这一基本思想应用到了审美经验和艺术欣赏问题上来，从而为美学研究提供了一种非形而上学的方法论基础。在传统的解释学思想中，本来就有一个著名的"解释学循环"的命题，指的是在理解活动中文本内部对于整体和部分的理解之间存在相互规定、互为前提的循环关系。对于传统的解释学来说，"理解的循环运动总是沿着文本来回跑着，并且当文本完全被理解时，这种循环就消失"①，因此理解的使命就在于客观地把握文本的意义和作者的意图，理解者的先入之见就成了有待克服的障碍。而按照海德格尔的基础本体论思想，先入之见乃是任何理解都无法摆脱的，前见不是理解的障碍，而是理解得以可能的前提。伽达默尔正是由此出发，对海德格尔的思想做了进一步的发挥。他认为，人类的理解活动之所以无法摆脱先入之见的影响，是因为人类此在的时间性特征决定了人是一种历史的存在物："不是历史隶属于我们，而是我们隶属于历史。早在我们通过反思理解自己之前，我们显然已经在我们生活的家庭、社会和国家中理解着自己了……因此人的成见远比他的判断更是他的存在的历史现实。"② 由成见不可摆脱可能导致两种结论：或者否定理解的可能性，或者承认成见对于理解的合理作用。伽达默尔在此采取了后一种立场，而这与海德格尔对他的影响显然是分不开的。他认为，人们惯常的错误是把成见与偏见混淆起来了，而事实上这两者有着本质的区别。前见或成见本身就有合理与不合理之分，只有那些不合理的成见才会成为理解的障碍，而合理的成见恰恰是理解活动成功的保证。在具体的理解活动中，理解者的先见作为对于文本意义的一种预期，就构成了他的视域，而理解就是理解者的视域与文本视域的一种融合过程。所谓视域"就是看视的区域，这个区域囊括和包含了从某个立足

---

① ［德］伽达默尔：《真理与方法》上卷，洪汉鼎译，上海译文出版社1999年版，第376页。
② ［德］伽达默尔：《真理与方法》上卷，洪汉鼎译，上海译文出版社1999年版，第355页。

点出发所能看到的一切"①。不过，视域在此并没有主观性的含义，而是指理解活动的本体论规定。在理解过程中，理解者必然会经验到一种紧张关系，这种紧张感是由理解者的视域与文本视域的差异造成的。为了消除紧张感，理解者必须筹划出一个不同于自身视域的文本视域，而在这一过程中，理解者并不可能摆脱自己原有的视域，因此他实际上把自身的视域融入了所筹划的文本视域之中；与此同时，理解者的视域也必然为文本视域所改变。因此，理解并不是由主体到客体的对象性活动，而是两种视域的融合过程。而且这种融合是一种无止境的循环过程，因为每一次融合都会产生一个新的理解视域，而文本视域也随之呈现为不同的面貌，于是又会导向一个新的融合过程。因此伽达默尔说，"对一个文本或一部艺术作品里真正意义的汲舀是永无止境的，它实际上是一个无限的过程"。②

从美学史的角度来看，解释学的这种努力对于现代美学超越形而上学无疑具有重要的方法论意义。与直观主义相比，解释学美学显然提供了某种新的重要启示。这两种美学思想的共同之处在于都试图超越形而上学所设置的审美主体与审美客体之间的二元对立。在这个问题上，近代美学曾长期陷入主观主义与客观主义、唯心主义与唯物主义之间的分裂和冲突。为此，德国古典美学和马克思主义美学从辩证法的立场上来加以解决，其具体方式是使主体与客体之间的对立通过矛盾运动而获得统一。然而从现代美学的角度来看，这种做法是不彻底的，因为它把主体与客体之间的分离和对立作为一个当然的前提接受下来，这实际上与形而上学建立在同一基础之上。直观主义者所采取的做法是，通过消除审美主体的各种先入之见来克服主客体之间的障碍和界限，这实际上与辩证思维有着同样的局限性，即都把主体与客体的分离和对立视为一个当然的前提。正因为这样，胡塞尔为自己提出的使命就是彻底解决近代哲学的这个"超越性难题"："认识如何

---

① ［德］伽达默尔：《真理与方法》上卷，洪汉鼎译，上海译文出版社1999年版，第388页。
② ［德］伽达默尔：《真理与方法》上卷，洪汉鼎译，上海译文出版社1999年版，第383页。

能确定它与被认识的客体相一致，它如何能够超越自身去准确地切中它的客体？"① 在这里，胡塞尔显然与近代思想家一样，也把认识主体设置为一种内在的自我意识，从而使其与外在的认识对象分离和对立起来。然而在海德格尔看来，此在在存在论上一向就是"在外"的，因为此在"烦忙于世"的基本方式就是与其他存在者打交道，因此形而上学那种首先把主体与客体对立起来，然后再设法使两者统一起来的做法，本身就是一个"地地道道的哲学丑闻"。从美学的角度来看，这就要求我们不能把审美主体与客体的对立视为当然的前提，而必须设法找到一种状态，在这种状态中主体并没有把自身与对象分离和对立起来。我们认为，这正是海德格尔在解释学上所说的"前存在论的领悟"或"先行把握"这一概念所揭示的真理，因而应被视为解释学对现代美学所做出的重要贡献。

三

通过上面的分析我们认为，无论是直观主义传统还是解释学传统，都为超越形而上学做出了不懈的努力。然而在德里达等后现代主义者看来，这种努力却并未取得成功。其之所以如此，是因为在他们看来，当代思想根本不可能彻底超越形而上学，所能做的只是对传统思想进行深入而全面的批判，却不可能真正建构起后形而上学的思想方式。严格说来，每一种现代思想都在进行着一种双重努力：一方面彻底批判形而上学，另一方面则试图建构一种后形而上学的思维方式。不过，这两种倾向在每一位思想家身上所占的地位却是各不相同的。相对而言，从尼采（Friedrich Wilhelm Nietzsch）开始到伽达默尔为止的现代德国思想，以及法国思想中的生命哲学、存在哲学传统，都十分注重对于非形而上学思想的建构；而从福柯、德里达开始的后现代主义思

---

① ［德］胡塞尔：《现象学的观念》，倪梁康译，上海译文出版社 1986 年版，第 22 页。

潮则重拾尼采的理性批判，并且将其进一步推向了极端，从而走向了彻底的反理性主义。这种差异在当代思想的各种争论中表现得十分明显，比如福柯、利奥塔（Jean-Francois Lyotard）与哈贝马斯（Jürgen Habermas）之间，德里达与伽达默尔、哈贝马斯之间，都曾进行过激烈的争论，从中我们可以看出，后现代主义者否认在当代具有任何彻底超越形而上学的真正可能性，因而他们所做的工作就是要对形而上学进行越来越猛烈和彻底的批判，比如福柯以尼采的所谓"考古学"和"系谱学"的方法对各种现代的"知识型"进行了批判性的考察与解构，使主体、作者、自我、理性等各种现代观念都陷于解体；德里达则以自己的解构主义方法对柏拉图、卢梭（Jean-Jacques Rousseau）等人的思想进行了批判性的解读，甚至连海德格尔都被他视为形而上学的代表人物；利奥塔则对启蒙思想所包含的"宏大叙事"进行解构，转而提出了自己的"微型叙事"理论。可以说，后现代主义的基本特征就在于放弃了海德格尔式的建构一种后形而上学思维方式的努力，把当代思想的任务明确定位于对形而上学的批判和解构。

那么，上述各种思想倾向究竟哪一种代表了西方现代思想的真正出路呢？从我们对于现代思想所进行的考察中，似乎难以找到这个问题的答案。直观主义的思潮在胡塞尔那里就被海德格尔所扭转，并且在梅洛－庞蒂那里最终走向了休谟式的自我否定。梅洛－庞蒂尽管一再强调知觉的第一性，但在他看来知觉活动却具有"暧昧性"的特征，只是身体—主体与对象之间的无休止的相互作用和交流过程，这显然已经远离了胡塞尔的本质直观理论，而与海德格尔、伽达默尔等所谈论的"解释学的循环"十分接近了。而存在哲学和解释学的方案在德里达这样的后现代主义者那里又受到了猛烈的批判，被斥之为新的形而上学。然而后现代主义不是以一种新的思想建构来为我们提供新的方向，而是彻底否定了进行思想建构的可能性，所剩下的似乎只有一种解构性的思想批判了，这显然也不能被视为当代思想的真正出路。这样看来，现代思想发展到后现代主义，无异于已经走进了死胡同。那么，困扰着现代思想的内在症结究竟是什么呢？从现代思想的发展历程来看，这一症结其实就在于如何以一种理性的思维方式来谈论一种非理性的思想对象。各种现代思想的共同特征在于都设定了一种非理性的思想对象，无论是叔本华和尼采所说的意志本体、狄尔泰和柏格森所说的生命本体、胡塞尔现象学所谈论的作为观念的本质存在、海德格尔的存在哲学所谈论的存在的意义问题等，都概莫能外。然而尽管思想的对象本身是非理性的，谈论这种对象的思想和语言却必须是理性的，因为只有这样有关对象的谈论才是可以为人们所清晰地理解的。比如唯意志论者尽管认为意志本身是一种非理性的生命冲动，但他们却必须以理性的语言将这种非理性的本体描述出来。他们所说的直观或者直觉尽管也是非理性的认识能力，但他们却必须以理性的方式将这种认识能力的内在机制揭示出来。正是这种内在的冲突使现代思想陷入了难以解脱的困境之中。从理论上来说，非理性的对象显然只能以非理性的方式来加以把握，比如通过瞬间的直觉或者内在的体验来把握，而这种非理性的体验本身是无法用语言加以清晰描述的，因为所谓清晰的语言必然是理性的、合乎逻辑的语言。从哲学史上来看，所谓逻辑就是使思想保持一致的东西，也就是思想所包含的内在的同一性。人们的思想和语言之所以必须合乎逻辑，就是因为人们在用语言交流思想的时候需要保持一致性或同一性，否则人们就无法准确地传达自己的思想和正确地理解别人的思想，思想的交流自然就无法正常进行。根据海德格尔的考察，逻各斯（logos）一词的希腊文原意既指某种能够使人们聚集在一起的东西，又直接指说话本身，也就是说说话必须符合某种要求，才能使人们聚集在一起并进行相互的交流和理解。换句话说，作为逻辑的逻各斯就是说话这种思想方式的终极根据，就是人们能够进行思想交流和语言交往的根本原因。这样一来，现代思想家就面临着一种根深蒂固的思想困境：一方面，人们对于非理性的生命本体只能有一种非理性的、瞬间的直觉体验，这种体验与理性的思想和语言之间显然有着本质的差异；另一方面，作为思想家他却必须将这种非理性的直觉体验转换为一种理性的思想，并且用理性的、合乎逻辑的语言表述出来。显而易见，在这种转换中，体验的非理性特征已经被抛弃了，因而非理性的本体并没有被思想所把握。海德格尔的存在哲学所一再强调的"本体论差异"实际上也是这个问题：本体论或存在论所要谈论的本来是存在的意义问题，而这种意义本身显然是非理性的；然而传统本体论所使用的却是形而上学的二元论思维方式，这种思维方式只能把握具体的存在者，因而势必无法坚守存在与存在者之间的存在论差异。正是为了解决这个问题，海德格尔提出了自己的解释学理论：对于存在意义的理解具有一种循环的性质，即此在要想理解存在的意义，必须先有对存在意义的在先领会和把握，是所谓"先入之见"，而在理解活动过程中，这种先入之见必然介入进来，因而理解实际上是一种"筹划"活动，即理解者按照自己的先入之见筹划出了存在者的存在意义。伽达默尔正是在此基础上才提出了自己的"解释学的循环"理论。应该承认，对这种循环现象的揭示乃是海德格尔式的存在哲学和解释学的一大贡献，它道出了把握非理性本体的必然途径，即不是通过主体对客体的单向性的认识活动，而是通过理解者与理解对象之间循环往复的理解和解释活动来把握生命本体的意义。我们认为，这对于形而上学的知性思维方式是一种巨大的超越和突破。那么，这种解释学理论何以仍然受到德里达的坚决批判并被斥为形而上学呢？其中的原因也并不难找到。简单地说，伽达默尔尽管把理解视为一种无止境的循环过程，从而与形而上学的对象性思维方式有了本质的区别，然而就每一次的理解或者说理解活动的每一次循环来说，他仍然认为存在着一种"视野的融合"现象，即理解者的视野与文本本身的视野相互融合起来了，也就是说两者之间产生了一种共识。这种共识同样存在于两个以及多个交流者之间，即每一位交流者都能够成功地把握对方的思想，并且能够在相互之间达成共识。这样一来，思想以及语言的理性要求实际上得到了满足，因为理解和交流获得成功的前提必然是思想和语言能够保持内在的同一性。然而按照德里达的"文字学"理论，每一次言说或者书写都是一次对于理解对象的改造或涂抹，这些涂抹之间必然发生相互的重叠和改写现象。就理解活动来说，理解者的视野作用的结果不是使他筹划出了文本的意义，而是使他对文本进行了改写，因而所获得的与其说是理解还不如说是误解或者误读。同样，在思想的交流过程中，每一个交流者都在不断地改写他人的思想，因而他人所试图传达的意义不是通过逻辑的同一性显现出来，而是在无止境的"延异"中被不断地"播撒"着，相互的理解自然也就不可能了。因此，德里达必然认为思想和语言都无法满足理性和逻辑的要求。

德里达的这种观点能否作为最终的结论呢？我们注意到，尽管德里达彻底否定了理性地传达思想和意义的可能性，但他却始终在以理性化和逻辑化的语言来传达自己的思想。同时我们也必须看到，尽管在思想的传达和交流中不可避免地存在误解和误读现象，然而传达和交流的有效性却同样是无法否认的，这一点只要我们回想一下自己的思想以及交流经验，就可以得到充分的证实。举例来说，当我要求别人把窗户关上，而别人也的确这样做了的时候，这不是意味着我已经成功地传达了自己的思想，而他人也已经成功地加以理解了吗？当然，德里达不可能不清楚这样简单的常识，他所谈论的思想和意义当然是针对那些哲学史上所争论的根本问题而言的，比如何谓世界的本原？何谓理性？何谓自由？何谓灵魂？等等，也就是那些所谓的形而上学命题。的确，这些命题尽管已经争论了几千年，然而却仍然没有获得确切的结论，甚至连给这些概念下一个明确的、为人们所一致公认的定义都不可能。从某种意义上来说，这确乎是哲学的"耻辱"，因为哲学所力求解决的也正是这样的问题。由此我们也可以发现，后现代主义对于形而上学的批判与20世纪初以维特根斯坦为代表的分析哲学其实有着内在的相通之处。维特根斯坦的结论是这些命题本身就是错误的，是哲学的一种疾病，因而是无法正确解答的。他认为这些命题所谈论的问题都是无法言说的，而对于无法言说的事情就应该保持沉默。哲学家所应该做的事情就是医治这种哲学的"病症",即通过严格的语言分析来清除这类形而上学命题。从某种意义上来说,德里达以及整个后现代主义者所做的也正是这样的事情。以德里达为代表的解构主义者所致力的主要就是对传统的哲学乃至文学文本进行解构,从中发现每一个文本都隐含着或牵连着形而上学的整个大厦。

后现代主义和英美语言哲学的这种相通之处启示我们,现代哲学的根本困境与语言有着内在的因缘关系。我们在上面的分析中已经指出,现代思想的内在冲突存在于非理性的思想对象与理性化的思维方式之间。如果我们进一步分析的话,就会发现这种冲突实际上存在于非理性的精神体验与理性化的语言或言说方式之间。当思想家对非理性的生命本体进行一种内在体验的时候,并不存在这种理性与非理性之间的紧张冲突,因为他把握这种非理性本体的方式同样是一种非理性的精神体验。只有当他试图用理性化的语言来传达这种内在体验的时候,理性与非理性的冲突才真正产生了。这就是说,困扰现代哲学的根本问题是语言的理性或逻辑性特征与思想本身的非理性特征之间的矛盾冲突。然而语言是与生俱来的,是每个哲学家都必须面对和接受的既成事实,他们不可能重新发明一种非理性或非逻辑的语言来克服这种矛盾。海德格尔后期也正是觉察到了这一问题,所以在存在等具有形而上学色彩的词语上打了叉号。然而如果这种做法被普遍采用的话,现代思想必然因此而患上致命的"失语症",因为哲学语言从整体上来说已经形而上学化了。分析哲学家曾经进行过发明"人工语言"的尝试,他们试图人为地构筑一种严格符合逻辑要求的语言体系,借以避免日常语言所具有的含混性和随意性特征,以此来保证语言的同一性。然而他们的这种尝试却不可避免地失败了,因为任何理性化的人工语言都隐含着一种非理性的或者说形而上学的独断论前提:建构人工语言的前提是认为思想和语言要想是有意义的,就必须是合乎逻辑的,也就是说有意义的和合乎逻辑的被认为是一回事。这个事实说明人工语言理论是以特定的意义理论为前提的,然而这个意义理论本身却被认为是自明的，任何一个人工语言学家都把这一点作为当然的事实接受下来了。这样一来就提出了一个问题：这个意义理论真的是自明的吗？只有合乎逻辑的语言和思想才是有意义的吗？分析哲学中的科学哲学把这一点接受下来并加以贯彻，然而科学哲学本身的发展轨迹却恰恰否定了这一点：它最终在费耶阿本德那里与后现代主义合流了。科学哲学的解体反过来提示我们，并非只有合乎逻辑的、具有严格同一性的语言才是具有意义的，也并不是只有那些在经验上可证实的命题才是有意义的。而这一点同样可以通过我们的日常经验来加以证明：我们确实无法给灵魂、自由或者上帝下一个符合逻辑要求的定义，而有关这些问题的命题也的确无法得到经验的证实，然而所有这些谈论难道是没有意义的吗？灵魂、自由对于我们来说是没有意义的吗？我们不需要信仰吗？恰恰相反，我们认为这些问题才是真正需要我们关注的，是比一切经验性或者科学性的命题都更有意义的。现代科学在对世界的认识方面已经取得了惊人的成就，这种认识也给我们带来了空前巨大的物质财富，然而这些财富和知识给我们带来了精神上的幸福吗？它们已经为我们解答了人生的意义问题吗？与逻辑经验主义和人工语言学派的观点相反，真正富有意义的语言不是在逻辑的界限之内，而是在逻辑的界限之外，也就是说凡是能够以合乎逻辑的语言表述出来，并且能够得到经验证实的命题，恰恰都不是与我们的意义世界真正相关的问题。

然而我们真的具有这种真正能够传达意义的语言吗？德里达显然认为这种语言在西方是不存在的，他认为西方语言已经彻底地形而上学化了，也就是说任何一句话甚至是一个词语都连带着"形而上学的整个体系"。从某种意义上来说这确是实情，因为有哪个语词没有被形而上学家们使用过呢？每一个词语中都包含着形而上学家所赋予它的意义，因而都打着形而上学的烙印。与其对西方语言的否定态度相反，德里达对东方的尤其是中国的文字却给予了很大的希望，他认为汉字所具有的音义合一的特点可以从根本上克服西方语言的缺陷。我们认为他在这里至少是把问题的关键弄错了。诚如我们在前面所指出的，西方思想的根本问题在于思想家们信奉了一个独断论的意义观，即认为只有合乎逻辑的、经验上可证实的命题才是有意义的，而只有以这种意义理论为前提，才会认为语言本身的非逻辑性是一种缺陷。德里达所做的工作就是通过分析著名的形而上学家的文本，指出哲学家们所使用的语言也并不是完全科学的，而是与文学文本一样充满了隐喻，他认为这样就把哲学解构了，因为哲学只是一种"白色的神话"。而其他的解构主义者如美国的耶鲁学派则把这个工作反转过来：通过找寻文学文本中所包含的形而上学内涵而把文学也解构了。事实上这两种工作都是大有问题的：如果我们不是把那种理性化或逻辑化的意义理论作为前提，而是承认意义可以而且必然存在于语言的逻辑界限之外，那么在哲学文本中存在着隐喻式的语言就只能表明哲学与其所宣称的理性化或逻辑性目标是不相符的，而不能证明哲学文本因此就是无意义的。同样，在文学文本中包含着形而上学内容也并不能否定文学作品的意义和价值，因为以一种非形而上学或者非逻辑的语言来言说形而上学的命题，恰恰是文学艺术的根本特征。不容否认，文学语言经常是违反逻辑甚至是语法规则的，文学作品所描写的事件或者事物也常常是无法在经验上加以证实的，然而这些都不能否认文学作品所具有的意义。通过阅读文学作品，我们当然不可能获得有关自由、灵魂或者说人生意义的科学的或者逻辑的知识，然而艺术欣赏却的确加深了我们对于人生意义或者生命本体的理解和体验，这一点是无论如何也无法否认的。因此，从某种意义上来说，解构主义批判实际上做了一件无意义的工作，因为我们所关心的不是文学作品存在怎样的逻辑上或者科学上的"破绽"，而是作者在作品中揭示出了怎样的人生意义和价值。与此相一致，如果我们确立这种新的意义标准，那么后现代主义所渲染的那种哲学的危机其实也是不存在的。或者说，以前的哲学家所追求的那种逻辑上的自洽性和理性化目标的确是无法达到的，而我们也不可能发明一种新的语言来解决这一问题，但这些都不能影响我们思想的可能性和有效性。即使我们今后的思想仍然是含混的或者非理性的，只要我们通过这种思想揭示出了真正的意义，那么这种思想就是有效的和合理的。以海德格尔为例，尽管卡尔纳普通过严格的逻辑分析发现海德格尔关于存在的谈论矛盾百出，但这些谈论却并不像他所说的那样就是无意义的，相反，我们认为海德格尔给予我们的思想启示要远远超出卡尔纳普以及整个人工语言学派。有人认为海德格尔谈论了一辈子的存在问题，到最后也没有说清楚存在究竟是什么，这种说法实在是出于无知，因为海德格尔所极力反对的就是我们去问存在是什么，而他所努力做的则是教会我们怎样去切身地领会存在的意义，在这方面他显然是十分成功的，只可惜我们对此还领会得太少，或者说很多人还陷在科学以及形而上学的诱惑之中而闭目塞听。因此我们认为，哲学的任务不是像维特根斯坦和德里达所说的那样，对传统哲学进行无止尽的"治疗"或者"解构"，而仍然是通过各种命题来言说存在的意义。即便像维特根斯坦所说的那样保持沉默也是不正确的，因为存在的意义并非无法言说，只不过是无法理性地或者逻辑地加以言说而已！而我们也不能允许哲学家对此保持沉默，因为我们深信他们对存在的意义有着真切的领会，我们对于他们为此所做的言说仍然一如既往地深感兴趣！当然，我们不只要聆听哲学家的言说，我们还要聆听神学家的言说，聆听艺术家的言说，最终，我们当然需要自己去聆听和言说存在的意义！

第二节　现象学与文艺学的方法论变革

现象学是现代西方所产生的一种十分重要的思想运动，其影响现在已经扩散到了哲学、美学、心理学、社会学等各个学科领域。对于文艺学研究来说，现象学在方法论方面的启示是十分丰富的。这里我们将首先探讨现象学在哲学层面的方法论特征，而后再具体分析其对于文艺学研究的重要启示。

一

按照现象学的创始人胡塞尔的观点，现象学的基本精神或原则是"面向事情本身"。对于这个原则，不同的现象学家做出的理解和阐释也各不相同。在胡塞尔看来，这个原则要求现象学家在进行研究的时候，必须排除一切先入之见，这就是我们一般所具有的自然态度，以及我们从其他思想家那里所接受来的各种思想观念。在胡塞尔之后，现象学运动的其他成员对这个原则做出了各种不同的理解和阐释，他们或者否定了胡塞尔的本质直观理论，认为理解活动必然具有一定的先入之见（海德格尔），或者否定了胡塞尔的先验现象学立场，认为先验自我是不存在的（萨特），先验还原也是不可能真正实行的（梅洛－庞蒂）。现象学运动内部这种复杂的自我改造，显然给我们把握这一运动的基本特征增添了许多困难。

不过，如果我们暂时撇开这些思想家各自所关注的思想课题的特殊性，就会发现他们的研究表现出某种十分显著的一致性，这就是他们对于西方传统的形而上学思维方式的反思与批判。按照德里达的观点，形而上学的根本特征在于其是一种二元论的思维方式，即总是惯于为世界设立一个本源或"终极能指"，并且由这个本源出发，设定一系列的二元对立范畴，如在场/不在场、精神/物质、主体/客体、能指/所指、理智/情感、本质/现象、声音/书写、中心/边缘等。他还进一步指出，所有这些对立都是不平等的，其中总有一方占有优先的地位，另一方则被看作是对于前者的衍生、否定和排斥。可以说，这些观点在某种意义上已经成为当代思想的共识。

对于形而上学的这种二元论特征，现象学运动从一开始就有着清醒的意识。胡塞尔尽管没有明确把反对形而上学作为自己的思想任务，但他对于自然主义的思维方式及其种种变式如心理主义、历史主义、世界观哲学等，都进行了彻底的批判，而所有这些自然主义的表现形式，在胡塞尔看来都具有二元论的特征。胡塞尔认为，所谓自然主义在根本上是由某种素朴的自然态度或观点所决定的。按照这种观点，我周围的世界是"一个在空间中无限伸展的世界，它在时间中无限地变化着，并已经无限地变化着"①。同时，这种观点还把自我看作这个周围世界的一个组成部分："我以自发的注意和把握，意识到这个直接在身边的世界。"② 不难看出，胡塞尔在此所描述的恰恰是形而上学的二元论思维方式，因为这种思维方式把自我与世界对立起来，这正是主体与客体的二元对立得以产生的根本原因。正是为了克服这种二元论的思维方式，胡塞尔才提出了本质还原和先验还原的思想。所谓本质还原又称本质直观，其核心内涵是反对传统思想把本质与现象、理性与感性对立起来的做法，认为只要我们把直观的概念加以扩展，就会发现通过直观也可以把握到绝对的、观念的本质存在。不过，胡塞尔认为本质直观仍然设定了主体与世界的二元对立，因此还必须进一步实行彻底的先验还原。为此，就必须排除一切自然态度的设定，一方面，在意识对象方面排除对于世界的存在设定，把意向对象和实在对象区别开来，不再把意识看作世界的组成部分；另一方面，在意识行为方面，排除一切自然科学和实证科学的思维态度和思维成果，并最终排除心理学的自我。这样，现象学还原的剩余物——纯粹意识——就彻底摆脱了自然态度的纠缠，意识活动也就不再是主体与客体之间的二元对立关系了。

在胡塞尔之后，海德格尔等人尽管对其思想进行了一系列的改造或者修正，但这些改造的根本目的，却都是为了真正彻底地完成对于形而上学的批判与超越。海德格尔认为，胡塞尔所说的本质直观并不是本源性的，由于任何对于对象的直观活动都建立在对于对象存在意义的理解和领悟的基础之上，因此现象学的本质直观就应该为解释学的理解和领悟所取代；而理解和领悟从来都是以某种先入之见为基础

---

① ［德］胡塞尔：《纯粹现象学通论》，李幼蒸译，商务印书馆1992年版，第89页。

② ［德］胡塞尔：《纯粹现象学通论》，李幼蒸译，商务印书馆1992年版，第91页。

的，因此胡塞尔要求排除一切成见的观点也是不可靠的；最后，既然现象学所要把握的是对于存在意义的理解和领悟，因而其研究对象也就不再是先验意识及其意向性活动，而是首先要澄清此在进行理解活动的基础——此在的生存论存在论结构，这样，意识现象学就必然为此在诠释学所取代。不过，尽管海德格尔对于胡塞尔现象学的观念、方法与对象都进行了改造，但这却不意味着他彻底抛弃了现象学的根本精神。相反，由于此在对存在意义的理解比胡塞尔所说的意识的直观活动更具有本源性，因而也就更彻底地摆脱了二元论思维方式的纠缠。在这个意义上，海德格尔可以说是更加彻底地贯彻了现象学的基本精神和原则。

在海德格尔之后，以萨特（Jean-Paul Sartre）和梅洛－庞蒂（Maurice Merleau-Ponty）为代表的法国现象学家致力于调和他与胡塞尔之间的思想分歧，试图把胡塞尔晚期的生活世界理论和交互主体性的现象学与海德格尔的存在哲学结合起来，从而开辟了现象学运动的新天地。其中，梅洛－庞蒂的思想尤其值得关注。他认为，传统思想以形形色色的方式表现为理性主义和经验主义之间的对立。为了克服这种对立，他主张以肉身化的身体—主体概念来取代传统的主体概念。所谓身体—主体乃是一个身心合一的概念，也就是说主体并不是与身体相分离的某种精神或者自我，而直接就是我们的身体本身，因为我们的身体并不是自我进行意识活动的中性工具，也不是外在的物质世界的组成部分，相反，我们的身体具有一种意向性活动的能力，它可以在我们的周围筹划出一个生活世界。由此出发，传统思想的身心二元论观点就站不住脚了。同时，他认为身体—主体的知觉活动具有一种暧昧性的特征，它与对象或世界之间不是一种主客体的对立关系，而是一种往复不已的相互作用和交流，这样，传统思想中的主客对立关系也就被否定了。

综上所述，现象学运动反对形而上学的根本方式是追求一种思想的本源性，即通过把形而上学所设置的二元对立的概念还原到某种更为本源性的状态，来克服它们之间的分离和对立关系。我们认为，这一思路对于我们克服文艺学研究中的二元论特征和本质主义倾向，具有十分重要的启发作用。

二

事实上，西方传统哲学的这种二元论特征在我们的文艺学研究中，至今仍有着十分显著的表现。举例来说，在我们的文艺学研究中，这种二元论的思想方法仍然是人们设置范畴和建构体系的基础，比如我们的文艺学体系一般要涉及生活/艺术、本质/现象、主体/客体、主观/客观、内容/形式等范畴，这些范畴之间的转换关系同时也就构成了理论体系的基本框架。由此可见，如何摆脱这种旧的思想方法，已经成为我们实现文艺学研究方法论变革的关键。

不过，客观地说，现象学运动对于形而上学的克服并不是思想史上的首创。早在近代思想中，以康德（Immanuel Kant）为代表的德国古典哲学和美学就已经为此进行过卓有成效的努力。近年来，我国有学者指出，康德的批判哲学和美学与胡塞尔的现象学之间有着内在的一致关系。对此我们认为，它们的共同之处在于都把批判和超越形而上学作为自己的思想目标，但它们借以克服形而上学的具体方式却是完全不同的。简单地说，康德乃至整个德国古典哲学所运用的根本方法乃是辩证法，这种方法的基本特点是把主体与客体、主观与客观的对立视为前提，而后再通过寻找它们之间的中介环节，来实现对立面之间的过渡和统一；而现象学的方法则是把这种二元对立看作非本源的，试图寻找到某种主客未分、天人合一的本源性状态来消解这种对立。从现象学的立场上看来，辩证法对于形而上学的克服显然还不够彻底，因为它仍然把主客体的对立作为前提。

表面上看来，现象学与辩证法之间的这种差异自然会影响到我们对于这种思想的吸收与借鉴，因为我国的文艺学基础理论一向是以马克思主义的认识论思想为基础的，而辩证法是马克思主义的根本思想方法。但实际上，马克思主义的产生不仅继承了德国古典哲学的辩证法遗产，同时也是对这种思想的扬弃和超越。具体地说，马克思主义尽管也突出强调辩证思维的方法，但却并没有把主客体的分离和对立视为当然的前提。相反，在马克思（Karl Marx）看来，实践的观点才是超越旧的唯物主义和唯心主义哲学的关键。我们认为，实践乃是马克思主义哲学中的基础性和本源性范畴，也就是说，实践并不是主体与客体之间的一个中介范畴，相反，主体与客体、主观与客观、物质与精神等范畴本身就是在实践的基础上才分化开来的，也只有在实践的基础上才能获得统一。因此，我们应该把实践看作一个本源性的范畴，而不应该错误地将其置于主客二分的框架之下。马克思在《1844年经济学哲学手稿》中就曾经指出，"主观主义和客观主义，唯灵主义和唯物主义，活动和受动，只是在社会状态中才失去它们彼此间的对立，并从而失去它们作为这样的对立面的存在"[①]，而在《关于费尔巴哈的提纲》中，他又进一步明确指出，实践的观点是对于以往一切形式的唯物主义和唯心主义的超越，是对于它们之间对立的克服。就此而言，马克思主义的实践观点，已经使其彻底超越了形而上学的二元论思维方式。

从现象学的角度来看，实践活动在马克思主义哲学中所起的作用已经使其成为一个本体论的范畴。当然，我们在此所说的本体论已经具有了全新的含义。在这个问题上，我国的哲学和文艺学研究长期存在一种不应有的误解，即把本体论视为追寻世界的本原或本质的学问，因而认为马克思主义所信守的仍是旧唯物主义的物质本体论。具体说来，人们对本体论最常见的误解是把本体一词理解为本质、本性、本原或本源等。这些解释大致可以分为两个类型，即或者把本体当作万事万物背后共同的抽象本质（或本性），这样，本体论就成了本质论；

---

① ［德］马克思、恩格斯：《马克思恩格斯文集》第一卷，中共中央马克思恩格斯列宁斯大林著作编译局编译，人民出版社 2009 年版，第 192 页。

或者把本体理解为世界上一切事物最终的来源，这时本体论就变成了本源论。而事实上，本体论的这种观点乃是西方形而上学思维方式的产物。简单地说，本体论的产生基于柏拉图提出的世界二重化原则。按照这种原则，世界被分成了理念和现象两个部分，其中，理念是先于各种具体事物而存在的，各种事物之所以存在，就是因为"分有"或"摹仿"了理念的结果。因此，理念不是具体的存在者，而是使各种存在者得以存在的原因或根据，这实际上就是我们所说的本体。亚里士多德尽管没有接受柏拉图以理念为本体的观点，转而提出了"形式本体""质料本体"等说法，但世界的二重化作为形而上学的基本原则却被确定了下来，并且影响了以后两千年间西方本体论哲学的发展。另一方面，这一基本原则在方法论上的表现则是本质主义。这是因为，既然本体乃是现象背后的原因和根据，那么对本体的探询就必然是以抽象的逻辑推理来寻找现象背后的普遍本质。因此，本体论的基本形态乃是本质论。同时，这种本质往往又被归结为世界的根源或最高实体，这时本体论也就成了本源论或宇宙论。由此我们可以看出，许多学者至今所固守的物质本体论观点，恰恰是一种典型的形而上学观点。

那么，究竟什么是现代意义上的本体论呢？我以为这就是由海德格尔在现象学的基础上所建立的基本本体论思想。在海德格尔看来，以往的一切本体论都存在一个共同的缺陷，即对存在的遗忘。表面上看来，这是一个十分荒谬的观点，因为本体论的奠基人亚里士多德早就将其界定为一门研究"存在之为存在"的学问。但在海德格尔看来，形而上学的本质主义思维方式决定了它所追问的实际上乃是存在者而不是存在自身，因为形而上学所追问的乃是存在者之所以存在的最终原因或者根据，而这样的根据则只能是某种最高的存在者如上帝、理念、物质、精神等。为了克服这一缺陷，就必须重提存在的意义问题，而这又要求我们首先必须澄清此在的生存论结构，因为只有此在才能够提出所谓存在的意义问题，也只有此在才能对存在的意义有所领悟："对存在的领悟本身就是此在的存在规定"①，这样，基本本体论的任务就在于对此在的生存论存在论结构进行现象学的分析与描述。

从哲学史的角度来看，海德格尔对于本体论的这种根本变革早在马克思那里就已经开始了。正如海氏自己所说的，马克思在尼采之前就已经完成了"对形而上学的颠倒"②。不仅如此，我们甚至有理由认为，海德格尔之所以把自己的新本体论——基本本体论或基础存在论的研究内容确定为对于此在或人的生存论、存在论结构的分析，某种意义上也是受了马克思的影响，因为正是马克思在哲学史上率先把目光转向了"现实的、感性的活动本身"③。凡是熟悉马克思主义发展史的人都知道，马克思正是从清理费尔巴哈（Ludwig Feuerbach）的人本主义唯物主义思想开始，建立自己的新世界观的。而这种清算，首先就集中在后者的物质观和自然观上。马克思首先肯定，费尔巴哈比"纯粹的"（即形而上学的）唯物主义有很大的优点，因为他承认人也是"感性对象"，这表明他已经开始不满于旧唯物主义那种脱离人的"纯粹的"自然观，因此他才声称自己的"新哲学将人连同作为人的基础的自然当作哲学唯一的、普遍的、最高的对象"④。但正如马克思所说，费尔巴哈的致命缺陷也在于，他把人只看作是"感性对象"而不是"感性活动"。而马克思的新世界观的立脚点则在于感性的实践活动，认为实践活动才是整个现存世界的基础。从本体论的角度来看，这实际上也就否定了那种"先在的、与人无关的自然界"，而代之以通过感性的实践活动所产生的新的现实世界。如此一来，物质的本体论地位也就被取消了，因为马克思主义所谈论的物质世界是通过实践

---

① ［德］海德格尔：《存在与时间》，陈嘉映、王庆节译，生活·读书·新知三联书店1987年版，第16页。

② ［德］海德格尔：《海德格尔选集》下卷，孙周兴选编，上海三联书店1996年版，第1244页。

③ ［德］马克思、恩格斯：《马克思恩格斯文集》第一卷，中共中央马克思恩格斯列宁斯大林著作编译局编译，人民出版社2009年版，第499页。

④ ［德］费尔巴哈：《费尔巴哈哲学著作选集》上卷，荣震华、李金山等译，商务印书馆1984年版，第184页。

活动才产生和存在的，因而物质在这种新的思想体系中并不具有最高的终极地位，取而代之的是实践。许多论者之所以反对用实践来取代物质的本体论地位，是由于担心由此就会走向唯心主义。但实际上马克思并没有就此否定物质自然的先在性，只是认为对于这种先在性的研究本身就不应该是本体论的内容。因此，马克思并没有就此走向唯心主义，而是通过否定和超越这种旧的本体论，建立起了一种崭新的、非形而上学的本体论。

通过把马克思主义置于现象学的理论视野之中，我们发现并阐释了实践在马克思主义哲学中的本体论地位。我们认为，这种新的哲学观必然使我们对于文艺活动的理解发生根本性的变革。简单地说，这将从根本上改变我们过去那种把文艺视为一种认识活动的做法，转而把文艺看作人生实践的组成部分，从而确立起文艺活动的实践本性。

那么，我们究竟应该如何从本体论的角度来理解艺术的实践本性呢？我以为与从认识论的角度把实践理解为主体与客体之间的中介环节不同，实践在本体论上指的是人类最根本的生存方式，因而艺术的实践性就是指艺术活动成了艺术家与读者人生实践的组成部分。这可以从两个方面加以说明。

首先，文艺活动就是艺术家的审美的人生实践。艺术活动在根本上是与艺术家探究人生真谛、追求艺术真理的人生实践相统一的。从本体论的角度来看，艺术家与社会生活的关系在根本上是实践关系而不是认识关系。这是因为，艺术创作并不是艺术家置身于生活之外去冷静地观察、分析和认识生活，而是直接以人生实践的方式参与到社会生活之中去。艺术活动作为一种审美的人生实践，其根本目的不是去把握业已存在的客观知识，而是要真实地记录艺术家的人生体验和感悟。与认识活动所要求的客观性、真实性不同，审美体验具有创造性、生成性的特征。艺术家通过切身体验所把握到的哲理和意蕴，并不是异己的客观存在物，而是艺术家所领悟到的人生价值和意义。这种价值和意义不是来源于主体在对象性思维中对客体属性的认识，而是来源于艺术家在主客未分、浑然一体的状态下对宇宙人生所产生的本源性的感悟和理解。当然，艺术价值的创造离不开艺术家对社会生活的观察和分析，但这只能为具体的艺术创作准备前提条件，它无法取代艺术家艰苦的人生实践过程，这即是艺术家提高自己的审美修养、道德品格和人生境界的心路历程。正是有了这一实践过程作为前提，才使艺术家得以长期保持自身的艺术激情，在艺术创造和人生实践中不断达到新的境界。因此，从本体论的角度来看，艺术主要是一种实践活动而不是认识活动，艺术的实践本性也必然高于艺术的认识本性。

其次，艺术活动不仅仅是作家、艺术家的人生实践。随着艺术作品为人们接受和欣赏，艺术活动必然要和广大读者的人生实践发生密切的联系。由于艺术作品所记录的是艺术家直接的人生体验，而不是纯粹客观的社会知识，因而读者的接受也就不仅仅是认识活动，而是以情感为中介的审美体验和道德实践活动。艺术欣赏不仅是对读者知识水平、审美修养的考验，而且是对读者道德境界、人格修养的审视和检阅。如果读者在人生实践中达不到相应的境界和水平，就无法深刻地领悟作品的内在意蕴。相反的，优秀的作品正是因为渗透着艺术家对社会人生的积极评价，洋溢着艺术家的人生理想和智慧，才能给读者以美的享受和思想的启迪。

由这两方面的论述可以看出，作者与读者的艺术实践实际上以作品为中介而紧密地交织在一起了。这样，我们就可以进一步将艺术活动视为艺术家与读者之间双向互动的交往过程。一方面，艺术家通过艺术作品能动地影响读者的整个心灵，帮助他们净化自己的情感，陶冶自己的情操，从而在人生实践上达到新的境界。另一方面，读者的反应和体验也必然会通过批评等途径反馈给艺术家，从而对他们以后的艺术创作和人生实践产生积极的影响。完整地理解艺术的实践本性，就要求我们把艺术活动看作艺术家与读者以艺术作品为中介所进行的双向互动的交往实践活动。

三

毋庸讳言，我们把艺术实践看作艺术家与读者或观众之间的交往活动，实际上受到了现象学的主体间性理论的重要启示。所谓主体间性的现象学是胡塞尔为了克服唯我论的纠缠，建立起的一门现象学理论。胡塞尔从本质现象学走向先验现象学，所受到的最大非议就在于被认为陷入了唯我论的困境之中。由于对每一个经验自我的先验还原都必然会产生一个先验自我。这些先验自我的意识之流必须能够相互区分开来，才能保持它们各自的统一性；另外，先验意识的客观性又必须诉诸先验自我之间的相互认同。正是为了解决这两方面的问题，胡塞尔开始关注交互主体性的问题。对他来说，这个问题的关键就在于先验自我如何把其他自我作为意向对象来加以构成。这里存在一个特殊困难，因为他人的存在不同于一般的对象，对我来说他人既是客体（对象）又是主体。胡塞尔认为，自我与他人之间存在着一种"结对"关系，具体地说，他人自我显现在我的意识中总是以其躯体为中介的，这个躯体不同于其他实在之物，它必然与我的躯体出现结对关系。由于我的躯体及其行为必然伴随着我的意识活动，因此我就联想到他人的躯体也必然伴随着他人自我的意识活动，这样，他人自我也就得以构成了。这样一种思路能否避免唯我论的结局呢？回答似乎不容乐观。尽管胡塞尔一再强调结对的自我与他我之间的相互性和独立性，但由于他人自我归根到底总是一个孤立的先验自我的构成物，所谓主体间的世界本质上只是对这种构成和结对关系的放大而已，因此，先验自我的地位必然高于交互主体性，唯我论也就不可避免了。

胡塞尔之后的现象学家为了摆脱唯我论的困境，进行了多方面的努力。海德格尔用此在取代了胡塞尔的先验自我，并把此在的生存论结构刻画为"在世界之中存在"。不过，他也面临着此在如何领会他人存在的问题。为此，海氏提出了"共在"的思想，即认为他人是以"共同此在"的方式存在的："他人的在世界之内的自在存在就是共同此在。"① 此在之所以会把他人的存在领会为共同此在，是因为此在的存在论结构——"在之中"就是指与他人共同存在，而此在的世界也就是这种共同世界。不过，海氏并没有就此弥合了我的此在与他人此在之间的界限和区别，他认为此在"这个存在者'首先'是在与他人无涉的境界中存在着，然后它固然也还能'共'他人同在"②。这就是说，此在之本真存在仍然在于为了自身的存在，或者说此在在本真状态中是与他人无关的；反过来，只要此在处在与他人的关联之中，此在的存在就不是本己的和自由的。海德格尔认为，这并不是要把他人的存在置于此在的存在之下，而恰恰是赋予他们以存在论上的平等地位，因为要求此在本己地与他人无关就表明他人也被看作是为了自身的存在。与胡塞尔相比，这显然是一个明显的进步。不过，海氏虽然承认了此在与他人之间的平等，但却把共在看作此在的非本己状态，这显然与胡塞尔贬低交互主体性的做法并无二致。

正是这一点引起了萨特的不满。他认为，与他人的共同此在本来就不是理论的起点，而是现象学分析的任务和目标。不仅如此，他认为海德格尔所描述的这种共在现象实际上是不存在的，"意识间关系的本质不是共在，而是冲突"③。最能体现这种关系的经验就是他人对我的"注视"。设想如果我正在通过门上的锁孔向别人的房间里窥视的时候，突然听到楼道里传来了脚步声，我立刻意识到有人在注视我，因而感到十分尴尬和羞耻。萨特认为，这种注视实际上使我的存在方式发生了根本的变化，因为我不再是自己处境的主人和主体，而是异

---

① ［德］海德格尔：《存在与时间》，陈嘉映、王庆节译，生活·读书·新知三联书店 1987年版，第 184 页。

② ［德］海德格尔：《存在与时间》，陈嘉映、王庆节译，生活·读书·新知三联书店 1987年版，第 146 页。

③ ［法］萨特：《存在与虚无》，陈宣良等译，生活·读书·新知三联书店 1987 年版，第552 页。

化成了"对象的我""客体的我"。当然，这并不是说我必然永远处于客体或对象的位置，因为这种关系是双向的，在一定的处境中我同样能够通过注视而使他人处于对象的位置。但无论如何我与他人不可能互为主体，而只能是一种相互冲突的"主奴关系"。萨特认为，由于注视现象是一种前反思意义上的原初经验，因此，由此所揭示出的主奴关系就是我与他人关系的真实状态，而不会陷入由二元论的思维方式所带来的唯我论困境。

与萨特把人与人之间的关系归结为相互冲突的主奴关系不同，梅洛－庞蒂则认为交往与共处才是这种关系的本来面目。萨特认为他人的注视使我们由主体变成了对象或物，梅洛－庞蒂认为这恰好表明在此之前已经有了主体间的共处与交流，否则就无法解释何以动物的注视就不可能产生这样的效果。正是由于人与人之间已经首先建立了相互的交流和共处关系，才可能在某一时刻出现相互的敌对和冲突关系，而且后者也绝不是人与人关系的全部内容。萨特之所以把这种关系描绘为不可调和的对立，是因为他把人的存在看作自为与自在之间的二元对立，而没有发现身体作为肉身化的主体是一种不同于意识和对象的第三种存在。也正是由于这个原因，萨特就无法解决我们的意识如何能经验到他人意识的问题，因此他人对我来说就只是对象或者物。而梅洛－庞蒂则指出，在我们能够通过注视来使他人异化之前，我们必须已经通过身体与他人和世界建立了联系，我的身体与世界的交流关系乃是我与他人发生相互作用的前提。而身体的这种存在方式也就决定了我们从来也不可能完全地占有世界，因此他人就有了生存的空间。他人的观点和看法并不都是与我相敌对的，在一定程度上它们构成了对我的看法的补充。他人对世界的掌握丰富了我对世界的理解，使我能够比独自面对世界时理解得更好，因此，我们在世界中的存在并不是相互分离的，而是内在地联系在一起，并共同构成了我们的文化和社会世界。因此梅洛－庞蒂认为，我们既不能像海德格尔那样笼统地强调此在与他人之间的共同存在，也不能像萨特那样把人与人的关系简单地归结为冲突和斗争。必须承认，它们都只是主体间关系的组成部分，而这一切关系的根本基础，则是我们的身体—主体之间的相互作用和交流。

无论现象学家们的上述努力是否能够真正摆脱唯我论的思想困境，他们由此所建立的主体间性理论对于我们的文艺学研究却都有着重要的方法论启示。从这种理论立场来看，艺术活动在根本上就不再是主体对于客体的认识活动，而成了主体之间的相互理解和交往活动。对此，我们同样可以从创作与接受两个方面来加以分析。

从艺术创作的角度来看，作家的创作在某种意义上依赖于读者的阅读，或者说创作行为本身就是艺术家与读者之间的交往活动。表面看来，这个观点显然难以成立，因为接受活动的对象乃是作品，而作品则是由艺术家创作出来的，所以阅读活动当然是在写作活动之后才开始的。然而从现象学的角度来看，写作活动在本体论上就是以读者的阅读为前提的，因为只有通过读者的阅读，写作活动的意义才能得到实现，作家的自由本质才能得到体现。正如萨特所说的："作家到处遇到的只有他的知识，他的意志，他的谋划，总而言之他只遇到他自己；他能触及的始终只是他自己的主观性"①，也就是说，作家自身所给予作品的只是主观性，只有当这种主观性在阅读中转化为客观性之后，作品的意义才能够获得实现。然而艺术家自己却无法阅读自己的作品，因为阅读是一个"预测和期待的过程"。人们在阅读中不断预测他们正在读的那句话的结尾，预测下一句话和下一页；人们期待它们证实或推翻自己的预测。组成阅读过程的正是这一系列假设、梦想和紧随其后的觉醒，以及一系列的希望和失望。读者总是走在他正在读的那句话的前头，他所面临的是一个可能的未来。随着阅读行为的进行，这个未来部分得到确立，部分则沦为虚妄，正是这个逐页后退着的未来形成了文学对象的变幻着的地平线。因此，没有期待，没

---

① ［法］萨特：《萨特文学论文集》，施康强等译，安徽文艺出版社1998年版，第101页。

有未来，没有心理上的无知状态，就没有真正的阅读行为。而在作家的创作过程中，他已经预先经过了一个隐藏着的准阅读过程，当他的创作行为终结之时，他对作品的一切都已了然于胸，因此不可能重新进行真正的阅读。而既然创造只能在阅读中得到完成，作家就必须委托另一个人来完成他已经开始做的事情。因此，作家在创作之际就必须把读者装在胸中，时刻意识到自己是为哪些读者写作的。在某种意义上，创作本身就是在向读者发出召唤，而且只有赋予读者以充分的自由，读者才能充分发挥其创造性，从而完成使作品客观化的使命。因此，艺术家与读者在艺术活动中构成了一种以自由为纽带的相互信任的关系，正是通过这种相互信任，每一方在显示自身的自由的同时，也揭示了对方的自由本质。

从艺术接受的角度来看，读者的阅读也不仅仅是对于作品的认识活动，而更重要的是与作者之间的精神交往活动。日内瓦学派的主要代表乔治·普莱（George Poulet）曾经对此做过精彩的分析。他认为，文学作品在阅读活动开始之后，就发生了一种奇特的变化，其物质性消失了，转化成了我们意识中的一种精神实体。具体地说，这就是我们在作品中所把握到的大量语词、形象和观念。随着作品存在方式的变化，我的意识也发生了奇特的转变，其最显著的表现就是我的思想被来自书本的大量思想观念所占据。对于这些观念之物来说，我的意识可以说是为它们提供了存在所必需的居所。然而对于我的意识来说，"最奇怪的是：我成了这样一个人，其思想的对象是另外一些思想，这些思想来自我读的书，是另外一个人的思考。它们是另外一个人的，可是我却成了主体。"① 也就是说，我的意识成了书本所包含的他人思想的主体。这种变化会导致什么后果呢？简单地说，这就使我必须去思考他人所思考的问题，而且必须站在他人的立场上来进行思考。那么，这个占据了我的意识的陌生主体究竟是什么呢？我们很容易想到

---

① ［比利时］乔治·普莱：《批评意识》，郭宏安译，百花洲文艺出版社 1993 年版，第 257 页。

这就是书本作者的意识。这种看法确实是有一定根据的，因为任何一本书都浸透着作者的精神，当我们进行阅读时，作品自然就在我们身上唤起一种与作者的感受和思想相似的东西。然而普莱认为，这种看法至少在部分上是错误的。这是因为，作者的意识以及生活体验可以分散地存在于任何一部作品及其语句之中，这就使这些语句中的思想缺乏真正的统一性和独立性。反之，一部文学作品的思想观念则是独立存在的，它们有着自己的生命。因此，作品中所包含的主体与作者的意识或自我之间有着本质的区别。那么，我们究竟如何才能把握作品中的主体呢？对此普莱提出了一种十分独特的观点，即我们可以通过从作品出发的逆向思维来把握作品的主体或自我："我通过一种行为回溯到某一确定的作者对这种行为的意识，正是这种行为本身使我就在这意识实现其精神行为的时刻活生生地抓住一种思想的独特性以及它在其中得以发展的那种环境的含义。"① 可以看出，普莱在此所求助的正是胡塞尔的意向性理论，即把文学作品视为一种意向对象，而后再从作品出发来把握构成这一意向对象的意向活动。通过这种把握，读者也就与作者建立了精神上的交往和理解关系。

从方法论的角度来看，现象学的主体间性理论给予我们文艺学研究的启示无疑是十分深刻的。长期以来，我们的文艺学研究都建立在哲学认识论的基础之上，把文艺活动看作对于社会生活的认识和反映活动。20 世纪 80 年代以来，我国的文艺学研究发生了深刻的变化，其主要表现是对于文艺的审美特性和价值本质给予了前所未有的关注。然而究极而言，这还只是使我们的文艺学研究摆脱了机械反映论的局限，发展为一种能动的、审美的反映论，但这归根到底仍是一种认识论的文艺观。我们把马克思主义阐释为一种实践本体论思想，并在此基础上建立一种实践论的文艺观，这无疑可以使我们从根本上超越旧的认识论文艺观和形而上学的二元论思维方式。然而，我们的文艺学

---

① ［比利时］乔治·普莱：《批评意识》，郭宏安译，百花洲文艺出版社 1993 年版，第 282—283 页。

研究如何能够建立起新的非二元论的范畴体系呢？我以为，以现象学的主体间性理论来取代旧的主客体关系理论，应该说是一条可行之路。简单地说，主客体关系理论是一种对象性思维方式的产物，因而必然把文艺活动看作主体对于对象的认识或反映活动，而主体间性理论所关注的则不是主客体之间的认识关系，而是主体之间的交往和理解关系，在这种关系中，客体只是主体进行交往的中介或工具而已，因而对于客体的认识就不再是艺术活动的主要目的或功能。这样，我们的文艺学研究就可以彻底超越近代认识论思想的局限性，获得现代思想的理论视野。

第三节　理论创新的阐释学路径

李泽厚是中国当代实践美学的代表人物，他所创立的"积淀说"是中国当代最有影响的美学理论。回顾并反思这一理论的产生过程，不仅有助于我们更好地理解李泽厚的美学思想，更重要的是，可以让我们从中窥见李泽厚进行理论建构和创新的方法和路径，从而更好地推进我国当代美学的发展。

一

李泽厚的美学探索开始于20世纪50年代的"美学大讨论"。这场讨论的缘起是批判和清算朱光潜的唯心主义美学思想，初出茅庐的李泽厚通过《论美感、美和艺术——兼论朱光潜的唯心主义美学思想》《美的客观性和社会性》《美学三题议——与朱光潜同志继续论辩》等论文崭露头角，引起了学界的广泛关注。不过在这些论文中，他提出的却不是实践论而是"社会派"的美学观点，因为他主要论证的是美的客观性和社会性，以及这两者之间的内在联系，由此区别于主观派和客观派等其他各派的主张。他认为，美既不是客观事物的自然属性，也不是主观精神和意识活动的产物，而是属于社会存在的范畴，是事物与人类的社会生活相联系而产生的一种社会属性。因此，他一再强调要区分美和美感，认为前者属于社会存在，后者属于社会意识，前者是社会生活的客观属性，后者则是对前者的主观认识和反映。由此可见，尽管李泽厚在讨论中与朱光潜、蔡仪等人有着明显的区别，但他当时所持的却是认识论的哲学和美学观点，其主要思想来源是俄国民主主义者车尔尼雪夫斯基"美是生活"的主张。

李泽厚真正走向实践美学，并且建构起自己的"积淀说"，开始于他在 20 世纪 70 年代所著的《批判哲学的批判》一书。根据李泽厚自己的回忆，他写作这本书的初衷既是出于对康德哲学的兴趣，也是由于对马克思主义哲学的"极大热忱和关心"。这两种兴趣之所以交会在一起，是因为一方面，"马克思主义哲学本来就是从康德、黑格尔那里变革来的；而康德哲学对当代科学和文化领域又始终有重要影响，因之如何批判、扬弃，如何在联系康德并结合现代自然科学和西方哲学中来了解一些理论问题，来探索如何坚持和发展马克思主义哲学，至少是值得一提的"；另一方面，"无论在国内或国外的马克思主义哲学中，我认为当代都有一股主观主义、意志主义、伦理主义的思潮在流行着"，这种思潮把马克思主义变成了一种"主观蛮干的理论"，在这种情况下，"强调用使用、制造工具来规定实践，强调历史唯物论以及批评'西方马克思主义'"就成了一种迫切的需要①。从李泽厚的自述来看，他之所以研究康德，固然是由于康德哲学对于现代科学和文化有着重要影响，但更重要的目的还是借此弘扬和坚持马克思的实践观和历史唯物主义。正是由于这个原因，我们发现李泽厚并未过多地从自己的角度对康德哲学进行分析和评价，而是处处自觉地运用马克思主义的观点和方法，把马克思的思想当成自己阐释康德的先在视野。

---

① 参看李泽厚《批判哲学的批判》，安徽文艺出版社 1994 年版，第 433 页以下。

　　仔细检视这本著作，我们会发现李泽厚对于康德哲学的每个重要命题和观点，都从马克思主义的角度进行了分析和评价。在谈到康德的空间和时间理论时，他引用了恩格斯（Friedrich Engels）的论断"一切存在的基本形式是空间和时间"，借此说明时空表象并不像康德所说的那样，是通过人的个体感官获得的，而是产生于人的社会实践①；在评价康德的范畴理论时，他又引用了恩格斯的话："必然性的证明是在人类活动中，在实验中，在劳动中"，以此证明范畴的普遍性和必然性是通过实践活动进行反复实验和验证的结果②；在批评康德的自我意识理论时，他引用了马克思的名言："问题在于改变世界"，以此表明人的意识、思维、语言、符号等，都是在实践活动中产生的，人的主观意识、思维的普遍性只是物质现实的主体实践的普遍性的反映而已③；在讨论康德关于"二律背反"的理论时，他又强调了恩格斯关于"不能避免矛盾"的论述，认为被康德视为令人生畏的认识论谜团的二律背反，实际上是完全现实地存在于自然界和人类历史之中，从而也存在于人类的主观思维发展进程中的普遍现象，因而不应该像康德那样试图逃避它，而是应该自觉地运用辩证法来加以认识和解决④；在谈到康德关于"物自体不可知"的命题时，他援引了马克思的论断："人应该在实践中证明自己思维的真理性"，认为实践能够使一切"物自体"从"自在之物"转化为"为我之物"，从而使其从不可知变为可知⑤；在评价康德伦理学中的"道德律令"概念时，他引用了马克思和恩格斯的有关评价："康德只谈善的意志"，以此说明康德的伦理学之所以会陷入形式主义，是由于他没有意识到一切抽象的道德法则背后都隐含着具体的社会历史条件，当他把这些现

　① 参看李泽厚《批判哲学的批判》，安徽文艺出版社 1994 年版，第 122 页以下。
　② 参看李泽厚《批判哲学的批判》，安徽文艺出版社 1994 年版，第 171 页以下。
　③ 参看李泽厚《批判哲学的批判》，安徽文艺出版社 1994 年版，第 210 页以下。
　④ 参看李泽厚《批判哲学的批判》，安徽文艺出版社 1994 年版，第 236 页以下。
　⑤ 参看李泽厚《批判哲学的批判》，安徽文艺出版社 1994 年版，第 268 页以下。

实条件都抽空了之后，就不可避免地使自己的伦理学变得空洞和贫乏①；在谈到康德伦理学中的宗教、政治和历史内容时，他引用了列宁关于"善被理解为人的实践"的论断，指出伦理学所讨论的善并非来自康德所说的"纯粹理性"，而是来自现实的社会实践，"社会实践本身就是'本体的善'，其他一切的善都由它派生而来"，因为只有社会实践才能真正让人类获得自由和解放，康德所说的"意志自律""人是目的"等只有放在唯物主义历史观的基础上，才能摆脱其空想性质，获得深刻的历史内容和伦理力量②；在评价康德的美学和目的论时，他引用了马克思的名言："人是依照美的尺度来生产的"，以此来说明康德所提出的"自然向人生成"和自然界的最终目的是人等思想，实际上是由于人能够利用整个自然来实现和达到自身的目的，由此实现了主体与客体、人与自然、目的与规律之间的相互渗透和转化③。

在对康德思想进行批判性阐释的基础上，李泽厚提出了自己的"积淀说"。严格来说，李泽厚的"积淀说"并不只是一种美学理论，而是一种具有宏大构想的哲学理论，他把这种哲学命名为"主体性实践哲学"或"人类学本体论"。他给积淀一词所下的定义是："所谓'积淀'，正是指人类经过漫长的历史进程，才产生了人性——即人类独有的文化心理结构，亦即从哲学讲的'心理本体'，即'人类（历史总体）的积淀为个体的，理性的积淀为感性的，社会的积淀为自然的，原来是动物性的感官人化了，自然的心理结构和素质化成为人类性的东西'。这个人性建构是积淀的产物，也是内在自然的人化，也是文化心理建构，也是心理本体，有诸异名而同实。它又可分为三大领域：一是认识的领域，即人的逻辑能力、思维模式，一是伦理领域，即人的道德品质、意志能力，一是情感领域，即人的美感趣味、审美

---

① 参看李泽厚《批判哲学的批判》，安徽文艺出版社1994年版，第313页以下。
② 参看李泽厚《批判哲学的批判》，安徽文艺出版社1994年版，第363页以下。
③ 参看李泽厚《批判哲学的批判》，安徽文艺出版社1994年版，第428页以下。

能力。"① 从这段话可以看出，李泽厚的哲学思想显然是把马克思的实践哲学与康德的批判哲学相互融合的产物。具体地说，他一方面运用马克思在《1844 年经济学哲学手稿》中提出的"自然的人化"理论来解释康德所说的人的认识能力、道德能力和审美能力的由来，另一方面又把康德对人的心意机能的三分法引入了马克思的实践哲学。如果把康德所说的三种能力看作人的主体性的三个维度，那么这种哲学就应称之为"主体性实践哲学"；如果视其为对康德人学理论的本体论证明，则应称之为"人类学本体论"。

二

　　李泽厚的"积淀说"自产生以来，即引起学界的广泛关注，使他一跃成为新时期以来中国思想界的领军人物，同时也受到了许多学者的批评。仅以美学界而论，20 世纪 80 年代中期和 90 年代初期即先后两次围绕"积淀说"进行了激烈的争论。在这些争论中，赞成者认为李泽厚坚持并发展了马克思的实践哲学和历史唯物主义；批评者则指责他歪曲和背离了马克思主义的基本立场。然而无论是持哪种观点的学者，都肯定"积淀说"是一种具有独创性的理论。我们认为，这一点正是值得我们关注和思考的地方：李泽厚在分析和评价康德思想时，看起来采纳的完全是马克思、恩格斯和列宁等人的观点，何以却能够在此基础上提出一种富有个人特色的原创性理论呢？

　　如果仔细剖析"积淀说"的产生过程，会发现李泽厚在运用马克思主义思想的过程中，采取的并不是原样照搬的方式，而是处处加入了自己的独特理解。举例来说，对于马克思的名言"社会生活在本质上是实践的"，他所给出的解释是："人的本质是历史具体的一定社会

---

① 李泽厚：《美学四讲》，载于《李泽厚十年集》第一卷，安徽文艺出版社 1994 年版，第 495 页。

实践的产物，它首先是使用工具、制造工具的劳动活动的产物，这是人不同于动物（动物自然存在）、人的实践不同于动物的活动的关键。"① 在这里他把马克思所说的实践界定为"使用工具、制造工具的劳动活动"，这显然并非马克思的原话，而是他自己所做的发挥。他还进一步断言，"人类的最终实在、本体、事实是人类物质生产的社会实践活动"②，这已经很难说是对马克思的忠实解读了，因为马克思在谈到人的本质问题时，从未使用过"最终实在""本体"这样的形而上学概念。在讨论到马克思的早期思想时，他又断言"马克思的实践哲学也就是历史唯物主义"③，然而事实上马克思只采用过"实践的唯物主义者"这样的说法，从未把自己的历史唯物主义称作"实践哲学"。在运用马克思的实践观来批判康德的"物自体"理论时，他更是直接抛出了自己对本体论问题的看法，也就是他所说的"人类学本体论"："人类学本体论即是主体性哲学。如前所述，它分成两个方面，第一个即以社会生产方式的发展为标记，以科技工艺的前进为特征的人类主体的外在客观进程，亦即物质文明的发展史程。另一个方面即以构建和发展各种心理功能（如智力、意志、审美三大结构）亦即其物态化形式（如艺术、哲学）为成果的人类主体的内在主观进程。"④ 由此可见，李泽厚对"积淀说"的建构并不是一蹴而就的，而是他对马克思的实践观和历史唯物论进行系统阐发的结果。由于这些阐发极富个人特色，与当时学界对马克思主义的主流看法有着明显偏差甚至冲突，因此自然激起了广泛的争议和批评。

从上面的分析可以看出，李泽厚的《批判哲学的批判》一书表面看来是在用马克思主义的观点和方法来剖析和评价康德哲学，实际上

---

① 李泽厚：《批判哲学的批判》，安徽文艺出版社 1994 年版，第 82 页。
② 参看李泽厚《批判哲学的批判》，安徽文艺出版社 1994 年版，第 83 页。
③ 参看李泽厚《批判哲学的批判》，安徽文艺出版社 1994 年版，第 211 页。
④ 参看李泽厚《批判哲学的批判》，安徽文艺出版社 1994 年版，第 271 页。

他所运用的马克思主义乃是经过自己的阐释和改造的。事实上，在20世纪五六十年代的论文中，李泽厚对马克思主义的理解与当时的学界相比，并无任何离经叛道之处。相对于朱光潜、蔡仪、高尔泰等学者而言，他的确更加重视和强调实践在马克思主义哲学中的核心地位，但就对实践本身的理解而言，他所采纳的还是学界常见的观点。对于马克思的"社会生活在本质上是实践的"这一论断，他当时给出的解释是："社会生活，照马克思主义的理解，就是生产斗争和阶级斗争的社会实践"，① 这显然和他后来所说的"使用工具、制造工具进行劳动"有着本质的区别。尽管在当时他也多次援引了马克思在《1844年经济学哲学手稿》中关于"自然的人化"的有关论述，但却主要是为了解释自然美与人的关系问题，并未进一步将其作为解决美的本质问题的理论基础。正是由于这个原因，他的美学观点在当时只被称作"社会派"而非"实践派"。

那么，李泽厚何以在《批判哲学的批判》中对马克思主义哲学提出了全方位的独特解释，并且建构起了自己的独创性理论呢？我们认为这与他对康德哲学的吸收有着直接的关系。即以上文所引关于"人类学本体论"的论述而言，人类学一词显然让人联想到康德晚年所著的《实用人类学》一书，而他把马克思主义的人学理论与本体论联系起来，则与康德关于"物自体"的理论有着密切的关系。他把人的心理结构划分为智力、意志和审美等三个方面，则显然是直接照搬了康德三大批判的结构。他对"积淀说"的论述更是表明，这种理论乃是他把马克思主义和康德哲学相互融合的产物。试看他的这段被人反复引用的名言："通过漫长历史的社会实践，自然人化了，人的目的对象化了。自然为人类所控制改造、征服和利用，成为顺从人的自然，成为人的'非有机的躯体'，人成为掌握控制自然的主人。自然与人、真与善、感性与理性、规律与目的、必然与自

---

① 李泽厚：《论美感、美和艺术》，载于《美学论集》，上海文艺出版社1980年版，第30页。

由，在这里才具有真正的矛盾统一。真与善、合规律性与合目的性在这里才有了真正的渗透、交溶与一致。理性才能积淀在感性中，内容才能积淀在形式中，自然的形式才能成为自由的形式，这也就是美。美是真、善的统一，即自然规律与社会实践、客观必然与主观目的的对立统一。审美是这个统一的主观心理上的反映，它的结构是社会历史的积淀，表现为心理诸功能（知觉、理解、想象、情感）的综合，其各因素间的不同组织和配合便形成种种不同特色的审美感受和艺术风格，其具体形式将来应可用某种数学方程式和数学结构来作出精确的表述。"① 这段话的前半部分是李泽厚对马克思"自然的人化"理论的概括和解释，后半部分则由此引申出了他自己的积淀论美学。然而仔细解读这段话，不难发现，前半部分所表述的实际上是康德化了的马克思哲学，后半部分则是康德化了的马克思美学。具体地说，他把马克思所说的"自然的人化"说成是人类通过改造自然，使自己的本质力量对象化的结果，这无疑是十分准确的，但他进而说这种对象化活动导致了自然与人、真与善、感性与理性、规律与目的、必然与自由等诸种矛盾的统一，则显然是在运用康德的范畴体系和思想框架来改造马克思，因为马克思的"自然的人化"理论所谈论的乃是自然向人、感性向理性生成的过程，而不是自然与人、感性与理性如何统一的问题。先把这些概念分离并对立起来，而后又试图加以统一，这显然是康德哲学最鲜明的方法论特征，而非马克思"自然的人化"理论的思想主题，因为对于马克思《1844年经济学哲学手稿》中的语境来说，人、理性尚未从自然、感性之中分离开来，何谈它们之间的矛盾和统一呢？从阐释学的角度来看，李泽厚如此解读马克思的早期思想，显然是由于他把康德哲学融入自己先在视野的结果。

　　而他的积淀论美学，同样是他把马克思的美学思想康德化的结果。

――――――――――
　　① 李泽厚：《批判哲学的批判》，安徽文艺出版社1994年版，第433—434页。

马克思的"自然的人化"理论的确蕴含着自身的美学思想，这种思想主张，人类通过本质力量的对象化活动，一方面把外在的自然人化了，另一方面也把自身内在的自然人化了，使自己原本动物性的感觉变成了人的感觉，正是这种人化的感觉使得人类具有了审美能力。用马克思的话说，"只是由于人的本质客观地展开的丰富性，主体的、社会的人的感性的丰富性，如有音乐感的耳朵、能感受形式美的眼睛，总之，那些能成为人的享受的感觉，即确证自己是人的本质力量的感觉，才一部分发展起来，一部分产生出来"。① 不难看出，马克思的意思是说人的审美能力是人化的感觉的一种典型形式，这种感觉的人化是自然向人、感性向理性生成的结果。然而李泽厚却反过来，把美和审美归结为人向自然、理性向感性积淀的结果。之所以会出现这种倒转，显然是由于他把康德美学的基本问题挪用到了马克思的美学思想中。在康德看来，审美判断的根本问题就是感性和理性如何统一的问题，用他的话说，就是审美鉴赏作为一种感性活动，何以能够提出普遍性的要求。康德对此所做出的回答是，艺术家的想象力能够给抽象的理性理念配备一个感性形象，与此相似，美作为一种感性表象能够以象征的方式表达德性等理性理念，由此实现感性和理性的统一。李泽厚认为，审美判断的这一奥秘可以通过马克思的"自然的人化"理论得到证明，依据就是马克思所说的人化的感觉就是一种渗透和积淀着理性的感性，然而正如我们前面所分析的，马克思所说的实际上是感性向理性生成的过程，而不是理性向感性积淀的过程。换言之，马克思早期思想中所蕴含的美学思想实际上是一种"生成说"而不是"积淀说"。李泽厚把康德美学的问题和观点带入马克思，由此导致了对马克思的误读和倒转。②

---

① ［德］马克思：《1844 年经济学哲学手稿》，载于中共中央马克思恩格斯列宁斯大林著作编译局编译《马克思恩格斯文集》第一卷，人民出版社 2009 年版，第 191 页。

② 有关李泽厚对马克思美学思想的误读，以及"生成说"和"积淀说"的关系，可参看苏宏斌《生成·直观·积淀——李泽厚"积淀说"的现象学重构》，《社会科学家》2021 年第 7 期。

三

我们把李泽厚的"积淀说"看作对马克思早期思想误读的结果，并不意味着对这种学说的否定，相反在我们看来，这种误读其实是一种创造性的阐释，是理论创新的一种常见路径，也是李泽厚的美学建构之路留给我们最重要的方法论启示。

如果单纯从学术史的角度来看，对于研究对象的误读和误解毫无疑问是应该加以否定和批判的，因为学术史研究的目标乃是弄清研究对象的本来面目，从而对其加以准确和客观的评价。然而在现实的学术实践中，我们发现学术史研究和新理论的创建常常是交织在一起的。从某种意义上来说，学术史研究大体上可以划分为两种类型。第一种类型是纯粹的学术史，由此产生的就是各种各样的学术史专家，比如西方思想界对于古希腊思想的研究，便孕育出了一个源远流长的古典学传统，对于每一个重要的哲学家和思想家的研究，也催生出了一代又一代的柏拉图专家、亚里士多德专家、康德专家、黑格尔专家、胡塞尔专家、海德格尔专家等。第二种类型则是混杂性的，学术史研究和理论创新相互交织，并且前者经常是为后者服务的。这种类型的研究最终产生的往往是具有独创性的哲学家和思想家。事实上，绝大多数重要的哲学家在学术研究的早期都曾经致力于哲学史研究，有些甚至把这种研究贯穿自己的一生，比如黑格尔、文德尔班（Wilhelm Windelband）都撰有重要的哲学史著作，卡西尔、海德格尔都是重要的康德研究专家，德勒兹（Gilles Deleuze）则对斯宾诺莎（Baruch de Spinoza）、康德和尼采都有深入的研究。耐人寻味的是，前一类学者对后一类学者的学术史研究往往持批评态度，认为他们的著作存在许多知识上的错误，对于研究对象的理解也不够准确和客观，而后一类学者对这类批评大多不以为意，即便前者的批评有着充分的根据，往往也不愿予以接受和纠正。举例来说，海德格尔对众多古希腊哲学家的研究便常常被古希腊哲学史专家所诟病，他把古希腊语中 Aletheia 一词的含义解释为"去蔽"，更是受到过他的学生博德尔的严厉批评，然而尽管他承认自己犯了词源学上的错误，但却仍继续将其作为自己思想的一个关键词。① 之所以会出现这种现象，是因为这两类学者研究学术史的目的根本不同，所以两者所采纳的治学方法和致思路径也是截然不同的。第一类学者的目标就是成为一个学术史专家，因此其研究便格外重视对于史实的考证、对于所研究文本内涵的准确把握，在此过程中极力排除自身思想成见的干扰，力求把握住研究对象的本来面目；第二类学者的目标则是成为一个哲学家或思想家，建构起自己的理论体系，因此他们研究某个哲学家或某个哲学流派的目的乃是为了解决自己所关注的问题，这时研究对象便不再是一个被瞄准的鹄的，而是一个对话和交流的对象，其目标是从对象那里获得启示，以此服务于自身的理论建构。仍以海德格尔为例，即便他明知自己误解了 Aletheia 一词的原意，但只要这种理解有助于表达自己的思想，那么这种错误对他来说便是无关痛痒的。

根据我们对以上两类学者的划分，李泽厚显然属于第二种类型。表面上看来，他的大多数著述属于思想史和学术史，比如他影响较大的著作《批判哲学的批判》《美的历程》《中国古代思想史论》《中国近代思想史论》《中国现代思想史论》等都属于此类，相反，他正面表述自己美学观点的著作《美学四讲》却反响平平，倒是几篇被总称为"我的哲学提纲"的论文对中国学界产生了深刻的影响。但如果对他的学术史著作稍加留意，就不难发现李泽厚的真正旨趣是成为一个哲学家和思想家，他的所有思想史和学术史研究都是为此服务的。从对中国古代思想史的研究中，他总结和提炼出了"实用理性""乐感文化"等概念，从对康德哲学的研究中，他建构起了自己的"积淀说"、"人类学本体论"和"主体性实践哲学"。正是由于这个原因，

---

① 参看孙周兴、王庆节主编《海德格尔文集：面向思的事情》，商务印书馆 2014 年版，第 101 页。

他的学术史著作在专业的学术史领域并未产生重大的影响，相反常常受到严厉的批评，有的学者甚至以总结出《美的历程》中众多的知识性错误为荣，但这一切都无碍于他成为中国当代最有影响的思想家、哲学家和美学家。

那么，哲学家和思想家为什么能够把自己对学术史的理解甚至误解转化为有益于自身理论建构的思想资源呢？我们认为这是由于他们的学术史研究遵循或契合了阐释学的基本路径和方法。需要指出的是，我们在此所说的阐释学所指的并不是这门学科早期所意味的那种关于理解的"技艺学"，而是由海德格尔和伽达默尔所建立的哲学阐释学。按照伽达默尔的理解，"诠释学（Hermeneutics，又译为阐释学、解释学、释义学等）现象本来就不是一个方法论问题，它并不涉及那种使文本像所有其他经验对象那样承受科学探究的理解方法，而且一般来说，它根本就不是为了构造一种能满足科学方法论理想的确切知识。——不过，它在这里也涉及知识和真理。在对流传物的理解中，不仅文本被理解了，而且见解也被获得了，真理也被认识了。"① 这就是说，阐释学并不是一种帮助我们弄清文本原意的方法，但却仍旧能够帮助我们获得知识和真理。这一说法看似前后矛盾，实际上是由于伽达默尔所说的知识和真理与文本的原意无关，也不是通过科学认识获得的，而是借助于海德格尔意义上的理解和领悟。这种理解和领悟是人或此在对于存在意义的原初把握和揭示，它先于一切解释和说明，并且构成了一切解释和说明的先在视域，海德格尔称之为"先行具有、先行看见及先行把握"。② 按照伽达默尔的看法，这种先在的理解和领悟构成了我们理解任何文本的期待视野，一切对于文本的理解和解释都是把读者的视野与文本自身的视野相互融合的结果。由此出发，

---

① ［德］伽达默尔：《真理与方法》上卷，洪汉鼎译，上海译文出版社1999年版，导言，第17页。

② ［德］海德格尔：《存在与时间》，陈嘉映、王庆节译，生活·读书·新知三联书店1987年版，第185页。

读者或阐释者的前见或成见就不再是有待排除的障碍，而恰恰成了理解得以可能的前提，也是知识和真理得以发生的前提。

从这一阐释学的洞见出发，我们就可以清楚地看到两种学术史研究之间的方法论差异。第一种学术史研究所采取的实际上是与自然科学相类似的解释和说明的方法，这种方法要求研究者排除自身的一切成见，把文本的原意当作有待发现的知识和真理，因而从中很难滋生出任何新的思想和理论；第二种学术史研究则采用了人文科学或精神科学所特有的阐释学方法，这种阐释学并不只是一种有关文本意义的阐释问题的学问，而同时是一种理论创新的方法。这是因为，阐释是阐释者的视域和文本自身的视域相互融合的过程，这一过程必然使得阐释结果与阐释对象之间出现偏差，正是这种偏差使得阐释不仅是一个文本意义的揭示过程，同时也是一个意义的增殖和生产过程。当阐释对象是某种思想观点或理论体系的时候，这种意义的生产往往会孕育出新思想的萌芽，由此成为理论创新的起点。

从这个角度来看，李泽厚的"积淀说"尽管包含对马克思哲学和美学思想的误解，但这种误解恰恰构成了他孕育自身思想的起点和基础。其所以如此，是因为李泽厚在阐释康德哲学时，已经把马克思主义哲学当成自己的先在视域，因而在阐释过程中必然会把马克思和康德的思想融合起来，这种融合随之产生了一个新的视域，这个视域反过来构成了他理解马克思思想的基础，由此使他对马克思的思想做出了全新的解读，而这种全新的解读又变成了他建构自己哲学和美学思想的起点。对于专治马克思主义哲学的史家来说，这种解读显然是一种无法原谅的错误，因而他们理所当然地对李泽厚提出了严厉的批评。但从另一个方面来说，这种解读毕竟包含理解马克思思想的全新视角，因而在很大程度上改变了国内学界对马克思的原有理解，而他所创立的新学说也理应被看作对马克思主义的继承和发展。

当然，阐释学也并非一切理论创新的唯一路径。在 20 世纪 80 年代，伽达默尔与德里达之间爆发了著名的"德法之争"。在这场争论中，伽达默尔原本看似激进的阐释学观念在德里达的解构主义观点的冲击之下，意外地暴露出了自己保守的一面。伽达默尔尽管主张阐释学的循环和视域的融合会导致新意义的产生，但毕竟仍然保留了理解和误解之间的区分，因为他主张任何阐释者在面对文本的时候都保持着某种"善良意志"，即总是试图尽可能地倾听和领会文本的意义，而不是一开始就有意歪曲或误读文本。用他的话说，"文学文本是那样一种文本，人们必须在阅读时有声地倾听它们，即便也许只是以内心的耳朵倾听"。① 然而德里达却一针见血地指出，伽达默尔所说的"善良意志"归根到底仍属于尼采所说的"强力意志"，因为任何阐释都无法排除阐释者自身的强力，因此他不无讥讽地称之为"善良的强力意志"②。无论这场争论孰是孰非，争论本身就说明解构主义是一种与阐释学截然不同的对待文本的立场和方法，这种立场不再相信文本具有自身的固有视域，因而也不再追求与文本视域的融合，而是把理解看作一个文本意义不断延宕的过程，阐释者也不再试图建构自身的思想，而是把对文本的解构当成了自身的目标。如果我们认可解构主义也是一种理论的话，我们似乎也应该承认这是一种别具一格的理论建构方式。

---

① ［德］伽达默尔：《文本与阐释》，载于孙周兴、孙善春编译《德法之争——伽达默尔与德里达的对话》，同济大学出版社 2004 年版，第 29 页。

② 关于伽达默尔与德里达之间的争论，可参看孙周兴、孙善春编译《德法之争——伽达默尔与德里达的对话》，同济大学出版社 2004 年版。

第二章　美学理论的基本问题

中国当代的美学研究十分活跃，新的理论形态不断涌现，可以说是当今世界美学研究的一道亮丽风景。不过，在众多的理论话题当中，诸如美的本质等美学理论的基本问题却颇受冷落，其原因在于许多学者认为体系化的理论建构已经过时，当今时代的学术研究应该抛弃"宏大叙事"而采纳"小型叙事"。不过在我们看来，这种观点与中国学术的内在需求并不完全吻合，原因在于中国学界对于理论体系的建构实际上还处在起步阶段，并不像西方学界那样已经浸淫于理论思辨达两千多年。在这种情况下，盲目追随西方现代学术的发展脚步，反而会有"邯郸学步"之虞。因此，我们在此甘冒食古不化之讥，尝试对这些看似陈旧的问题再做一番探询。

第一节　美学："感性学"还是"直观学"？

美学是一门感性学，这似乎是美学史上的一种常识，鲍姆加登（Alexander Baumgarten）就是因为提出了这一命题，才被称作"美学之父"的。然而对于美学来说，这种观点实际上有着致命的缺陷，因为它从根本上否定了审美和艺术活动的真理性。近代美学为了克服这一缺陷，提出审美经验是感性和理性的统一，但由于感性始终被看作审美活动的根本特征，因此这种修正必然是不彻底的，黑格尔的"艺

术终结论"就是证明。对此我们认为，只有把直观活动确立为审美经
验的根本特征，以"直观学"来取代"感性学"，才能使当代美学走
出困境。

一 "感性学"之惑

客观地说，鲍姆加登之所以要把美学说成是感性学，实际上是为
了确立美学在认识论上的合法地位。18 世纪上半叶，在德国占统治地
位的思想是莱布尼茨（Gottfried Leibniz）和沃尔夫（Benjamin Whorf）
的理性主义哲学。这种哲学认为理性是一种高级认识能力，感性则只
是低级认识能力，因此哲学只应该研究前者，而感性认识则被排除在
了哲学之外。正是在这种情况下，鲍姆加登提出了美学是"感性认识
的科学"这一命题。表面上看来，他把美学与感性这种低级的认识能
力联系起来（他明确把美学说成是一种"低级认识论"①），是对审美
和艺术活动的贬低，但实际上在鲍姆加登看来，低级认识和高级认识
在价值上并无高低之分，低级认识也是把握真理的必要前提。用他的
话说，"混乱也是发现真理的必要前提，因为本质的东西不会一下子
从暗中跃入思维的明处。从黑夜只有经过黎明才能到达正午"。② 这句
话的意思是说，低级认识是获得真理的一个必要阶段，只有首先经过
感性认识，才能进一步上升到理性认识。既然如此，那么感性认识也
应该被纳入哲学体系，这样就既肯定了感性认识的合法性，也为艺术
和美学在哲学之中赢得了一席之地。

从思想史上来看，鲍姆加登的上述观点也应被看作是一种为诗辩
护。考虑到他由此确立了美学和艺术理论的科学地位，因此把他称为
"美学之父"还是基本合理的。不过，这种辩护很难说取得了多大成
功，因为早在古希腊时代，亚里士多德就已经把模仿说成是一种求知

---

① ［德］鲍姆加登：《美学》，简明、王旭晓译，文化艺术出版社 1987 年版，第 13 页。
② ［德］鲍姆加登：《美学》，简明、王旭晓译，文化艺术出版社 1987 年版，第 15 页。

行为，借此部分地肯定了艺术活动的真理性，鲍姆加登只是用近代认识论的语言重复了这一观点而已。更重要的是，他一方面认可沃尔夫关于高级认识和低级认识的划分，另一方面却坚称这两种认识具有同等的价值，这显然是一种自相矛盾的做法。从当时的思想状况和学术氛围来看，鲍姆加登的观点的确起到了为感性认识以及艺术辩护的目的，但如果从后来的历史发展来看，他与其说是在为诗辩护，不如说进一步坐实了对艺术的指控，因为把审美与艺术和感性认识联系在一起，恰恰是否定了艺术的真理性。当黑格尔提出其艺术终结论的时候，所依据的理由也正是这一点。

正因为如此，后来的美学家们虽然大多沿用了"感性学"这个名称，但都赋予了其以新的内涵。康德曾一度反对这种用法，认为美学不配享有感性学这一称谓，因为在他看来，Ästhetik 作为一门关于感性认识的学问，探究的是感性活动所包含的先天法则，因此应该归属于先验哲学（在他的批判哲学中称作"先验感性论"）。至于美学则是研究鉴赏力的学问，而审美鉴赏只包含经验的法则（即鉴赏者只能凭经验来判断对象的审美价值），不包含确定的先天法则，因此不配享有感性学这一称谓，或者最多只能在心理学的意义上来使用这一称谓。①不过康德后来修正了这一看法，因为他宣称自己在对鉴赏力的批判中发现了先天原则，所以把美学纳入了自己的批判哲学体系。

既然如此，康德似乎就应该为鲍姆加登正名，把感性学这一名称交还给美学。然而令人感到困惑的是，他并没有这样做，而是把自己的美学称作《判断力批判》，固执地拒绝感性学这一称谓。表面上看来，这种做法的理由在于，康德在《纯粹理性批判》中的"先验感性论"部分，已经对感性认识的先天原则进行了研究，这种研究具有普遍意义，已经把审美经验包含在内了。问题在于，果真如此，康德的美学就失去了存在的理由，因为感性学已经在他的认识论体系中占据

---

① 参看［德］康德《纯粹理性批判》，邓晓芒译，人民出版社 2004 年版，第 26 页注②。

了应有的位置。因此我们认为，康德之所以坚持把自己的美学称作"判断力批判"而不是"感性学"，是因为在他看来，美学根本就不是关于感性认识的学问，即便鉴赏判断中包含先天原则，对这种原则的研究也不是感性学的任务，不是认识论的组成部分，而是在认识论和伦理学之间占有桥梁和中介的地位。

那么，康德究竟把美学看作一门怎样的学科呢？回答很简单，就是关于审美判断力的学问。康德认为，审美鉴赏是一种反思判断，这种判断力构成了感性和理性、理论理性和实践理性之间的中介环节。那么，关于审美判断的研究与感性学之间究竟有何区别呢？这就涉及了审美判断与感性认识之间的关系。康德明确指出，"为了分辨某物是美的还是不美的，我们不是把表象通过知性联系着客体来认识，而是通过想象力（也许是与知性结合着的）而与主体及其愉快或不愉快的情感相联系"①，这就是说，审美鉴赏不是通过表象和知性来认识客体，因而不是感性认识，因为在《纯粹理性批判》中康德明确指出，感性认识的任务就是在对象的刺激之下形成表象。他把审美判断力视为感性与知性之间的桥梁，这就意味着它既不是感性认识，也不是理性认识，它所解决的是感性和理性如何统一的问题。用康德的话说，审美鉴赏是想象力（感性）和知性能力之间的自由游戏。那么，这两种认识能力如何能够通过游戏而获得统一呢？康德的回答是，审美鉴赏不涉及概念，这意味着认识能力不需要从事认识活动，因而处于自由状态：感性能力不需要接受对象的刺激，因为感性表象已经产生；知性也脱离了概念，成为一种纯粹的认识能力。这样，两种认识能力的异质性就趋于消解，从而获得了统一。

从这里可以看出，康德已经不再把美学看作纯粹的"感性学"，而是感性和理性的统一之学。黑格尔显然也延续了这一思路，当他提出"美就是理念的感性显现"这一命题的时候，实际上是把隐含在康

---

① ［德］康德：《判断力批判》，邓晓芒译，人民出版社2002年版，第37页。

德思想中的辩证法因素，转化成了一种自觉的思想方法。这种观点较之鲍姆加登当然是一个巨大的进步，因为黑格尔由此肯定了艺术和审美的真理性："艺术从事于真实的事物，即意识的绝对对象，所以它也属于心灵的绝对领域，因此它在内容上和专门意义的宗教以及和哲学都处在同一基础上。"① 不过也正是在这里，近代的辩证思维显示出了其内在的局限性，因为辩证法是在认可感性和理性二元对立的基础上，才试图通过矛盾运动将其统一起来，这意味着感性依旧被视为一种低级的认识能力，审美即便与理性相关，也永远无法摆脱感性这一污点，因而就必然被哲学这样的纯理性活动所取代。黑格尔的"艺术终结论"正是由此而产生的。

二　直观能力的本源地位

前文的分析表明，美学的核心问题是要解决感性和理性的二元对立。近代美学由于把这一对立作为前提，因此无法从根本上确立审美和艺术经验的真理性。那么，怎样才能避免这一困境呢？我以为唯一的出路是取消这一二元论本身，即不再把感性和理性视为两种基本的认识能力，而是回溯到其共同的本源。只有把审美经验与这种本源性的认识能力联系起来，才能从根本上走出美学研究的困境。

这种观点所面临的首要问题，就是人类是否具有某种比感性和理性更为本源的认识能力呢？在西方哲学史上，康德可以说是第一个提出这一问题的哲学家。他在《纯粹理性批判》一书导言的结尾处说过这样一段话："人类知识有两大主干，它们也许来自于某种共同的但不为我们所知的根基，这就是感性和知性，通过前者，对象被给予我们，而通过后者，对象则被我们思维。"② 不难看出，康德的话显然是自相矛盾的：他一方面把感性和知性说成是知识的两大主干，在后面

---

① ［德］黑格尔：《美学》第一卷，朱光潜译，商务印书馆1991年版，第129页。
② ［德］康德：《纯粹理性批判》，邓晓芒译，人民出版社2004年版，第22页。

还称其为"两个基本来源"，另一方面却又推测它们具有某种共同的根基。不过，康德似乎并未为这种矛盾所困扰，他随即就把这种推测置之脑后，在二元论的基础上建立起了自己的认识论大厦。此后的哲学家们似乎也极少注意到康德的这一猜测，直到一个多世纪之后，海德格尔才在《康德与形而上学问题》一书中重新拾起这一话题。他大胆地推论，康德所说的先验想象力实际上就是感性和知性的共同根基，只不过康德为了维护理性的统治地位，从这一立场上退却了，因为把先验想象力作为本源性的认识能力，无异于把人类的知识体系视为想象的产物，这对康德来说无论如何是不可接受的。不过，海德格尔自己也并没有把这一点作为自己哲学思考的出发点，他所感兴趣的是康德思想所揭示或暗示出的人类认识能力的有限性，并且进一步把这种有限性从认识论还原到存在论或生存论，从而开启了自己的基础存在论思想。

与海德格尔不同，我们所感兴趣的是，康德所猜测的本源性认识能力究竟是否存在呢？如果说的确存在这种能力的话，那么它是否如海德格尔所说，就是康德所提出的先验想象力呢？要想回答这些问题，就需要我们深入地探究人类认识能力的起源问题。在这方面，马克思关于"感觉的人化"的命题为我们提供了关键的启示。马克思认为，人的感觉是从动物的感觉发展而来的，是人的本质力量对象化的产物："只是由于人的本质客观地展开的丰富性，主体的、人的感性的丰富性，如有音乐感的耳朵、能感受形式美的眼睛，总之，那些能成为人的享受的感觉，即确证自己是人的本质力量的感觉，才一部分发展起来，一部分产生出来。"① 从这段话来看，马克思把人化的感觉看作人所具有的本源性的认识能力，这看起来与人们通常赋予感性认识的地位并无两样。然而在我们看来，这里所说的感觉已经不再是通常的感性认识，因为后者只能用来把握事物的个别性，而前者却能够确证人

---

① ［德］马克思、恩格斯：《马克思恩格斯文集》第一卷，中共中央马克思恩格斯列宁斯大林著作编译局编译，人民出版社2009年版，第19页。

的本质力量。这里所说的"本质力量"显然来源于近代哲学中"力"的概念，指的是事物的本质特征，这意味着感觉具有了把握事物本质的能力。[①] 用马克思的话说，"感觉通过自己的实践直接变成了理论家"[②]，也就是说人化的感觉不再是一种感性能力，而是具备了某种理性特征。不过，这并不意味着这里所说的"理论家"就等同于理性认识，因为理性是以抽象的方式把握本质的，感觉却能够通过直观来确证人的本质力量。

由此可以看出，马克思所说的人化的感觉既不同于感性，也不同于理性，而是介于两者之间的认识能力，它能够通过直观把握事物的一般本质。从哲学史上来看，这显然令我们回想起柏拉图以来的理性直观思想，以及胡塞尔所提出的范畴直观和本质直观等概念。关于西方思想中直观概念的演变过程，邓晓芒、倪梁康等学者已经进行过系统的梳理，兹不赘述。[③] 在此我们只想指出，尽管这些西方思想家对于直观问题的看法各不相同，他们的共同之处在于都没有赋予直观以独立和本源的认识论地位。柏拉图以及近代的理性主义者把直观视为一种最高的理性能力，康德反过来主张人类没有智性直观能力，只有感性直观能力，胡塞尔则认为，直观包含感性和理性两种形式，因此把感性直观和范畴直观或本质直观相提并论。由此导致的结果就是，西方思想一直无法摆脱感性和理性的二元对立，而直观则忽而归属于理性，忽而归属于感性，始终无法获得独立的认识论地位。我们认为，马克思关于"感觉的人化"的理论在认识论上的真正启示就在于，直观才是人类所具有的原初的认识能力，无论感性和理性都只是直观活动的衍生物。此所谓直观，就是不经概念和抽象，直接把握事物本质

---

① 按：这一概念最初来自近代物理学中的力学理论，莱布尼茨将其提升为一个普遍的哲学概念，用以指称事物的本质特征，并逐渐为近代哲学家所通用。

② ［德］马克思、恩格斯：《马克思恩格斯文集》第一卷，中共中央马克思恩格斯列宁斯大林著作编译局编译，人民出版社 2009 年版，第 190 页。

③ 参看邓晓芒《康德的"智性直观"探微》，《文史哲》2006 年第 1 期；以及倪梁康《"智性直观"在东西方思想中的不同命运》，《社会科学战线》2002 年第 1、2 期。

的能力。或许有人会说，这与传统哲学所说的理性直观不是一回事吗？我们认为，就其认识功能来看，两者并无分别，但就其在认识论上的地位而言，则不啻天壤之别：传统哲学把这种能力归属于理性，这意味着理性既具有推论的能力，又具有直观的能力，因而就成为把握真理的唯一途径。而我们则认为，直观和推理分属两种不同的认识能力，后者必须以前者为基础，因此理性的优越地位就不复存在了。

那么，这种直观能力与海德格尔所推崇的先验想象力之间有何关联呢？我们认为，想象力可以说是直观活动中的核心要素。康德把先验想象看作认识活动和审美鉴赏所包含的基本认识能力，黑格尔提出想象能够从个别表象之中抽象出普遍表象①，胡塞尔主张本质直观的核心内容就是通过想象来进行本质变更②，在在都说明了这一点。不过，这个问题并不是本文所讨论的对象，在此我们关注的是，把直观确立为本源性的认识能力，将彻底改变我们对于人类认识结构的看法。简单地说，感性将不再被视为一种低级的认识能力，它不再处在认识活动的起点，而是与理性一样，同居于认识活动的高级阶段。看似简单的感性认识，其实包含无限的玄机。举例来说，当我们看到一朵玫瑰花的时候，我们并不仅仅看到了一个混沌的个体，同时还看到了众多的一般之物，如花瓣那鲜艳的红色、蜿蜒的线条和轮廓，这些色彩和线条显然并不是这朵花所独具的，而是许多事物所共有的。因此，当我们观察一朵花的时候，我们首先不是将其作为一个整体来把握，而是将其分解为许多独立的环节，通过直观将其作为一般之物加以把握，然后再把这些一般之物重新整合为一个和谐的整体。我们之所以把这个过程看作瞬间就完成的，实际上是因为在日常的认识活动中，我们已经娴熟地掌握了通过直观把握本质的能力，因此能够跳过这一过程，直接把感性对象身上所蕴含的诸一般本质整合成为一个整体。

---

① 参看［德］黑格尔《精神哲学》，杨祖陶译，人民出版社 2006 年版，第 272—273 页。

② 参看［德］胡塞尔《经验与判断》，邓晓芒、张廷国译，生活·读书·新知三联书店 1999 年版，第 394—395 页。

如此复杂的认识过程，怎能够被视为一种低级的认识能力呢？

由此出发，认识论的版图就被彻底重组了。我们认为，直观是人类原初的认识能力，是人类区别于动物的根本标志。感性和理性都是从直观活动分化和发展而来的，两者承担着不同的认识功能，并无高下之分。其中，感性能力把直观所把握到的一般之物重新组合为一个新的个别之物，在此基础上发展出艺术等高级的感性活动形式；理性能力则把直观所把握到的一般之物概念化，从而建构起抽象的知识体系，在此基础上建立了门类众多的自然科学、人文科学和社会科学。

三　从"感性学"到"直观学"

由此出发，我们认为美学不应该被称作"感性学"，而应该是一门"直观学"。美学之所以被称作"感性学"，是因为人们以为审美和艺术经验天然具有感性特征。但在我们看来，这种观点实际上是一种误解。从美学史上来看，把艺术视为感性活动，把美学视为感性学，这实际上是古希腊模仿说的产物。只有坚持艺术是一种模仿活动，才会断言艺术必然具有感性特征。艺术史的实践已经表明，模仿性艺术只是古希腊以及西方近代艺术的特征，其他民族则很少把模仿和再现视为艺术的本质特征，相反，各民族的原始艺术几乎都具有强烈的抽象性，至于感性、再现性的艺术则只是艺术发展到特定阶段的产物，而且也只局限于特定的民族和地区。随着历史的发展，这种感性化的艺术形式已经陷入了危机和衰落，西方现代艺术从一开始就把摆脱模仿和再现作为自己的目标，从而走向了抽象主义。尽管许多当今的艺术形式仍或多或少具有某种感性特征，但这种特征却未必是构成其风格的核心要素。因此，把审美和艺术视为感性活动是一种片面的观点，是一种来自西方传统的思想偏见。

如果说感性只是某些艺术形态的特殊属性，那么直观则是一切艺术形态的共同本质。这是因为，一切艺术的要义都在于表现美和创造美，而美不是别的，就是事物被直观到的共同本质。黑格尔把美看作理念的感性显现，但在我们看来，美其实是理念的直观显现，只有在某些特定的艺术形式（如古希腊艺术）中，这种显现才会采取感性形式。① 艺术之所以能够表现美和创造美，就是因为艺术家能够直观事物的本质。或许有人会说，难道只有艺术家才具有直观能力吗？回答当然是否定的，任何人都具有一定的直观能力，因为直观是一种最基本、最本源的认识活动，是人类所具有的最初的认识能力。问题在于，艺术家的直观能力是最发达、最敏锐的，因为艺术家最重要的天赋就是想象力，而想象力则是直观活动所需要的最重要的心理能力，从康德、谢林（Friedrich Schelling）到胡塞尔，直观学说的发展历史已经充分地证明了这一点。因此我们认为，艺术的根本特征不是感性而是直观。如果说美学就是艺术哲学的话，那么这门学科的核心任务就是探究直观问题。

从这种直观论美学出发，近代美学的难题——感性与理性的统一问题——就获得了一种全新的解答。我们认为，感性和理性是从直观活动中分化出来的两种认识能力，它们之间的异质性是无法克服的，因而试图通过审美经验将其统一起来也是注定不可能成功的。从这个意义上来说，近代美学的困境是无法避免的。不过，这并不意味着近代美学的努力是毫无意义的，因为近代美学家之所以致力于感性和理性的统一问题，归根到底是为了证明审美经验是个别性和一般性的统一。他们的错误在于把感性和个别性、理性和一般性分别对应起来，然而个别性和一般性的关系问题却的确是审美鉴赏所面临的核心问题。借用康德的话说，审美判断的对象是一种个别表象，并且只诉诸人的主观感受，却能够提出普遍性的要求，这一点是美学研究所要解决的根本问题。近代美学紧紧抓住了这个问题，可以说是把握住了美学研究的关键。直观论美学并不否定这一问题的意义，但却认为这一问题

---

① 关于对黑格尔美学的重新诠释，可参看苏宏斌《美是理念的直观显现——黑格尔美学的现象学阐释》，《文艺理论研究》2013 年第 2 期。

不能归结为感性和理性的关系问题，而应归结为感性和直观的关系问题。从直观论的角度来看，个别性当然是感性活动的产物，但一般性却是直观活动而非理性活动的产物。我们认为，审美判断之所以能够提出普遍性的要求，根本上是因为审美经验是一种直观活动。康德主张审美对象是一种个别表象，乃是一种错误的做法，或者说是一种片面的观点，因为直观活动的对象乃是一般之物，所以审美对象的根本特征不是个别性而是一般性。人们通常认为，一般之物乃是科学认识和理性思维的对象，审美经验所涉及的则是个别表象。在我们看来，科学认识和审美活动的对象都是一般之物，而且科学认识所把握的一般之物在一定程度上来自审美活动。这是因为，一般之物首先是通过直观活动显现出来的，而审美经验则是最纯粹、最高级的直观活动，只有当直观活动把握到一般之物之后，科学研究才获得了自己的对象。举例来说，牛顿（Isaac Newton）从苹果落地现象中悟到了万有引力，化学家凯库勒（August Kekulé）梦见一条蛇咬住自己的尾巴，从而发现了苯分子的环形结构，这些科学发现的缘起都是直观活动，这种直观实际上是一种审美活动，这些科学规律最初是以审美对象的方式显现的。当然，并非所有的科学发现都必须从审美经验开始，也不是所有的科学家都必须具备高超的审美修养，但伟大的科学发现却必然来自直观，而审美经验则是这种直观活动的高级形态。因此，与传统思想把理性和哲学确立为真理的标准相反，我们认为审美和艺术活动才是把握真理的原初方式。

那么，感性和个别性在审美经验中拥有何种地位呢？表面上看来，我们把直观活动确立为审美经验的本质特征，意味着个别性变成了审美经验的偶然属性。果真如此，直观论美学就将重蹈传统美学之覆辙。与此相反，我们认为感性和个别性恰恰是审美和艺术活动的高级形态。这是因为在我们的直观论思想体系中，感性和直观、个别和一般之间并不是二元对立的关系，原因在于感性活动建立在直观活动的基础上，其功能在于把直观活动所把握到的一般之物，合成和加工为个别之物。

如果说一般性意味着必然性的话，那么个别性却不等于偶然性，因为个别性是在一般性的基础上产生的。就审美活动而言，审美对象看起来是一种个别表象，但这种个别性却是通过对一般性的综合而产生的。举例来说，鲁迅笔下的阿Q看起来是一个个别形象，但这个形象却包含多方面的性格特征，这些特征单个来看恰恰都是纯然的一般性，比如"精神胜利法"就不仅是阿Q个人的特点，而是半殖民地半封建社会中国下层国民普遍存在的精神属性，进而言之，甚至是整个人类普遍具有的共同属性。《阿Q正传》发表之后，不断有各阶层的读者宣称从阿Q身上看到了自己，甚至有法国读者也产生了强烈的共鸣。以往的典型化理论认为，阿Q的性格是个别性和一般性的统一，这当然并没有错。问题在于，许多论者认为这种一般性是从个别性中抽象、提炼出来的，这就把一般性置于个别性之上了。事实上鲁迅的说法恰恰相反，他认为自己塑造人物的方式是"杂取种种人，合成一个"，这里所谓"种种人"显然是指各种人群所具有的共同特征，因而意思是说人物性格的个性特征是由许多普遍倾向糅合而成的。巴尔扎克（Honoré Balzac）显然也有相似的洞见，他宣称自己的创作方法就是："编制恶习与美德的清单，搜集激情的主要表现，刻画性格，选取社会上的重要事件，就若干同质的性格特征博采约取，从中糅合出一些典型……。"① 艺术家们的这些真知灼见也常常被典型化理论所引用，但由于受到传统认识论思想的影响，人们却总是把个别性和一般性对立起来，认为典型人物的特征是既有普遍的代表性，又有鲜明的个性特征，殊不知人物的个性恰恰是由普遍性合成而来的，如果离开了这些普遍性，任何个别特征都是毫无意义的。

用直观学取代感性学，意味着我们从根本上确立了审美经验和艺术活动的真理性，从而一劳永逸地摆脱了艺术终结论这个悬在美学和诗学之上的达摩克利斯之剑。自古希腊时代以来，对艺术的指控就持

① ［法］巴尔扎克：《〈人间喜剧〉前言》，载于艾珉、黄晋凯选编《巴尔扎克论文艺》，袁树仁等译，人民文学出版社2003年版，第259页。

继不断，对艺术的辩护始终无法取得彻底的成功，盖因为西方思想把感性视为审美和艺术活动的原罪。直观论美学把审美和艺术视为直观活动而非感性活动，这就从根本上颠覆了传统思想的信条。由于直观活动被视为把握真理的根本方式，审美和艺术活动的真理性自然就得到了确立，黑格尔试图以哲学来取代艺术的观点就站不住脚了。20世纪下半叶以来，美国学者阿瑟·丹托宣称黑格尔的艺术终结论在当代已经变成了现实，让东西方的美学和艺术理论界感到风声鹤唳，本书的观点对此当有釜底抽薪之效。

第二节　美是物的直观显现

在当下学界浓厚的反本质主义氛围中，重提美的本质问题似乎颇有些不合时宜。进入21世纪以来，国内出版的几部新的文学理论教材中，有关"文学的本质"这样的章节已经不见踪影。浏览国内学界近些年来的学术刊物和著作，也从不见有人探讨美的本质、艺术的本质这样的问题。我们之所以涉足这一领域，并不是为了凸显自己的反潮流姿态，而是因为我们对于诸种美学问题的探讨，秉持的方法和原则都是现象学，尤其是其中的本质直观理论。尽管我们对胡塞尔的本质直观理论持保留态度，但现象学对于本质与现象二元对立这一形而上学原则的颠覆还是给了我们以方法论的底蕴，让我们自信并非一切对本质问题的探讨都必然会陷入本质主义。

一

美的本质曾经是美学研究中的一个核心问题，各个时代的美学家都曾经对此提出过自己的看法，由此产生了一系列影响深远的经典命题。在西方美学史上，早在古希腊时代，毕达哥拉斯学派就提出，事物由于数而显得美，认为美是由于数而产生的和谐的比例关系。柏拉图主张美不是美的事物而是美本身，所谓美本身就是美的理念（idea 或 eidos，又译为理式或相），是理念的一种类型。① 中世纪的神学家（伪）狄奥尼修斯（Pseudo-Dionysius）认为，上帝是"全然美好的，是超出一切的美者"②，使得"美是上帝的名字"成为中世纪美学的核心主张，由此也揭示了美与超验之物的关联。休谟（David Hume）把美归结为美感，认为"快乐和痛苦不但是美和丑的必然伴随物，而且还构成它们的本质"③。"美学之父"鲍姆加登主张，"感性认识的美和事物的美，本身都是复合的完善，而且是无所不包的完善"④，认为美是感性认识和感性事物的完善，由此把美与感性认识及其经验对象联系起来。康德一方面把美看作能引起愉悦感的感性表象，另一方面又主张美是理性理念的象征，显示出他在美的个别性和一般性、具象性和抽象性之间的摇摆。黑格尔则通过"美是理念的感性显现"这一命题，把康德对美的两种看法综合了起来，由此达到了西方近代美学的巅峰。到了 20 世纪，美学家们对美的本质问题的探讨仍旧兴致不减，桑塔亚纳（George Santayana）提出，"美是在快感的客观化中形成的，美是客观化了的快感"，⑤ 从而对休谟的唯心论观点做出了修正。海德格尔则提出"美乃是作为无蔽的真理的一种现身方式"，⑥ 认为当闪耀着的真理被嵌入艺术作品的时候，就构成了艺术之美。杜夫海纳则主张，"审美对象就是辉煌地呈现的感性"，⑦ 从而在现象学的视域中重

---

① 柏拉图并没有明确把美称作一种理念，不过他在《会饮篇》（《柏拉图全集》第二卷，王晓朝译，人民出版社 2003 年版，第 254 页。）中把美描述为"永恒的，无始无终，不生不灭，不增不减"的，这与他对理念的描述是完全相同的，因此我们主张他实际上认为美是理念的一种类型。

② （伪）狄奥尼修斯：《神秘神学》，包利民译，商务印书馆 2018 年版，第 32 页。

③ ［英］休谟：《人性论》下册，关文运译，商务印书馆 1991 年版，第 334 页。

④ ［德］鲍姆加登：《美学》，载于刘小枫主编《德语美学文选》上卷，华东师范大学出版社 2006 年版，第 6 页。

⑤ ［西班牙］桑塔亚纳：《美感》，载于章安祺编订，缪灵珠译《缪灵珠美学译文集》第四卷，中国人民大学出版社 1991 年版，第 207 页。

⑥ ［德］海德格尔：《艺术作品的本源》，载于孙周兴译《林中路》，上海译文出版社 1997 年版，第 40 页。

⑦ ［法］杜夫海纳：《审美经验现象学》，韩树站译，文化艺术出版社 1992 年版，第 115 页。

新复兴了鲍姆加登的观点。除了这些令人耳熟能详的命题之外，狄德罗（Denis Diderot）的"美在关系"、车尔尼雪夫斯基的"美是生活"等主张，也曾在美学史上产生过一定的影响。中国当代美学同样对于美的本质问题有着浓厚的兴趣。20 世纪五六十年代的"美学大讨论"所关注的核心问题就是美的本质问题，并且由此产生了蔡仪的"美是典型"、朱光潜的"美在主客观的统一"、高尔泰的"美是自由的象征"等命题。到了 20 世纪 70 年代末，李泽厚又提出了自己的"积淀说"，主张"美是自由的形式"。在 20 世纪 90 年代，杨春时又强调"美在超越"，提出并建构了自己的超越论美学。

　　然而曾几何时，美的本质问题的研究已经变得门庭冷落，尽管各种各样的美学理论仍旧层出不穷，但这些理论却都不再热衷于探究"美是什么"的问题。当代西方的政治美学（朗西埃，Jacques Rancière）、环境美学（阿诺德·柏林特，Arnold Berleant 等）、身体美学（舒斯特曼，Richard Shusterman），以及中国当代的生态美学、身体美学和生活美学，都把研究重心放在了具体的审美对象和审美经验方面，很少关注美的本质问题。究其根源，这与西方现代的反本质主义思潮之间有着密切的联系。本质主义是一种特定的哲学主张，"这种主张认为，在一事物 X 所具有的那些性质中，我们能够区分出它的本质属性和它的偶然属性。根据这种观点，X 的某些性质构成它的本质，而余下的性质则是它偶有的"。① 这就是说，本质主义者惯于把事物的本质属性与其他属性区别开来，认为只有这种本质属性才是决定事物之存在及其类型的根本因素，其他属性则只是事物的偶然属性。从哲学史上来看，这种主张正是形而上学的二元论思维方式的产物，其源头可以追溯到古希腊的巴门尼德（Parmenides），因为他首先提出了存在和非存在的划分，认为真正的存在是不生不灭、连续和不可分的、永不变化的，非存在则是指现实的现象世界，其特点是有生灭变

---

① ［英］尼古拉斯·布宁、余纪元编著：《西方哲学英汉对照辞典》，人民出版社 2001 年版，第 322 页。

化的、可分的、非连续的和运动的。① 柏拉图把巴门尼德所说的存在命名为理念，认为理念处于具体事物之外，并且构成了具体事物的本原，由此提出了"世界的二重化"原则。亚里士多德首次提出了本质（to ti en einai）这一概念，认为它是本体（ousia）的首要含义。Ousia 是古希腊语中系动词 eimi 的动名词形式，相当于英语中的 being。亚里士多德认为，作为第一哲学的形而上学就是一门研究"是"（on，又译为存在、有等）的学问，而 ousia（本体）就是 on 的首要含义，因此他在《范畴篇》中将其列为十大范畴之首，认为它是其他一切属性或范畴的载体（hypokeimenon），由此在西方哲学史上开了区分本质属性与偶然属性的先河。英语学界一般将 ousia 译为 substance（中译为实体或本体）或 essence（中译为本质）。简言之，在亚里士多德看来，本质是本体的首要含义，而本体又是存在或是的首要含义。根据我国当代学者余纪元的考证，To ti en einai 这个短语中的 en 是古希腊语系动词的过去式，相当于英语中的 was，因此该短语在英语中被译为 what the "to be" was 或 what it was（for something）to be，中译为"一个事物的过去之'是'是什么"，这表明亚里士多德所说的本质指的是事物之中恒久不变的东西②。从这里可以看出，古希腊的形而上学把本质看作本体以及存在的基本含义，认为本质是固定不变的永恒之物，是真正的存在所具有的特征，具有生灭变化的具体事物则只是现象，是非存在。由此出发，本质主义主张本质隐藏在现象之后或之外，探究事物的本质就必须把本质和现象分离开来，并且把现象作为偶然因素剔除出去。与之相应，反本质主义则是西方现代哲学批判和反思形而上学的产物，这种主张认为我们永远也无法解释清楚事物的哪些属性是本质的或偶然的，因此本质实际上是无法把握的，对本质的探究是无意义的。

---

① 参看汪子嵩、范明生、陈村富、姚介厚《希腊哲学史》第一卷，人民出版社 1997 年版，第 600 页以下。

② 参看余纪元《亚里士多德论 ON》，《哲学研究》1995 年第 4 期。

　　客观地说，本质主义的思维方式的确存在许多弊端，其最大的危害就是使得形而上学沦为一种僵化、静止的思维方式，把世界的运动和变化视为非本质性的因素，因此无法正确地认识世界。不过，反本质主义者由此出发主张放弃对于本质的探究，我们认为则是一种因噎废食的做法。这是因为，本质所指的是事物之所是，如果我们放弃探索事物的本质，无异于放弃了认识事物的可能性。从某种程度上来说，我们对于任何事物的谈论实际上都是在谈论它的本质，因为我们总是要谈论该物是什么或"何所是"。举例来说，我国当代文学理论中的反本质主义者表面看来不再谈论文学的本质，但他们却总是在谈论文学，总是在谈论文学创作、文学作品和文学接受，即便他们没有给文学下定义，但只要他们赋予了文学一词以确定的含义，实际上也就含蓄地暗示了他们对于文学本质的看法。反本质主义者为了避免这种暗示，往往放弃了对于理论体系的追求，不再试图谈论所有的文学现象或文学活动的整个过程，而是把研究的对象限定在某个特殊的领域，比如只讨论叙事问题或接受问题，但即便在这些具体的领域，他们也必须赋予每个词语以相对确定的含义，这也就在一定限度内界定了所谈论对象的本质。从这里可以看出，对本质的探究和言说实际上是人类的思维和语言固有的特征，因为我们谈及任何事物总是免不了要问该物"是什么"，也必须使用该物"是什么"这样的表达方式，除非我们在每次表述时都限定自己所说的只是此物在此时此刻之所是，否则我们就总是在谈论该物始终之所是，也就是在谈论该物的本质。究极而言，反本质主义者所反对的也并不是对本质的探究，而是反对把本质与现象、本质属性和偶然属性截然二分，并且主张我们事实上无法找到所有事物所共有的本质特征。然而如何区分事物的本质属性和偶然属性是一回事，认为应该放弃这种区分则是另一回事。同样，我们是否能够找到事物的共性或本质是一回事，我们是否应该放弃寻找这种共性或本质也是另一回事。既然我们的思维和语言都注定了我们不可能放弃寻找事物的本质，那么我们所应该做的就是在寻找本质的同时避免陷入本质主义。究极而言，本质主义的根本错误并不在于试图探究事物的本质，而在于把本质和现象截然二分，认为本质与现象相互分离并且毫无关联。因此，正确的做法是消解或解构这种二元对立，重建本质与现象之间的一体性关系。

二

基于以上看法，我们认为探讨美的本质问题必须从具体的审美现象或审美对象入手，而不能撇开审美现象直接谈论美的本质。从前面所列举的各种关于美的定义来看，审美对象可以说是多种多样，究竟哪一种才能成为我们探讨美的本质问题的出发点呢？我们认为，这些定义就其自身来说都有一定的合理性，因为它们都道出了某些审美对象所具有的本质特征，然而与此同时，它们也都忽视或者贬低了其他审美对象的本质特征。从这个角度来看，我们的出发点不应该是某一种特定的审美对象，而应该是各种审美对象中所蕴含的共同要素。仔细比较这些定义，不难发现它们所谈论的审美对象都包含一个共同的要素——物。具体地说，柏拉图认为美与理念这种抽象和一般之物相关，鲍姆加登则认为美与感性对象这种具体和个别之物相关；休谟把美归结为主观之物，狄德罗等唯物主义者则强调了美的客观性；中世纪美学把美归结为超验之物，鲍姆加登则强调了美的经验特征。除此之外，还有一些定义则把美归结为两种物之间的统一，比如黑格尔主张美是理念的感性显现，海德格尔认为美是真理之闪耀，杜夫海纳强调美是感性的辉煌呈现，朱光潜认为美是主客观的统一，高尔泰主张美是自由的象征，李泽厚认为美是自由的形式，都是把美当成了抽象之物与具象之物、一般之物与个别之物、理性之物与感性之物、主观之物与客观之物、超验之物与经验之物的统一。这就是说，无论美学家对于美的本质的界定有多大的差异，他们却都一致认定美总是与物相关。

然而究竟什么是物？上面所列举的各种事物千差万别甚至截然对立，何以它们都可以被称为物？要回答这些问题，就不得不回到漫长的西方哲学史。海德格尔在其名作《艺术作品的本源》中曾经梳理过西方哲学史上关于物的种种界定，认为这些解释总体上可以划分为三种类型。第一种观点认为，物是把诸属性聚集起来的东西，也就是具有诸属性的实体或载体；第二种观点认为，"物是感官上被给予的多样性之统一体"①，也就是说物是通过感官被感知到的东西；第三种观点认为，"物是具有形式的质料"②，亦即物是质料和形式的统一体。不过在海德格尔看来，这些对物的看法都掺入了某种思想的成见，没有让物之物性得到自发的显现和言说，因而都是对物的强暴或扭曲。这一断言无疑是具有合理性的，因为哲学史上每一种对于物的看法都不是来自对物的直接把握，而是从特定哲学立场出发所做出的推演，比如上述第一种观点就建立在亚里士多德（Aristotle）关于实体与属性的二元论观点之上，第二种观点来自贝克莱（George Berkeley）的主观唯心主义，第三种观点则来自亚里士多德的形式本体论。那么，怎样才能不带任何成见地言说物呢？海德格尔在此却没有给出答案，而是径直转向了对于器具以及艺术作品的思考。不过他在晚年的演讲《物》中倒是系统地提出了自己的看法，在这里他把对物的追问转换成了对于物之物性的追问，并且强调"物之物性因素既不在于它是被表象的对象，根本上也不能从对象之对象性的角度来加以规定"，③ 这就是说，我们不能把物之物性当作一个对象来追问，而只能让其以非对象性的方式显现出来。他的具体做法是，选择壶这种具体的物作为例证，追问壶之壶性是如何成其本质的，结论则是在壶之为壶中逗留

① ［德］海德格尔：《艺术作品的本源》，载于孙周兴译《林中路》，上海译文出版社1997年版，第9页。

② ［德］海德格尔：《艺术作品的本源》，载于孙周兴译《林中路》，上海译文出版社1997年版，第11页。

③ ［德］海德格尔：《物》，载于孙周兴选编《海德格尔选集》下卷，生活·读书·新知三联书店1996年版，第1167页。

着大地与天空、诸神与终有一死者这四方，由此说明物是通过自身的物化而成其本质的，通过这种物化，天、地、神、人这四重整体也成其本质或居有（ereignen）自身。

海德格尔这种言说物的方式的确避免了形而上学的本质主义思维方式，不过他所付出的代价就是不再追问"物是什么"，而是只谈论物如何成其自身，也就是说他用"物如何获得自己的本质"这一问题取代了"物的本质是什么"的问题。在我们看来，这种为了避免本质主义而放弃追问物的本质的做法并不可取。那么，怎样才能两者兼顾呢？我们认为只需要放弃各种关于物的先入之见，回到对于物的原初经验，就可以让物之本质自发地显现出来。这种对于物的原初经验无疑是由古希腊哲学家获得的。正如我们在前面所指出的，西方哲学最初就起源于古希腊哲学家对于存在（on）一词的含义的追问，由此产生了形而上学或第一哲学，其核心则是存在论或本体论。就物是什么这一问题而言，这意味着古希腊哲学家把纷繁多样的物都归结为存在者（being，又译为是者）。海德格尔认为从古希腊开始的形而上学在存在问题上所犯的根本错误，就在于忽视了存在与存在者之间的差异，从而造成了对于存在的遮蔽。这种说法固然不错，然而单就"物即存在者"这一点来说，却并未涉及存在者与存在的差异问题。只要我们坚守这一出发点，不从某种哲学立场出发对于何种存在者才是真正的物做出界定，那么我们就不会对物之本性造成遮蔽或扭曲。

由此出发，我们所获得的第一个洞见就是美与一切物或存在者相关，或者说各种物都可能成为审美对象。前面所列举的各种对于美的定义无疑都有各自的合理性，但它们共同的缺陷就在于把美归结于某种特定的物，从而忽视或否定了其他物的审美价值。主观论者必然否定美与客观事物的关联，客观论者必然否定美与主观之物的关联；感性论者必然忽视美与抽象之物的关联，理性论者必然忽视美与感性之物的关联；超验论者必然否定或贬低美与经验之物的关联，经验论者则可能忽视了超验之物的审美价值。因此，只有明确肯定各种事物都有成为审美对象的可能性，才能克服和避免这种片面性。不过，这是否意味着美就是物本身呢？我们认为答案是否定的。这是因为，美这个词看起来描述的是事物的自在属性，实际上却是事物在审美经验中的显现物。任何物无论就其自身来说多么完美，如果它没有成为人们的审美对象，那么也就无美可言。从根本上来说，审美对象并不是作为自在之物的物本身，而是物在审美经验中的显现。

我们把美说成是物的显现，很容易被批评为把美与美感混为一谈，从而被归结为一种主观主义或唯心主义的观点。然而唯心主义美学的根本特征并不在于把美看作审美对象的显现物，而是把美归结为主观的美感，或者是这种主观感受的外在化。或许有人会说，物或审美对象的显现物不仍然是一种主观之物吗？我们认为并非如此。近代哲学把物的显现视为一个使物在心灵中得到再现（represent，又译为表象）的过程，由此所获得的显现物的确是一种主观的心理实体。然而如果我们摒弃这种主客对立的二元论思维方式，就会发现显现物并不是一种主观的表象，而是一种介于主体与客体、主观与客观之间的意向对象。按照现象学创始人胡塞尔的分析，物的显现实际上是一个意向性的过程，这一过程包含两个方面：从一个方面来说，显现是一个物被给予（be given）的过程；从另一个方面来说，显现又是一个物被构成（be constituted）的过程。所谓给予是说，要想把握物的本性，就必须摒弃或悬搁一切先入之见，从而让物自发地显现出来；所谓构成则是指，物的显现并不是一个被动的接受过程，而是意识通过自己的意向性行为（intentional action）主动地指向对象，并且通过意向作用（noesis）对被给予的材料或质料（data）进行立义，赋予其一定的意义，由此产生意向对象（noema）的过程。[①] 从这里可以看出，所谓显现物

---

① 对于意识及其意向性行为的具体分析，可参看［德］胡塞尔《纯粹现象学通论》第三编第四章，李幼蒸译，商务印书馆1996年版。

实际上是一种意向对象，这种意向对象不同于实在对象（real object），它既不是客观存在的物质实体，也不是内在于心灵的精神实体或心理实体，而是介于主观与客观、物质与精神之间的第三种存在物。因此，我们把美界定为物的显现，并不意味着我们选择了唯心主义的立场，而是一劳永逸地超越了唯物主义与唯心主义之间的二元对立。

然而在传统的唯物论或客观论者看来，我们毕竟没有把美完全视为物的客观属性，而是在一定程度上将其主观化了。我们认为，这种观点的问题在于没有看到美并不是事物的自在属性，没有看到审美对象并不是在审美活动之外独立存在的，而是在审美经验中才产生和显现出来的。这可以从两个方面来看。首先，部分事物的审美特征本身就是由人所赋予的，是人类实践活动的产物。这正如马克思所指出的，"动物只是按照它所属的那个种的尺度和需要来构造，而人却懂得按照任何一个种的尺度来进行生产，并且处处都把固有的尺度运用于对象；因此，人也按照美的规律来构造"。[①] 这就是说，人在制造各种人工制品的时候，除了考虑各种实用目的和需要之外，还加入了美的尺度和规律，因此这些事物的审美特征本身就是由人类所赋予的，是人类审美活动的结果。更不必说，人类所创造的各种艺术作品在根本上就是为了满足人们的审美需要。其次，即便是自然界客观存在的各种事物，也只有被纳入人类审美活动的范围之后，其自在属性才能转化为审美属性，由此也才能成为人们的审美对象。事实上当今世界的大多数自然景观已经被打上了人类活动的烙印。自然之美一旦被人类所发现，就会逐渐被人们有目的地开发为旅游景点，通过精心设计和宣传来引导人们前来观赏，并且通过建设游步道、凉亭、观景台等设施，使得自然景观与人类文化合为一体。反之，那些迄今尚无人问津的自然风物即便本身十分完美，却仍旧不是人们的审美对象，因而所拥有的完美属性就只是自在的而不是审美的。

---

① ［德］马克思、恩格斯：《马克思恩格斯文集》第一卷，中共中央马克思恩格斯列宁斯大林著作编译局编译，人民出版社2009年版，第163页。

三

我们把美归结为物的显现，并不是说物的一切显现都是美。这是因为，物的显现包含了多种方式，诸如感知、想象、情感、概念、判断、推理等意识行为都可以成为物的显现方式。总体而言，这些显现方式可以划分为感性和理性、直观和非直观两种类型。通过概念、判断和推理等理性行为，物必然被加工为抽象的命题和知识，自然不可能呈现为审美对象。因此，只有感性行为或直观行为才可能成为美的显现方式。

在大多数美学家看来，美毫无疑问是某种物的感性显现。自鲍姆加登把美学命名为"感性学"之后，美学家们纷纷把美与感性联系在一起。且不必说黑格尔关于"美是理念的感性显现"的著名命题，即便是海德格尔和杜夫海纳这样的现象学家，也都把美视为存在或经验对象的感性显现。桑塔亚纳把美归结为客观化了的快感，实际上也还是把美与感性对象联系在了一起。然而在我们看来，这些看法实际上都受到了近代以来艺术形式和审美经验的局限。这是因为，西方近代艺术是典型的具象艺术，无论这种艺术传达了多么复杂和深刻的思想观念，这些观念最终都是通过感性的艺术形象和表现形式传达出来的，这就诱导人们或者把美视为纯粹的感性之物，或者视为抽象之物的感性显现。然而进入 20 世纪以来，现代艺术在抽象化的道路上愈行愈远，近代艺术的具象性和再现性被越来越多的艺术家所抛弃了。以绘画艺术为例，印象派绘画之所以被视为现代艺术的开端，就是因为它放弃了近代具象绘画的立身之本——透视法。在此之后，经由后印象派、立体主义、表现主义、野兽派等流派的过渡，以蒙德里安（Piet Mondrian）、康定斯基（Wassily Kandinsky）为代表的抽象主义绘画彻底消除了绘画艺术的具象性特征，他们的作品不再描绘任何具体事物，只剩下了纯粹抽象的几何构图。这种从具象到抽象的发展趋势在雕塑、建筑、文学、音乐等其他艺术门类中也都不同程度地存在着。这些抽象艺术作品当然仍具有一定的感性特征，因为人们仍然需要通过感觉器官才能感知到作品中的线条、色彩和音符，但这显然只是作品的次要特征，因为作品的整体特征都是抽象的而非感性的。现代艺术的这种实践表明，审美对象尽管必定具有直观性，但却未必一定具有感性特征。也就是说，感性和直观性并不是一回事。

那么，感性和直观性之间的关系究竟如何？要想弄清楚这个问题，我们就必须回顾直观问题在西方哲学史上的演变过程。直观（又译为直觉，拉丁语写作 intueri，相当于英语中的 intuition，德语中的 intuitiv 和 Anschauung，法语中的 intuitive，意大利语中的 intuizione）一词是西方哲学中的一个重要概念，指的是一种不经概念和推理直接把握事物的认识能力。大体上说来，古希腊以及近代的理性主义哲学都主张直观是一种比推理更高级的理性能力，通过这种能力可以把握公理或最高原理，由此构成某种知识体系的基础。柏拉图在《斐德罗篇》中曾经提出，灵魂在与肉体结合之前，可以直接看到真正的存在，如正义、节制等各种理念。① 亚里士多德在《形而上学》中也认为，矛盾律、排中律等逻辑学公理是一种自明的知识，因此无法从正面加以证明，而只能从反面证明一旦离开这些公理，我们的思想交流就必将陷入困境。② 在近代的理性主义哲学中，这种观点得到了进一步的发展。笛卡尔（René Descartes）就宣称，"理智里有一种清楚性是指一种认识的清楚性或明瞭性。"③ 在他看来，他所提出的"我思故我在"这一命题就不是通过推理，而是作为一件自明的事情，通过精神的单纯灵感看出来的。斯宾诺莎则把人类的知识分为三类，其中第一类是感性知识，第二类是普遍概念及其推理的知识，第三类则是"直观知识"

---

① ［古希腊］柏拉图：《斐德罗篇》，载王晓朝译《柏拉图全集》第二卷，人民出版社 2003 年版，第 161 页。

② 参看［古希腊］亚里士多德《形而上学》，吴寿朋译，商务印书馆 1991 年版，第 63 页以下。

③ ［法］笛卡尔：《第一哲学沉思录》，庞景仁译，商务印书馆 1996 年版，第 194 页。

（scientia intuitiva），这种知识的代表是数学和几何学，因为几何学中的公理是不证自明的"真观念"，这种观念"包含最高的确定性"①。莱布尼茨更是把一切理性真理的源头都归结为直观或直觉知识。他认为，"……当定义的可能性立即显示出来时，其中就包含着一种直觉的知识。而照这种方式，一切贴切的定义都包含着原始的理性真理，并因此包含着直觉知识。总之可以一般地说，一切原始的理性真理都是直接的，这直接是属于一种观念的直接性"②。这就是说，从古希腊到 18 世纪，西方哲学家都把直观视为一种理性能力，认为其与感性认识毫无关联。这种情况直到康德才发生改变，他主张人类只具有感性直观而不具有知性直观（die intellektuelle Anschauung，又译为智性直观）能力，由此把直观归属于感性而不是理性领域。他的依据是，直观是一种接受性的、与既有对象直接发生关系的能力，知性则是一种自发性而非接受性的认识能力，因此知性直观是一种通过直观生产对象的能力，这种能力只有神或原始存在物才具备。用他的话说，"这种智性直观，……看来只应属于原始存在者，而永远不属于一个按其存有及按其直观（在对被给予客体的关系中规定其存有的那个直观）都是不独立的存在者"③。康德认为，人类的认识能力是接受性的，即人类只能认识一个既有的存在物，而不能通过认识创造存在物，在这种情况下，人类只能通过感性这种接受性的能力来把握对象，知性则只能生产出概念而不能与对象直接发生关联，因此人类的直观行为只能是感性的而不能是知性的。后康德的德国古典哲学突破了康德为人类的认识所设置的界限，主张人类具有智性直观的能力，因此就走向了观念论或唯心主义（idealism）。

从这里可以看出，康德对知性直观这一概念的理解与此前的西方

---

① 参看［荷兰］斯宾诺莎《伦理学》，贺麟译，商务印书馆 1991 年版，第 80 页以下。
② ［德］莱布尼茨：《人类理智新论》下册，陈修斋译，商务印书馆 1996 年版，第 417—418 页。
③ ［德］康德：《纯粹理性批判》，邓晓芒译，人民出版社 2004 年版，第 50 页。

哲学家有着本质的差别：此前的哲学家一般把理性直观或理智直观理解为一种直接把握抽象知识或最高原理的能力，康德则强调知性直观是一种自发地生产认识对象的能力。从哲学史上来看，康德对于知性直观的这种独特理解只有后继的德国古典哲学家才予以接受，至于其他流派的哲学家们则并没有延续这种观点。不过由于康德的影响，感性直观的概念从此得以确立，感性开始被视为一种重要的直观能力，感性直观与智性直观的关系因此成为一个有待解决的问题。这一问题在胡塞尔那里得到了深入的讨论，他在《逻辑研究》中明确提出了感性直观和范畴直观（categorial intuition）的区分，认为感性直观只能把握经验对象，范畴直观则能够把握范畴对象（categorial object）。所谓范畴对象指的是在感知陈述中所包含的抽象概念或范畴，如存在与不存在、一、多、全、数、原因、结果等。当我们在描述自己的感知经验时，经常使用这些概念，比如"一张红纸"这个短语看起来描述的是通过感知所获得的感性表象，但实际上却包含了"一"和"红"这样的抽象概念。胡塞尔认为，这些概念的确也在直观活动中作为对象被给予了，但这种直观却不是感性直观而是范畴直观。[①] 在后来的《纯粹现象学通论》、《现象学的心理学》和《经验与判断》等著作中，胡塞尔又把范畴直观理论进一步发展成了本质直观（essential intuition）理论，认为一切普遍本质都是可以通过直观活动被给予的。对于本质直观的具体过程，他进行了十分细致的描述："将一个被经验的或被想象的对象性变形为一个随意的例子，这个例子同时获得了指导性的'范本'的性质，即对于各种变体的开放的无限多种多样的生产来说获得了开端项的性质，所以这种作用的前提就是一种变更。换言之，我们让事实作为范本来引导我们，以便把它转化为纯粹的想象。这时，应当不断地获得新的相似形象，作为摹本，作为想象的形象，这些形象全都是与那个原始形象具体地相似的东西。这样，我们就会

---

① 参看［德］胡塞尔《逻辑研究》第二卷第二部分，倪梁康译，上海译文出版社 1999 年版，第 44、45 页。

自由任意地生产各种变体，它们中的每一个以及整个变更过程本身都是以'随意'这个主观体验模态出现的。这就表明，在这种模仿形态的多种多样中贯穿着一种统一性，即在对一个原始形象，例如一个物作这种自由变更时，必定有一个不变项作为必然的普遍形式仍在维持着，没有它，一个原始形象，如这个事物，作为它这一类型的范例将是根本不可设想的。这种形式在进行任意变更时，当各个变体的差异点对我们来说无关紧要时，就把自己呈现为一个绝对同一的内涵，一个不可变更的、所有的变体都与之相吻合的'什么'：一个普遍的本质。"① 简单地说，本质直观就是把感性直观所获得的感性表象作为出发点，借助想象力对其进行变更，在此过程中使其中的一个要素保持不变，这样当变更进行得足够充分的时候，就可以让这个要素作为一种自身同一的本质直接呈现出来。

纵观整个西方哲学史，胡塞尔对智性直观过程的描述无疑是最为清晰、最为细致的。在此之前的哲学家们都只是笼统地肯定这种能力的存在，但对其内在机制从未做出过清晰的说明，也正是因此，这一概念被笼罩上了一层神秘的面纱。从这个意义上来说，胡塞尔的研究可以说在哲学史上首次为智性直观的认识论地位提供了有力的证明。不过在我们看来，这一理论仍然存在明显的缺陷。这是因为，胡塞尔一方面强调本质直观是借助于想象力的自由变更来进行的，另一方面却宣称通过这一过程能够产生具有绝对同一性的普遍本质，这显然是自相矛盾的，因为任何想象所产生的都只能是感性表象而不是抽象概念，尽管在本质直观的过程中由于想象力始终围绕着同一要素来进行，导致这一要素在表象中变得越来越突出和显豁，至于表象的其他特征则变得越来越模糊，由此使得想象力所产生的变体较之一般的感性表象变得更加抽象，其感性特征受到了极大的削弱，但只要这一过程始终保持在直观的范围之内，也就是说知性和理性的抽象能力不介入进

---

　　① ［德］胡塞尔：《经验与判断》，邓晓芒、张廷国译，生活·读书·新知三联书店1999年版，第394—395页。

来，那么这种变体归根到底仍是一种感性表象，或者说是介于感性表象和知性范畴之间的某种中介物。从这个意义上来说，胡塞尔实际上夸大了本质直观的能力，使其僭越到了知性和理性的领域。

我们把本质直观的产物归结为感性表象和知性范畴之间的中介，这就意味着我们在胡塞尔的现象学和康德的认识论之间建立了内在的联系，从而也就为发展和完善胡塞尔的本质直观理论找到了一条出路。众所周知，康德在《纯粹理性批判》中曾经探讨过感性表象和知性范畴之间的联结问题。在他看来，只有把这两者联结或统一起来，才能产生命题和知识，然而这两者之间却是完全异质的：前者是个别的和具体的，后者却是一般的和抽象的，要想把两者联结起来，就必须找到一个第三者，这个第三者一方面具有感性表象的直观性，另一方面又具有知性范畴的抽象性。康德把这个第三者称作图式（schema，又译为图型、图几等），并且将其区分为两种类型：经验的和纯粹的，其中经验图式在感性表象和经验性概念之间充当中介，纯粹图式则在感性表象和纯粹知性范畴之间充当中介。那么图式究竟是如何产生的呢？对于这个关键问题康德却没有做出清楚的回答，而是仅限于指出其是想象力的先验产物，至于想象力究竟如何生产出图式，他却宣称这"是在人类心灵深处隐藏着的一种技艺，它的真实操作方式我们任何时候都是很难从大自然那里猜测到、并将其毫无遮蔽地展示在眼前的"①。在一定程度上正是因为这个原因，导致康德的图式理论在哲学史上引起了极大的争议。

如果我们把康德的图式理论与胡塞尔的本质直观理论结合起来，就可望弥补它们各自的缺陷。对于康德来说，这意味着图式并不是想象力直接作用于知性范畴的结果，而是想象力对感性表象进行变更的产物。当想象力把感性表象中的某个要素凸显出来的时候，就可以使其逐渐转变为图式。具体地说，经验性图式实际上是想象力把感性表

---

① ［德］康德：《纯粹理性批判》，邓晓芒译，人民出版社2004年版，第141页。

象中与经验性概念相关的元素加以凸显的结果。康德曾经把狗这一概念的图式描述为一个四足动物的形状，这实际上就是想象力把某只具体的狗的表象进行变形，使其个体特征逐渐模糊化的结果。至于纯粹图式则是想象力对经验性图式进一步加以变形的结果，通过这种变形使其具象特征趋于消失，从而转化为一种纯粹的时间规定。对于胡塞尔来说，这意味着本质直观并不能直接获得本质，而是为本质的产生奠定了基础。具体地说，通过本质直观产生的乃是图式，在此基础上加以知性和理性的抽象，就可以彻底消除图式所包含的具象性特征，从而产生知性范畴或理性理念。我们认为，经过如此修正的本质直观理论，才能成为我们探讨审美经验的直观性的基础。

四

通过前面的分析可以看出，直观活动可以划分为感性直观和本质直观两种类型，其中前者所产生的是个别的感性表象，后者产生的则是具有一定普遍性的图式。那么，美究竟是感性直观的显现物，还是本质直观的显现物？显而易见，传统美学倾向于前一种观点，而我们则主张美是感性直观和本质直观的共同显现物。

传统美学把审美归属于感性认识，因此主张美是感性直观的显现物。但在我们看来，这种观点存在多方面的问题。具体地说，这种观点实际上包含两种类型，第一种类型以鲍姆加登和康德为代表，他们把美视为感性之物或经验对象的感性显现。这种观点所面临的首要问题是，大多数审美对象不是纯粹的感性表象，而是感性和理性、个别性和一般性的统一体。这一点实际上是康德美学所面临的主要困扰，他在提出美是一种与概念无关的感性表象这一主张之后，立刻就发现大多数审美对象是和概念相关的，因此不得不提出了自由美（free beauty）和依附美（accessory beauty）的划分，认为只有自由美才是与概念无关的，依附美则是与概念相关的。用他的话说，"有两种不同的美：自由美，或只是依附的美。前者不以任何有关对象应当是什么的概念为前提；后者则以这样一个概念及按照这个概念的对象完善性为前提。前一种美的类型称之为这物那物的（独立存在的）美；后一种则作为依附于一个概念的（有条件的美）而被赋予那些从属于一个特殊目的的概念之下的客体"。① 问题在于，他能举出的自由美的例子仅限于贝壳、卷叶饰等寥寥几种，在此之外的其他所有审美对象则都被归属于依附美了，这说明他关于美是一种纯粹的感性表象的观点实际上是站不住脚的。正因如此，他后来又转而提出了美是理性理念的象征这一观点，这表明把美单纯地视为感性直观的显现物是站不住脚的。

除了这一缺陷之外，这一观点所面临的问题还在于，无论是在认识活动还是在审美活动中，都不存在康德所说的纯粹的感性表象，究极而言，任何感性表象其实都是感性和理性的统一体。康德在《纯粹理性批判》中的"先验感性论"部分主张，感性表象是感性能力凭借先天的时间和空间形式对给予的感性杂多进行整合的结果，这意味着单纯通过感性直观就可以产生感性表象。但在紧接着的"先验逻辑"部分，他却明确提出："在一个感性直观中被给予的杂多东西必然从属于统觉的本源的综合统一性，因为只有通过这种统觉的统一性才可能有直观的统一性"②，而统觉的统一性又是通过知性来达成的，因为"知性本身无非是先天地联结并把给予表象的杂多纳入统觉的统一性之下来的能力"③，这意味着感性表象是通过感性和知性的共同作用才产生的。事实上在该书第一版中康德在这一问题上的自相矛盾还要更加明显，因为他把"直观中领会的综合"和"想象中的再生的综合"都归属到产生知识的三重综合中去了④。康德之所以在对知性概念进

---

① ［德］康德：《判断力批判》，邓晓芒译，人民出版社 2002 年版，第 65 页。
② ［德］康德：《纯粹理性批判》，邓晓芒译，人民出版社 2004 年版，第 95—96 页。
③ ［德］康德：《纯粹理性批判》，邓晓芒译，人民出版社 2004 年版，第 91 页。
④ 参看 ［德］康德《纯粹理性批判》，邓晓芒译，人民出版社 2004 年版，第 114—115 页。

行先验演绎的时候主张知性能力会参与对感性杂多的整合，显然是由于只有这样产生的感性表象才能被归属于某个知性范畴之下。在我们看来，康德的这一主张是有其合理性的，因为在认识活动中感性直观是为产生判断和知识而服务的，因此主体对感性杂多的整合就不仅依赖于时间和空间形式，而且会借助于范畴的统一作用，比如植物学家对一朵花的观察就不是纯粹的感知行为，而是从预先就已掌握的分类学知识出发进行观察和辨别，只有花朵所包含的那些与分类学标准相关的特征才会作为感性杂多被给予，因此这种观察就既是一种感性行为，同时也是一种知性行为。

或许有人会说，在审美经验而不是认识活动中，感性能力是独立发挥作用的，这时所产生的就只是纯粹的感性表象了。在我们看来，这种说法同样是站不住脚的，因为相对于感知活动来说，经验对象的感性特征是无限复杂、独一无二的，单凭感性活动根本无法完整、准确地加以把握。因此在实际的感性活动中，人们总是会对对象的特征加以简化和抽象，有意识地忽略掉其不规则的部分，由此将其归结为某种相对规范的形态。格式塔心理学派的研究发现，人类的知觉活动并不是像照相机那样机械地摹写对象，而是运用事先就已储存在记忆中的各种结构形状与事物进行比对，然后对其进行归类的过程。用该派代表人物之一阿恩海姆（Rudolf Arnheim）的话说，"所谓知觉，就是以那些具有相对说来较为简约形状的模态或式样（我称之为视觉概念或视觉范畴），与刺激物达到一致（或用之取代它）"。① 他进而主张，既然视觉活动也运用到了概念或范畴，那么就也是一种思维活动，只不过这种思维不是通过抽象的推理，而是借助于直觉来进行的。在他看来，视知觉的这种抽象性使得每一件绘画作品都成了感性和理性的统一体："总而言之，每一件绘画再现，都是一种特殊的理性活动——一种把感性表象和一般普遍性的概念融合在一个统一的认识性

---

① ［美］阿恩海姆：《视觉思维——审美直觉心理学》，滕守尧译，四川人民出版社1998年版，第36页。

陈述之中的理性活动。"①

正是由于任何感性表象都具有感性和理性相统一的特点，因此黑格尔修正了把美视为感性之物的感性显现的主张，提出了美是理念的感性显现这一命题。从我们上面的分析可以看出，这一主张无疑是具有极大合理性的，因为绝大多数审美对象或艺术作品具有感性和理性相统一的特点。不过这种观点的局限性也是一目了然的，因为它只能用来说明具象艺术的特点，却不能用来解释现代的抽象艺术。蒙德里安和康定斯基等人的作品已经彻底消除了近代艺术的具象性和再现性特点，所呈现的只是抽象的几何构图和色彩块面，这些构图和色彩当然仍需通过感知活动来把握，但这种感性特征显然已经不再是这类艺术作品的本质属性了，在这种情况下，将其说成是理念的感性显现显然是不恰当的。不仅如此，即便是对于西方近代以及古代的具象艺术来说，这种理论也面临着一个十分棘手的难题，即感性和理性究竟如何达到统一的问题。康德曾经主张，艺术家凭借自己的想象力可以把抽象的理性理念感性化，由此使得艺术形象成为理性理念的象征："诗人敢于把不可见的存在物的理性理念，如天福之国、地狱之国，永生，创世等等感性化；或者也把虽然在经验中找得到实例的东西如死亡、忌妒和一切罪恶，以及爱、荣誉等等，超出经验的限制之外，借助于在达到最大程度方面努力仿效着理性的预演的某种想象力，而在某种完整性中使之成为可感的，这些在自然界中是找不到任何实例的；而这真正说来就是审美理念的能力能够以其全部程度表现于其中的那种诗艺。"② 问题在于，艺术家的想象力究竟是如何做到这一点的，康德却没有做出说明。黑格尔在给美下定义的时候实际上也没有解决这一问题。试看他的完整表述："真，就它是真来说，也存在着。当真在它的这种外在存在中

---

① ［美］阿恩海姆：《视觉思维——审美直觉心理学》，滕守尧译，四川人民出版社1998年版，第197页。

② ［德］康德：《判断力批判》，邓晓芒译，人民出版社2002年版，第159页。

是直接呈现于意识，而且它的概念是直接和它的外在现象处于统一体时，理念就不仅是真的，而且是美的了。美因此可以下这样的定义：美就是理念的感性显现。"① 这段话中所说的真指的显然是真正的存在。对于黑格尔来说，真正的存在就是绝对理念或者概念。人们通常把概念看作对事物普遍性的概括和反映，黑格尔的看法则相反，他认为概念并不是从对事物的抽象中产生的，而是自在自为的，概念就是原初的存在；反过来，事物之所以存在，却是概念活动的产物，是概念把自身加以外在化的结果。概念或理念的外化产生了具体事物，当事物的外在形态能够充分地表达概念的时候，两者就达到了统一。这时，理念就不仅是真的，而且是美的了。不难看出，这种观点是黑格尔从自己的唯心论立场出发，运用思辨和演绎的方法得出的结论，抽象概念和感性形式在具体事物或艺术作品中究竟是如何统一起来的，实际上并没有得到真正的说明。

上述分析充分表明，把美视为感性直观的显现物必然面临许多难以解决的问题。要想解决这些问题，就必须从根本上修正这一命题，把美首先视为本质直观的显现物，在此基础上把某些审美对象归结为感性直观和本质直观的共同产物。也就是说审美对象在根本上不是感性表象而是图式，即便我们在对自然风景和具象艺术的欣赏中所遇到的是一种感性表象，这种表象也必须建立在图式的基础之上。我们的这一修正所面临的首要障碍显然来自康德，因为他在《判断力批判》中明确主张，图式只和认识活动相关，象征才是艺术和美表达理念的方式。用他的话说，"一切作为感性化的生动描绘（演示）都是双重的：要么是图型式的，这时知性所把握的一个概念被给予了相应的先天直观；要么是象征性的，这时一个只有理性才能想到而没有任何感性直观能与之相适合的概念就被配以这样一种直观，借助于它，判断力的处理方式与它在图型化中所观察到的东西就仅仅是类似的，亦即

---

① ［德］黑格尔：《美学》第一卷，朱光潜译，商务印书馆1991年版，第142页。

与这种东西仅仅按照这种处理方式的规则而不是按照直观本身，因而只是按照反思的形式而不是按照内容而达成一致"。① 从这里可以看出，康德认为图式是对知性概念的先天直观形式，是感性表象和知性范畴之间的中介，因此是形成逻辑判断或规定判断的前提；象征则是理性理念的感性直观形式，是通过想象力产生的感性形象，因此是反思判断或审美判断的对象。这就是说，图式与象征的对立建立在规定判断与反思判断的对立之上，图式只与规定判断相关，象征则与反思判断相关，因此图式不可能成为审美对象。然而在我们看来，这一区分看似有理，实际上却是不能成立的。康德曾经如此描述两种判断的区别："如果普遍的东西被给予了，那么把特殊归摄于它们之下的那个判断力就是规定性的。但如果只有特殊被给予了，判断力必须为此去寻求普遍，那么这种判断力就只是反思性的。"② 在规定判断中，被给予的普遍就是概念，而图式则作为联结特殊（感性表象）与普遍（知性概念）的中介发挥其作用。在反思判断中，普遍需要判断力自己去寻求和发现。问题在于，判断力在审美活动中究竟发现了怎样的普遍性呢？

对于这个问题，康德给出了两种相互矛盾的答案。在对审美鉴赏的第二契机——量——的分析中，康德把审美判断所涉及的普遍性归结为通过诸认识能力（想象力和知性）的自由游戏而产生的普遍可传达的内心状态，也就是说审美判断是把感性表象和主体的心意状态而不是抽象概念联结起来，因此他认为审美判断只具有主观普遍性而不具有客观普遍性。但在对审美判断的二律背反的解决中，他却给出了一个新的答案，认为审美判断尽管不涉及知性范畴或者概念，但却涉及理性概念亦即理性理念，也就是说他认为判断力在审美鉴赏中所发现的普遍就是理性理念。问题在于，理性理念较之知性范畴具有更高的普遍性和抽象性，如果说审美不涉及知性概念的话，何以竟会涉及

---

① ［德］康德：《判断力批判》，邓晓芒译，人民出版社2002年版，第199—200页。

② ［德］康德：《判断力批判》，邓晓芒译，人民出版社2002年版，第13—14页。

理性理念呢？康德给出的解释是："鉴赏判断必须与不管什么样的一种概念发生关系；因为否则它就绝不可能要求对每个人的必然有效性。但它又恰好不是可以从一个概念得到证明的，因为一个概念要么可能是可规定的，要么可能是本身未规定的同时又是不可规定的。前一种类型是知性概念，它是可以凭借能够与之相应的感性直观的谓词来规定的；但第二种类型是对超感官之物的先验的理性概念，这种超感官之物为所有那些直观奠定基础，所以这个概念不再是理论上可规定的。"① 这就是说，康德认为概念是否能够参与审美判断，不在于其是否抽象，而在于其是否是可规定的。知性范畴是可规定的（即可以运用描述某个经验对象的谓词来加以规定），因此就不可能参与审美判断；理性理念所描述的是超感官之物而不是经验对象，因此是不可规定的（即不可以用描述经验对象的谓词来加以规定），自然就可参加审美判断了。不难看出，康德之所以如此强调规定二字，是因为他认为逻辑判断乃是规定判断，审美判断则是反思判断，既然理性理念是非规定或未规定的，就可以成为审美判断的普遍依据。然而如果我们细加推敲，就会发现这一论证是无法令人满意的，因为康德在区分两种判断的时候所强调的不仅是概念或普遍的规定性问题，而且更主要的是概念的被给予性问题：如果这概念是事先被给予的，那么判断就是规定性的，如果概念是通过反思被发现的，判断才是反思性的。这样一来，问题的关键就在于，理性理念是判断力在审美鉴赏中所发现的吗？这个问题的答案显然是否定的，因为康德在《纯粹理性批判》中明确指出，理性理念是理性为了统一知性范畴和判断而做的先验设定，因此它是先天被给予的而不是通过反思被发现的。从实际的审美鉴赏活动来看，鉴赏者也不可能把某种预先设定的理性理念作为审美判断的依据，因为这样的判断就不再是反思判断而是规定判断了。因此我们认为，康德对审美判断的二律背反的解决是失败的，无论概念

---

① ［德］康德：《判断力批判》，邓晓芒译，人民出版社 2002 年版，第 186 页。

是否是规定性的，都不应该作为审美判断的依据。

怎样才能避免康德美学的上述矛盾和错误呢？我们认为只有引入图式概念，把审美对象归结为图式，或者说是隐含图式的感性表象，把审美判断的依据归结为具有普遍性的心意状态而不是理性理念。也就是说，审美判断的基本机制不是参照主观的心意状态或理性理念来判定某个感性表象是否是美的，而是参照主观的心意状态来判定某个图式或感性表象是否是美的。康德之所以把图式从审美活动中排除出去了，是因为他先入为主地认定审美对象只能是一种感性表象，然而实际上他在对艺术活动的分析中已经发现，艺术形象乃是一种蕴含着理性理念的感性表象，是感性和理性的统一体。正是因此，他紧接着就提出了"美是德性—善的象征"这一著名命题，从而间接地否定了自己把美归结为纯粹的感性表象的观点。而在我们看来，无论是在审美鉴赏还是在艺术创作中，理念或概念都不可能直接参与进来，而是必须以图式为中介。这是因为，审美鉴赏既然是一种反思判断而不是规定判断，那么它的普遍性就不可能直接来自理念而只能来自图式，因为只有图式才既具有普遍性又具有直观性。

五

我们把美归结为感性直观和本质直观的共同显现物，所带来的最直接效应就是可以突破近代美学的局限，对于现代抽象艺术的审美特征做出合理的解释。抽象艺术尽管仍未完全消除感性特征，但却已经不再具有再现性和具象性，因此将其解释为理念或物的感性显现显然是不恰当的。另一方面，抽象艺术尽管常常显得晦涩难懂，但却仍是诉诸直观的，不能混同于抽象概念。这就是说，抽象艺术介于感性表象和抽象概念之间，因此将其概括为图式就是恰如其分的。如果我们重新审视抽象艺术的产生和发展过程，就会发现这是一个逐渐消除艺术形象的感性特征，使其从感性表象转化为图式的过程。以蒙德里安的艺术探索过程为例，他早年生活在封闭的荷兰小城阿姆尔弗特，没有受到现代艺术的熏陶，因此其风格仍然是写实的和再现性的，但在1905 年观看了于阿姆斯特丹举行的梵·高（Vincent Willem van Gogh）回顾展之后，他就逐渐抛弃了近代艺术的具象性风格，此后又陆续受到了象征主义和表现主义的影响，其作品中那些细致的笔触和微妙的色彩变化逐渐被粗犷的轮廓线和鲜明的色彩对比所取代，对于自然景物的刻画逐渐让位于对构图和色彩的平衡感的追求。1911 年，蒙德里安来到现代艺术的中心巴黎，以毕加索（Pablo Picasso）、勃拉克（Georges Braque）和莱热（Joseph Léger）为代表的立体主义绘画给了他强烈的震撼，从此之后他就开始了对于抽象艺术的自觉追求。① 如果我们把他同一题材的画作《红树》《灰树》《开花的苹果树》加以比较，就能够清楚地看出其风格的演变过程。第一幅画创作于1908—1910 年，尽管已经受到了表现主义等现代艺术风格的影响，使得画面上的色彩不再具有写实性，但对树的枝干的刻画仍然具有较强的具象性，树枝扭曲蜿蜒，大体上保留了其自然形态，树的整体形象仍然清晰可辨。第二幅画创作于1911 年，立体主义的影响已经十分明显，因为树的主干和枝条都已经逐渐趋近于标准的几何图形和线条。第三幅画作于1912 年，在抽象性上已经逐渐超出了立体主义，因为树的形状基本上已经无法辨认了，画面上只剩下了标准的弧线和直线，以及浅绿、浅黄的色彩块面。不过这显然还不是蒙德里安抽象主义风格演变的终点，因为弧线仍不是最基本的线条，浅绿、浅黄也不是真正的原色和纯色。到了1913 年，蒙德里安的许多作品便不再以具体事物来命名，而是被统称为构图 X 号，画面上的线条只剩下了横线和竖线。到了20 年代之后，色彩也被简化为红、黄、蓝三原色，由此产生了我们所熟悉的"格子画"。其他抽象画家如马列维奇（Kazimir Malevich）、康定斯基、波洛克（Jackson Pollock）等虽然并未完整经历这种从具象

---

① 此处对于蒙德里安艺术创作道路的描述参看徐沛君《追求均衡的世界——蒙德里安其人其画其论》，载于徐沛君编著《蒙德里安论艺》，人民美术出版社 2002 年版。

到抽象的探索过程，但他们成熟期的作品都无一例外地完全抛弃了近代绘画的具象性和再现性。

对于这种纯粹的抽象艺术，近代美学和艺术理论显然是无法解释的，因为画面上的感性特征已经微乎其微，仅能帮助人们辨认出构图的色彩和形状，却无法帮助人们解读作品的意义。这样一来，无论是将其解释为纯粹的感性表象，还是解释为理念的感性显现，都是极不恰当的。反之，将其视为介于感性表象和抽象概念之间的图式，则是十分恰当的，因为这种艺术所呈现的恰恰是一种感性特征被极大地削弱了的表象。从另一个方面来看，蒙德里安对抽象艺术的探索过程与胡塞尔所描述的本质直观的过程也是十分相似的。以上面所举的系列作品为例，蒙德里安显然是把对一棵树的感知经验当成了出发点，然后运用想象不断对其进行变更，在这一过程中保持其基本结构不变，而使其外在的感性特征不断被削弱，直到最后使树的结构作为同一之物显现出来。蒙德里安之所以最终把所有的线条都还原成了横线和竖线，所有的形状都还原成了长方形和正方形，所有的色彩都还原成了三原色，就是因为当他对事物的外形进行变更的时候，发现其各种感性特征都是由这些基本要素所构成的。当然，抽象主义的风格一旦形成，艺术家就获得了创作的自由，他不再需要把某个经验对象作为出发点，而是可以直接运用他所获得的构图要素进行自由的搭配和组合，从而创造出各种新的结构图式。人们之所以感到抽象艺术较之具象艺术变得晦涩难懂，就是因为具象艺术为人们提供了一个具体的再现对象，人们可以从这个对象出发去寻找与之相应的理念或概念，比如当鉴赏者面对拉斐尔（Raffaello Santi）的《西斯廷圣母》时，就可以从画面中所刻画的怀抱婴儿的年轻母亲出发，解读出其中所蕴含的母爱和牺牲精神。而抽象艺术消除了表象的感性特征，也就使鉴赏者失去了这种解释的依托和参照。那么这是否意味着抽象艺术是无法解读的呢？我们认为并非如此。正如我们在前面所指出的，图式本身就是范畴和概念的来源，只不过从图式到概念的转化需要借助于知性和理性的抽象能力，而这种能力恰恰是普通鉴赏者所缺乏的，因此对抽象艺术的理解常常需要批评家和理论家的帮助。不过这一点在传统艺术的鉴赏中也不例外，因为普通鉴赏者所擅长的只不过是辨认出具象艺术所描绘和再现的经验对象，至于艺术家借助这种对象传达出了怎样的理念或思想，大多数鉴赏者同样是不甚了然的。

　　或许有人会感到疑惑，近代艺术的产生似乎并没有经过这样一个抽象化的过程，何以也能够被归结为本质直观的显现物呢？这是因为，正如康德和黑格尔所说，近代艺术所呈现的艺术形象实际上是感性和理性的统一体，而我们在前面的分析已经证明，感性表象和理性理念只有以图式为中介才能获得统一。康德之所以无法说明感性表象和理性理念的统一问题，就是因为他把图式从审美和艺术活动中排除出去了。事实上在具体的艺术创作活动中，除了少数具有较强哲学素养的作家（如席勒、陀思妥耶夫斯基、萨特等）之外，大多数作家或艺术家在创作中并无明确的概念或者理念，而是只拥有对作品主题的某种直觉，这种直觉包含某种抽象的意蕴，但又没有上升为明确的概念，而是始终与具体的意象或物象纠缠在一起，这种具有混沌性或暧昧性的直觉实际上就是图式。罗曼·罗兰在回忆自己创作《约翰·克里斯朵夫》的过程时曾经说过，有一天他在罗马郊外散步，仰望着漫天的彩霞，俯视着夕阳中的罗马城，突然在幻觉中看到了未来的主人公的形象："起先那前额从地下冒起。接着是那双眼睛，克利斯朵夫的眼睛。"[1] 作者在恍惚中意识到，这双眼睛以纯洁的、超乎时间的自由眼光，观察和批判着当前的欧洲，由此孕育出了主人公约翰·克里斯朵夫的形象，进而创造出了这部经典名著。从这里可以看出，作家最初瞥见的意象只有额头和一双眼睛，但这双眼睛却放射着自由和批判的眼光，较之寻常的目光显然更为复杂，这种奇特的意象尽管不如通常的感性表象那么完整和具象，但却蕴含着某种抽象的意蕴和思想，我

---

　　① ［法］罗曼·罗兰：《内心的历程》，载于《罗曼·罗兰文钞》，孙梁译，广西师范大学出版社 2004 年版，第 386 页。

们认为这实际上就是作家在创作中所直观到的图式。这种直观可以来自生活中的原型，也可以来自作家的想象。当然，对于自由的思考和对当时欧洲现实的批判原本就是罗曼·罗兰（Romain Rolland）的思想或理念，但只有当作家为这种抽象的理念找到了一个中介性的图式，才能最终创造出能够象征理念的艺术形象。

对于那些在创作开始时就有了明确的意图或理念的艺术家来说，他们也无法直接把这种理念转化为感性形象，而是必须从自己所积累的素材中寻找与这种理念相符合或接近的生活原型，然后再参照理念对原型进行改造。从某种程度上来说，这种改造的过程其实就是一个抽象化的过程，因为艺术家需要消除或减弱原型身上的个别性和偶然性，强化其一般性和必然性，只有这样才能使自己的意图得到充分的传达和实现。不难看出，这个抽象化的过程实际上就是把感性表象改造为图式的过程。从这个角度来看，具象艺术的创作过程并不是纯粹的感性直观，而是感性直观和本质直观的统一体：从经验对象身上获得原型的过程属于感性直观，把原型从感性表象改造成图式的过程则属于本质直观。不过创作过程并没有到此结束，因为艺术家既然创造的是一种具象艺术，就必须重新把图式改造为新的感性表象。在这一过程中，艺术家必须运用想象力为图式增添新的感性特征，使其逐渐变得血肉丰满。当然，在实际的创作活动中，这两个过程往往是交织在一起的，艺术家常常是一边强化表象的一般性，一边又为其添加新的感性特征，也就是说表象的图式化过程和图式的感性化过程实际上是同时进行的，正是由于这个原因，艺术家和鉴赏者往往并未意识到图式的存在，因为无论是在艺术创作中还是在艺术鉴赏中，图式都始终隐含在感性表象的内部。康德和黑格尔之所以直接把艺术形象视为感性表象和理性理念的统一体，原因盖在于此。

现在的问题是，有些艺术家的创作看起来似乎只是对某个经验对象的再现而不是对抽象理念的表达，由此所产生的艺术作品是否也蕴含着某种图式呢？我们认为回答是肯定的。贡布里希（E. H. Gombrich）

对于图画再现问题的心理学研究雄辩地证明了这一点。人们通常认为画家的创作是对经验对象的直接再现，贡布里希却认为，艺术家在创作之前就通过学习掌握了与对象相关的图式，创作的过程实际上是艺术家依据自己对于对象的观察，对于图式不断进行修正，直到最终获得满意的再现效果。他曾举了一个近代无名画家如何描绘罗马圣天使堡的例子。根据现代的摄影图片，圣天使堡采用的是罗马式的建筑风格，主体部分是圆形建筑，然而这位近代画家所描绘出来的建筑物却带有明显的哥特式风格，主体建筑被描绘成了高耸的尖塔。贡布里希通过深入的考证指出，这位画家在创作过程中明显参照了当时的出版物《纽伦堡编年史》中反复出现的城堡木刻版画，这些版画被标上了大马士革、米兰等不同的中世纪城市的名字，但描绘出来的图画却大同小异，建筑物都被描绘成哥特式的风格，表明这实际上是当时的艺术家描绘城堡的固有程式或图式。这位无名氏画家在描绘罗马圣天使堡时显然参照了这一图式，因此就把再现对象的建筑风格人为地改变了。当然从某种意义上来说，这幅作品实际上是一个再现失败的例子，但即便是在优秀的再现性艺术中，图式的参与也是必不可少的，贡布里希对西方历代绘画艺术的考察为此给予了充分的证明。正是因此，他明确宣称，"……摹写是以图式和矫正的节律进行的。图式并不是一种'抽象'过程的产物，也不是一种'简化'倾向的产物；图式代表那首次近似的、松散的类目，这个类目逐渐地加紧以适合那应复现出来的形式"。①

除了艺术作品之外，在对自然的审美经验中所产生的审美对象也离不开图式。自然物本身是纯粹的经验对象，但从这种经验对象中产生的感性表象却包含具有普遍性的图式。正如我们在前面所指出的，对任何经验对象的直观都不是纯粹的感性活动，而同时是一种本质直观行为。自然物之所以能够成为供人们欣赏的风景或景观，固然是由

---

① ［英］贡布里希：《艺术与错觉——图画再现的心理学研究》，杨成凯、李本正、范景中译，广西美术出版社 2012 年版，第 64 页。

于其本身所具有的各种特征，同时也是由于人们在面对自然物的时候并不是被动地接受，而是同时在依据自身已有的艺术经验和审美图式对自然进行整合与筛选。事实上，人们之所以能够发现自然之美，很大程度上是由于受到了艺术的熏陶，把自己从艺术欣赏中获得的鉴赏力运用于自然的结果。王尔德（Oscar Wilde）曾经指出，"自然是什么呢？自然不是生育我们的伟大母亲。它是我们的创造物。正是在我们的脑子里，它获得了生命。事物存在是因为我们看见它们，我们看见什么，我们如何看见它，这是依影响我们的艺术而决定的。看一样东西和看见一样东西是非常不同的。人们在看见一事物的美以前是看不见这事物的。然后，只有在这时候，这事物方始存在。现在，人们看见雾不是因为有雾，而是因为诗人和画家教他们懂得这种景色的神秘性"。① 撇开这段话中所包含的唯心主义哲学观和唯美主义艺术观，其中对艺术与自然关系的看法还是有其合理性的。艺术作品不仅培养了人们的鉴赏力，同时也使人们了解到审美对象所应具有的形式特征和精神意蕴。当人们在面对自然物的时候，就能够运用这种先在的审美图式和标准去鉴别对象，分辨对象的美丑，由此把自然物从自在之物转化为审美对象。

第三节　审美经验的动态过程

在我国当代的美学研究中，有关审美经验动态的分析还是一个较少涉足的话题，这是因为人们通常认为审美经验是在一瞬间完成的，我们产生审美感受和判断。然而在我们看来，这种观点实际上是把完整的审美经验简化成了对于审美对象的感受，也就是近代美学所说的美感。从美学史上来看，这种观点起源于康德，他反对鲍姆加登关于美学是一门关于感性认识的学问的观点，在自己的批判哲学中把这部

---

① 赵澧、徐京安主编：《唯美主义》，中国人民大学出版社1988年版，第133页。

分内容（他称之为"先验感性论"）归属于认识论，而把美学归结为对于审美鉴赏或审美判断的研究，由此导致主体对于审美对象的呈现或构成过程被从审美经验的完整过程中剔除出去了，只保留了对于审美对象的感受。因此，我们必须纠正康德美学的这一弊端，把审美经验的完整过程呈现出来。

大致说来，任何形态的审美经验都必须经历一个从主体对于外在对象的初步感知，到通过自己的意识活动来构成相对完整的审美对象，而后再对其做出审美判断和评价的过程。据此，我们可以把审美经验划分为呈现阶段、构成阶段和评价阶段三个部分。其中，呈现阶段就是通过感知活动使审美对象在主体的意识中呈现出来；不过，由此获得的还只是关于对象的原初体验材料，因而还需要通过想象力的作用来构成完整的审美对象；在此之后，主体才能运用自己的审美理想和审美标准来对其进行价值评价。以下我们即对这三个阶段分别加以论述。

一　呈现阶段

审美经验的第一个阶段是通过感知对于对象感性特征的把握，也就是使对象在主体的意识之中呈现出来。不过，感知活动乃是一切意识活动的出发点，审美经验与其他意识活动的根本区别在于，它是以一种审美的态度来对待事物的。对于这个问题，许多美学家都曾经进行过深入的分析。英国经验派美学家哈奇生认为，在审美活动中，主体对对象不能产生占有欲或自私心，而必须持一种不涉及对象的"原则、原因或效用的知识"的态度。不难看出，在这里他所强调的乃是审美态度的非功利性特点。在哈奇生之后，康德进行了更加细致的讨论。他认为，主体在审美活动中既没有官能方面的利害感，也没有理性方面的利害感，只是通过纯粹的观照来进行审美判断。不过，对于主体的审美态度进行了最细致分析的应该说是叔本华。他认为，主体在审美活动中不让"抽象的思维、理性的概念盘踞着意识",而是"把人的全副精神能力献给直观,沉浸于直观,并使全部意识为宁静地观审恰在眼前的自然对象所充满",此时,审美主体就成为一种"纯粹的、无意志的、无痛苦的、无时间的主体"①。相较于康德,叔本华的进步在于指出主体在审美活动中与对象之间处于物我不分、主客合一的状态,这种思想在当时无疑有着突破性的意义,预示了20世纪思想哲学对于形而上学二元论思维方式的批判和超越。

从前人的这些分析可以看出,所谓审美态度就是指主体在摆脱了日常的功利和实用态度之后,所产生的一种观照、欣赏的态度。主体是否具有这种态度,是其能否与对象建立起审美关系并进入审美活动的关键。然而,在日常生活中我们却经常处于与对象的分离和对立关系之中,那么我们怎样才能由日常状态转入审美状态呢?传统美学总是把这一点归结为对象对于主体感觉器官的刺激,比如对象的色彩、线条、形状、声音、节奏、韵律等引起了主体的关注。这样一来,审美关系实际上是建立在主观的感觉能力与对象的客观特征之间的。这种关系在本质上仍是一种特殊的认识关系,其结果就是把审美活动当成了科学认识的附庸。然而事实上,审美关系的根本特点恰恰在于主体与对象是水乳交融、密不可分的。对于这一点,中国古代的思想家和艺术家们尤其有着深切入微的体察和鞭辟入里的论述。在古人的眼中,审美对象总是既包含对象的感性特征,又有着主观的视角和情感色彩,是客观物象和主观情意相互交融的产物。宋代范晞文《对床夜语》说,"情景相融而莫分也。……固知景无情不发,情无景不生"②,说明在审美活动中主观之情和客观之景是相互生发,互为依托的。也正是从这种天人合一的思维方式出发,古人要求艺术创作要"外师造化,中得心源",所崇尚的艺术风格则是含蓄蕴藉,自然天成。

---

① [德]叔本华:《作为意志和表象的世界》,石冲白译,商务印书馆1982年版,第249—250页。

② 徐中玉主编:《意境·典型·比兴编》,中国社会科学出版社1994年版,第60—61页。

　　因此，审美经验的真正起点并不是对象对于主体的刺激，而是主体与对象在各种因素的作用下所呈现的和谐统一的审美状态。以往的美学家之所以不能正确地把握审美经验的这一特点，根本上是因为他们把审美主体界定为一种纯粹的精神实体，这就使其与对象之间一开始就处于分离和对立的状态之中。具体的表现就是，人们总是把所谓美感看作主体在五官感觉的作用下所产生的主观感受。事实上，主体在审美活动中并不是首先通过自己的五官感觉，而是通过自己的身体来与对象建立关系的。传统思想往往简单地把身体作为主体进行各种精神和物质活动的中性工具，认为身体本身是没有任何自主性的，因而在美学研究中也总是把身体的作用看作一种生理因素而加以贬低甚至排除。事实上，这是一种建立在身心二元论基础上的错误观点。人的身体并不是与其精神相对立的物质存在，而直接就是人作为特殊物种的存在方式，或者说它就是人的本质特征的体现。严格说来，它既不是主观的精神实体，也不同于客观存在的各种对象，而是介于主客观之间的一种特殊存在物。对于这一点，法国现象学家梅洛－庞蒂曾经进行过深入的分析。他认为，我们的身体在感知活动中绝不是仅仅充当信息接收器的作用，也根本不同于一般的客观对象，而是具有一种意向性的功能，它能够在自己的周围筹划出一定的生存空间或环境。当然，他对意向性的看法与胡塞尔有着很大的区别，主要就在于他认为意向活动并不是后者所说的那种先验自我的单向性的构成活动，而是我们的身体与周围世界之间周而复始的相互投射，是一种辩证的相互作用和交流。正是因此，梅洛－庞蒂认为，"被具体地把握的人不是附属于一个集体的一个心理，而是有时让自己作为身体，有时走向各种个人行为的实存的往复运动"。① 根据这种观点，知觉活动的主体就不是胡塞尔所说的先验自我或纯粹意识，而是肉身化的身体—主体（body—subject），而作为原初经验的知觉活动也不是先验自我的构成

――――――――――

　　① ［法］梅洛－庞蒂：《知觉现象学》，杨大春、张尧均、关群德译，商务印书馆2021年版，第132页。

活动，而是身体—主体与世界之间的相互作用和交流。我们认为，这种思想对于我们克服形而上学的二元论思维方式无疑是很有启发的。

从这种角度来看，人在审美活动中就不是首先通过五官感觉来与对象发生关系的，而是直接通过自己的身体来把握对象的。这种看法表面看来不符合审美经验非功利性的特点，但实际上恰恰是这种非功利性产生的根源。这是因为，审美主体与对象的合一状态并不意味着对于对象的实际占有，而是主体在摆脱物质欲望的束缚之后出现的一种忘我状态。在审美状态中主体与对象的统一是建立在相互平等基础上的精神交流关系，而在功利关系中的统一则是以主体对客体的占有甚至消灭为代价的。在审美经验中，身体的参与并不是为了满足其物质欲求，而是指对象只有首先使身体产生一定的愉悦之后，才可能与主体建立起一定的审美关系。事实上，审美对象总是首先呈现于我们的身体，非常迫切地要求与我们的身体合为一体。而身体在审美对象面前也感受不到丝毫的强迫，因为审美对象总是预先感到了身体的要求，并予以应有的满足。音乐中的节奏自然会满足听觉的要求，绘画中的色彩和线条也早就考虑到了视觉的要求，如此等等。因此，审美对象首先是由肉体接受过来，而后才呈现于意识活动的。当然，美感愉悦远比感官需要的满足来得文雅和隐蔽，但这不能否认身体的愉悦感在审美经验中的重要性。有时，艺术家表面看来有意识地为人们的接受活动制造障碍，身体也因此会产生暂时的不悦，但只要是成功的艺术创造，其最终目的必然是增强主体的审美愉悦，而身体的需要显然也是其中的重要组成部分。在这方面，欣赏者的经验与创作者的经验是完全统一的，他们甚至由此结成了身体上的同谋关系。艺术家在创作之际必须使自己的身体积极地参与进来，比如雕塑家是用手指来创作的，指挥家则是用胳膊甚至全身来感受音乐的节奏和旋律的。反之，每个欣赏者也都以各种不同的方式成了作品的表演者，以此来让作品在自己的身心之中充分展开。因此，审美对象对于身体的呈现是审美活动中必不可少的重要一环，而通过作为整体的身心来进行原初的知觉活动，也就成了审美感知的根本特点。

二　构成阶段

如果说呈现阶段主要通过审美知觉来进行的话，那么在构成阶段审美想象的作用无疑就是关键性的了。由于在构成阶段审美主体与对象处于浑然一体的状态，因而主体所获得的只是关于对象的原始经验材料。虽然此时主体已经由于对象与身体的契合而感受到一定的审美愉悦，但主体尚未构成对象的完整表象，因而也就无法对其加以评价和判断，其感受自然也就不具有真正的普遍性和客观性。因此，主体还必须通过想象力的作用来构成一定的审美表象。

想象力在审美活动中的作用主要包括先验和经验两个方面。当然，这并不意味着我们把想象活动划分成了两种不同的形式，而是说想象力总是包含两个不同的层面，其中，经验的方面是指想象活动的实际表现形式，而先验的方面则是指使任何想象活动得以可能的根本前提。从哲学的角度来看，想象力在本质上也是人类的一种认识能力，或者说它为人类的认识活动提供了必要的前提条件。这是因为，想象力除了具有对记忆表象进行加工和改造的功能之外，它还是主体对对象进行直观的前提和基础。按照康德的观点，对事物的直观需要时间和空间两方面的直观能力，而这两种能力都是和想象力的先验功能分不开的。根据法国现象学家杜夫海纳的分析，先验想象力具有开拓和后退两种功能。所谓后退，是指主体必须与对象拉开一定的距离，才能对其进行思想。[①]　当然，这并不是指空间距离而言的，而是说主体必须在意识中与对象相分离。我们曾经指出，在原初的知觉经验中，主体和对象处于一种物我无间的统一状态中，在这种状态下，主体显然无法对对象进行静观和审视。而想象力的作用就在于，它可以帮助主体

---

①　参看［法］杜夫海纳《审美经验现象学》，韩树站译，文化艺术出版社 1992 年版，第 384 页以下。

在意识中拉开与对象的距离，从而打破原有的那种浑然状态。当然，这不是说主体和客体已经对立起来，因为这毕竟不是纯理智的反思活动，而仍然是一种直观活动。但无论如何，主体此时已不再保持那种原始的混沌状态了。其原因在于，只有通过想象力在意识中使主体与对象分离开来，才能获得使对象得以被直观的空间条件。而这种后退恰恰就是一种开拓，因为意识从对象面前后退必然同时形成一个精神上的距离或者空间，这个空间就是对象据以成形的根本前提，也就是康德所谓的空间直观能力。另一方面，无论是开拓还是后退，都是一种时间性行为，因为主体之所以要从对象面前后退，同时也是为了使主体在精神上置身于过去，从而使对象得以在将来显现在意识之中，因为只有使主体脱离迷失于对象之中的现在，才能不再与对象合一并进而形成对对象的认识。

就审美活动而言，想象力的先验层面和经验层面显然具有不同的功能。简单地说，先验想象力可以打破主体与对象的浑然一体状态，从而形成审美活动所需要的审美距离；而经验性的想象力则能够在此基础上，通过改造主体在呈现阶段所获得的原初经验材料，形成关于审美对象的整体表象。所谓审美距离来源于瑞士心理学家和美学家布洛（Edward Bullough）提出的"心理距离说"，指的是主体在审美活动中必须与对象保持一定的心理距离。他曾举了一个假想的游客海上遇雾的例子，来说明这种心理距离的含义。当轮船在海上遇到大雾的时候，无论船员还是乘客都会产生一种焦虑、紧张甚至是恐惧的情绪，因为大雾给航行带来的危险是不言而喻的。在这种心情下，乘客就很难有闲情逸致去欣赏浓雾的美景。然而，布洛认为，只要人们能够与大雾保持一定的心理距离，那么就能够与大雾之间建立审美关系，从而获得美妙的愉悦感。他曾对此做过十分精彩的描述："然而，海上的雾也可能是盎然趣味和赏心乐事的源泉。你试从海雾的经验中暂时除去它的危险和实际的不快。正如享受登山之乐的人不顾肉体的辛劳和山路的危险（虽然不能否认，这些成分偶或掺入快感之中并且增强快感）；你试注意'客观上'构成这现象的特征——你周围的雾幕迷离得像透明的牛乳，模糊了事物的轮廓，把它们的形状歪曲成奇形怪象；你试细察空气的输送力，它产生的印象仿佛你只要一伸手插入这面白墙中，就可以触到一些遥远的海中女妖；你试留意奇妙的滑似凝脂的水，它仿佛伪善地否认任何危险的示意；而尤其是一种异常寂寞远离尘世之感，只有在孤峰绝岭之上始能发现的；这经验，神秘地混合着静穆与恐怖，可能带上如此集中的沉痛和愉快之滋味，所以和它另一方面的烦躁不安形成尖锐的对照。这对照往往以惊人的速度突然浮现，好像一霎间通了新的电流或者掠过更强的光线，照亮了人也许最平凡最习惯的事物的看法——这种印象，有时候在悲惨之极，当我们的实际利益像铁丝因过分紧张而猝然折断之时，我们也会体验到，但是我们却怀着旁观者的惊叹的冷淡心情，期待着一些临头大难的结局。"① 那么，这种心理距离究竟是怎样形成的呢？布洛认为，其关键在于主体摆脱了利害关系的束缚，转而以非功利的态度来对待事物。从这个意义上来看，心理距离是关于审美态度的一种说明。

布洛的"心理距离说"充分说明，审美主体只有与对象拉开一定的距离，才可能在意识中构成对象，进而与对象之间建立起审美关系。布洛的心理距离说一经提出就产生了很大的反响，但也始终面临着很多争议。其最为人所诟病者就在于，所谓心理距离乃是一个极不严格的概念。作为对于一种心理现象的描述，其客观性与合理性都是不容置疑的，但作为对于这种现象的理论阐释，却又是缺乏严密性的。实际上，布洛思想的理论基础无非就是康德等人早就阐发过的审美活动的无利害性和非功利性，他的贡献是在心理学层面上做了进一步的展开和发挥。究极而言，审美经验的非功利性是一个早就解决了的问题，因而关于审美距离的探讨所真正面对的应该是审美对象的构成问题和审美判断的普遍性问题。在这方面，先验想象力的作用正好为审美距

---

① ［瑞士］布洛：《作为艺术要素和审美原理的"心理距离"》，缪灵珠译，载于《缪灵珠美学译文集》第四卷，章安祺编订，中国人民大学出版社1998年版，第374页。

离的形成提供了坚实的理论根据。审美经验的一个显著特点就是主体与对象保持一定的距离，而不能始终停留在主客合一的状态。人们常说，与视觉和听觉相比，嗅觉、味觉和触觉在审美经验中的作用要小得多，这从审美心理学的角度来看，就是因为它们在一定程度上是一些无距离的感觉。烹调艺术仍是一种技术，而美食家也不是真正的审美鉴赏家。这里的区别就在于，只有借助于先验的想象力使我们与对象拉开一定的距离，对象的审美特征才能够充分地显现出来。当然，审美活动也需要主体进行一定的参与，但这绝不是彻底的参与，否则主体就会丧失真正的审美态度。这正如观众对于表演的兴趣应该是以能够看下去但又不使自己信以为真为限度。观众既要同情剧中人物的命运和遭际，又不至于把自己与他们等同起来，既紧跟着情节的发展，又不致把情节混同于真正的现实。据说歌剧《白毛女》在延安上演之际，曾经有战士忍不住愤怒而向扮演黄世仁的演员陈强开枪的事例，这固然说明了作品的艺术魅力和演员表演的成功，但从另一方面也说明了主体的过度参与会损害审美活动的正常进行。总之，审美活动虽然需要身体和知觉的参与，但却不能仅仅停留在这一阶段，而必须借助想象力的作用来与之拉开一定的距离。我们认为，布洛的"心理距离说"只有从这个角度加以补充，才是真正完整和全面的。

不过，先验想象力在根本上还只是为审美对象的构成提供了前提条件，至于实际的构成活动则还必须通过经验的想象来进行。从心理学的角度来看，想象是一种通过加工和改造记忆中的表象来创造新的思维表象的过程。具体说来，这个过程又可以分为再造性想象和创造性想象两个方面。再造性想象是指主体根据自己或他人原有的知觉表象进行加工和综合，从而在自己的头脑中重新形成关于事物的形象。这个过程看起来只是一个简单的复现或再现过程，实际上却要求主体能够依据自己的理智和判断力，来合理地建立表象之间的联系。主体必须使感知材料和理性因素之间建立和谐的关系，同时又不能违背审美活动的一般规律，也就是说，想象活动既要在表象之间建立合理的联系，又不能依赖于直接的逻辑推理。因此，这实际上是一种高级的思维能力。比较而言，这种想象能力在艺术欣赏中显然比在艺术创作中具有更为重要的作用。这是因为，欣赏活动所面对的审美对象乃是艺术家精心创作的结果，已经是完整的艺术形象。当然，有的时候，艺术家会有意在作品中保留一定的空白或未定之处，借以激发读者的想象力，但在这种时候，艺术家也必然会有意留下足够的暗示来规范和约束读者的思考方向，以免读者感到无所适从，或者陷入主观任意的胡思乱想之中。正如鲁迅所说的，读者在阅读小说时，由想象所推测出的人物形象，虽然未必与作者原来的设想相同，"不过那性格，言动，一定有些类似，大致不差"①，否则就谈不上是成功的艺术欣赏。在这种情况下，想象力的主要任务就不是去创造新的艺术形象，而是尽可能忠实地再现作品中已有的艺术形象。如果我们不对此保持审慎，就会损害审美活动的正常进行。当我们进行艺术欣赏之际，如果我们不去感知而去随意想象，审美对象就会消失得无影无踪。面对画布上的阴云，我们不应该去设想天要下雨，而应该去感知这"云"本身。在听音乐的时候，我如果去想象音乐所描绘的实际的大海或田园，那么我对音乐就一无所知。这些都表明在艺术欣赏中，读者必须抑制创造性想象的作用，转而充分发挥再现性想象的功能。

创造性想象则不是为了再现原有的思维表象，而是要通过主体的创造性思维产生原来没有的新表象。然而，无论是多么离奇的想象，事实上都不可能是无中生有，而必须以主体原有的某些记忆表象为基础，只不过主体不是局限于此，而是有意识地增添或削减其中的某些组成部分，或者是把不同事物的表象组合起来，从而产生符合主体意愿的新表象。还是鲁迅说得好："天才们无论怎样说大话，归根到底，还是不能凭空创造。描神画鬼，毫无对证，本可以专靠了神思，所谓'天马行空'似的挥写了。然而他们写出来的，也不过三只眼，长颈

---

① 鲁迅：《鲁迅全集》第五卷，人民文学出版社 1957 年版，第 430 页。

子，就是在常见的人体上，增加了一只眼睛，增长了颈子二三尺而已。"① 这表明，创造性想象实际上是与再造性想象联系在一起的，如果主体的头脑中没有储存任何记忆表象，那么他也就无从进行所谓的艺术创造。就创作活动而言，这就要求作家正确地处理观察生活和艺术创造之间的关系。一方面，艺术家必须认真细致地观察生活中的人和事，积累尽可能丰富的记忆表象，由此才能为自己的艺术创造打下坚实的基础。另一方面，如果没有丰富的艺术想象力，那么，再丰厚的生活积累也是无济于事，因为纯粹对生活的记录和再现显然并不是艺术。真正高明的艺术家恰恰能够在这两者之间维持一种巧妙的平衡，他们的艺术想象能够既出乎读者的意料，又使人感到在情理之中。《西游记》里的孙悟空、猪八戒等人物虽然完全是一种神话形象，是艺术家创造性想象的产物，但却仍然让我们感到真实可信，其原因就在于作者在人性与神性、人与动物的特征之间进行了一种合理的嫁接与组合。孙悟空的筋斗云显然是作者从其猴性出发，加以合理的想象和夸张的结果，这就使他身上的动物性与神性弥合无间。而猪八戒的贪吃、贪睡、懒惰等特性无疑也是从他猪的本性上演化而来的。现代艺术家为了更好地发挥想象力的作用，进一步拓宽人们的艺术视野，又创造出许多新的艺术手法，诸如意识流、荒诞、梦幻等，使想象呈现出明显的非理性特征，这无疑增加了人们理解的难度，也因此引起了许多非议，但这实际上是艺术实践中的正常现象，因为艺术上的创新必然同时带来人们的感觉方式和审美习惯的改变，只要是合理的艺术想象，即使在开始阶段不为人们所理解，终究也会被接受，而其非理性的特征也会慢慢被整合进理性的范围之中。

三　评价阶段

审美经验的最后阶段是评价阶段，在这个阶段上，主体要从自己

---

① 鲁迅：《鲁迅全集》第六卷，人民文学出版社 1957 年版，第 219 页。

的价值标准出发，对于已经构成的审美表象做出具有普遍性的评价和判断。因此，主体的理解力在此无疑起着关键性的作用。

从上文的论述可以看出，想象力的自由本质决定了它一方面使审美经验具有创造性的特点，另一方面也可能使主体对对象的再现受到干扰，为此就必须运用理解力来对其加以校正。审美理解的作用首先就表现在它可以抑制处于实际经验本源处的想象力，松弛它在我们与世界之间结成的纽带。这是因为，想象力虽然拆开了这两者之间的统一关系，但又在它们之间维持着一种连带关系。思维要想具有一定的普遍性，就必须把这种关系发展为一种必然的联系，而这就必须借助理解力的作用。而主体的理解力又是通过判断活动来进行的。按照康德的说法，判断力就是在普遍与特殊之间寻求关系的一种心理功能。根据这两者之间的逻辑关系，判断力可以分为两种：一种是规定判断力，即辨识某一特殊事物是否属于某一普遍规律的能力，在此规律是既定的、现成的；另一种是反思判断力，它不是从普遍性的概念、规律出发去判断特殊事实，而是从特殊的事物和感受出发去寻找普遍。显然，审美判断乃是一种反思判断。那么，这种从特殊的事物和感受出发做出的判断何以也具有普遍性和必然性呢？康德的解释是，审美对象的形式对于判断的主体来说具有一种主观的合目的性。之所以是形式而不是质料，是因为后者关系到利害或单纯的感官享受，因而很难保证判断的普遍性。而形式则不会因人而异，它能够使审美判断具有普遍有效性，原因在于，"既然判断力就评判的形式规则而言，撇开一切质料（不论是感官感觉还是概念），只能是针对一般判断力运用的主观条件的（就不是为特殊的感觉方式也不是为特殊的知性概念而安排的）；因而是针对那种我们可以在所有的人中都（作为一般可能的知识所要求的来）预设的主观的东西；所以一个表象与判断力的这些条件的协和一致就必须能够被先天地设定为对每个人都有效的"①。显

①　［德］康德：《判断力批判》，邓晓芒译，人民出版社2002年版，第132页。

然，康德把对象的质料排除在外，是为了强调审美活动的非功利性特征，这无疑是符合审美经验的一般特征的。问题在于，不同的审美主体何以具有相同的认识机能呢？康德对此只是诉诸一种理论设定或假设，这显然是不能令人满意的。我们认为，在这方面现象学有关主体间性的思考对我们是极有启发的。这一学说较之康德的进步就在于，它不是笼统地假定一切主体具有某种共同的认识结构，而是切实地通过现象学的分析和描述来把握主体之间获得这种共同性的根源。当然，由于现象学内部也存在立场和方法上的分歧，因而对主体间性的看法也不尽相同，但在总体上来说，现象学主张主体之间通过相互交流就能够达成彼此的理解，并使其认识结构逐渐趋于一致。①

从审美活动的具体实践来看，人们之所以能够克服各自的趣味和爱好的差异而在审美判断上求得一致，根本上就是因为在长期的艺术鉴赏和审美经验中，人们已经进行过反复的交流和沟通，从而建立了大体相同的审美机制和评价标准。我们从童年时代起就生活在一定的文化氛围和社会环境中，这必然使我们在艺术修养和价值标准方面受到潜移默化的熏陶和教育。当然，这并不意味着我们面对任何一个审美对象都会产生完全相同的审美经验和反应，但至少使我们的反应都遵循一定的社会规范和艺术规律，否则就只能说明我们在审美修养方面还存在某种缺陷与不足。究极而言，康德所谓审美判断的普遍性和必然性也不是说主体的审美标准是千篇一律或固定不变的，而是说看似感性的审美经验中也包含某种理性的因素。据此我们认为，康德美学的根本意义正在于触及了马克思所揭示的感觉的"人化"或社会化的问题。马克思曾经说过，"感觉通过自己的实践直接变成了理论家"②，其所强调的就是人的感觉通过实践逐渐具有了某种理性内容，

①　有关现象学内部在主体间性问题上的分歧，我们已在前面的章节中做过专门的介绍，这里就不再重复了。

②　［德］马克思、恩格斯：《马克思恩格斯文集》第一卷，中共中央马克思恩格斯列宁斯大林著作编译局编译，人民出版社 2009 年版，第 190 页。

从而与动物的感觉区别开来。而审美感受显然正是这样一种属人的感觉能力。因此，马克思明确指出，"只是由于人的本质的客观地展开的丰富性，主体的、人的感性的丰富性，如有音乐感的耳朵、能感受形式美的眼睛，总之，那些能成为人的享受的感觉，即确证自己是人的本质力量的感觉，才一部分发展起来，一部分产生出来"。① 我们由此可以断言，康德所说的那种审美判断的共通感并不是纯粹的先天机能，而是与主体后天实践活动有着密切的关系。

既然审美判断是一种反思判断，那么其结果也就不是走向纯粹的理解，而是仍旧保持着感性形态。前文说过，审美经验的第一个阶段就是感知活动，而其最终结果也是一种审美感觉，这表明审美经验既是从感觉开始的，也是以感觉而告终的。但这两种感觉显然有着本质的差异。首先，它们的对象不同。前者所把握的只是对象的外观，而后者所把握到的则是具有一定深度的意义。在审美经验的开始阶段，感觉虽然也具有一定的选择性和辨别力，但由于主体与对象还处于合一的状态，因而这感觉还只是我们通常所说的"第一印象"，它可能是十分强烈和鲜明的，但却缺乏足够的深刻性和普遍性。而处于审美经验高潮和终点处的感觉则不同，它已经经过了理解活动的参与，因而全面地把握了对象各方面的特征，其体会自然也就更加深刻。其次，它们的区别还在于，主体在后一种感觉中呈现出了一种新的态度。对于审美经验在对象身上揭示出的深刻而普遍的意义，主体必须在自己身上产生同样的深度才能加以把握。这就是说，审美经验对主体形成了一个考验，能否产生这种感觉就成为衡量其知觉能力和存在深度的标志。总而言之，审美经验是对主体感觉和审美能力的一种提高，处在审美经验终点的感觉与起点处的感觉相比较，总是具有更大的深度和普遍性。

对于审美对象的深度经验使审美活动本质上成为一种与对象的精

---

① ［德］马克思、恩格斯：《马克思恩格斯文集》第一卷，中共中央马克思恩格斯列宁斯大林著作编译局编译，第191页。

神交流，审美活动中的理解活动也就成了一种特殊的交感思考。所谓交感思考乃是发生在主体之间的一种精神交流。主体与审美对象之间之所以也会发生交感思考，是因为审美对象的特殊存在方式实际上使它成了一种准主体。用杜夫海纳的话来说，"我不再把作品完全看成是一个应该通过外观去认识的物，而是相反，把它看成一个准主体。"① 现代美学反对那种在作品之中寻求作者意图的做法，认为这导致了一种作者中心主义或者"意图谬说"。但我们这里所说的准主体却并不是指实际存在的作者，而是主体以审美对象为依据构造出来的。就艺术作品而言，由于它总是作家的意识活动的结果，我们自然也可以在阅读中进行一种模仿性的意识行为，即在自己的意识中重新开始作家的思想行为，这样，我们就能够发现他的感觉和思维方式，由此回溯到作者的自我。这实际上也就是比利时现象学家乔治·普莱所揭示的我的意识为他人意识所取代的现象。按照他的说法，我们在艺术欣赏中所思考的是另一个人的思想，"这些思想来自我读的书，是另外一个人的思考。它们是另外一个人的，可是我却成了主体"。② 正是通过这种回溯和置换现象，我们就以作品为媒介而与作者建立起了精神上的交流关系。我们认为，这种看法尽管来自对艺术欣赏经验的分析，却也适用于其他形式审美经验，因为对于任何审美对象来说，审美经验都不同于认识活动中的那种主客体关系，而是一种平等的相互交流，在此意义上我们实际上已经赋予了对象以一定的主体性。

第四节　审美图式论

图式（schema，又译为图型、图几等）是康德提出的一个重要概念。他认为，要想获得普遍必然的知识，就必须把感性表象和知性范畴统一起来，然而这两者之间却具有异质性，因此就需要图式来作为

---

① ［法］杜夫海纳：《审美经验现象学》，韩树站译，文化艺术出版社1992年版，第432页。
② ［比利时］乔治·普莱：《批评意识》，郭宏安译，百花洲文艺出版社1993年版，第257页。

中介。在康德哲学中，图式只是一个认识论概念，与美学无关。然而在后来的美学研究中，这一概念却得到了广泛的应用，诸如茵加登、贡布里希和阿恩海姆等人，都将其视为艺术活动的一个重要环节。那么，图式究竟是一个认识论概念，还是同时跨越了认识论和美学两个领域？如果说图式也是一个美学范畴的话，那么它在审美经验中究竟有何作用？这些就是我们在此所要探讨的问题。

一　何谓图式？

要想回答康德为什么把图式限定于认识领域这一问题，就必须首先弄清他赋予这一概念的确切含义。严格来说，康德实际上提出了两种图式概念，或者说他把图式划分成了两种类型：经验的图式和先验的图式，前者对应着经验性的概念，后者则对应着先验的概念或者范畴。当他把图式看作感性表象和知性范畴之间的中介时，他所说的显然是先验图式。这种图式必须一方面与范畴同质，另一方面又必须与现象同质，因此它必然一方面是智性的，另一方面则是感性的。在康德看来，具有这种双重性的事物只能到时间之中去寻找，因为时间是一种先天的直观形式，就其是先验的而言，时间与范畴同质，就其是直观的而言，时间又与现象同质。因此康德宣称："范畴在现象上的应用借助于先验的时间规定而成为可能，后者作为知性概念的图型对于现象被归摄到范畴之下起了中介作用。"① 简言之，先验的图式（图型）就是先验的时间规定。

至于经验的图式，则除了充当感性表象和经验性概念之间的中介之外，还被看作两者的来源和基础。就经验性图式与感性概念的关系来说，康德宣称，"实际上，我们的纯粹感性概念的基础并不是对象的形象，而是图型"②，这意味着经验性概念并不是直接从对象身上概

---

① ［德］康德：《纯粹理性批判》，邓晓芒译，人民出版社 2004 年版，第 139 页。
② ［德］康德：《纯粹理性批判》，邓晓芒译，人民出版社 2004 年版，第 140 页。

括出来的，而是通过图式才产生的。他还进一步指出，"感性概念（作为空间中的图形）的图型则是纯粹先天的想象力的产物，并且仿佛是它的一个草图，各种形象是凭借并按照这个示意图才成为可能的，但这些形象不能不永远只有借助于它们所标明的图型才和概念联结起来，就其本身而言则是不与概念完全相重合的"。① 从这段话来看，经验性图式也是感性形象的来源和基础。同时，它还充当了感性形象和感性概念之间的中介。

康德虽然把图式划分成了两种类型，但他随即就把注意力转向了先验图式，至于经验性图式则被弃之不顾。这种做法我们不难理解，因为康德的认识论探究的是认识活动的先验前提，经验性图式显然与此无关。从这个角度来看，我们似乎也不难理解康德何以要把图式概念限定于认识论领域，因为他的美学所关注的同样是审美判断之所以可能的先验前提，而审美判断在他看来并不涉及知性范畴，用他的话说，"美是那没有概念而普遍令人喜欢的东西"②。既然审美只涉及表象而不涉及概念，自然也就不需要图式来充当两者之间的中介了。不过这个问题并不像看起来这么简单，因为康德实际上并没有完全坚持他关于审美判断与概念无关的观点，在关于自由美和依存美的区分中，他明确承认依存美是与概念相关的。在讨论艺术问题时，他又提出了艺术形象是对理性理念的象征的观点，这样一来，问题显然就变得复杂化了，以至于康德不得不对此做出专门的解释。他的说法是，"一切我们给先天概念所配备的直观，要么是图型物，要么是象征物，其中，前者包含对概念的直接演示，后者包含对概念的间接演示。前者是演证地做这件事，后者是借助于某种（我们把经验性的直观也应用于其上的）类比，在这种类比中判断力完成了双重的任务，一是把概念应用到一个感性直观的对象上，二是接着就把对那个直观的反思的单纯规则应用到一个完全另外的对象上，前一个对象只是这个对象的

---

① ［德］康德：《纯粹理性批判》，邓晓芒译，人民出版社 2004 年版，第 141 页。
② ［德］康德：《判断力批判》，邓晓芒译，人民出版社 2002 年版，第 54 页。

象征"。① 从这段话来看，康德的意思是说，图式和象征尽管都是先天概念的直观形态，然而图式是对概念的演证，适合于规定判断；象征则是对概念的类比，适合于反思判断，因此图式就是一个认识论概念，象征才是一个美学范畴。

然而与康德本人的看法相反，图式这一概念在后来的美学研究中却得到了广泛的应用。英加登在《论文学作品》这本书中，就把图式作为文学作品基本结构的一个重要层面，认为它在文学创作和欣赏活动中都发挥着重要的作用。按照他的看法，文学作品在描绘事物的时候，必然会省略事物的许多特征，因此所产生的再现客体就只能是一个图式，因为它包含许多不确定性："再现的……客体确切地说，在所有方面都不是完全一致地被确认的，作为原初的统一体的个体只是一个图式的构造，包含着不同类型的未确定的位置。"② 阿恩海姆也认为，艺术家在观看事物的时候，把握的不仅仅是事物的细节特征，而是首先关注事物的结构图式："观看一个物体，就是在进行某种抽象活动，因为观看活动中包含着对物体之结构特征的把握，而决不仅仅是对细节的不加区别的录制。至于究竟把握到哪些特征，这主要取决于观看者，当然还要取决于刺激图式所处的总的背景。"③ 贡布里希更是主张，任何艺术再现事物的时候都必须依托一定的图式："种种再现风格一律凭图式以行，各个时期的绘画风格的相对一致是由于描绘真实不能不学习的公式。"④

现在的问题是，这些美学家们所说的图式与康德所提出的是否是同一个概念呢？这还需要我们进行具体的考察。茵加登所说的图式相当于事物的略图，这从他把图式说成是"骨架"就可以看出来。阿恩

① ［德］康德：《判断力批判》，邓晓芒译，人民出版社 2002 年版，第 200 页。
② ［波兰］英加登：《论文学作品》，张振辉译，河南大学出版社 2008 年版，第 248 页。
③ ［美］阿恩海姆：《视觉思维——审美直觉心理学》，滕守尧译，四川人民出版社 1998 年版，第 89 页。
④ ［英］贡布里希：《艺术与错觉——图画再现的心理学研究》，杨成凯、李本正、范景中译，广西美术出版社 2012 年版，第 1 页。

海姆所说的图式是指事物的结构形式或者样式。贡布里希曾经援引过康德关于图式的论述，表明他所说的图式概念的确源自康德，但这并不能说明他们赋予这一概念的含义也是相同的。从他对该词的具体应用来看，大体上指的是每个艺术家或每种艺术风格所秉持的描绘事物的特定图样或者公式，比如每个描画教堂的艺术家都必须事先掌握某种教堂的图样，然后再参照所绘教堂的具体特征进行矫正，从而逐渐产生一幅具有一定逼真性的图画。归结起来，这些含义实际上大同小异，都与 schema 一词的日常用法基本一致，因为该词在德语和英语中都包括格式、图表、规范、模板等含义。这样看来，这些美学家所说的图式更加接近于康德所说的经验性图式，与先验图式则有着明显的区别，因为后者指的是"先验的时间规定"，并且只是与十二个知性范畴相关，不可能表现为事物的结构样式。至于经验性图式，康德虽然没有给其下一个明确的定义，但他曾具体分析过三角形、狗等经验性概念的图式，认为"它意味着想象力在空间的纯粹形状方面的一条综合规则"①，考虑到他把经验性图式也说成是先验想象力的产物，我们大胆推断他所说的经验性图式就是一种"先验的空间规定"，与先验图式正好相对。如果说先验的时间规定指的是时间视域中的知性范畴，那么先验的空间规定指的就是空间视域中的经验性概念。经验性概念是从感性对象之中抽象出来的一般性，当这种一般之物被赋予了某种先验的空间形式的时候，必然呈现为某种抽象的图样或样式。因此我们认为，现代美学所谈论的图式概念的确来自康德，不过不是他所重视的先验图式，而是他有意加以忽视的经验性图式。

然而即便是经验性的图式，也是与经验性概念相关的，而康德显然认为审美鉴赏既与先验的知性范畴无关，也与经验性的概念无关。因此我们就需要追问，经验性的图式何以能够逾越认识论的范畴，进入美学研究的领域呢？

————————

① ［德］康德：《纯粹理性批判》，邓晓芒译，人民出版社 2004 年版，第 140 页。

二　图式是如何产生的？

要想回答这个问题，就必须首先弄清图式究竟是如何产生的。对于这一问题，康德并未做深入的探究，而是仅限于指出图式乃是先验想象力的产物，至于先验想象力是如何生产出图式的，他却未做过任何具体说明。这种做法在康德的批判哲学中可以说是屡见不鲜，比如对于知性范畴的来源他也未加探究，而是简单地将其说成是知性自发地生产出来的。康德采取这种做法的原因，在于他把先验与经验截然对立起来，认为知性概念及其图式都不具有经验来源，而是人的心灵中先天固有的，这就使他无法对它们的产生机制做出清晰的说明。就此而言，康德显然未能摆脱理性主义固有的独断论缺陷。对于我们所关注的经验性图式来说，康德观点中的内在矛盾就变得更加尖锐了，因为经验性图式是与经验性概念相关的，他却不加区分地将其也说成是先验想象力的产物。因此，要想对图式的来源做出合理的说明，就必须抛弃康德对于经验想象力和先验想象力的区分，对于想象力在图式的产生过程中所起的作用进行深入的分析。

如果我们撇开康德关于经验与先验的二元对立，就会发现一切图式都是介于形象和概念之间的某种东西，它既具有形象的直观性，又具有概念的普遍性，因而必然是通过直观活动所把握到的某种普遍之物。康德曾经把直观活动区分为感性直观和知性直观，前者所把握的是个别之物，后者把握的则是普遍之物。然而按照他的观点，人类并不具有知性直观能力，因为这种能力是自发性的，它能够通过直观活动创造出自己的对象，因而只能为神或原始存在物所具有。这样一来，康德实际上否定了人类通过直观把握普遍之物的可能性。然而这种观点同样是他的二元论立场的产物，因为在这两种相互对立的直观活动之间，还存在一种特定的直观活动，它既非纯然接受性的，又非纯然自发性的，它所把握到的普遍之物并不完全是自身创造出来的，而是从个别之物身上析取出来的。事实上康德自己对这种能力也并不陌生，他在讨论空间问题时曾经指出，"……一切有关空间的概念都是以一个先天直观（而不是经验性的直观）为基础的。一切几何学原理也是如此，例如在一个三角形中，两边之和大于第三边，这决不是从有关线和三角形的普遍概念中，而是从直观、并且是先天直观中，以无可置疑的确定性推导出来的"。① 这段话显然已经明确肯定了人类通过直观把握普遍之物的能力，但由于受到自己二元论立场的限制，他竟把这种能力归属到感性活动之中去了。②

康德所犯的这一错误在胡塞尔的本质直观学说中得到了纠正。我们不无惊讶地发现，想象力在这一学说中同样占有关键性的地位。按照胡塞尔的看法，本质直观必须通过本质变更来进行，而本质变更则需要借助于想象力，其具体方法是，想象力把感性直观所把握到的表象作为起点，或开端项，对其进行变更，在此过程中使其中的某个属性保持不变，比如让"一张红纸"中的红色保持不变，将其变更为一块红布、一面红旗等其他表象，当这种变更达到足够充分的时候，形象之间的相似性便转化为一种同一性，并作为普遍本质呈现出来。③不过，胡塞尔所说的本质直观把握到的是事物的普遍本质，这与我们所说的图式有何关联呢？在我们看来，这两者实际上是一回事，也就是说本质直观所把握到的普遍本质恰恰就是图式，原因很简单：这种普遍本质既具有直观性，又具有普遍性，因而正是介于形象和概念之间的图式。当然，胡塞尔本人并不作如是观，在他看来本质直观所把握到的就是范畴或者概念（本质直观学说的前身就是他在《逻辑研究》中提出的范畴直观理论），但这是由于他错误地夸大了本质直观的功能。他主张在直观活动的过程中，普遍本质可以作为某种绝对同

---

① ［德］康德：《纯粹理性批判》，邓晓芒译，人民出版社 2004 年版，第 29 页。

② 从哲学史上来看，康德所说的这种直观实际上就是理性主义者所说的理智直观，但由于康德否定了这种能力的存在，因此就只能将其归属于感性活动了。

③ 参看［德］胡塞尔《经验与判断》，邓晓芒、张廷国译，生活·读书·新知三联书店1999年版，第394—395 页。

一、不可变更的内涵而呈现出来，这意味着普遍之物已经不再具有时间性了，因而自然就变成了范畴或概念。然而本质直观既然是一个通过想象力来进行变更的过程，那么同一之物的呈现就只能是一个无限的过程，尽管在这个过程中它会变得越来越清晰，但这种清晰性却永远只能是相对的而不是绝对的，也就是说本质直观所把握到的普遍之物永远只能处于时间境域之中，因而便只能是图式而不是概念。要想把图式转化为概念或者范畴，就必须借助于知性及其判断力，因为只有知性能力能够在普遍之物与个别之物之间设置一条明确的界限，从而使直观活动的时间进程终止下来，使图式摆脱时间性而变成概念。胡塞尔把普遍之物的产生建立在"各个变体的差异点对我们来说无关紧要"[①] 这样一种心理体验的基础上，显然是犯了他一再批判的心理主义的错误。正是这一错误使他混淆了直观和知性之间的界限，使得直观侵入了知性的领域。

因此我们认为，图式是通过直观从个别之物转化而来的，概念则是通过知性从图式转化而来的。康德想必会说，由此产生的图式和概念，都只能是经验性的，至于实体这样的先验范畴则不可能从对象身上直观出来，而只能从对判断活动的反思中被揭示出来（他的范畴表就是直接从判断表推演出来的）。然而胡塞尔就曾强调指出，"实事状态和（系词意义上的）存在这两个概念的起源并不处在对判断或对判断充实的'反思'之中，而是真实地处在'判断充实本身'之中；我们不是在作为对象的行为之中，而是在这些行为的对象之中找到实现这些概念的抽象基础；而这些行为的共形变异当然也会为我们提供一个同样好的基础"。[②] 所谓"判断的充实"就是使判断行为本身作为对象呈现出来，也就是把判断行为作为直观的对象；所谓"共形变异"

---

① ［德］胡塞尔：《经验与判断》，邓晓芒、张廷国译，生活·读书·新知三联书店1999年版，第394页。

② ［德］胡塞尔：《逻辑研究》第二卷第二部分，倪梁康译，上海译文出版社1999年版，第142页。

就是对判断行为进行变更，从而使其中所包含的范畴作为同一之物呈现出来。这也就是说，范畴"是"或"存在"不是通过对判断的反思，而是通过对判断的直观被把握到的。认为"存在"不是作为观念，而是作为对象被把握到的，正是这一洞见给了海德格尔以关键的启示，使他找到了把现象学与存在论结合起来的道路。因此，康德在经验性概念和先验性概念、经验性图式和先验性图式之间设置的对立是站不住脚的，任何图式都是借助于想象从对象身上直观到的。

三　图式的审美功能

解开了图式的产生之谜，我们同时也就为其进入美学领域扫清了障碍。康德之所以把图式排除在美学之外，是因为他主张审美经验不涉及概念，因而就不需要图式来充当感性形象和知性概念之间的中介。然而我们的分析已经表明，图式本身并不是作为这两者的中介而产生的，相反，图式乃是概念的本源。因此，审美经验尽管不涉及概念，却仍然可能会涉及图式。

现在的问题是，图式在审美经验中究竟具有怎样的功能呢？我们认为，图式的首要功能就在于它可以成为独立的审美对象，也就是说图式本身就具有一定的审美价值。对于我们的这个观点，康德想必会持明确的否定态度。从我们前面所引用的康德的话来看，他认为图式只与规定判断相关，象征则与反思判断相关，因此图式不可能成为审美对象。然而在我们看来，这一区分看似有理，实际上却是不能成立的。康德曾经如此描述两种判断的区别："如果普遍的东西被给予了，那么把特殊归摄于它们之下的那个判断力就是规定性的。但如果只有特殊被给予了，判断力必须为此去寻求普遍，那么这种判断力就只是反思性的。"[1] 就图式与象征的关系来说，他显然认为前者乃是普遍之

---

① ［德］康德：《判断力批判》，邓晓芒译，人民出版社 2002 年版，第 13—14 页。

物，后者则是特殊之物，因此图式就不可能成为审美对象。然而在我们看来，规定判断和反思判断的区别并不在于判断的对象是否是普遍之物，而是在于普遍之物究竟是预先被给定的，还是通过判断活动被发现的。从某种意义上来说，反思判断首先是一种从对象身上发现普遍之物的认识活动，其次才是把对象与这种普遍之物联结起来的行为。更进一步来说，规定判断和反思判断所涉及的普遍之物本身也是截然不同的：前者所涉及的是抽象概念，后者所涉及的普遍之物则是非概念性的，用康德的话说，这是一种"不确定的概念"。在我们看来，这种不确定的概念恰恰就是图式，因为图式一方面因其普遍性而与概念同质，另一方面又因其具有时间性而在知性看来是不确定的。这两个方面的因素结合起来，表明反思判断在根本上就是一种本质直观活动，它所直观到的本质不是概念而是图式。因此，图式并不因其普遍性而成为规定判断的对象，相反，它乃是反思判断的构成物，因而也是审美鉴赏的对象。

从这个角度来看，康德关于审美判断的二律背反就可以得到全新的解释。这种二律背反的正题是鉴赏判断不是建立在概念之上的，反题则宣称其建立在概念之上。他所提出的解决办法是：正题所说的概念是确定性的，反题所说的概念则是不确定的，因此前一个命题说的是鉴赏判断不涉及确定的概念，后一个命题说的是鉴赏判断涉及不确定的概念，两者之间的矛盾自然就消失了。然而这个解决办法之所以成立，是因为康德设定了一个前提：存在一种特定的概念，它不能产生对客体的任何认识，却是对每个人都普遍有效的。问题在于，一种不能用于认识事物的普遍之物还能称作概念吗？在我们看来，这种普遍之物并不是概念而只能是图式，因为图式一方面不是概念，因此不能用于认识活动；另一方面又是一种普遍之物，因此对每个人都是有效的。由此出发，我们认为所谓鉴赏判断的二律背反实际上是不存在的，因为我们一旦把反题中的概念替换为图式，那么两个命题所表达的就是两个完全不同的事实：前者宣称鉴赏判断不涉及概念，后者认为鉴赏判断涉及图式，这两个命题显然完全同真，何谈背反呢？

除了直接成为审美对象之外，图式还可以作为感性形象的基础和来源，从而间接地参与到审美活动中来。我们在前面曾经指出，图式是从形象演化而来的，因此似乎应该把形象作为图式的基础而不是相反。不过，审美经验所涉及的感性形象与一般的感性表象有着本质的区别，它看起来是一种个别之物，实际上却包含某种普遍性和一般性。黑格尔的著名命题"美是理念的感性显现"说的显然就是这个道理。事实上，康德也已经产生了这一洞见，他尽管把审美对象说成是一种个别的感性形象，但在谈到艺术的时候，却认为艺术作品中的感性形象是由抽象的理念或概念转化而来的："诗人敢于把不可见的存在物的理性理念，如天福之国，地狱之国，永生，创世等等感性化；或者也把虽然在经验中找到实例的东西如死亡、忌妒和一切罪恶，以及爱、荣誉等等，超出经验的限制之外，借助于在达到最大程度方面努力仿效着理性的预演的某种想象力，而在某种完整性中使之成为可感的……。"① 而在我们看来，这种转化必然离不开图式的参与，因为任何形象都无法直接与理念联结起来，而必须以图式作为中介。也就是说，理念必须首先转化为图式，然后才能体现为具体的艺术形象。进而言之，如果说理念只是部分艺术形象的来源的话，那么图式则是一切艺术形象的共同来源和基础。在这方面，茵加登和贡布里希等人的研究已经提供了十分雄辩的证明，我们在此就不必赘述了。

或许有人会说，康德只是主张艺术形象与理念或概念相关，至于一般的审美对象则只是一种个别的感性表象。但实际上康德的这一立场并没有贯彻始终，在对审美判断的具体分析中，他已经发现审美对象常常与概念相关，因此不得不提出了自由美和依存美的划分，并且承认依存美是与概念相关的。在谈到美与崇高的差异的时候，他更是

① ［德］康德：《判断力批判》，邓晓芒译，人民出版社2002年版，第159页。

进一步指出，"美似乎被看作某个不确定的知性概念的表现，崇高却被看作某个不确定的理性概念的表现"。① 按照我们在前面的分析，所谓不确定的概念或理念就是图式，因此康德实际上变相地承认了一切审美对象都是与图式相关的。对于康德观点中的这种矛盾和困惑，我们其实也不难理解，因为艺术作品是一种人工制品，是由艺术家创造出来的，其产生当然离不开艺术家所接受的某种理念和图式；审美对象则常常是某种自然对象，比如一朵鲜花或一片风景，何以也会与某种普遍性的图式相关呢？这里的关键就在于，审美对象与自然物并不等同，它是在我们的鉴赏活动中才产生的，借用现象学的术语来说，自然物是一种实在对象，审美对象则是一种意向对象。意向对象当然与实在对象相关，因为前者本身就是后者的显现；然而这种显现同时是一种构成，是主体意向活动的产物。正是在这一过程之中，图式起着不可替代的作用。按照阿恩海姆的分析，任何知觉活动都具有某种抽象性，都是一个把握事物的普遍特征，从而产生知觉概念的过程。而在我们看来，所谓知觉概念就是图式，因而任何知觉活动都包含图式。那么，为什么在审美活动中，我们常常并未察觉这种抽象图式的存在，而是仍然以为我们所感知到的是一种个别之物呢？这是因为，我们的知觉行为并未停留在图式阶段，而是进一步对获得的图式进行了加工，使其转化成了一种新的个别表象。比如当我们欣赏一朵花的时候，我们分别获得了关于其形状、色彩以及气味的图式，在此基础上才合成了这朵花的感性形象。人们常常以为审美鉴赏是在一瞬间完成的，并未经过一个从分解到合成的复杂过程，但这实际上是因为人类的知觉能力已经经过了长期的历史进化，因此才能在一瞬间无意识地完成这个复杂的过程。同时，这也是因为普通人对一朵花的感知和欣赏都是较为粗疏的，往往并未产生完整的审美表象。我们常常惊讶于艺术家在描绘事物的时候，何以会如此艰难和漫长，需要经过反复

---

① ［德］康德：《判断力批判》，邓晓芒译，人民出版社 2002 年版，第 82 页。

的斟酌和修改。在我们看来，艺术家所展示的恰恰就是我们在无意识活动中所进行的整个知觉过程。也正是因为这个原因，艺术家所创造的艺术形象，才能既具有鲜明的个性特征，又包含某种普遍性和一般性。

基于以上分析，我们认为康德所说的图式是认识活动和审美经验中的共同现象。从某种意义上来说，这意味着认识和审美具有同源性。由于任何图式都因其直观性而具有一定的审美价值，我们甚至可以断言，认识活动起源于审美活动，人类把握世界的经验在其根基处就具有审美本性。维柯（Giovanni Vico）在《新科学》中把原始初民的一切知识都归结于"诗性智慧"，诚可信也！

第五节　形式何以成为本体？

形式问题是西方艺术和美学中最为重要也最富争议的问题之一。从古希腊时代开始，西方思想就产生了两种形式观念，一种是把形式视为现象，认为形式只是具体事物的外观而已；另一种则把形式视为本体，认为形式乃是事物的内在本质，是事物得以产生和存在的原因和根据。从前一种观念出发，艺术作品被看作思想内容和感性形式的统一体；从后一种观念出发，艺术作品则被看作质料和形式相结合的产物。从古希腊到 19 世纪，这两种形式观始终纠缠在一起，因此西方艺术既追求对于社会现实的再现和对于思想情感的表达，也注重对于艺术形式和技巧的探索和试验。但从 19 世纪后期开始，前一种形式观逐渐被抛弃，后一种形式观则占据了主导地位，西方现代艺术由此走向了抽象主义，而艺术理论和美学则走向了形式主义。这种转化之所以不可避免，是因为西方思想在根本上把世界的本质以及人类的思维归结为一种抽象的纯形式，具体事物以及知识都是把这种纯形式与某种质料结合起来的产物。这样一来，艺术的感性形式归根到底只是抽象形式的衍生物而已，当非本体的质料被抛弃之后，感性形式也就荡然无存，艺术随即成为纯粹的抽象形式。

一

西方思想中的两种形式观念都是在古希腊产生的。在古希腊语中，形式（eidos）一词源自动词 idein（看见或观看），字面意思是指事物的感性外观或形状，与另一个希腊词 morphe（形状）同义。柏拉图则用 eidos 一词来表示事物的内在结构或可理解形式，也就是通过心灵的眼睛把握到的外观。① 这样一来，形式概念在古希腊思想中一开始就包含两种含义：一是指事物的感性形式，二是指事物的内在结构。柏拉图之所以会把这两种形式观念对立起来，则是由他思想的二元论特征所导致的。简单地说，柏拉图在本体论上设置了相（又译理念）和具体事物的二元对立，在认识论上则设置了理性和感性的二元对立。在《理想国》所提出的著名的"线段比喻"中，他把世界划分成了"可知世界"和"可见世界"两个部分，其中可知世界是由相所构成的，它是不可见、抽象和永恒不变的；可见世界则是由具体事物所构成的，它是可见、具体和生灭变化的。在这两者之间，相乃是本体，具体事物则是现象，是通过分有和模仿相才得以存在的。与此相对，人的认识能力也被划分成理性和感性两个部分，其中理性部分包含了理性和理智两种形式，感性部分则包含了信念和想象两种能力。② 柏拉图认为，只有理性才能把握相的世界，从而产生真正的知识亦即真理；感性则只能认识具体事物，所产生的只是意见。

从这种二元对立的本体论和认识论思想出发，柏拉图产生了两种相互对立的艺术观和形式观。当他着眼于艺术的感性特征的时候，他把艺术与具体事物和感性认识联系在一起，从而提出了模仿论的艺术

---

① 参看［英］尼古拉斯·布宁、余纪元编著《西方哲学英汉对照辞典》，人民出版社 2001 年版，第 385 页。

② 参看［古希腊］柏拉图《理想国》，郭斌和、张竹明译，商务印书馆 1986 年版，第 268—271 页。

观。按照这种观点，艺术只是对于具体事物的模仿，因此艺术形式只是一种感性、个别的外观而已，它是通过模仿具体事物而产生的。由于艺术作品本身就属于现象领域，因此艺术形式也不可能具有任何本体论意义。而就艺术作品内部来看，形式也只是内容的外在表现而已，因此无关乎艺术的本质。不过，柏拉图的艺术观还有另外一面，这就是他的"迷狂说"或"灵感说"。在他看来，迷狂乃是一种神灵赐福的现象："最大的赐福也是通过迷狂的方式降临的，迷狂确实是上苍的赐福。"① 其所以如此，是因为当诗人处于迷狂状态的时候，他的灵魂就可以脱离肉体的束缚，重新回忆起自己在天界所看到过的真正的存在，也就是相而不是具体事物。正是因此，柏拉图认为迷狂诗人远远高于模仿诗人："若是没有这种缪斯的迷狂，无论谁去敲诗歌的大门，追求使他能成为一名好诗人的技艺，都是不可能的。与那些迷狂的诗人和诗歌相比，他和他神智清醒时的作品都黯然无光。"② 按照这种迷狂说，艺术形式就变成了本体而不是现象，因为这形式并不是具体事物的感性外观，而直接就是相本身。事实上柏拉图所说的相（eidos 或 idea）在古希腊语中的首要含义就是指形式（form）、形状（shape），进一步引申为种、类，以及理想的形式（ideal forms）、原型（arche-types）乃至概念、观念等等。③ 这就是说，柏拉图的相论本身就蕴含着相即形式的思想。这一点其实并不奇怪，因为在柏拉图看来，相（即真正的存在）是只有在上界才能发现的，而上界的一切都只是纯形式，只有下界的具体事物才是物质和质料（matter）。当然，这种作为相的形式是抽象和内在的，而不是感性和外在的，因此不可能通过肉体的感觉器官，而必须通过"灵魂之眼"即理性来把握。

柏拉图所提出的这两种艺术观和形式观在亚里士多德那里都得到

---

① ［古希腊］柏拉图：《斐德罗篇》，载于王晓朝译《柏拉图全集》第二卷，人民出版社2003 年版，第 157 页。

② ［古希腊］柏拉图：《斐德罗篇》，载于王晓朝译《柏拉图全集》第二卷，人民出版社2003 年版，第 158 页。

③ 参看汪子嵩等《希腊哲学史》第二卷，人民出版社 1993 年版，第 654—655 页。

了进一步的发展，而这种发展在根本上则源于他在哲学思想上的变革。柏拉图的相论所面临的最大困境就是"分离"问题：他把相说成是一种与具体事物相分离的独立实体，这就使他无法说明相何以会成为具体事物得以产生和存在的原因及根据。正是为了解决这个问题，柏拉图才提出了"分有说"和"模仿说"。但在亚里士多德看来，这只是一种空洞的比喻，无法真正说明相和具体事物之间的关系。要想解决这一问题，就必须肯定相不在具体事物之外，而就在具体事物之中。这样，具体事物就成了一种真正的存在，柏拉图所设置的相与具体事物的二元对立就被打破了。正是因此，亚里士多德主张："实体（本体），在最严格、最原始、最根本的意义上说，是既不述说一个主体，也不存在一个主体之中，如'个别的人'、'个别的马'。而人们所说的第二实体，是指作为属性而包含第一实体的东西，就像种包含属一样，如某个具体的人被包含在'人'这个属之中。所以，这些是第二实体，如'人'、'动物'。"① 从这段话来看，相和具体事物的关系被颠倒过来了：具体事物（个体）成了第一本体，相（种、类、属等）则成了第二本体。由此出发，亚里士多德对柏拉图的模仿说进行了改造。柏拉图把具体事物当作非存在，因此主张艺术无法把握真理。亚里士多德则认为，具体事物就是真正的存在，因此艺术通过模仿就能够产生真正的知识。他之所以说"诗倾向于表现带普遍性的事"②，就是因为艺术所模仿的事物本身就包含普遍性。按照这种模仿说，艺术形式与内容的含义就发生了明显的变化：一方面，艺术内容具有了真正的真理性，因为在柏拉图那里作为形式的相现在已经与事物的个体性结合在一起，从而转变成了艺术的内容；另一方面，艺术形式尽管看起来仍是一种感性的外观，但却具有了一定的普遍性，因为内容的普遍性不可避免地会通过形式显现出来。不过，形式归根到底仍是内

---

① ［古希腊］亚里士多德：《范畴篇》，载于苗力田主编《亚里士多德全集》第一卷，中国人民大学出版社1990年版，第6页。

② ［古希腊］亚里士多德：《诗学》，陈中梅译，商务印书馆1996年版，第81页。

容的外在表现，因此对艺术来说只是现象而不是本体，这一点可以说是模仿说的固有特征。

需要指出的是，亚里士多德的本体论思想本身经历了很大的变化，与之相应，其艺术观和形式观也呈现出明显的内在差异。他在《范畴篇》中主张个体是第一本体，在《形而上学》中却又提出了形式乃是第一本体，具体事物只是第二本体的观点。发生这种变化的原因，是因为他在《物理学》中提出了"四因说"，把具体事物存在的原因归结为质料因、形式因、动力因和目的因，而后在《形而上学》中又把动力因和目的因归属于形式因，从而把事物的结构看作形式和质料的统一体。这样一来，自然就需要进一步追问，究竟是形式还是质料才是事物存在的原因和根据呢？在亚里士多德看来，质料是毫无规定性的，只有形式才规定了事物的存在，因此形式就成了第一本体，具体事物由于包含了质料因素，因此只能降格为第二本体。正是由于形式范畴的本体论地位的上升，导致亚里士多德产生了一种"形式论"的艺术观。按照这种观念，艺术创作就成了艺术家按照一定的形式规范来加工材料的生产和技艺行为，对于生产出来的艺术作品来说，材料不具有本质的规定性，形式才是艺术的本体。

从上面的论述可以看出，古希腊思想产生了两种把握形式的思维模式：一种是内容与形式的关系模式，这种模式把内容看作相（形式）与具体事物相结合的产物，形式则是由这种内容所决定的，是内容的外在表现方式；另一种则是质料与形式的关系模式，这种模式把艺术的模仿或表现对象仅仅看作毫无规定性的材料，用来加工这些材料的形式才是艺术作品的决定因素。从本体论的角度来看，在前一种模式中形式只是现象，在后一种模式中则上升成了本体。这两种形式观构成了西方形式理论的两大支柱，它们之间的冲突、融合以及分化关系，构成了西方形式理论的基本脉络，也在很大程度上决定了西方艺术以及美学的发展走向。

二

古希腊的两种形式理论在西方近代都得到了继承，不过这种继承同时是一种改造。近代思想对古希腊形式理论的改造是从康德开始的。康德形式理论的首要特点就是把形式主观化了。古希腊人所说的形式，无论是作为具体事物的感性外观，还是作为抽象的相或者理念，所指的都是世界本身的特征。康德则不同，他认为事物本身（物自体）的形式是不可知的，人类在认识活动中所把握到的形式是由人的认识能力所提供的，物自体所给予我们的只是毫无规定性的感性杂多或者质料，只有把主体先天具有的纯形式与这种质料结合起来，才能获得统一的知识。在此前提下，形式就成了主体先天的认识能力的产物，而不是事物本身所固有的。

在康德看来，人类具有感性和知性这两种基本的认识能力，与之相应，也存在两种不同的先天形式：感性形式和知性形式。感性形式来自人类先天的形式直观能力，这种能力表现为时间和空间两种形式；知性形式则是由人类的知性能力自发地生产出来的，表现为概念和范畴。感性的功能是把先天的时空形式与感官所获得的杂多或质料结合在一起，从而形成统一的表象（即现象）；知性的功能则是把感性所产生的表象与先天的知性概念结合在一起，形成判断和命题，由此才能获得真正的知识。知性概念和范畴之所以是思维的纯形式，是因为纯粹知性概念"既没有经验性来源也没有感性来源"①，也就是说这种概念并不是从具体的经验中概括出来的，而是由知性能力自发地生产出来的。康德之所以设定这个严苛的标准，是因为只有这样才能保证知识作为先天综合判断的真理性，如果概念本身与表象一样，也是从后天的经验中产生的，那么所获得的知识就只是一种后天的综合判断。

---

① ［德］康德：《纯粹理性批判》，邓晓芒译，人民出版社 2004 年版，第 55 页。

不难看出，康德所说的感性形式和知性形式与古希腊的两种形式观是相互对应的，差别只是古希腊人所说的作为对象的形式现在变成了主体的认识能力和思维形式。这种对应关系在康德的美学思想中同样存在。表面看来，康德认为审美经验只与感性形式而不是知性形式相关。他在《判断力批判》的导言中明确指出，审美经验所运用的是反思判断，认识活动则运用的是规定判断。这两种判断的区别在于："如果普遍的东西被给予了，那么把特殊归摄于它之下的那个判断力就是规定性的。但如果只有特殊被给予了，判断必须为此去寻求普遍，那么这种判断力就只是反思性的。"① 这一区分意味着，反思判断只涉及具体事物及其表象，而不涉及普遍的概念和范畴，因此自然与思维的知性形式无关。进一步来看，康德甚至认为审美判断仅仅与表象中的纯形式相关，与构成表象的质料毫无关系："感性判断正如理论的（逻辑的）判断一样，可以划分为经验性的和纯粹的。前者是些陈述快意和不快意的感性判断，后者是些陈述一个对象或它的表象方式的美的感性（审美）判断；前者是感官判断（质料的感性判断），惟有后者（作为形式的感性判断）是真正的鉴赏判断。"② 这就是说，经验判断所涉及的是表象的质料，由此产生的只是经验性的快感而已；审美判断则只涉及表象的形式，这样产生的才是真正的美感。其所以如此，是因为质料与对象的存在相关，所产生的快感是经验的和个别的；形式则是由主体先天地赋予的，因此具有普遍的可传达性："……形式的规定，也是这些表象中唯一地可以确定地普遍传达的东西：因为感觉的质本身并不能认为在一切主体中都是一致的。"③ 这样看起来，康德在美学中似乎只谈论感性形式，放弃了知性形式的思想。

然而康德美学充满了许多内在的矛盾，在形式问题上也不例外。他在审美判断的分析部分把美归结为审美表象的感性形式，但在审美

---

① ［德］康德：《判断力批判》，邓晓芒译，人民出版社 2002 年版，第 13—14 页。
② ［德］康德：《判断力批判》，邓晓芒译，人民出版社 2002 年版，第 59 页。
③ ［德］康德：《判断力批判》，邓晓芒译，人民出版社 2002 年版，第 59 页。

判断的演绎部分，却把艺术与知性形式联系在了一起。按照他的看法，艺术家的天才主要是由想象力和知性所构成的："那些（以某种比例）结合起来构成天才的内心力量，就是想象力和知性。"① 艺术之所以涉及知性，就是因为在康德看来，艺术创作的使命就在于把抽象的知性形式（知性概念和理性理念）转化为可见的感性形象："诗人敢于把不可见的存在物的理性理念，如天福之国，地狱之国，永生，创世等等感性化；或者也把虽然在经验中找得到实例的东西如死亡、忌妒和一切罪恶，以及爱、荣誉等等，超出经验的界限之外，借助于在达到最大程度方面努力仿效着理性的预演的某种想象力，而在某种完整性中使之成为可感的，这些在自然界中是找不到任何实例的；而这真正说来就是审美理念的能力能够以其全部程度表现于其中的那种诗艺。"② 从这段话来看，康德认为艺术创作的起点乃是艺术家思想中的抽象概念和理念。按照他在《纯粹理性批判》中的看法，理性理念只是思想为使自身获得统一而做的先验设定，不仅在自然界中没有任何事物能够与其对应（因为任何自然物都是有限的，而理性理念却是无限的），而且"我们永远也不能构想出它的形象（着重号为引者所加）"③。而在《判断力批判》中，他虽然仍坚持自然界的任何事物都不足以表达理念，但却认为艺术家能够构想出某种感性形象来对其加以表达。康德之所以做出这种改变，是因为他在《判断力批判》中提出了创造性想象力的概念。这种想象力与认识活动所运用的生产性的想象力不同：后者只是在知性能力的支配之下把表象和概念联结起来，前者却能够把概念本身转化为一个感性形象："如果使想象力的一个表象配备给一个概念，它是这概念的体现所需要的，但单独就其本身却引起如此多的、在一个确定的概念中永远也不能统摄得了的思考，因而把概念本身以无限制的方式作了感性的扩展，那么，想象力在此

---

① ［德］康德：《判断力批判》，邓晓芒译，人民出版社 2002 年版，第 162 页。
② ［德］康德：《判断力批判》，邓晓芒译，人民出版社 2002 年版，第 159 页。
③ ［德］康德：《纯粹理性批判》，邓晓芒译，人民出版社 2004 年版，第 279 页。

就是创造性的。"① 从这里可以看出，康德认为艺术创作的过程，就在于艺术家运用自己的创造性想象力，把抽象的知性概念扩展和转化成了具体的感性形象。

康德美学中的这两种形式观在近代美学中引发了巨大的争议。歌德（Johann Wolfgang von Goethe）和席勒准确地抓住了这两种形式观产生对立的根源，并且将其概括为艺术创作的两种方式："诗人究竟是为一般而找特殊，还是在特殊中显出一般，这中间有一个很大的分别。"② 显然，这里所说的两种创作风格，所对应的正是康德关于反思判断力和规定判断力的区分。在歌德看来，既然审美经验所运用的是反思判断，那么艺术创作就应该从个别事物出发："理解和描述个别特殊事物却是艺术的真正生命。"③ 而席勒则认为，艺术创作必须从形式出发，因为只有形式才是具有普遍性的："只有形式才能作用到人的整体，而相反地内容只能作用于个别的功能。内容不论怎样崇高和范畴广阔，它只是有限地作用于心灵，而只有通过形式才能获得真正的审美自由。因此，艺术大师的独特的艺术秘密就是在于，他要通过形式来消除素材。"④ 从歌德和席勒的艺术作品来看，两种观念的分歧对于他们的创作实践显然产生了深刻的影响。不过在我们看来，他们的争议和分歧其实只是表现在创作的出发点上，至于艺术创作所要达到的最终理想却是相同的，这就是个别和一般之间的完美统一。正是由于这个原因，他们不约而同地致力于弥合康德形式理论的内在分歧。歌德认为，艺术创作虽然要从个别出发，但却必须从个别之中发现一般，并最终达成两者的统一。他曾经告诫爱克曼说："你也不用担心个别特殊得不到别人的赞同。每种人物性格，无论多么特殊，还有你

---

① ［德］康德：《判断力批判》，邓晓芒译，人民出版社 2002 年版，第 159 页。

② ［德］歌德：《关于艺术的格言和感想》，转引自朱光潜《西方美学史》，人民文学出版社 1979 年版，第 416 页。

③ ［德］爱克曼辑录：《歌德谈话录》，吴象婴、潘岳、肖芸译，上海社会科学院出版社 2001 年版，第 26 页。

④ ［德］席勒：《美育书简》，徐恒醇译，中国文联出版公司 1984 年版，第 114—115 页。

所能描绘的每一件东西，从石头到人，都有几分普遍性，因为重复的现象遍处皆是，世上只出现一次的东西是没有的。"① 这就是说，个别事物本身就包含一般性，因为任何事物都不是纯个别的，总是与其他事物具有某种相同之处。这样，作家通过描写个别事物，同时就传达出了某种普遍性。席勒同样强调，艺术创作必须做到质料与形式的完美统一："在一个艺术作品中质料应该消失在形式中，物体应该消失在意象中，现实应该消失在形象显现之中。"② 表面上看来，他是在强调形式高于质料，实际上他这里所说的形式指的是艺术形象，是由质料与形式相结合的产物。

继歌德和席勒之后，黑格尔进一步把两种形式观辩证地统一起来了。表面上看来，他把形式视为一种感性形象："艺术的内容就是理念，艺术的形式就是诉诸感官的形象。"③ 但实际上他所说的理念本身就是个别与一般、质料与形式的统一体。康德曾把概念看作思维的纯形式，黑格尔同样把概念看作一种纯形式，但认为这种形式并不仅仅是思维的特征，而是事物的内在本质："概念的形式乃是现实事物的活生生的精神。现实的事物之所以为真，只是凭借这些形式，通过这些形式，而且在这些性质之内才是真的。"④ 就此而言，黑格尔实际上回到柏拉图的立场上去了。不过在他看来，无论是柏拉图还是康德，都还局限于知性思维方式，其特点在于，仅仅将概念看作一种纯粹的普遍性："由知性所建立的普遍性乃是一种抽象的普遍性，这种普遍性与特殊性坚持地对立着，致使其自身同时也成为一特殊的东西了。"⑤ 而理性的思维方式则不同，它能够把对立的双方包括在自身之内，作

---

　　① 〔德〕爱克曼辑录：《歌德谈话录》，吴象婴、潘岳、肖芸译，上海社会科学院出版社 2001 年版，第 26 页。

　　② 〔德〕席勒：《论美》，载于《秀美与尊严——席勒艺术和美学文集》，张玉能译，文化艺术出版社 1996 年版，第 77 页。

　　③ 〔德〕黑格尔：《美学》第一卷，朱光潜译，商务印书馆 1991 年版，第 87 页。

　　④ 〔德〕黑格尔：《小逻辑》，贺麟译，商务印书馆 1980 年版，第 331 页。

　　⑤ 〔德〕黑格尔：《小逻辑》，贺麟译，商务印书馆 1980 年版，第 172 页。

为自身的两个观念性环节。由此出发，黑格尔宣称概念乃是普遍性和特殊性、一般性和个别性的统一："按照它的本性，概念具有三种较切近的定性，即普遍的、特殊的和单一的。"① 而理念作为概念的实现，还进一步达到了主观和客观、概念和实在的统一："理念不仅是概念的观念性的统一和主体性，而同时也是体现概念的客体，不过这客体对于概念并不是对立的，在这客体里，概念其实是自己对自己发生关系。"②

正是由于理念本身就是一般性和个别性、观念性和实在性的统一，因此黑格尔认为艺术形式乃是内容所固有的："艺术之所以抓住这个形式，既不是由于它碰巧在那里，也不是由于除它之外，就没有别的形式可用，而是由于具体的内容本身就已包含有外在的，实在的，也就是感性的表现作为它的一个因素。"③ 从这种立场出发，黑格尔确立起了一种内容与形式相互转化的思想。在他看来，"内容非他，即形式之转化为内容；形式非他，即内容之转化为形式"。④ 黑格尔之所以不愿意采用质料—形式模型，就是因为质料与形式是相互分离的，而内容与形式之间则有着内在的关联："这两者（内容与质料或实质）间的区别，即在于质料虽说本身并非没有形式，但它的存在却表明了与形式不相干，反之，内容所以成为内容是由于它包括有成熟的形式在内。"⑤ 不过，这并不意味着黑格尔完全抛弃了质料—形式模型，因为当他宣称内容与形式相互转化的时候，这里其实包含两个形式概念：形式1指的是知性的抽象形式，它通过自我否定转化成了理念（内容）；形式2指的则是感性形象，是理念经过艺术的表现转化而来的。从这里可以看出，质料—形式模型已经以扬弃的方式包含在内容—形式模型之中了。

---

① ［德］黑格尔：《美学》第一卷，朱光潜译，商务印书馆1991年版，第138页。
② ［德］黑格尔：《美学》第一卷，朱光潜译，商务印书馆1991年版，第141页。
③ ［德］黑格尔：《美学》第一卷，朱光潜译，商务印书馆1991年版，第89页。
④ ［德］黑格尔：《小逻辑》，贺麟译，商务印书馆1980年版，第278页。
⑤ ［德］黑格尔：《小逻辑》，贺麟译，商务印书馆1980年版，第279页。

三

西方美学中的形式理论发展到黑格尔，似乎获得了一个完美的结局：两种形式观的对立在辩证法的基础上最终获得了统一。然而事实上，黑格尔的解决方案并没有得到普遍的认同，相反，现代艺术家和美学家们纷纷抛开黑格尔，从康德那里寻找灵感，其结果是内容—形式模型被彻底抛弃，由此开创了现代艺术和美学的形式主义和抽象主义潮流。

西方形式理论的这种转向是从唯美主义开始的。唯美主义的理论源头就是康德关于审美无功利性、无目的性的思想。康德宣称，"鉴赏是通过不带任何利害的愉悦或不悦而对一个对象或一个表象方式作评判的能力"。[①] 在他看来，主体的愉悦感如果带有某种利害和功利的因素，那么这愉悦就是一种感官的快适，没有任何普遍性可言。要想排除鉴赏活动的利害性，就必须只关注表象的形式而不关注质料，因为质料总是与对象的存在联系在一起，从而引起主体的利害考虑。正是因此，康德认为美只与对象的形式相关："美是一个对象的合目的性的形式，如果这形式是没有一个目的的表象而在对象身上被知觉到的话。"[②] 唯美主义者正是从这里得到了启发，认为艺术是非功利和无目的的。戈蒂耶（Théophile Gautier）强调："一般来说，一件东西一旦变得有用，就不再是美的了；一旦进入实际生活，诗歌就变成了散文，自由就变成了奴役。所有的艺术都是如此。艺术，是自由，是奢侈，是繁荣，是灵魂在欢乐中的充分发展。绘画、雕塑、音乐，都决不为任何目的服务。"[③] 由艺术的非功利性所引出的直接就是艺术的纯形式性，因为内容总是与社会现实相连，从而必然使艺术具有功利性。

---

① ［德］康德：《判断力批判》，邓晓芒译，人民出版社 2002 年版，第 45 页。

② ［德］康德：《判断力批判》，邓晓芒译，人民出版社 2002 年版，第 72 页。

③ 赵澧、徐京安主编：《唯美主义》，中国人民大学出版社 1988 年版，第 16 页。

戈蒂耶在自己的诗中写道："对形式反复雕琢，／才能产生出／佳作，"王尔德也宣称："我们必须始终记住艺术要说的只有一句话，艺术也只有一条最高的，即形式的或者和谐的法则。"① 基于这种形式主义立场，王尔德对现实主义采取了激烈的否定和批判态度。他宣称，现实主义作为一种方法是完全失败的，因为现实主义热衷于客观地描绘现实生活，而关注现实只会损害作品的艺术价值："每当我们返归生活和自然的时候，我们的作品就总是变得庸俗、低劣、乏味。"②

当然，西方现代的形式主义潮流并不仅仅导源于康德，现代科学和技术的发展也充当了重要的幕后推手。事实上一直到19世纪中期为止，西方艺术的主要传统始终是模仿说，艺术创作的根本使命就在于模仿和再现自然以及生活，即便是西方近代的表现说以及浪漫主义潮流，也并没有从根本上超越这一传统，因为对于艺术家思想情感的表现本来就是模仿说的题中之义，只不过表现说将其作为内在自然与外在自然分离并对立起来而已。正是由于西方艺术始终重视对于现实生活的再现和描绘，因此内容—形式说一直在艺术创作中占有主导性地位，质料—形式说则只具有从属地位。然而现代科学和技术的发展却从根本上改变了这一点，因为机械复制技术一劳永逸地解决了模仿性的难题。举例来说，照相术的出现就对西方传统的绘画艺术构成了致命的威胁，因为画家的观察力无论多么敏锐，艺术技巧无论多么娴熟，都不可能比照相机更加精确地再现事物的外表。当然，优秀的画家并不拘泥于描绘事物的外表，而是透过外表显示出事物的内在本质。然而问题在于，这种内在和一般本质总是借助于具体事物及其外表才传达出来的。在复制技术出现之后，这种创作方式就明显变得笨拙和过时了，因为描绘和再现具体事物已经与艺术无关，机器就完全可以承担，甚至能比艺术家干得更好。

正是由于上述原因，现代艺术家激烈地反对艺术的模仿性和再现

① 赵澧、徐京安主编：《唯美主义》，中国人民大学出版社1988年版，第180页。
② 赵澧、徐京安主编：《唯美主义》，中国人民大学出版社1988年版，第122页。

性。立体主义者格莱兹（Albert Gleizes）、梅景琪（Jean Metzinger）强调："不要让绘画摹仿任何东西，让它如实地表现出它存在的原因。"① 至上主义者马列维奇认为："再现物象（把追求客观性作为艺术的目的）是与艺术毫不相干的东西，尽管再现物象手法的运用并不排斥使作品具有高度艺术价值的可能性。"② 把现实生活从艺术作品中排除出去，必然会使艺术走向抽象主义。这是因为，感性形式总是和具体的内容联系在一起，一旦艺术不再描绘具体事物，感性形式也就无所依存，留下来的只能是一般化的抽象形式了。正是由于这个原因，西方现代艺术走上了一条抽象化的道路。英国学者哈罗德·奥斯本（Harold Osborne）曾经指出："过去一百年中，艺术运动最重要的特征是抽象和许多不同的抽象形式。"③ 从印象派、后期印象派、立体主义、表现主义、未来主义、超现实主义、纯粹主义、构成主义、至上主义，一直到以康定斯基、蒙德里安为代表的抽象主义，西方现代艺术在抽象化的道路上越走越远，以至于艺术作品不再描绘和再现任何具体事物，所剩下的只是抽象的线条和色彩。

与形式理论的这种转向相一致，艺术创作的手法和技巧也得到了空前的重视。在西方形式理论的两种主要形态中，手法和技巧所占有的位置是截然不同的：在内容—形式模型中，手法和技巧只是用来表现思想内容的工具和手段；在质料—形式模型中，手法和技巧则作为动力因，构成了形式的重要组成部分。从历史的角度来看，由于模仿说一直是西方艺术观念的主导形态，因此手法和技巧始终居于从属地位。现代艺术彻底否定了艺术的模仿性和再现性，就使艺术创作变成了一种彻头彻尾的技艺行为，手法和技巧自然就成了艺术活动的核心

---

① ［美］罗伯特·L.赫伯特编：《现代艺术大师论艺术》，林森、辛丽译，江苏美术出版社1990年版，第9页。

② ［美］罗伯特·L.赫伯特编：《现代艺术大师论艺术》，林森、辛丽译，江苏美术出版社1990年版，第108页。

③ ［英］哈罗德·奥斯本：《20世纪艺术中的抽象和技巧》，阎嘉、黄欢译，四川美术出版社1988年版，第4页。

要素。这种观点在俄国形式主义者那里得到了最集中、最明确的表述。什克洛夫斯基（Victor Shklovsky）认为，"文学作品是纯形式，它不是物，不是材料，而是材料之比"。① 从这段话来看，他所说的形式并不是题材和内容的感性外观，而是这些内容相互之间的结构关系。这样的形式显然不是内容自身所固有的，而是艺术家通过一定的手法对材料进行加工的产物，因此他宣称，"艺术是一种体验事物的制作的方法，而'制作'成功的东西对艺术来说是无关紧要的"。②

不过，高度的形式主义和抽象主义并不意味着西方现代艺术只关注技巧和手法，不重视作品的意义和内涵。客观地说，层出不穷的技巧试验和风格嬗变的确是现代艺术的特征，但这种形式追求最终仍旧是为了表达一定的意义，只不过这种意义是抽象的而不是具象的。哈罗德·奥斯本曾经指出，对于现代画家来说，"绘画不是直接表现艺术家在头脑中首先掠过的情感反应，而应体现他更成熟、更持久的感情。为了达到这一目的，客观的再现必须让位于线描花叶饰的表现性模式和色彩和谐的相互作用，因为他们推想，形式结构中的线条与色彩的'抽象'特质，能够'表现'基本的情感态度"。③ 这就是说，现代画家试图表现的不是某一次具体的情感活动，而是某种一般的情感反应模式，这种一般意义上的情感自然只能通过一般的形式结构来加以表达。因此，现代艺术家并不是为形式而形式、为抽象而抽象，而是因为他们所试图表达的意义本身就是一种抽象的结构模式。正是由于这个原因，现代画家纷纷表示艺术所要表现的是事物内部的某种秩序和结构。柯布西埃（Le Corbusier）和奥尚方（Amédée Ozenfant）曾经宣称，"艺术的目的就是把观众放在一种数学性质的状态中，即，

---

① ［俄］什克洛夫斯基等：《俄国形式主义文论选》，方珊等译，生活·读书·新知三联书店1989年版，第28页。

② ［法］茨维坦·托多罗夫编选：《俄苏形式主义文论选》，蔡鸿滨译，中国社会科学出版社1989年版，第65页。

③ ［英］哈罗德·奥斯本：《20世纪艺术中的抽象和技巧》，阎嘉、黄欢译，四川美术出版社1988年版，第62页。

一种高尚的秩序的状态之中"。① 蒙德里安也认为，"艺术使我们意识到固定的法则是存在的，这些法则控制并指出结构因素的运用，构图的运用，以及它们之间继承性相互关系的运用。这些法则也许可以被当作对等价基本法则的补充，这种等价基本法则创造出动态平衡并揭示出现实的真实内涵"。② 现代艺术家探索的根本目标，就是发现事物内部的这种固定的秩序和结构，并且通过相应的形式加以表达。塞尚（Paul Cézanne）强调，要通过圆柱体、球体和圆锥体来表现自然，康定斯基致力于发现一般的线条和色彩与人类情感活动之间的对应关系，蒙德里安试图发现那些既无复杂性、又无特殊性的中立的自然形态或抽象形式，马克斯·贝克曼则试图寻找一座从可见事物通向不可见事物的桥梁……凡此种种，都表明现代艺术所采用的抽象形式并不是缺乏内涵和意义的，从某种意义上来说，这种意义本身就是一种抽象形式，艺术家所做的工作就是在媒介的抽象形式与意义的抽象形式之间发现并建立起对应关系。如果我们把这种意义说成内容的话，那么现代艺术也可以说达到了内容与形式的高度统一，只不过这里的内容恰恰就是一种纯形式。

四

从西方形式理论的发展历史来看，现代艺术和美学的形式主义转向可以说是一种必然。表面上看来，西方形式理论一直存在内容—形式和质料—形式这两种模型的对立，并且在大多数历史时期中，前一种模型一直占据着主导地位，但实际上后一种模型才是西方形式理论的内在旨归。这是因为，前一种模型所说的内容在根本上是由后一种

① ［美］罗伯特·L. 赫伯特编：《现代艺术大师论艺术》，林森、辛丽译，江苏美术出版社1990年版，第78页。
② ［美］罗伯特·L. 赫伯特编：《现代艺术大师论艺术》，林森、辛丽译，江苏美术出版社1990年版，第140页。

模型中的形式所决定的，在某种程度上只是后者的衍生物而已。具体地说，所谓艺术内容指的是作品所描绘的人和事物，以及作者所要表达的思想情感等等，这些内容在根本上都是普遍性和特殊性、一般性和个别性的统一体，用黑格尔的话来说，"艺术作品所提供观照的内容，不应该只以它的普遍性出现，这普遍性须经过明晰的个性化，化成个别突出的感性的东西"。① 当然，艺术创作究竟是从一般出发还是从个别出发，在不同的艺术家那里会做出不同的选择，但所有的艺术作品最终所表达的内容都必须是个别和一般的统一，这一点却是西方艺术家和美学家们的共识。问题在于，西方思想的根本特点是认为个别性只是事物的现象，一般性和普遍性才是事物的本质，而且认为本质乃是本体以及本原，是事物得以产生的原因和根据，而这种本质指的就是事物的内在结构也就是形式。这样一来，构成艺术内容的核心恰恰是作为一般本质的形式，因而内容在根本上是由形式所决定的。黑格尔尽管一再强调成熟的内容本身就包含一定的形式，但实际上他所说的内容也是一般形式的产物。在他的逻辑学体系中，形式与本质、形式与质料、形式与内容代表了绝对理念作为本质的三个运动阶段：在第一个阶段，本质通过自我否定转化为形式；在第二个阶段，形式通过自我否定转化为质料；在第三个阶段，形式与质料统一为内容，这就是说，内容是形式与质料的统一体，而形式则是"本质在自身中的映现"②，因而内容的核心恰恰是形式。

既然形式在西方思想中一直被看作本体，何以内容—形式模型反而成了西方形式理论的主导形态呢？这是因为，内容—形式模型是伴随着模仿说的形成而产生的，而模仿说在两千多年的时间里一直是西方艺术观念的基本传统。古希腊哲学家之所以会提出模仿说这种艺术观，原因在于古希腊艺术的根本特征就在于模仿性。鲍桑葵曾经指出，"希腊的才华所描绘出的无限的全景就在模仿性艺术，即再现性的名

① ［德］黑格尔：《美学》第一卷，朱光潜译，商务印书馆1991年版，第63页。
② ［德］黑格尔：《逻辑学》下卷，杨一之译，商务印书馆1991年版，第78页。

目下，进入哲学家的视野"。① 当柏拉图宣称艺术的本质在于模仿的时候，其初衷乃是为了否定艺术的真理性，但结果却是反过来强化了模仿说的传统。后世的西方学者尽管一再反驳柏拉图对艺术的指控，但对于模仿说本身却从不质疑。正是由于这个原因，古希腊人关于形式即本体的看法逐渐被遗忘了，每当人们谈到艺术形式的时候，所指的都是艺术内容的感性外观。在这种情况下，艺术技巧和手法就变成了表达思想内容的工具和手段，形式主义因而就成了一个贬义词，因为如果一个艺术家脱离作品的思想主题，一味地沉浸于技巧和手法，就会使作品内容空洞、思想贫乏，丧失真正的艺术价值。当我国学者在20世纪八九十年代对俄国形式主义文论大加挞伐的时候，所持的显然也是这样一种艺术观和形式观。

不过，正是由于内容—形式模型与模仿说之间有着天然的联系，因而也与后者一样，存在难以克服的缺陷。模仿说的最大特征，就在于把艺术当成了一种感性活动，因为一切模仿活动都只能复制事物的感性外观，而不可能把握事物的内在本质。正是由于这个原因，柏拉图在《理想国》中向诗人下了"逐客令"。后柏拉图的西方诗学尽管不断地为艺术辩护，并把模仿说发展成了再现论，但都无法从根本上推翻柏拉图的指控。其所以如此，是因为存在与非存在、理性与感性的二元对立始终是西方思想的根本出发点。亚里士多德在《诗学》中指出，"诗是一种比历史更富哲学性、更严肃的艺术，因为诗倾向于表现带普遍性的事，而历史却倾向于记载具体事件"。② 算是在一定程度上恢复了艺术的真理性地位，但这种辩护显然只成功了一半，因为诗所包含的普遍性仍旧隐含在具体的事件之中，也就是说仍然受到感性的约束，因而其真理性显然处于哲学之下。自此之后，把艺术看作一般性和个别性、感性和理性的统一，就成了西方思想的共识。这种看似辩证的观点实际上把艺术排除在了人类智慧的殿堂之外，因为艺

---

① ［英］鲍桑葵：《美学史》，张今译，商务印书馆1985年版，第22—23页。

② ［古希腊］亚里士多德：《诗学》，陈中梅译，商务印书馆1996年版，第81页。

术的感性特征使其永远无法成为把握真理的最高方式。只要艺术无法去除这一阿喀琉斯之踵，柏拉图的幽灵就始终在徘徊。无怪乎当黑格尔在两千多年后发出"艺术终结论"的宣言的时候，他所给出的理由是那么似曾相识："无论是就内容还是就形式来说，艺术都还不是心灵认识到它的真正旨趣的最高的绝对的方式"①，原因在于"艺术用感性形式表现最崇高的东西"②。

从这个角度来看，西方现代艺术的形式主义转向，似乎是一劳永逸地摆脱了艺术的感性特征，从而彻底确立了艺术的真理性地位。表面上看来，这种形式主义抛弃了艺术的内容，因而使现代艺术只注重技巧和手法，陷入了无休止的形式试验，实际上现代艺术只是抛弃了传统艺术那种具体内容和感性形式，代之以抽象的意义和形式。与传统艺术相比较，现代艺术并不缺乏意义，只不过这种意义显得更加晦涩和抽象而已。事实上传统艺术尽管始终保持着感性形态，其最终目的仍然是通过感性形式传达出普遍性的意义。究极而言，现代艺术只是抛弃了这种感性形式，把其中的普遍意义剥离出来，直接通过抽象形式表达出来了。如果说对意义的表达乃是一切艺术的终极指向，那么现代艺术可说是实现了传统艺术的"隐秘渴望"。随着现代艺术彻底摆脱感性的束缚，柏拉图对艺术的指控终于被彻底推翻了，因为艺术不再与真理"隔着三层"，而成了真理的直接显现方式。

然而耐人寻味的是，现代艺术的处境不仅没有随着这种形式主义转向而得到改善，相反却陷入了巨大的困境。在阿瑟·丹托这样的学者看来，这种转向恰恰预示着艺术的终结，因为现代艺术如此抽象，以至于只有借助于一定的理论才能得到人们的理解和接受，这表明艺术已经蜕变成了理论，从而把自己的使命移交给了哲学："艺术的历史重要性就建立在它使艺术哲学成为可能和变得重要这个事实上。现在，如果我们凭这些条件看待我们不久前的艺术，它们尽管壮观，我

---

① ［德］黑格尔：《美学》第一卷，朱光潜译，商务印书馆1991年版，第13页。
② ［德］黑格尔：《美学》第一卷，朱光潜译，商务印书馆1991年版，第10页。

们所看到的却是某种越来越依赖理论才能作为艺术存在的事物，……这些前不久的作品显示了另一种特色，那就是对象接近于零，而其理论却接近于无限，因此一切实际上最终只是理论，艺术终于在对自身纯粹思考的耀眼光芒中蒸发掉了，留存下来的，仿佛只是作为它自身理论意识对象的东西。"① 黑格尔关于艺术终结的惊人预言似乎终于变成了现实，而且滑稽的是，这一终结还是由艺术自己实现的：现代艺术通过抛弃自己的感性特征，终于变成了显现真理的最高方式，但其代价却是使自身变成了哲学。

那么究竟应该如何看待现代艺术的处境呢？艺术果真已经终结了吗？在我们看来，丹托指出当代艺术越来越依赖于理论，确实是一个敏锐的洞见，但由此断言艺术已经使自己变成了哲学，却是一种不应有的误解。现代艺术之所以需要依赖于理论，是因为现代艺术提供给人们的是一种抽象形式，只有通过某种抽象的理论来加以阐释，才能帮助人们理解其意义。问题在于，现代艺术的抽象性与理论的抽象性乃是两回事情，而丹托却将其混为一谈了。简单地说，现代艺术无论如何抽象，归根到底仍旧保持着直观形式，而理论的抽象性却在于其反思性和思辨性。在丹托看来，像杜尚（Marcel Duchamp）的《泉》、安迪·沃霍尔（Andy Warhol）的《布里洛盒子》这样的作品，所表达的其实是艺术家关于"艺术是什么？"的思考，因而已经是"形式生动的哲学"了："杜桑（即杜尚）作品在艺术之内提出了艺术的哲学性质这个问题，它暗示着艺术已经是形式生动的哲学，而且现在已通过在其中心揭示哲学本质完成了其精神使命。"② 然而在我们看来，任何艺术家的作品在一定程度上都是对于艺术家的艺术观念的表达。当然，杜尚和沃霍尔的这些作品的确是在有意识地挑战有关艺术的传统观念，从而尖锐地触及了艺术品与非艺术品的界限问题，然而问题

---

① ［美］阿瑟·丹托：《艺术的终结》，欧阳英译，江苏人民出版社 2001 年版，第 101—102 页。

② ［美］阿瑟·丹托：《艺术的终结》，欧阳英译，江苏人民出版社 2001 年版，第 15 页。

在于，这种挑战和质疑仍旧是通过作品而不是通过理论表达出来的。从这个意义上来说，这些作品无论具有多么强烈的理论关注，都仍是艺术作品而不是艺术哲学。

现在的问题是，现代艺术的确越来越依赖于理论，这种趋势发展下去，是否会使艺术像丹托所说的那样"在对自身纯粹思考的耀眼光芒中蒸发掉"呢？我们认为这种结局是不可能出现的。这是因为，现代艺术无论多么抽象，都没有抛弃自己的直观本质，而这种直观性恰恰是艺术与哲学以及科学等理论活动的根本差异。人们通常把直观看作感性活动的特征，因此认为当现代艺术抛弃了自身的感性特征之后，就必然会蜕变为抽象的理论。然而事实上这种看法只是从康德以来近代认识论的偏见。从哲学史上来看，在大多数历史时期中，直观恰恰被认为是理性活动的特征。在古希腊思想中，直观被认为是最高的理性能力。在柏拉图的"线段比喻"中，理性能力被划分成推论的理性和直观的理性两种形式，而后者才是最高的认识能力，因为推论的理性只能和介于具体事物与相之间的数学对象打交道，而直观的理性却能直接把握相本身。这种理性直观的思想在近代的笛卡尔、斯宾诺莎等人那里同样得到了坚持，从而成为西方理性主义传统的基本立场。这一传统直到康德才被打破。在他看来，"我们的本性导致了，直观永远只能是感性的，也就是只包含我们为对象所刺激的那种方式。相反，对感性直观对象进行思维的能力就是知性"。① 这就是说，只有感性才具有直观性，知性则只能思维对象而不能直观对象。康德之所以完全颠覆了西方认识论的传统，是因为他设定了感性和知性的二元对立，认为感性是纯接受性的，只能在外物的刺激下被动地获得感性杂多，知性则是纯自发性的，只能自发地生产出概念和范畴，而不能直接把握外物。从这一前提出发，康德认为如果肯定了人类具有理性直观能力，就意味着知性可以自发地生产出思维的对象，这无异于把人

---

① ［德］康德：《纯粹理性批判》，邓晓芒译，人民出版社2004年版，第52页。

类提升到了神的位置。康德强调人类只具有有限的认识能力，显然是一种正确的主张，但由此出发否定了人类的理性直观能力，则显然是一种认识论的偏见，因为人类的有限性所导致的结果，恰恰是人类的认识能力既不可能是纯接受性的，也不可能是纯自发性的，知性活动所把握到的一般性，并不是知性纯自发地生产出来的，而是作为一种"范畴对象"在直观中被给予的。正是从这一洞见出发，胡塞尔重新提出了本质直观的思想。在他看来，人类不仅具有感性直观能力，也具备本质直观能力。人们通常认为，直观只能把握事物的个别性，不能把握事物的一般性，胡塞尔则认为，只要在感性直观活动中实行"目光转向"，就可以使事物的一般本质直接显现出来。举例来说，当我们直观一朵红色的玫瑰时，如果我们不是把意识的目光指向玫瑰，而是指向红色本身，就可以直观到红色的一般本质。这样一来，本质直观就不再具有任何神秘色彩，而成了人类最基本、最常见的认识能力。

从这种现象学的立场出发，我们认为艺术活动乃是感性直观和本质直观的统一体。既然直观活动乃是把握本质的根本方式，那么艺术就不可能也不应该终结，因为艺术乃是直观活动的最重要方式。尽管直观能力是人类先天就具有的认识能力，但这种能力只有在艺术以及审美活动中才得到了最完整的保持，也只有通过艺术和审美经验才能不断得到磨砺和发展。从形式理论的角度来看，西方思想中的两种形式观与直观活动的两种方式之间显然有着直接的对应关系：感性形式乃是通过感性直观被给予的，抽象形式作为事物的内在本质则是通过本质直观得到把握的。现代艺术的形式主义转向，并不是从内容转向了形式，而是从感性形式转向了抽象形式。由于这种转向并不意味着艺术抛弃了自身的直观特性，因此就不可能导致艺术的终结。不过，这并不是说现代艺术代表了西方艺术的最高形式。这是因为，本质直观尽管是比感性直观更高的认识能力，但却不可能脱离感性直观而独立存在。胡塞尔就明确指出，只有在感性直观的过程中，才可能实行所谓"目光的转向"，因而本质直观必须奠基于感性直观。这一点在艺术活动中也不例外。事实上现代艺术家尽管在作品中只保留了抽象形式，但这种抽象形式却是在感性形式的基础上才被提炼出来的，只不过在他们看来，由于现代技术已经解决了对于具体事物的再现问题，因而对感性形式的描绘就不再属于艺术活动的范畴了。从这个角度来看，现代的抽象艺术并不高于传统的具象艺术，只不过是现代技术条件下所产生的一种特定风格而已。

第六节　主体性·主体间性·后主体性

中国当代美学的主导形态是以李泽厚为代表的实践美学。这种美学形态自 20 世纪 90 年代以来就不断受到人们的质疑和批判，在此过程中产生了各种新的美学形态。为了应对这种冲击，实践美学自身也做出了内在的调整，演化出了新实践美学、实践存在论美学等理论形态。在这种复杂多变的理论格局中，怎样才能把握住当代美学的基本走向呢？本文主张，当代美学在方法论上主要包含主体性、主体间性和后主体性这三种思想范式，它们之间都有各自的合理性，因而无法互相取代，而只能呈现为一种多元竞争的思想局面。

一

由于历史的原因，中国当代思想与西方现代思想之间存在明显的错位和滞后现象：主体性思想本是西方近代哲学的话题，在现代思想中早已走向"黄昏"（美国学者多尔迈语）甚至终结，在当代中国却仍是一种十分重要的思想范式。就美学而言，其最明显的体现就是，实践美学仍旧是中国当代美学的主流。

实践美学当然是以马克思的历史唯物论为基础的，但其思想范式却仍属于近代的主体性哲学，这一点马克思自己曾做过明确的表述："从前的一切唯物主义（包括费尔巴哈的唯物主义）的主要缺点是：

对对象、现实、感性，只是从客体的或者直观的形式去理解，而不是把它们当作感性的人的活动，当作实践去理解，不是从主体方面去理解。因此，和唯物主义相反，唯心主义却把能动的方面抽象地发展了，当然，唯心主义是不知道真正现实的、感性的活动本身的。"① 这段话在我国学界可谓广为人知，被人们反复引用，但人们大多从中引申出的都是马克思的实践论思想，对于其主体性维度却甚少关注。事实上在这段话中，主体性和实践性是紧密地联系在一起的，它们同是感性的人类活动的两个方面。当马克思批评旧唯物主义的时候，他主要强调的是人类活动的主体性特征，因此他主张从主体方面来理解"事物、现实、感性"；当他批评唯心主义的时候，强调的则是人类活动的实践特征，因为人类的主体性不仅体现于精神和意识活动，同时也体现于现实的物质实践。

　　然而客观地说，尽管马克思主义思想在 20 世纪初期就已经传入我国，主体性思想却直到 20 世纪 80 年代才被真正确立起来。究其根源，则是由于我国的马克思主义思想长期处于教条主义的支配之下，没有与旧唯物主义彻底分割开来，因而主体性思想和实践论观点都没有得到足够的重视。这种局面之所以会得到根本的改变，显然是源于新时期的思想解放运动，而李泽厚的主体性实践哲学则为这一运动提供了重要的思想资源。李泽厚之所以能完成这一历史使命，是因为他创造性地把马克思的实践哲学与康德的主体性思想结合起来，从而使马克思主义思想所隐含的主体性维度被真正凸显出来了。就李泽厚自己的思想意图来看，他显然是想用马克思的实践哲学来批判和改造康德的主体性哲学，但就其对中国当代思想的客观影响来看，他实际上是反过来把康德的主体性思想引入了马克思主义。从哲学史的角度来看，这显然是一种倒退，因为马克思本来就继承了康德以及西方近代的主体性思想，但在中国这块特殊的学术土壤上，这却恰恰是一种突破和

---

① ［德］马克思：《关于费尔巴哈的提纲》，载于《马克思恩格斯文集》第一卷，中共中央马克思恩格斯列宁斯大林著作编译局编译，人民出版社 2009 年版，第 16 页。

进步，因为西方近代思想由此才真正被消化和吸收了。在我看来，这乃是李泽厚为中国思想所做出的最大贡献。

现在的问题是，如果说李泽厚的主体性思想在 20 世纪 80 年代起到了思想解放作用的话，那么在 21 世纪的今天，随着后现代思想的引入，主体性思想不是应该被抛弃或超越了吗？事实上自 20 世纪 90 年代以来，李泽厚的实践美学就始终受到这方面的批评，比如张弘就认为，实践美学的哲学基础与理论出发点是二元论的，它"以主客观的二分为中心"，设置了主体与客体、感性与理性、个体与社会等一系列二元对立，尽管它试图通过实践来使这些方面获得统一，实际上却以这些二元对立为前提①。杨春时也认为，"实践美学虽然以实践一元论取代主客对立二元结构，但是，由于实践作为一种物质生产和现实活动，在这种水平上并不能完全消除主客体差别，二者只能是有限的统一，而非无差别的统一"。② 在这些学者看来，实践美学所坚持的主体性原则，在根本上是形而上学的二元论思维方式的产物，因此应加以抛弃和超越。我们认为，这些学者的批评应该说是切中要害的，因为李泽厚的实践美学确实有着浓厚的二元论色彩，这从他所设置的工具本体与心理本体的二元对立关系就可以明显地看出来，因为这显然是把物质与精神、主体与客体等形而上学的范畴转换到社会领域的结果。当然，把这一点仅仅归结到李泽厚身上是不公平的，因为这种转换在马克思那里就有其源头。本来，实践范畴的引入为马克思超越形而上学提供了一个关键的契机，因为他实际上是用实践取代了物质自然的本体论地位，从而使其成为一个最高的范畴。按照他的说法，"被抽象地理解的、自为的、被确定为与人分隔开来的自然界，对人来说也是无"③，也就是说那种形而上学意义上的物质范畴被彻底抛弃

---

① 参看张弘《存在论美学：走向后实践美学的新视界》，《学术月刊》1995 年第 8 期。

② 参看杨春时《超越实践美学　建立超越美学》，《社会科学战线》1994 年第 1 期。

③ ［德］马克思：《1844 年经济学哲学手稿》，载于《马克思恩格斯文集》第一卷，中共中央马克思恩格斯列宁斯大林著作编译局编译，人民出版社 2009 年版，第 220 页。

了。其所以如此，是因为实践"这种活动，这种连续不断的感性劳动和创造，这种生产，正是整个现存的感性世界的基础"①。这样一来，实践就成了主体与客体、主观与客观发生分化并获得统一的基础，因为正是在实践的基础上，人的意识才得以产生，两个世界的分化才得以可能。不难看出，形而上学的二元论思维方式在此就被彻底超越了。然而问题在于，马克思在确立了实践的基础地位之后，却又把实践说成是一种物质生产活动，并且认为这种物质活动对精神活动具有决定作用，提出了"不是人们的意识决定人们的存在，相反，是人们的社会存在决定人们的意识"② 这一命题，从而把形而上学的二元论思维方式又重新引进了实践哲学之中。据此我们认为，马克思对形而上学的超越并不彻底。

那么，这是否意味着实践美学及其主体性原则在中国已经过时了呢？在后形而上学思想大行其道的今天，这种看法似乎变得理所当然。然而在我们看来，在西方已成明日黄花的主体性原则，在当今中国却仍有其存在的合法性。这是因为，究极而言，主体性思想乃是一种与工业化进程相互依存的思想方式。众所周知，主体性原则是随着笛卡尔的"我思故我在"这一命题而确立起来的，这种主客二分的思维方式对于西方近代自然科学和工业技术的发展起到了根本的推动作用。反过来，这种思维方式之所以能够在近代大行其道，也正因其契合了工业文明的需求。马克思对此显然也有着明确的意识，因为他宣称"工业的历史和工业的已经生成的对象性的存在，是一本打开了的关于人的本质力量的书，是感性地摆在我们面前的人的心理学"③。在这里，所谓"本质力量"显然就是人的主体性的代名词，也就是说工业

---

① 〔德〕马克思、恩格斯：《德意志意识形态》，载于《马克思恩格斯文集》第一卷，中共中央马克思恩格斯列宁斯大林著作编译局编译，人民出版社 2009 年版，第 529 页。

② 〔德〕马克思：《〈政治经济学批判〉序言》，载于《马克思恩格斯文集》第二卷，中共中央马克思恩格斯列宁斯大林著作编译局编译，人民出版社 2009 年版，第 591 页。

③ 〔德〕马克思：《1844 年经济学哲学手稿》，载于《马克思恩格斯文集》第一卷，中共中央马克思恩格斯列宁斯大林著作编译局编译，人民出版社 2009 年版，第 192 页。

活动正是主客体关系的现实展开。与此相一致，风靡当代西方的后形而上学或后主体性思想恰恰也是与后工业社会的出现相伴随的。以此来反观当代中国，虽然我们也已部分地进入了后工业社会，但我国工业化的进程却尚未完成，因而主体性的原则便没有过时。这是因为，后工业社会并不能简单地取代工业社会，而必须建立在工业文明的基础上，所以后主体性思想也必须把主体性原则隐含在自身之内。

正是由于主体性原则在当今中国仍有其内在的合理性，实践美学便无法被彻底抛弃或者超越。这派美学自其产生之日起便不断受到各派学者的激烈批评，有的学者甚至明确宣称其已经"完成"和"终结"，但却始终无法撼动实践美学的主导地位，我以为这与主体性原则在当代中国所具有的合法性有着直接的关系。许多学者都主张，主客二分的思维方式，尤其是建立在马克思的实践哲学基础上的主体性思想，对于我们今天的美学和文艺学研究仍有着积极的意义。王元骧就认为，马克思已经从根本上克服了笛卡尔把主体和客体作为两种不同的实体对立起来的做法，而是把它们都看作实践活动的产物，认为它们在实践的基础上建立起了对立统一的辩证关系。① 张玉能也强调指出，马克思的对象化理论继承并超越了从笛卡尔到德国古典哲学的主体性思想，从而为实践美学奠定了坚实的基础。② 尽管这些辩护并不能从根本上消除其他学者对实践美学的批评，因为这些学者所坚持的后主体性思想同样有其内在的合理性（这一点我们将在下面予以说明），但至少说明主体性思想在当代中国美学中仍是一个必不可少的维度。

二

主体间性理论作为胡塞尔现象学思想的一个组成部分，在 20 世纪

---

① 参看王元骧《对于文艺研究中"主客二分"思维模式的批判性考察》，《学术月刊》2004年第 5 期。

② 参看张玉能等《新实践美学论》，人民出版社 2007 年版，第 51 页以下。

90 年代初被引入我国，但在进入 21 世纪之后才引起了学界的广泛关注，并逐渐成为一种与主体性理论相抗衡的思潮。如果说主体性思想讨论的是主体与客体之间的关系，那么主体间性理论关注的则是主体与主体之间的关系。在某些学者看来，这两种理论完全可以辩证地统一起来，因为主体与主体之间的交往常常要借助某些中介或者客体，由此就形成了主体—客体—主体之间的三元关系；有的学者还认为，这两种关系经常会发生交叉或重叠，比如我们与他人的关系就既包含主体—客体关系的成分，又包含主体—主体关系的成分，因此试图以主体间性理论来取代主体性理论就是错误的，两者应该辩证地统一起来。

在我们看来，这种貌似辩证的看法实则是望文生义，其结果是使我们忽视了两种理论在思维方式和内在旨趣上的根本差异，从而使主体间性学说的理论意义丧失殆尽。我们认为，主体—客体关系是以人与自然的关系为原型的，这种关系以笛卡尔把我思（意识）和外部世界区分为两种不同的实体为前提，认为主体与客体之间的关系是不平等的，因为主体是有意识的、能动的，客体则是无意识的、被动的。以这种关系来对待自然，就必然形成机械论的自然观，认为自然是无生命的、僵死的，仅仅是人类生存的资源或材料，把人和自然对立起来，两者的统一则以人对自然的征服为代价。马克思把人与自然的关系建立在物质实践的基础上，这在一定程度上消解了笛卡尔的二元论观点，因为实践的主体不再是纯粹的意识或我思，而是身心合一的完整的人，而对象也不再是纯粹的自然物，因为它成了人的本质力量的确证，从而包含了人的因素。但这种克服显然是不完整的，因为实践仍旧被说成是一种物质活动，这意味着马克思实际上维持着物质与精神的二元对立关系，所以必然面临笛卡尔式的身心二元论难题；同时，对物质实践和工业生产的强调表明马克思仍固守着机械论的自然观，在人与自然之间设置了一种不平等的对立关系。当他宣称"共产主义，作为完成了的自然主义，等于人道主义，而作为完成了的人道主义，等于自然主义，它是人和自然界之间、人和人之间的矛盾的真正解决"① 的时候，所倡导的显然是人对自然界的彻底征服。

当然，近代以来的主体性理论并不仅限于处理人与自然的关系，它还把主体—客体关系模式应用到了人与人的关系当中。由此造成的后果就是否定了人与人之间的平等关系，消解了他人的主体性资质，并且否定了个体存在的真实性与合法性。由于主客体关系天然是不平等和对立的，因此当我们把他人看作客体的时候，意味着把他人当作一种无生命的、消极被动的存在物，意味着我们否定了他人的自我意识和自由意志，否定了他人与我们之间的平等地位。这种态度最直接的后果就是使我们陷入唯我论之中，因为我们把他人以及外部世界都当成了无生命的客体。主体性理论之所以无法避免这一点，是因为它把主体性等同于社会性，从而忽视或者消解了主体之间的个体差异。具体说来，主体—客体关系其实是人与自然关系的翻版，在这种关系中人是以类主体或社会主体的形象出现的，也就是说每个个体都被认为具有相同的主体性，或者说主体性成了人所具有的类特性或社会性。这样一来，个体就被当成了一种纯粹偶然的存在物，只有类特性和社会性才是人的本质特征。马克思显然也持这种观点，因为他明确宣称："人是类存在物，不仅因为人在实践上和理论上都把类——他自身的类以及其他物的类——当作自己的对象；而且因为——这只是同一种事物的另一种说法——人把自身当作现有的、有生命的类来对待，因为人把自身当作普遍的因而也是自由的存在物来对待。"② 当然，类的概念还具有费尔巴哈式的人本主义色彩，更具有马克思个人特征的说法则是把人的本质归结为人的社会性："人的本质并不是单个人所固

① ［德］马克思：《1844 年经济学哲学手稿》，载于《马克思恩格斯文集》第一卷，中共中央马克思恩格斯列宁斯大林著作编译局编译，人民出版社 2009 年版，第 185 页。
② ［德］马克思：《1844 年经济学哲学手稿》，载于《马克思恩格斯文集》第一卷，中共中央马克思恩格斯列宁斯大林著作编译局编译，人民出版社 2009 年版，第 161 页。

有的抽象物。在其现实性上，它是一切社会关系的总和。"① 不过，马克思显然也意识到了这种说法的极端性，因此他强调："首先应当避免重新把'社会'当作抽象的东西同个体对立起来，"② 意思是说社会性必须体现在个体性之中，然而这并不意味着他把社会性看作个体之间交往实践的产物，而是说社会并不是置身于个体之外的独立实体，而是渗透在每个个体内部的本质特征。即便这一立场他也未能坚守，因为他又宣称："阶级对各个人来说又是独立的，因此，这些人可以发现自己的生活条件是预先确定的；各个人的社会地位，从而他们个人的发展是由阶级决定的，他们隶属于阶级。"③ 在这里阶级性（人的社会性的集中体现）显然成了一种先在的独立实体。因此，尽管我们在马克思的著作中时而能够看到对于个体重要性的强调（如"代替那存在着阶级和阶级对立的资产阶级社会的，将是这样一个联合体，在那里，每个人的自由发展是一切人的自由发展的条件。"④），我们还是只能把这些仅仅看作一种抽象的肯定而已。

　　马克思的这种观点显然对李泽厚的实践美学产生了直接的影响。李泽厚的"积淀说"自提出之日起便不断受到批判，其中最为人诟病之处就在于否定了审美活动的个体性特征。尽管李泽厚本人为此百般辩解，仍无法纠正其理论体系的根本偏颇。试看他对"积淀说"的明确表述："所谓'积淀'，正是指人类经过漫长的历史进程，才产生了人性——即人类独有的文化心理结构，亦即从哲学讲的'心理本体'，即'人类（历史总体）的积淀为个体的，理性的积淀为感性的，社会的积淀为自然的，原来是动物性的感官人化了，自然的心理结构和素

---

① 〔德〕马克思：《关于费尔巴哈的提纲》，载于《马克思恩格斯文集》第一卷，中共中央马克思恩格斯列宁斯大林著作编译局编译，人民出版社2009年版，第501页。
② 〔德〕马克思：《1844年经济学哲学手稿》，载于《马克思恩格斯文集》第一卷，中共中央马克思恩格斯列宁斯大林著作编译局编译，人民出版社2009年版，第188页。
③ 〔德〕马克思、恩格斯：《德意志意识形态》，载于《马克思恩格斯文集》第一卷，中共中央马克思恩格斯列宁斯大林著作编译局编译，人民出版社2009年版，第570页。
④ 〔德〕马克思：《共产党宣言》，载于《马克思恩格斯文集》第二卷，中共中央马克思恩格斯列宁斯大林著作编译局编译，人民出版社2009年版，第53页。

质化成为人类性的东西'。"① 在这里，人类、理性、社会显然同属一个系列，代表着人的本质性（或人性）特征；个体、感性、自然则属于另一个系列，代表着人所具有的动物性特征。在做了这样的设定之后，无论他为个体的重要性做多少辩护，都必然是苍白无力的。

而主体间性理论则不同，它以人与人之间的关系为原型，一开始就把人与人之间看作一种平等的对话和交流关系，认为每个个体都是一个独立的主体，都具有自己的自我意识和自由意志，因此每个个体都是独一无二、无法替代的，个体之间的差异是无法消除也不应消除的。这样一来，个体就成为一种真实的存在，个体性与社会性一样，都是人的本质属性，社会相对于个体来说并不具有先天的优越性，相反，社会总是个体的联合体，是个体与个体之间交往关系的产物，因此社会性无法独立于个体性之外，它也不是个体之间的一种抽象的普遍性和共同性，而是个体主体相互理解、认同、让渡的产物。李泽厚贬低个体的根本理由，在于认定"人从动物界走出来，是依靠社会群体"，② 也就是说人类不同于其他动物或物种的原因是由于人类是一种社会性的存在物，因此人的本质必然在于其社会性，至于个体之间的差异则只具有偶然性的意义。然而事实上自然界中的社会性动物并不仅限于人类，何以只有人的本质被界定为社会性呢？对此李泽厚的回答是，只有人类才能使用和制造工具，因此人的本质就成了实践性。随后，他进一步认定实践必然是社会性、物质性的活动，而不是个体性、精神性的活动（"不是个人的情感、意识、思想、意志等'本质力量'创造了美，而是人类总体的社会历史实践这种本质力量创造了美"③），这就把个体性从人的本质当中彻底排除出去了。而在我们看来，既然人类与某些其他物种一样都是社会性的存在物，那么就不能简单地认定社会性才是人的本质，因为这恰恰说明社会性最初对人来

---

① 李泽厚：《美学四讲》，载于《美的历程》，安徽文艺出版社 1994 年版，第 495 页。
② 李泽厚：《美学四讲》，载于《美的历程》，安徽文艺出版社 1994 年版，第 494 页。
③ 李泽厚：《美学四讲》，载于《美的历程》，安徽文艺出版社 1994 年版，第 469 页。

说也只是自然选择的结果，在这一阶段，社会性与个体性一样，都只具有偶然的意义。至于人类随后从自然界走出来，当然和实践、巫术、神话等各种活动（而不仅仅是实践）有着直接的关系，问题是所有这些活动都不能简单地界定为纯粹的社会活动。即以实践而论，也只有近代的工业生产才具有较为纯粹的社会性特征，在此之前的狩猎、农耕等活动则都有着明显的个人色彩。换言之，任何生产活动都始终是个体性与社会性的统一。因此，个体与社会都是历史的产物，把人性的生成看作由社会向个体单向积淀的产物，乃是一种十分偏颇的观点。

主体间性视角的引入，必然会对美学产生重要的影响。以往我们总是认为审美活动发生在主体与客体之间，主体间性理论则同时要求我们关注主体与主体之间的审美关系。举例来说，当我们欣赏一部艺术作品的时候，我们就不能仅仅将其作为客体来看待，而必须把作品看作一个"准主体"。法国现象学家杜夫海纳对此曾做过精辟的分析。在他看来，审美对象与自然物以及实用对象的区别就在于，它总是有一个作者，或者说是对作者及其世界的表达，而作者的世界总是一个人的世界，因此审美主体与审美对象的关系就不仅是主体与客体之间的认识关系，同时也是主体与主体之间的交往关系。[1] 不仅如此，主体间性理论还将改变我们对于审美判断活动的看法。审美经验是一种感性活动，何以总是包含着普遍性的要求？这一直是困扰美学研究的一个难题。康德把这种普遍性归结为每个主体都具有的"共通感"，至于这种共通感从何而来，康德却语焉不详，仅限于指出它与人的"社交性"有关，随即将这方面的研究贬低为"对美的经验性的兴趣"而不予深究。[2] 在我们看来，康德在此实际上已经触及了问题的关键，即审美判断的普遍性根本上是主体间交往活动的产物，但由于他固守着自身的先验哲学立场，把主体性看作每个个体先天固有的共同本质，

---

① 参看［法］杜夫海纳《审美经验现象学》，韩树站译，文化艺术出版社1992年版，第126页以下。

② 参看［德］康德《判断力批判》，邓晓芒译，人民出版社2002年版，第138页以下。

从而与问题的答案失之交臂。这反过来启示我们，主体间性视角的引入将使我们对审美经验的研究出现突破性的进展。

三

客观地说，主体间性理论还带有某种过渡的色彩，真正具有当代特色的思想范式乃是后主体性思想。这是因为，当代思想的主题是对形而上学的二元论思维方式的批判和超越，而主体间性理论则仍具有一定的二元论色彩。具体地说，主体间性理论虽然讨论的是主体与主体之间的关系，但主体与客体之间的二元对立关系仍旧以隐含的方式被保留着。这是因为，主体间性理论既然仍把交往中的人视作主体，自然仍要面临困扰主体性思想的身心二元论问题。

那么，怎样才能克服二元论的思维方式呢？我以为这就要求我们彻底抛弃主体概念，原因在于，主体概念乃是近代二元论思想的根本来源。或许有人会说，主体概念自笛卡尔以来已发生了巨大的变化，尤其是马克思所提出的实践主体概念，已经有效地克服了笛卡尔式主体的二元论色彩。但正如我们在上面所指出的，这种克服仍旧是不彻底的，因为马克思还是把实践当成了一个物质概念（尽管是物质活动而不是物质实体），这意味着他主张物质活动中的人属于物质范畴，精神活动中的人属于精神范畴。无论我们如何强调在马克思这里物质与精神之间有着多么密切的辩证关系，都无法改变一个基本的事实：既然马克思仍旧是一个唯物主义者，那么他就不可能彻底抛弃物质与精神之间的区分。即便他所说的物质不同于先在的自然，而是人类对象性活动的产物，但他毕竟在人类的活动中区分出了物质和精神两种因素，并且在其间设置了二元对立关系。因此我们认为，无论我们对主体概念如何进行改造，都无法避免其所蕴含的二元论因素。

然而问题在于，在许多论者看来，物质与精神、主体与客体之间的差异和对立乃是一个客观的事实，而且这种对立的出现乃是人类历史进步的结果，因为正是由于社会生产力的发展，使得人类获得了实际地征服和改造世界的能力，才使人类从动物界当中走出来，成为自然的对立面，在此基础上才出现了主体与客体的分化和对立。因此，这种对立不应该也不可能彻底消除，否则就会使人类重新退回到蒙昧和原始的状态。我们认为，这种看法当然有其内在的合理性，因为迄今为止的人类历史确实是一部征服和改造自然的历史，人与自然的关系也的确充满了对立和冲突。然而历史事实也同样昭示我们，这种对待自然的方式已经对人类的生存环境乃至整个地球造成了多么大的破坏和伤害。随着后工业社会的来临，这种以对自然的无度索取和粗暴践踏为代价的生产方式显然已经开始过时，取而代之的是可持续发展的理念，这就要求我们重建与自然之间的和谐统一关系。需要注意的是，这种统一不是建立在对自然进行彻底征服的基础上，而是要求我们重建对自然的尊重甚至敬畏，充分考虑自然本身的特征和要求。为此，我们必须确立起新的生态自然观和伦理观，认可并尊重自然的权利，有效地克制自身的物质需求。所有这些，都要求我们改变那种把自然看作人类对立面的观点，使人类在一个更高的层面上重返自然的怀抱。有的学者认为，即便是后现代的生产方式，或者是对生态和环境的保护，也必须依赖于科学技术的力量，因此主客二分的思维方式仍是必不可少的。对此我们也十分赞同，但我们需要强调的是，主体性思想在后工业社会已不再是主导性的思维方式，它必须被置于后主体性思想的统摄之下。

现在的问题是，既然主体与客体的分化和对立已经成为一个既成事实，我们怎么可能重新确立起一种非主体性或后主体性的思维方式呢？在某些学者看来，只有原始的蒙昧和混沌状态才是非主体性的，至于审美和艺术这种高级的精神活动，自然应该是一种主体性行为。这种看法背后的依据主要有两个方面：一方面，人们认为自从人类从自然界当中分离开来，确立起自我意识以后，就始终是以主体的形式存在的，而其活动的对象自然就成了客体；另一方面，人们总是惯于把主体性的活动视为一种高级的活动，而前反思或非主体的活动则被认为是一种低级或非正常的活动。事实上，这两方面的根据都是极不可靠的。首先，尽管人类与自然界的分离和对立乃是一个客观事实，但这并不意味着从此以后任何人类活动都是主体性的。正如我们在上文所说的，哲学上的主体概念是从笛卡尔的"我思故我在"这一命题引申而来的，这一事实说明所谓主体指的就是一种经由反思而确立起来的自我意识，即便像马克思那样把主体说成是完整的人而不仅仅是精神，也无法摆脱主体的反思性特征，因为只要主体在实践活动中与对象处于对立关系之中，那么主体就必然处于反思状态。这一事实反过来说明，如果人在活动过程中没有对自己的意识进行反思，那么这种活动就不是主体性的活动，他与对象的关系也就不是主客体关系。其次，前反思的非主体性活动与反思性的主体性活动之间也并不存在高低之分，人们通常之所以把前者看作一种低级的活动，是因为在人们看来这种前反思的活动乃是人类认识能力尚不发达时期的特征，而今天的人类则除了婴儿时期以及在醉酒、做梦等非正常的精神状态之外，都是有清醒的自我意识的，因而都是作为主体存在的。然而事实上这只是一种认识论上的偏见，因为人类在艺术以及审美经验等高级的精神活动中，恰恰是经常处于前反思状态之中的。稍有美学和艺术常识的人都知道，当我们全神贯注地进行审美活动的时候，常常会出现一种丧失自我意识的状态，这时我们甚至忘记了周遭的一切，也忘记了现实生活与艺术作品之间的界限，以致在幻觉中以为作品中所发生的事件就是真正的事实。从某种意义上来说，只有当我们能够产生这种精神上的"高峰体验"［马斯洛（Abraham Maslow）语］的时候，审美鉴赏才能获得真正的成功。这一事实恰好说明，审美经验在一定意义上是一种非主体性的活动。

把后主体性思想引入美学研究之中，必然使我们对审美活动的理解发生深刻的转变。近代美学由于受制于主客二分的思维方式，因此把审美经验当成了一种认识活动。与之不同，后主体性思想不再把人与对象的审美关系视为一种认识论上的主体客体关系，而是看作一种本体论意义上的相互交流。其之所以如此，是因为当人处于非反思的状态中的时候，身心之间的对立自然也就消失了，进而人与对象之间的对立关系也消于无形，两者之间随之建立起了一种本源性的交流关系。在这种关系中，对象不再是无生命的客体，而是充满生机的准主体。这正如梅洛－庞蒂所说的："我通过我的身体进入到那些事物中间去，它们也象肉体化的主体一样与我共同存在。"① 需要注意的是，这里所说的身体并不是笛卡尔所说的那种作为广延之物的肉体，而是身心合一的完整的人。反之，当我们说对象成为一个准主体的时候，也并不是说它具有了某种意识以及反思能力，而是说对象有了自身的生命。以往由于受到认识论思想以及移情论美学的影响，我们把对象的生命特征看作主体从外部移入的，或者说是拟人之类的修辞技巧的产物。事实上当我们与对象处于这种本源性的交流关系的时候，对象自身就具有了某种内在的生命。梅洛－庞蒂曾经通过对绘画艺术的分析深入地揭示了这种关系。他认为，当画家进行艺术创作的时候，他并没有把自己与要表现的对象区别或对立起来，也没有人为地设置灵魂与身体、思想与感觉之间的对立，而是重新回到了这些概念所产生的那种初始经验。在这种原始的经验中，画家不是面对着对象，而是置身于对象之中，为对象所包围。在这种时刻，画家会感到不仅自己在注视和观察着对象，而且对象也在观察着自己。法国画家安德烈·马尔尚（André Marchand）曾经这样描绘自己的创作体验："在一片森林里，有好几次我觉得不是我在注视森林。有那么几天，我觉得是那些树木在看着我，在对我说话。"② 而印象派画家塞尚也曾经说过："是风景在我身上思考，我是它的意识。"③ 显然，我们不能把这些感

---

① ［法］梅洛－庞蒂：《眼与心》，刘韵涵译，中国社会科学出版社1992年版，第185页。

② 转引自［法］梅洛－庞蒂《眼与心》，刘韵涵译，中国社会科学出版社1992年版，第136页。

③ 转引自［法］梅洛－庞蒂《眼与心》，刘韵涵译，中国社会科学出版社1992年版，第51页。

受简单地归结为艺术家的幻觉，事实上我们每个人在童年时代都天然具有这种能力，只不过当我们在成长的过程中确立起了自我意识和理性精神之后，这种独特的思维方式才逐渐丧失了。人们常说，每个儿童天生就是一个艺术家，我以为根本的原因就在这里。

从历史的角度来看，主体性、主体间性和后主体性这三种思想之间明显存在逻辑上的递进关系，这一点在近现代西方思想中已得到印证。但在中国当下的特殊语境中，它们却相互并存，构成了一种奇特的话语景观。究其原因，概因为当代中国正处于一种多元化的社会转型期，各种思想纷然杂陈，它们都有各自的合理性，因此无法互相取代。或许，也只有在这个全球化的时代，才会出现这样的思想格局吧！

第三章　现代艺术的阐释问题

对于 19 世纪后期以来形形色色的现代艺术形态及其相关问题的阐释，是当代美学的一个重要任务。自黑格尔把美学界定为"艺术哲学"以来，对于艺术的探讨就成了美学研究的核心内容。现代艺术由于在艺术观念和表达方式等方面进行了革命性的变革，不仅对读者和观众的欣赏习惯和审美趣味构成了巨大的挑战，而且对于传统美学的基本主张也形成了强有力的冲击，这就迫切要求美学研究对此做出应有的回应。在此我们将从现象学的角度出发，对现代艺术所提出的若干理论问题进行专题性的研究。

第一节　审美直观与艺术真理

众所周知，"艺术终结论"是由黑格尔提出来的一个著名命题。20 世纪 80 年代，美国学者阿瑟·丹托（Arthur Danto）认为，黑格尔的这一主张在当代已经变成了现实，当代艺术由于对理论的过分依赖，把自身的合法性让渡给了哲学。这种观点在西方美学和艺术理论界引起了轩然大波，我国学者对此也做出了热烈的回应和讨论。纵观这些回应，我们发现大多数学者关注的都是这种观点得以产生的思想背景和现实根源，但对其在理论上是否成立，艺术是否或即将终结，却往往含糊其词，缺乏明确的态度。究其原因，还是因为对这种观点背后的理论关节点——艺术的真理性问题——缺乏深入的思考，因而既不愿轻易认同其结论，又无法从理论上将其推翻。我们认为，"艺术终结论"之所以一再出台，就是因为西方思想设置了感性与理性的二元对立，认为理性才是把握真理的根本方式，艺术作为感性活动则不具有真理性。只有从根本上解构这一二元对立，把直观确立为本源性的认识能力和艺术活动的本质属性，才能真正确立起艺术的真理性地位，从而一劳永逸地铲除艺术终结论的思想土壤。

一

如果我们把艺术终结论与艺术的真理性问题联系起来，就会发现黑格尔也并不是这一理论的始作俑者，柏拉图对诗人所下的"逐客令"才是其最初版本。他在《理想国》第十卷中指出，艺术创作是对具体事物的模仿，而具体事物则是对相或理念（idea/eidos）的模仿，因而艺术"自然地和王者或真实隔着两层"[1]。那么，模仿活动为什么无法直接把握真正的存在即相呢？这是因为在他看来，模仿是通过感性认识来进行的。在《理想国》第六卷的"线段比喻"中，他提出了可见世界和可知世界的划分，认为前者是由具体事物及其影子所构成的，分别通过信念和想象来把握，后者则是由数等抽象之物和相所构成，分别通过理智和理性来把握。可以看出，这种划分实际上就是后世所说的感性与理性的二元对立。柏拉图认为，相是通过理性来把握的，因而理性才是把握真理的根本方式；艺术则是通过感性认识来模仿具体事物，不具有真正的真理性，因而他向诗人下了逐客令。不难看出，这张"逐客令"也是一个关于艺术终结的宣言，因为艺术存在的合法性由此被彻底否定了。

反过来说，黑格尔的艺术终结论也可以看作柏拉图"逐客令"

---

① ［古希腊］柏拉图：《理想国》，郭斌和、张竹明译，商务印书馆1986年版，第392页。

的近代翻版。不过公平地说，黑格尔并没有否定艺术的真理性和合法性，相反，他明确宣称，"只有在它（即艺术）和宗教与哲学处在同一境界，成为认识和表现神圣性、人类的最深刻的旨趣以及心灵的最深广的真理的一种方式和手段时，艺术才算尽了它的最高职责"①，这无异于是把艺术与宗教、哲学一起摆在了真理谱系的最高等级上。因此，黑格尔的美学是对艺术的辩护而不是指控。那么，对艺术的辩护何以竟逻辑地引申出了艺术终结论呢？显然，这是由于黑格尔仍遵循着柏拉图关于感性和理性的二元论观点。当然，他并不像柏拉图那样将两者截然对立起来，而是站在辩证法的立场上，使两者之间建立起了对立统一的关系。在他看来，"艺术的任务在于用感性形象来表现理念"②，因而艺术活动不是纯粹的感性行为，而是感性和理性的辩证统一。问题在于，即便艺术包含一定的理性因素，但却终究无法摆脱其感性特征，因而艺术最终无法成为把握真理的最高方式，其被宗教和哲学所取代也就无法避免了。从这里可以看出，只要坚持感性和理性的二元对立，那么艺术的真理性就无法真正确立起来，"艺术终结论"也就必然成为高悬在艺术头上的一把"达摩克利斯之剑"。

阿瑟·丹托正是由于没有挑战和推翻这种二元论观点，因此才会重蹈黑格尔之覆辙。他之所以要重提黑格尔的"艺术终结论"，是因为在他看来，当代艺术（尤其是绘画）对于"艺术是什么"这一问题变得如此关注和自觉，以至于已经把自身变成了一种艺术哲学："黑格尔惊人的历史哲学图景在杜桑（通常译为杜尚）作品中得到了或几乎得到了惊人的确认，杜桑作品在艺术之内提出了艺术的哲学性质这个问题，它暗示着艺术已经是形式生动的哲学，而且现在已通过在其中心揭示哲学本质完成了其精神使命。现在可以把任务交给哲学本身了，哲学准备直接和最终地对付其自身的性质问题。所以，艺术最终

---

① ［德］黑格尔：《美学》第一卷，朱光潜译，商务印书馆1979年版，第10页。
② ［德］黑格尔：《美学》第一卷，朱光潜译，商务印书馆1979年版，第90页。

将获得的实现和成果就是艺术哲学。"① 这里所说的杜尚作品无疑是指他那永载史册的惊人之举：他把一个现成的小便器作为自己的作品提交给了现代艺术展览。这一举动被时人和后人做了多方面的解读，丹托的看法则是，杜尚与其说是提交了一件艺术品，不如说是提出了"艺术是什么？"这样一个哲学问题，或者说他把这个问题当成了艺术作品的对象和内容，因为这件作品所提出的核心问题就是艺术品与非艺术品的边界问题。这一举动之所以惊世骇俗，是因为艺术创作的目的从来就不是为了回答"艺术是什么"的问题，而是为了创造一件成功的艺术品。当然，艺术家对这个问题或多或少都会有所思考，他们的作品在一定意义上也可以看作对于这一问题的解答，问题在于这只能是一种间接的回答，而杜尚却把这一点变成了作品的主题，这无异于把艺术作品变成了一种艺术哲学。

如果说艺术家把自己的创作变成了一种哲学思考，这在丹托看来就等于艺术把自己存在的合法性让渡给了哲学。更令丹托深思的是，这种现象并非个例，在杜尚之后，现成品成了一种很常见的艺术形式，艺术品与非艺术品之间的界限变得无法分辨。著名的波普艺术家安迪·沃霍尔制作了一种名为"布里罗盒子"的作品，这种盒子与现代超市里的包装盒在外观上毫无区别，却是作为艺术品而非商品来大量出售的。在这种情况下，单靠肉眼和感知显然无法分辨两者之间的差异，只有当我们被明确告知，前者出自著名艺术家之手，并且表达了他的相关艺术理念之后，我们才能确认其是艺术品，并理解其所表达的含义。考虑到现代艺术根深蒂固的抽象化趋势，这一现象就愈加值得重视，因为抽象艺术变得如此晦涩难懂，以至于观众如果不首先掌握相关的艺术理论和创作主张，根本就无法理解其含义。从某种意义上来说，对于现代艺术的欣赏已经不再是一种感性活动，而是逐渐变成了抽象的思考和解释。丹托甚至认为，"没有解释就没有

① ［美］阿瑟·丹托：《艺术的终结》，欧阳英译，江苏人民出版社2001年版，第15页。

欣赏"①，"在艺术中，每一个新的解释都是一次哥白尼革命，我的意思是说，每个解释都建构了一个新的作品，即便被解释的对象仍然是同一个，就像天空在理论的转型中保持自身的不变一样"。②

　　或许有人会说，丹托所举的例子只局限于西方现代艺术，因而其结论并不具有普遍的适用性。彭锋就曾宣称，"中国艺术家并不用担心艺术的终结。……如果说艺术果真终结了，那也是发生在第一世界中的现象，……在第二世界和第三世界，艺术仍然具有继续生存的空间，因为这些国家并没有被现代行政管理体制完全征服。因此，在西方思想家鼓吹艺术终结的同时，中国当代艺术却正在经历空前的繁荣兴旺"。③ 丹托自己的说法似乎也为此提供了佐证，他认为，"艺术会有未来，只是我们的艺术没有未来。我们的艺术是已经衰老的生命形式"。④ 这种说法在西方学者那里具有相当的普遍性，阿列西·艾尔雅维奇（Ales Erjavec）就认为，艺术在第三世界和非西方国家还"具有社会的、政治的，甚至是民族的影响力和重要性"⑤，因为这些国家的艺术并没有经历现代西方那种先锋派和精英主义的历程，没有蜕变为脱离大众审美趣味的形式试验。然而在我们看来，这种对于非西方艺术的乐观情绪并无充分的依据，因为全球化的浪潮正日益席卷整个世界，我们很难想象艺术可以置身于这一浪潮之外。以中国为例，尽管现代中国并无充分发育的现代主义潮流，但中国当代艺术的全球化趋势显然已经不可逆转。无论是激进的艺术实验，还是波普以及大众艺术，在当代中国都已经蓬勃发展起来。因此，艺术的终结并不是一个纯西方式的话题，而是整个世界艺术必须共

---

　　① ［美］阿瑟·丹托：《寻常物的嬗变——一种关于艺术的哲学》，陈岸瑛译，江苏人民出版社 2012 年版，第 139 页。

　　② ［美］阿瑟·丹托：《寻常物的嬗变——一种关于艺术的哲学》，陈岸瑛译，江苏人民出版社 2012 年版，第 154 页。

　　③ 彭锋：《艺术的终结与重生》，《文艺研究》2007 年第 7 期。

　　④ ［美］阿瑟·丹托：《艺术的终结》，欧阳英译，江苏人民出版社 2001 年版，第 15 页。

　　⑤ ［斯洛文尼亚］阿列西·艾尔雅维奇：《当代生活与艺术之死：第二、第三和第一世界》，周正兵译，《学术月刊》2006 年第 3 期。

同面对的课题。

二

从上面的分析可以看出，"艺术终结论"之所以在西方一再出台，就是由于思想家们总是在感性和理性、艺术和哲学的二元对立中兜圈子。只要学者们把感性和理性视为两种基本的认识能力，同时又把艺术视为一种感性活动，那么艺术的真理性就必然居于哲学之下，其为后者所取代就成为历史的必然。丹托之所以无法摆脱黑格尔的思想阴影，就是因为他与后者一样，也认为抽象性乃是哲学的特征，当现代艺术走向抽象主义，需要依赖抽象的理论才能加以理解和解释的时候，就意味着它已经被哲学取代了。

据此我们认为，只有从根本上消解这种二元论，才能真正消除艺术终结论的思想土壤。谈到对二元论的解构，人们首先想到的恐怕就是德里达的解构主义，因为这种思想的根本目标就是解构形而上学的二元论思维方式。德里达曾经说过，形而上学的根本特征就是惯于设定一系列的二元对立范畴，如在场/不在场、精神/物质、主体/客体、能指/所指、理性/感性、本质/现象、声音/书写等，而所有这些对立都不是平等的，其中一方总是占有优先的地位，另一方则被看作对于前者的衍生、否定和排斥，如在场高于不在场、声音优于书写、理性高于感性等，由此形成了所谓"声音中心主义""逻各斯中心主义"等。那么，怎样才能消解这些对立呢？他给出的答案是，"对这些对立的解构，在某个特定的时候，首先就是颠倒等级"①。举例来说，为了消解声音的优先地位，他便强调文字的优先性，因此提出了所谓"文字学"理论。我们认为，德里达对于形而上学思维方式的概括无疑是准确的，但他所提出的解构方法却并不彻底，因为被颠倒了的二

① Jacques Derrida, *Dissemination*, trans. Barbara Johnson, Chicago: University of Chicago Press 1981, p. 41.

元论依旧是一种二元论。具体地说，对等级的颠倒只是消除了原有的等级体系，却不能消解等级结构本身，而是以新的对立取代了旧的对立。以文字来取代声音，固然消解了"声音中心主义"，同时却又建立了一种新的"文字中心主义"。或许正是由于觉察到解构主义方法的局限性，德里达才悲观地宣称彻底超越形而上学是不可能的，因为"每一个既定概念的借用都会随之牵带上整个形而上学"，[①] 也就是说只要我们还在使用诸如感性和理性这样的形而上学概念，就永远无法摆脱与之相伴的二元论思维方式。

在我们看来，这样的结论无疑是过分悲观了。与黑格尔和阿瑟·丹托相比，德里达的立场无疑激进得多，因为前两者把感性和理性的二元对立视为当然，他却把一切二元论都作为批判和解构的对象。问题在于，他与自己的批判对象却分享了一个共同的前提，即都把感性和理性视为人类基本的认识能力，在此前提下，无论如何界定两者之间的等级地位，都无害于其间的二元论关系本身。那么，怎样才能摆脱这种非此即彼的两难困境呢？我以为现象学的还原方法依旧有着重大的启示力量。对于形而上学所设置的二元对立，现象学的方法不是颠倒它们的等级关系，而是把它们还原到一个共同的本源。举例来说，为了超越物质与精神、主观与客观的二元对立，胡塞尔提出了意识的意向性理论，海德格尔则把意向性归结为此在生存的超越性，萨特提出在笛卡尔的"我思"背后还有一个"前反思的我思"，梅洛－庞蒂则强调知觉经验的主体不是意识而是身体。在这些多变的论题和主张背后，我们看到的是现象学对于思想的本源性的不懈追求。那么，如何用现象学还原的方法来消解感性和理性的二元对立呢？我以为胡塞尔的范畴直观和本质直观学说为此提供了关键的启示。

所谓本质直观（essential intuition）就是指通过直观来把握一般本质的能力。从哲学史上来看，这种能力并不是由胡塞尔首先发现的。

———————————

① ［法］德里达：《书写与差异》下册，张宁译，生活·读书·新知三联书店2001年版，第307页。

早在古希腊时代，柏拉图就主张直观是一种高级的理性能力，它能够不经推理而直接把握到相或真正的存在。① 近代的笛卡尔、斯宾诺莎、莱布尼茨等理性主义者也主张，知识的最高原理如几何学的公理等，都是通过清楚明白的直观被把握到的。这一传统在康德那里出现了短暂的中断，他宣称人类不具有智性直观能力，只具有感性直观能力，人类的理性和知性只能是推论的而不能是直观的。② 不过，紧随其后的费希特（Johann Gottlieb Fichte）、谢林、黑格尔等德国古典哲学家又重新捡起了智性直观这一范畴，从而恢复了古老的理性主义传统。不仅如此，叔本华、克罗齐、柏格森等现代非理性主义者也以不同的方式，对直观理论进行了发挥和拓展。③ 如果简单地把智性直观看作认识事物一般本质的能力，那么它与胡塞尔所说的本质直观就并无两样。然而仔细分辨，这两种能力实际上有着本质的差异。胡塞尔对此曾有明确的区分："这个普遍本质就是艾多斯，是柏拉图意义上的理念，然而是在纯粹的意义上来把握的，摆脱了所有形而上学的阐释，因而是这样精确地理解的，正如它在以上述方式产生的理念的'看'中直接直觉地成为我们的被给予性那样。"④ 这也就是说，柏拉图所说的理念指的是形而上的超验本体，胡塞尔所说的本质则只是指事物的本质或共相。认为直观能够把握超验的本体或实体，这显然是一种形而上学的观点，也是古今一切理性主义者和非理性主义者的共同特点。因此，胡塞尔本质直观学说的意义，就在于它从根本上超越了形而上

---

① 参看［古希腊］柏拉图《理想国》，郭斌和、张竹明译，商务印书馆 1986 年版，第 269 页；［古希腊］柏拉图《斐德罗篇》，载于王晓朝译《柏拉图全集》第二卷，人民出版社 2003 年版，第 161—162 页。

② 关于康德的直观学说，可参看苏宏斌《试论康德与胡塞尔直观学说的差异及其根源》，载于张永清、陈奇佳主编《当代批评理论》，人民出版社 2013 年版，第 313—328 页。另可参看倪梁康《康德"智性直观"概念的基本含义》，《哲学研究》2001 年第 10 期。

③ 有关智性直观思想在西方哲学史上的演变过程，可参看邓晓芒《康德的"智性直观"探微》，《文史哲》2006 年第 1 期，以及倪梁康《"智性直观"在东西方思想中的不同命运》，分期连载于《社会科学战线》2002 年第 1、2 期。

④ ［德］胡塞尔：《经验与判断》，邓晓芒、张廷国译，生活·读书·新知三联书店 1999 年版，第 395 页。

学的思维方式。

就感性与理性的关系问题来看，这一学说的意义尤为显著。从柏拉图以降的理性主义者之所以无法超越感性和理性的二元对立，原因就是他们都把感性和理性视为两种基本的认识能力，因此他们都否定了直观在认识论上的独立地位，将其视为一种高级的理性能力。如果直观只属于理性而与感性无关，那就意味着知识的产生与感性和经验无关，这在认识论上就必然走向先验论和独断论，近代理性主义的发展已经充分证明了这一点。康德正是为了避免这一困境，主张人类只具有感性直观而不具有智性直观能力。但他的这一做法却走向了另一个极端，因为纯然的感性直观只能把握事物的个别属性，无法认识事物的一般本质。为了解决这一问题，康德主张知识的普遍性和必然性是由知性范畴的先验性所保证的，而知性范畴则是由知性自发地生产出来的，与后天的经验无关。这种做法导致他无法真正把感性和知性（理性）统一起来，因为感性所产生的个别表象与知性所产生的先验范畴是完全异质的，两者根本不能结合为统一的判断和命题。为此，康德又提出了所谓的"图型论"（schematism），认为先验想象力可以把知性范畴转化为可直观的图型（schema），从而消除其与表象之间的异质性。然而想象力究竟是如何做到这一点的，康德却含糊其词，宣称这"是在人类心灵深处隐藏着的一种技艺，它的真实操作方式我们任何时候都是很难从大自然那里猜测到、并将其毫无遮蔽地展示在眼前的"[1]。我们认为，康德之所以陷入这一困境，就是因为他切断了知性范畴的直观来源，因此无法说明范畴何以能被直观化的问题。

从上面的分析可以看出，无论是把直观归属于理性，还是将其归结为感性，都将面临难以克服的困境。因此，唯一合理的做法就是肯定直观的独立性，将其视为一种本源性的认识能力。然而这样一来，就面临着如何处理直观与感性、理性的关系问题。康德以及理性主义

---

① ［德］康德：《纯粹理性批判》，邓晓芒译，人民出版社2004年版，第141页。

者之所以不愿采取这种做法，就是为了维护他们的二元论立场，并且坚持理性的主导地位。正是在这一点上，胡塞尔迈出了关键性的一步。他明确宣称，"对素朴直观与感性直观与被奠基的直观或范畴直观的划分使感性与知性之间的古老认识论对立获得了我们所期待的最终澄清"。① 这里所说的范畴直观与他后期所说的本质直观基本上是同一种认识能力，只不过范畴直观特指对于范畴对象的把握，本质直观则是指对任何一般本质的把握。或许有人会说，康德不是早就已经对感性直观和智性直观进行了划分吗？问题在于，康德把感性与直观混为一谈，认为人类不具有智性直观能力，这就使他只能继续维持感性和理性的二元对立；胡塞尔则明确主张，人类不仅具备感性直观能力，而且具备本质直观或范畴直观能力，这样直观就成了感性和理性的共同基础，因而才能从根本上消除两者之间的二元对立。

不过，胡塞尔的立场也并不彻底，因为他主张范畴直观或本质直观必须奠基于感性直观，这实际上是把直观当成了感性和理性之间的中介和桥梁，似乎直观只是感性和理性之间的过渡环节。这种做法看似消除了感性与理性之间的分离和对立，实际上却为二元论的复辟留下了可能，因为如果直观乃是一种介于感性和理性之间的认识能力，那么它就不可能保持其独立性，因为它必须一方面与感性具有同质性，另一方面也必须与理性具有同质性，其结果必然是直观重新分裂为感性和理性两种能力。那么，怎样才能避免这一结局呢？我以为只有以直观的一元论来取代感性和理性的二元论，把直观确立为唯一本源性的认识能力，把感性和理性视为从直观中分化和衍生出来的认识能力，才能真正克服这种古老的认识论对立。具体地说，直观的功能在于把握事物的一般性，理性的作用在于把这种一般性转化为抽象的概念，并且通过推理把这些概念建构成统一的知识体系；感性的作用则是把直观到的共相合成为特殊的个别表象。这样一来，认识论的版图就必

———————

① ［德］胡塞尔：《逻辑研究》第二卷第二部分，倪梁康译，上海译文出版社1999年版，第5页。

须加以彻底重组。就直观与理性的关系来看，前者不再是后者的一种特殊形式，而是后者的源头和基础。从古希腊以来关于知性和理性的区分也因此失去了基础，因为理性不再具有直观功能，而是一种纯粹的推理能力。康德尽管已经把直观与理性划分开来，但他仍保留了知性和理性的区分，理由是理性理念高于知性概念，因此理性可以把知性所产生的概念和命题加工成一个统一的知识体系。但在我们看来，这种划分是缺乏依据的，因为无论是理性理念还是知性概念，都不是由理性和知性所产生的，而是通过直观作为范畴对象被把握到的，差别只是在于，知性范畴是把个别对象作为直观活动的起点；理性理念则是把知性范畴本身当成了直观的起点。用胡塞尔的话说，"每一本质，……都存在于本质的层级系列中，存在于一个一般性和特殊性的层级系列中。这个系列必然有两个永不彼此相合的界限。我们向下可达到最低的种差，或者也可以说，本质的单个体；而向上穿过这种本质和属本质又可达到最高的属"。[①] 这就是说，直观活动所把握到的本质在新的直观活动中又可以被视为一个单个体，在此基础上产生更高的本质，从而构成一个由低到高的层级系列。理性理念较之知性范畴当然处于较高的层级，但它们却都是通过直观被把握到的。理性和知性既然都不具有生产概念的能力，而只具有运用概念进行推理的能力，它们之间的差异也就荡然无存了。

再就直观和感性的关系来看，康德把两者视为一体的做法也同样站不住脚了。如果我们简单地把直观看作不经推理把握事物的能力，那么感性当然是一种直观能力。问题在于，这样的感性直观并不是人所特有的认识能力，而是人与动物所共有的。叔本华对此早就有明确的论述："一切动物，即令是最接近植物的那一些种类，都有如许的理智，足够从直接客体上所产生的效果过渡到以间接客体为原因，所以足够达到直观，足够了知一个客体。"[②] 从这个角度来看，胡塞尔坚

---

① ［德］胡塞尔：《纯粹现象学通论》，李幼蒸译，商务印书馆1992年版，第65—66页。
② ［德］叔本华：《作为意志和表象的世界》，石冲白译，商务印书馆1982年版，第52页。

持感性直观与本质直观的划分，并且强调本质直观必须奠基于感性直观，显然也犯了同样的错误，因为所谓感性直观只是人所具有的动物本能，只有本质直观才是人所独有的，所以对于人类来说，一切直观都是本质直观，至于所谓感性直观则不是认识论而是动物学或生物学的研究内容。由此出发，直观与感性的关系就必须颠倒过来：不是直观奠基于感性，而是感性奠基于直观。传统哲学之所以始终把感性看作一种低级的认识能力，认为它只能把握个别性而不能把握一般性，就是因为把人类的感性与动物的感性混为一谈了。事实上正如马克思所说的，人类的感觉已经经过了"人化"或社会化的过程，与动物的感觉有了本质的差异："感觉通过自己的实践直接变成了理论家。感觉为了物而同物发生关系，但物本身却是对自身和对人的一种对象性的、人的关系；反过来也是这样。因此，需要和享受失去了自己的利己主义性质，而自然界失去了自己的纯粹的有用性，因为效用成了人的效用。"① 在我们看来，实践之所以能够使感觉成为理论家，就是因为实践是一种对象性的社会活动，人类的感觉能够通过这种活动在对象身上确证自己的类本质，从而使自己逐渐摆脱了利己性而具有了社会性。从现象学的角度来看，这意味着人类通过实践产生了一种直观能力，正是这种能力才能从个别的对象身上把握到一般性的类本质。由于人类的感觉是以这种本质直观能力为基础的，因此才具有了社会性。

既然感性和理性都是以直观为基础的，那么它们之间的等级关系也就不复存在了，因为理性不再是把握真理的本源性方式，感性也不再是一种低级的认识能力。传统哲学之所以赋予理性以认识论上的优先性，就是由于把理性看作把握事物一般本质的能力，而在我们的直观论体系中，本质乃是通过直观来把握的，理性的优先性自然就被消解了。反过来，感性活动却具有了同样的真理性，由于感性也是以直观为基础的，因而感性认识同样能够把握事物的本质。人们之所以总

---

① ［德］马克思：《1844 年经济学哲学手稿》，载于《马克思恩格斯文集》第一卷，人民出版社 2009 年版，第 190 页。

是对感性认识持有根深蒂固的偏见，就是因为把感性认识与五官感觉混为一谈。事实上对人类来说，典型的感性认识并不是这种动物性的感觉，而是如审美体验和艺术创作这样的高级精神活动。马克思曾经指出："只是由于人的本质的客观地展开的丰富性，主体的、人的感性的丰富性，如有音乐感的耳朵、能感受形式美的眼睛，总之，那些能成为人的享受的感觉，即确证自己是人的本质力量的感觉，才一部分发展起来，一部分产生出来。因为，不仅五官感觉，而且所谓精神感觉、实践感觉（意志、爱等等），一句话，人的感觉、感觉的人性，都只是由于它的对象的存在，由于人化的自然界，才产生出来的。五官感觉的形成是以往全部世界历史的产物"①，我们认为此言是极为精辟的。

三

我们把直观确立为本源性的认识能力，这与艺术的真理性问题有何关联呢？在我们看来，这一认识论上的根本变革将为确立艺术的真理地位奠定坚实的基础，因为艺术创作恰恰就是通过直观活动来进行的，艺术家与常人的根本差别就在于，前者有着比后者更加敏锐、更加完备的直观能力。

审美经验和艺术活动的根本特征究竟是什么？对于这个问题，迄今为止的艺术理论恐怕都会答以"感性"二字。前文说过，柏拉图的模仿说就是把艺术创作视为一种感性认识。这种观点在近代的认识论哲学中得到了充分的发展。莱布尼茨把我们的认识能力区分为混乱的和清楚的两种形式，前者指的是感性认识，后者指的是理性认识，而艺术活动恰恰被他归属到了前者之中。② 鲍姆加登正是由此出发，把

---

① ［德］马克思：《1844 年经济学哲学手稿》，载于《马克思恩格斯文集》第一卷，人民出版社 2009 年版，第 191 页。

② 参看［德］莱布尼茨《人类理智新论》上册，陈修斋译，商务印书馆 1982 年版，第266 页以下。

美学命名为"感性学"（aesthetics），而他的美学实际上就是一种广义的诗学或艺术理论。黑格尔有感于这种纯粹的"感性学"必然否定艺术的真理性，因此主张艺术活动是通过感性形式来表达抽象的理念，从而达到了感性和理性的统一。我国当代的反映论文艺观尽管以马克思主义的唯物辩证法取代了黑格尔的唯心辩证法，但在把艺术活动视为感性和理性的统一这一点上，与黑格尔实则并无两样。从这里可以看出，把艺术视为一种感性活动，可以说是整个美学和诗学历史的共识。

然而在我们看来，这种看似无可置疑的观点实际上并没有真正把握住艺术活动的根本特征。西方思想之所以始终坚持这一观点，显然与模仿说在西方诗学中的统治地位是分不开的。从古希腊到 19 世纪，这种学说一直占据着主导地位。即便像黑格尔这样激烈批判模仿说的学者，也并没有彻底摆脱这种学说的局限，因为他仍旧把古希腊的古典艺术视为最完美的艺术形态，而模仿说恰恰是古希腊文化艺术的产物，这一点鲍桑葵曾经一针见血地加以挑明："希腊人对任何不能用可见方式加以模仿的事物都不相信——艺术再现的诗意的一面，即创造性的一面就没有能在古代受到应有的重视。"① 问题在于，一切艺术都必然具有模仿性或感性特征吗？事实显然并非如此。比古希腊艺术更早的古埃及艺术在很大程度上就是一种抽象艺术，以金字塔为例，那种抽象的几何线条显然并非来自对任何感性事物的模仿，而是艺术家主观的艺术创造。纵观整个艺术史，这种现象并非罕见，中国传统的书法艺术、非洲民间的面具艺术等，其根本特征都不是感性或模仿性的。即便就西方艺术来说，感性也并不是其普遍特征，古罗马和拜占庭的工艺美术、西方现代的抽象主义艺术等，都很难说成是感性艺术。从某种意义上来说，一切建筑艺术、音乐艺术，都无法通过模仿说和感性学来加以解释。正是因此，德国现代著名艺术理论家沃林格

① ［英］鲍桑葵：《美学史》，张今译，商务印书馆 1985 年版，第 18—19 页。

主张，艺术作品乃是抽象和移情这两种不同的"艺术意志"的产物："就像移情冲动作为审美体验的前提条件是在有机的美中获得满足一样，抽象冲动是在非生命的无机的美中，在结晶质的美中获得满足的，一般地说，它是在抽象的合规律性和必然性中获得满足的。"① 这也就是说，模仿性或感性的艺术只是艺术活动的一种类型，除此之外还存在与之相对的抽象艺术。康定斯基也有类似的观点，他认为"伟大的抽象"和"伟大的写实"构成了艺术的两极，在这两极之间则是由抽象和写实的不同比例构成的各种艺术风格。② 不仅如此，从某种意义上来说，人类最初的艺术就是抽象冲动的产物，也就是说抽象艺术较之感性艺术具有更为悠久的传统："原始艺术本能与仿造自然是丝毫不相关的，原始艺术本能是把纯粹抽象作为在迷惘和不确定的世界万物中获得慰藉的唯一可能去追求的，而且，原始艺术本能用直觉的必然性从自身出发创造出了那种几何抽象，这种几何抽象是人类唯一可及的对从世界万物的偶然性和时间性中获得解放的完满表达。"③ 当然，像黑格尔这样渊博的学者对此不可能视而不见，只不过在他看来，这只是原始艺术的特征，当艺术在古希腊时代达到其成熟形态的时候，便抛弃了抽象性而转向了感性和理性的统一，因此他把古埃及的象征艺术看作艺术的初级形态。问题在于，这种抽象艺术并没有随着艺术史的发展而湮没，恰恰相反，它在中世纪和现代艺术中不断卷土重来，显示出强大的生命力；与之相对，模仿性或再现性的艺术也只是在古希腊和文艺复兴时期辉煌一时，并未成为贯穿整个艺术史的主导风格。因此，黑格尔的艺术史观显然是受了西方近代盲目推崇古希腊艺术潮流的影响，并不具有普遍的真理性。

如果说感性并不是一切艺术的共同特征，那么艺术的本质究竟是

---

① ［德］沃林格：《抽象与移情：对艺术风格的心理学研究》，王才勇译，金城出版社 2010 年版，第 3—4 页。

② 参看［俄］康定斯基《艺术中的精神》，李政文译，云南人民出版社 1999 年版，第 100 页。

③ ［德］沃林格：《抽象与移情：对艺术风格的心理学研究》，王才勇译，金城出版社 2010 年版，第 33 页。

什么呢？我们的回答就是直观。需要注意的是，这里所说的直观并不是指康德和胡塞尔所说的感性直观，而是作为本源性认识能力的本质直观活动。人们通常认为，艺术所把握和表现的是个别事物，即便是要反映世界或生活的一般本质，也不能脱离个别事物，而必须采取从个别出发去寻找一般的方法。有些学者主张，从个别出发还是从一般出发，正是艺术与科学之间的根本差异。当然，对于这个问题，艺术家之间是存在争议的，歌德就曾这样描述他与席勒之间的争论："在一个探索个别以求一般的诗人和一个在个别中看出一般的诗人之间，是有很大差别的，一个产生出了比喻文学，在这里个别只是作为一般的一个例证或者例子；另一个才是诗歌真正本性。"① 对于这场争论，大多数学者无疑赞成歌德的观点，认为席勒的创作方法违背了艺术活动的内在规律。席勒作品所存在的观念化和抽象化倾向似乎也为此提供了佐证，因为这种倾向的确损害了其作品的艺术价值，用马克思的话说，他是"把个人变成时代精神的单纯的传声筒"。② 但在我们看来，席勒作品的艺术缺陷与他的创作主张之间并无必然的关联，因为席勒的错误并不在于他的创作是从一般出发的，而是由于他没有成功地把一般转化为个别，或者说把一般与个别统一起来。歌德的看法是，只要艺术家的创作是从一般出发的，那就不可能达到个别和一般的统一，而事实上这一推论并不具有充分的必然性，因为尽管像席勒、萨特这样具有哲学气质和思辨倾向的艺术家，其创作的确因此受到了损害，但同时也有许多具有类似风格的艺术家取得了成功，比如但丁（Dante）的《神曲》、弥尔顿（John Milton）的《失乐园》，在一定意义上都是为了表达其宗教和神学观念而创作的，但都取得了辉煌的艺术成就；反过来，许多坚持从个别出发的作家，由于无力洞察社会和

---

① ［德］歌德：《歌德格言和感想集》，程代熙、张惠民译，中国社会科学出版社 1982 年版，第 435 页。

② ［德］马克思：《致斐迪南·拉萨尔》，载于《马克思恩格斯文集》第十卷，人民出版社 2009 年版，第 171 页。

人生的本质而流于平庸。恩格斯之所以推崇巴尔扎克而贬抑左拉（émile Zola）、欧仁·苏（Eugene Sue），原因就在于前者能够深刻地把握历史的本质和规律，而后者却常常拘泥于看似真实实则肤浅的细节描写。因此，从个别出发还是从一般出发，充其量只是艺术风格之间的差异，并不能直接决定艺术创作的成败。

或许有人会说，既然艺术创作既可以从个别出发，也可以从一般出发，那就意味着艺术作品既可以是感性的，也可以是抽象的，因而用直观来取代感性同样是在以偏概全。沃林格和康定斯基显然就持这一观点，他们都把艺术史看作这两种风格之间相互嬗变和交织的产物。但在我们看来，感性与直观之间并不是二元对立的关系，也就是说由直观所产生的并不仅仅是抽象艺术，感性或具象艺术同样必须以直观为基础。许多论者之所以对西方现代的抽象艺术多有诟病甚至嗤之以鼻，就是由于在他们看来，任何抽象都是理性思维的产物，抽象艺术就等于概念艺术，如果说席勒的作品还只是没有把感性和理性、个别和一般统一起来的话，那么现代抽象艺术则是完全以理性取代了感性、以一般取代了个别、以概念取代了形象，因而彻底违背了艺术规律。然而这种观点恰恰是二元论思维方式的产物，因为这些学者显然认为事物的一般本质只能通过理性认识来把握，艺术家要想既反映事物的一般性，又不违背艺术规律，就只能使一般寓于个别，一旦把一般独立出来，那就必然使艺术蜕变为概念而丧失其审美价值。而从我们的直观论立场出发，事物的一般本质是通过直观而不是通过理性被把握到的，因此艺术要想达到个别和一般的统一，并不需要使理性参与进来，而只需要使艺术活动建立在直观的基础上。

毋庸讳言，对于我们的这一观点，大多数学者想必难以接受。这些学者认为，艺术家要想把握事物的一般本质，就不能像科学家那样从多变的样本中去抽象和概括其共同特征，而必须始终坚持从个别出发，深挖其中所蕴含的内在本质。以作家对人物性格的塑造为例，大多数作家必须从生活中的某个原型出发，深入思考其性格特征背后的社会根源，从而使其达到个别与一般、个性与共性的统一。问题在于，生活中的原型比比皆是，为什么只有作家才能从中发现某种一般本质呢？原因就在于作家掌握了我们所说的直观能力。从某种意义上来说，作家是在自觉或不自觉地实行现象学的本质直观活动。按照胡塞尔的说法，本质直观必须以感性直观为前提，通过实行目光的转向而把握住一般或共相。这里所说的"目光"并不是指视觉或五官感觉，而是指意识活动的意向性或指向性。举例来说，我们通过眼睛可以看到面前有一张白纸，这显然是一个最简单和最常见的感性活动。现在我们可以把意识的目光从这张白纸转向白色，然后运用想象对其进行变更，将其变形为其他白色的东西，当这种变更达到足够充分和自由的时候，白色本身作为一般和共相就可以被呈现和析取出来。① 人们通常认为，这种思维方式属于科学家而不是艺术家，我们认为恰恰相反，艺术家所进行的是本质直观活动，科学家则常常借助归纳和概括。以鲁迅对阿Q性格的塑造为例，这个人物在生活中当然有其原型，但唯有鲁迅能从其身上发现"精神胜利法"这一具有普遍意义的性格特征和精神气质。这一发现并不是通过社会学的取样和归纳而做出的，而是由于鲁迅通过丰富的想象和变形，逐渐超越原型身上的个别性，把其性格中所蕴含的普遍人性呈现出来了。从某种意义上来说，只有当作家做出了这一洞察的时候，生活中的人才能从芸芸众生中脱颖而出，摇身一变成为艺术形象的原型。当然，作家对于个别人物的观察和对于普遍人性的洞察并不是相互分离的，而是往往交织在一起，但只有当作家敏锐地觉察到原型身上所蕴含的普遍本质的时候，创作的灵感和火花才会被激发起来。正是由于这个原因，作家笔记中所积累的大多数观察是零散而琐碎的，其中只有少数能够成为激发创作的导火线。因此我们认为，对于个别事物的观察只是一种必要的储备和积累，而不是艺术创作的真正起点。如果说作家的观察力比常人更加敏锐的话，

---

① 参看［德］胡塞尔《经验与判断》，邓晓芒、张廷国译，生活·读书·新知三联书店1999年版，第394—395页。

这并不是因为作家能够注意到更多的细节，而是因为作家能够从常人所不注意的细节中洞察到某种深刻的本质和共相。

据此我们认为，直观乃是一切艺术的共同本质和基础。那么，抽象艺术和具象艺术的划分又是从何而来的呢？我们认为这两种艺术都建立在直观的基础上，只不过抽象艺术是一种纯直观的艺术，其特征是把直观到的一般本质直接地表现出来；具象艺术则是感性与直观的统一，即艺术家把直观到的普遍本质糅合为一个统一的感性形象，从而以感性的形式间接地表现出来。前一种艺术由于舍弃了再现性和具象性，因此往往显得抽象而晦涩；后一种艺术由于借助于生动的感性形象，因而显得通俗易懂。然而在我们看来，这种差异只是由艺术家的风格所造成的，其艺术价值并无高低之分，因为它们的共同基础都是直观。

四

如果说艺术的本质是直观，而直观又是把握真理的根本方式，那么"艺术终结论"就彻底失去了思想土壤。柏拉图之所以否定艺术的真理性，就是因为他主张真理只能通过理性来把握，而艺术则只是一种感性活动。而在我们看来，艺术活动的根本特征乃是直观而不是感性。当然，感性或具象艺术也是艺术活动的一种重要类型，问题在于，艺术所具有的感性特征不同于传统哲学所谈论的感性认识，而是建立在直观基础上的高级认识能力。

我们在上文曾经指出，艺术创作的真正起点并不是艺术家对个别事物的观察，而是对事物一般本质的洞察。柏拉图的错误就在于，他以为艺术只能模仿具体事物，因此就只能把握事物的个别性而不是一般性。事实上真正的艺术家从来就不满足于单纯地模仿或再现具体事物，而是试图把握和表达事物的一般本质。新柏拉图主义者普罗提诺（Plotinus）就曾对柏拉图的这种看法做过明确的反驳："如果任何人因为艺术通过模仿自然进行创造而非难艺术的话，首先，我们就必须注意到，自然界的事物本身就是另外一些东西（即根本性的理性或理念）的模仿，其次，我们必须记住，艺术不是单纯地模仿有形的东西，而且深入到自然的来源，即理性。还有，艺术由于本身具有美，也凭空创造了不少东西，给有缺陷的事物增添了一些东西，因为菲迪阿斯（Phidias）的宙斯雕像并不是按照任何人感知到的原型塑造的，而是按照宙斯屈身向肉眼现身时应有的样子塑造的。"① 这就是说，当艺术家模仿具体事物的时候，同时也已经模仿了理念本身。事实上柏拉图自己也有类似看法，他的"迷狂说"就主张艺术家在灵感来临之际，能够创作出包含真理和智慧的诗歌："神灵附体或迷狂还有第三种形式，源于诗神。缪斯凭附于一颗温柔、贞洁的灵魂，激励它上升到眉飞色舞的境界，尤其流露在各种抒情诗中，赞颂无数古代的丰功伟绩，为后世垂训。若是没有这种缪斯的迷狂，无论谁去敲诗歌的大门，追求使他能成为一名好诗人的技艺，都是不可能的。与那些迷狂状态的诗人和诗歌相比，他和他神志清醒时的作品都黯然无光。"② 这里显然是把通过迷狂状态创作出的诗与凭借模仿等技艺创作出的诗对立起来了，这表明柏拉图对于艺术的真理性有着深刻的洞察。那么，他的模仿说何以又彻底否定了艺术的真理性呢？我们认为这是为了维护其在认识论上的理性主义立场。具体地说，他认为相或理念只能通过直观来把握，而艺术活动则具有感性特征，因此如果把艺术创作视为一种直观活动，就意味着理性相对于感性的优先性不复存在了。为了维护理性的这种优先性，他把直观说成是理性活动，因此就只能把一切艺术创作都贬低为模仿活动。由此可以看出，正是认识论上的错误立场，导致柏拉图违背了自己对于艺术价值的深刻体察和真知灼见。

---

① ［古希腊］普罗提诺：《九章集》，转引自［英］鲍桑葵《美学史》，张今译，商务印书馆 1985 年版，第 151 页。

② ［古希腊］柏拉图：《斐德罗篇》，载于王晓朝译《柏拉图全集》第二卷，人民出版社2003 年版，第 158 页。

如果说柏拉图的观点存在明显的谬误和漏洞的话，那么黑格尔的"艺术终结论"则显然有着更为坚实的理论基础。他首先对柏拉图的艺术观进行了尖锐的批评，一针见血地指出，"靠单纯的模仿，艺术总不能和自然竞争，它和自然竞争，那就像一只小虫爬着去追大象"。① 在此基础上，他把艺术视为感性形式与普遍理念的辩证统一，从而把艺术活动确立为把握真理的重要方式。正是由于黑格尔的艺术观闪耀着辩证思维的光华，他对艺术的基本看法至今仍被许多学者奉为圭臬。然而在我们看来，黑格尔的艺术观仍旧包含许多缺陷，正是这些缺陷才使他得出了艺术终结的错误结论。首先，他主张艺术只能以感性形式来表达普遍理念，这一点并没有充分的理论依据。黑格尔的说法是，"艺术作品所提供观照的内容，不应该只以它的普遍性出现，这普遍性须经过明晰的个性化，化成个别的感性的东西。如果艺术作品不是遵照这个原则，而只是按照抽象教训的目的突出地揭出内容的普遍性，那么，艺术的想象的和感性的方面就变成一种外在的多余的装饰，而艺术作品也就被割裂开来，形式与内容就不相融合了。这样，感性的个别事物和心灵性的普遍性相就变成彼此相外（不相谋）了"。② 客观地说，这段话包含对于艺术规律的真知灼见，许多艺术作品之所以陷于失败，原因就在于作者没有把自己的思想观念与感性形式完美地结合起来，以至于作品成了对于抽象观念的生硬图解。恩格斯对此显然也有着相似的洞见，他在评价19世纪具有社会主义倾向的小说《旧人与新人》时精辟地指出，"我认为倾向应当从场面和情节中自然而然地流露出来，而不应当特别把它指点出来；同时我认为作家不必要把他所描写的社会冲突的未来的解决办法硬塞给读者"。③ 然而需要指出的是，黑格尔和恩格斯的上述观点有一个共同的前提，即他们所谈论

---

① ［德］黑格尔：《美学》第一卷，朱光潜译，商务印书馆1979年版，第54页。
② ［德］黑格尔：《美学》第一卷，朱光潜译，商务印书馆1979年版，第63页。
③ ［德］马克思、恩格斯：《马克思恩格斯全集》第三十六卷，中共中央马克思恩格斯列宁斯大林著作编译局编译，人民出版社2009年版，第386页。

的都是具有某种再现性和具象性的艺术风格，对于这种艺术来说，感性与理性的统一自然是不可违背的艺术法则。问题在于，并非一切艺术都必然具有再现性和具象性，因而也并非一切艺术都必须以感性形式来表达普遍理念。正如我们在前文所指出的，这种艺术只是古希腊以及文艺复兴艺术的特定风格，把这种风格夸大为一切艺术的普遍规律，显然是受了时代趣味和观念的局限。对于非再现性的抽象艺术来说，感性形式不仅不是必需的，而且是艺术家在创作中必须竭力加以克服和摆脱的。

其次，他把艺术及其感性形式看作绝对理念显现自身的低级形态，认为从艺术到哲学是一个螺旋式的上升过程，同样是一种错误的观点。黑格尔之所以认为艺术的真理性处于哲学之下，就是因为他主张艺术是一种感性的直观活动，而直观较之概念是一种低级的认识方式："必须从单纯的直观走出来，这么做的必然性在于理智按其概念是认识，而直观则相反地还不是在认识的知，因为它本身没有达到对象的实体的内在发展，而反倒是局限于抓住还用外在东西和偶然东西的附属物笼罩起来的、未展开的实体。因此，直观只是认识的开始。"[1] 但在我们看来，这种只能把实体或理念笼罩在外在、偶然的感性形式中的直观能力，只是一种低级的感性直观，而艺术家所掌握的审美直观能力，则是一种高级的本质直观能力，这种能力能够直接把握事物的一般本质。艺术和哲学的差异在于，艺术能够把直观到的本质直接展现出来，哲学则只能以概念和推理的方式加以间接表现，因而哲学只是艺术的衍生物，从艺术到哲学并不是一个辩证的上升过程。黑格尔的错误在于把概念看作对理念的直接表达，事实上理念作为本质或共相是通过直观显现出来的，概念只是对于理念的间接表达而已。当然，并非所有的艺术都是纯直观的，具象艺术或再现艺术就是把本质以感性的形式间接地表现出来，黑格尔正是因此把艺术置于哲学之下。问

---

① ［德］黑格尔：《精神哲学》，杨祖陶译，人民出版社 2006 年版，第 263 页。

题在于，即便是具象艺术也不仅仅是感性直观的产物。正如我们在上文所说，人类的感性能力建立在本质直观的基础上，是一种高级的认识能力。具象艺术所包含的感性形象并不只是个别事物的表象，而是多种一般本质的合成物。成功的人物形象其性格一般不是单面的，而是多面的，用福斯特的话说，是"圆形人物"而不是"扁形人物"。需要指出的是，圆形人物并不是说人物是个性化而不是类型化的，而是说人物的性格是一个多面体，而每一个性格侧面单独来看其实都是某种一般的共相，比如精神胜利法只是阿 Q 性格中的一个侧面，但这个侧面恰恰是人类共有的普遍人性。阿 Q 之所以是一个成功的典型，就是因为他的性格中还包含其他的侧面，如他的生活环境是半殖民地半封建社会的中国，而他又属于下层社会，如此等等，正是这些不同的侧面和层面组合在一起，才使阿 Q 成了一个独一无二的个体。因此，文学作品中具有鲜明个性的人物，并不是因为他与其他个体有着明显的差异，而是因为他身上融合了不同的一般本质。哲学家或社会学家能够把这些本质条分缕析地阐释出来，但却只有艺术家能够把它们糅合为一个统一的整体。因此，即便是黑格尔所说的感性艺术或具象艺术，也并不是对于理念或本质的低级显现，而是与哲学一样，是对理念的间接表达。

在澄清了黑格尔艺术观的谬误之后，阿瑟·丹托艺术哲学的错误就不难发现了。丹托主张当代艺术已经终结的根本依据，就是现代绘画必须依赖一定的艺术理论才能得到理解和鉴赏。应该说，这种现象在对现代艺术的鉴赏中是客观存在的。诚如丹托所说，像杜尚的现成品艺术，或安迪·沃霍尔的波普艺术，往往在外观上与非艺术品毫无区别，因而艺术鉴赏就不再是一种纯粹的感性活动，而必须借助于理性的思考。除此之外，现代艺术愈演愈烈的抽象化趋势，也加剧了人们理解上的困难。时至今日，对康定斯基、蒙德里安等人的抽象艺术的鉴赏仍然是一个令人生畏的难题。问题在于，对传统艺术或具象艺术的鉴赏难道就是一种轻而易举的感性活动吗？达·芬奇（Leonardo da Vinci）的《蒙娜丽莎》描绘的就是一位美丽的少妇，然而她那神秘的微笑又有几人能够真正领会其魅力呢？人们通常认为，传统艺术是通俗易懂、老少咸宜的，实际上这只是一种错觉而已。普通人之所以觉得具象艺术不难理解，是因为他们把具象艺术简单地当作对一个具体事物的描绘，当他们能够通过感性形式辨认出该事物的时候，就以为自己已经理解了艺术品。只有那些具有精细而深刻的鉴赏力的观众和读者，才能够敏锐地把握到其中所包蕴的深刻内涵。这也就是说，对于传统艺术或具象艺术的理解，同样需要深湛的理解力。许多论者认为，对传统艺术的理解仍然是一种直观行为，而现代的抽象艺术则只能诉诸理性的思考，因而后者违背了艺术创作的根本规律。丹托显然也认为，对现代艺术的理解已经不再是通常所说的艺术鉴赏，而是一种抽象的理论思考。但在我们看来，这两种鉴赏之间并无根本的差别，实际上都是本质直观行为。现代艺术或抽象艺术的根本特征，在于它抛弃了传统艺术或具象艺术的感性形式，把审美直观所把握到的本质或真理以直接的方式显现出来。因此，对现代艺术的鉴赏所依赖的并不是理性的思考能力，而恰恰就是本质直观能力。观众必须能够把现代画家所提供的抽象的几何线条、色彩块面以及怪诞的构图，还原为艺术家所直观到的普遍意蕴。表面上看来，现代画家总是先提出某种抽象的创作理念，然后据此创作出那些晦涩难懂的艺术作品，而实际上这些理论并不是理性思考的产物，而恰恰来自艺术家艰苦的直观实验。康定斯基的名著《艺术中的精神》就列举了他通过直观所把握到的各种色彩的普遍内涵，比如他主张"在绿色中存在着灰色中根本不存在的生的可能。灰色中没有生命是因为它来源于不具备纯积极（运动）力量的色彩"[1]，"黄色是典型的大地色。黄色不可能有多大深度。当它调入蓝色而偏向冷色时，它就……呈现出病态的色调。与人的精神状态相比，就可以把它看成是色调鲜明的疯狂图画，不是忧郁或疑

---

[1] ［俄］康定斯基：《艺术中的精神》，李政文译，云南人民出版社 1999 年版，第 53 页。

惧，而是癫痫、丧失理智和歇斯底里大发作"。① 在《点·线·面》一书中，他又探讨了各种几何元素所具有的基本内涵和表现功能。从这里可以看出，我们只有把握到了艺术家所表达的深刻内涵，才能理解他们所创作的艺术品。抽象艺术之所以显得晦涩难懂，就是因为它把艺术家直观到的普遍本质直接表现出来了；与之相对，具象艺术之所以显得通俗易懂，则是因为艺术家把这种普遍本质隐藏在感性形象的背后。然而具象艺术的通俗性实际上是一个假象，因为当观众辨认出艺术家所描绘的人物或景物之后，并不意味着他理解了作品的真正内涵。事实上，真正的艺术鉴赏是在此之后才开始的，即只有当观赏者能够透过感性形象把握到其所表达的一般本质之后，对作品的理解才算完成。这就是为什么人们常常困惑于艺术作品意义的不确定性。西谚云，"有一千个读者就有一千个哈姆雷特"，《红楼梦》诞生至今已有数百年，无数读者和专家却至今仍在为其主题和内涵争论不休，以至于围绕这部作品竟然建立了一门"红学"。事实上，越是经典的艺术，其意义便越是难以琢磨，无法穷尽，这一点不管是对传统艺术，还是对现代艺术来说，都是普遍适用的。现代艺术抛弃了人们熟悉的感性形式，当然让人们感到无所适从，但其所提出的理解和鉴赏任务，却并不比传统艺术来得更加艰深和晦涩。丹托的错误就在于把对艺术意蕴的直观混同于理性的思考，以至于错误地以为现代艺术已经蜕变成了艺术哲学。事实上无论是杜尚还是沃霍尔，其目的都不是建构一种艺术哲学，而是为了创作一种艺术品，这种艺术品或许看起来过分怪异或者平常，以至于不符合人们对艺术品的固有印象，但这只能说明它们是一种新的艺术品，而不能说它们不再是艺术品了，更不能说艺术就此已经终结了。此中的道理十分简单：只要艺术家还在创作艺术品，艺术就肯定没有终结。无论人们为了理解艺术炮制了多少理论，这些理论都是为理解作品服务的，而永远不可能取代作品。黑格尔说

---

① ［俄］康定斯基：《艺术中的精神》，李政文译，云南人民出版社 1999 年版，第 54 页。

对理论的偏好表明现代人已经不再把艺术当作智慧和真理的最高形态，这即便符合当代的现实，也只能说明当代人偏好的智慧形式是理性的而不是直观的，而不能说明理性是比直观更高的智慧或真理。丹托甚至连直观与理性之间的界限都分辨不清，因此他就只能跟在黑格尔的后面鹦鹉学舌。

回首西方两千多年的诗与哲学之争，实在是令人感慨万端。柏拉图一面气势汹汹地向诗人下了"逐客令"，一面又把哲学家确立为理想国的王者（此所谓"哲人王"），俨然已经取得了这场争端的胜利。然而他的理想国与一切乌托邦一样，从未能变成真正的现实，而每个时代的艺术却始终是人类所创造的最美丽的精神之花。黑格尔妄言艺术终结于哲学，而哲学又终结于他的思辨唯心论，然而他的哲学在他死后不久就陷于解体，现代哲学至今还在经历艰难的重建，艺术却在现代铸就了新的辉煌。丹托哀叹于"架上绘画"的死亡，然而新的多媒体艺术却如雨后春笋般蓬勃发展。这段漫长的历史很像是一出多幕喜剧，哲人们如同聒噪的乌鸦，不断地宣布艺术的死讯，艺术却如同一只凤凰，总是在看似生命衰竭的时候又浴火重生。或许未来我们还可以不断看到新的"艺术终结论"出台，但我们预先就可以断言，关于艺术的故事最终必然会有一个幸福而快乐的结局。

第二节　时间意识的觉醒与现代艺术的开端

印象派绘画乃是现代艺术的开端，这在艺术史上是一个被公认的事实。不过迄今为止，对这一事实的解释主要仍局限于艺术批评和艺术史的层面，比如强调印象派抛弃了文艺复兴以来的透视法和明暗对比造型法，从室内走向户外，从关注线条和轮廓走向关注色彩和光线等等，至于艺术哲学和美学层面的解释基本上仍付诸阙如。我们认为，印象派绘画之所以能成为现代艺术的开端，是因为这一画派首次把握住了现代艺术的审美特质——现代生活的变易之美。由于致力于捕捉和表达瞬间影像，印象派绘画把时间维度引入了绘画之中，从而使凝固的空间形象具备了变易之美。在西方现代思想中，对时间意识的研究无疑是现象学的优长，因而对印象派绘画进行现象学阐释就成了一种必然。

一

我们把现代艺术的审美特质说成是一种变易之美，源于波德莱尔（Charles Baudelaire）的一段经典论述。他在其名著《现代生活的画家》中指出，"……美永远是、必然是一种双重的构成，……构成美的一种成分是永恒的、不变的，其多少极难加以确定；另一种成分是相对的、暂时的，可以说它是时代、风尚、道德、情欲，或是其中一种，或是兼容并蓄。它像是神糕有趣的、引人的、开胃的表皮，没有它，第一种成分将是不能消化和不能品评的"①。对于这种不断变易的美，他明确将其与现代性联系在一起："现代性就是过渡、短暂、偶然，就是艺术的一半，另一半是永恒和不变。"② 从某种程度上来说，这可以看作批评史上对艺术现代性的首次论述，其意义自然不同凡响。不过客观地说，波德莱尔所说的现代性与当今学界赋予该词的内涵有着明显的区别，因为现代性一词在今天主要用来描述工业文明以来现代社会的特征，而波德莱尔所指的却是每个时代所特有的风尚、习俗，比如人们的服装、发型、举止、神情等，这意味着每个时代的艺术只要真实地反映了这一时代的风尚，就都可以被称作现代艺术。从这个意义上来说，我们把波德莱尔的这段话看作审美现代性的开端实际上是一种误读。

不过深入一步来看，这种误读却包含内在的合理性，因为当时的大多数画家都痴迷于《圣经》、古希腊神话和历史题材，也就是说都着力

---

① ［法］波德莱尔：《现代生活的画家》，郭宏安译，浙江文艺出版社2007年版，第8页。
② ［法］波德莱尔：《现代生活的画家》，郭宏安译，浙江文艺出版社2007年版，第32页。

于创造和表现某种永恒之美，而波德莱尔却强调艺术必须表现随着时代而变化的变易之美，这本身就是一种对现代艺术的倡导和呼唤。更重要的是，无论波德莱尔主观上赋予了变易一词何种内涵，这个术语在客观上的确准确地把握住了现代生活的特质。从历史上来看，每个时代相比以前的时代都必然表现出一定的变化和差异，但这些差异都是经过漫长时间的积累而逐渐形成的，对处于该时代的人们来说，所感受到的主要是稳定性而不是变易性。只有从 19 世纪中期开始，随着工业革命的逐步完成，社会生产力获得了极大的提高，社会生活才获得了日新月异的发展，人们每时每刻都能直观地感受到社会环境和自然环境的剧烈变化。从这个角度来看，变易之美并不是每个时代所共有的，而是现代社会和现代艺术所特有的，或者更准确地说，变易之美在现代艺术中拥有了前所未有的重要地位。波德莱尔对艺术现代性的表述尽管失之笼统和模糊，但他对现代性的体验却无疑是敏锐而富有前瞻性的。

正是由于波德莱尔把变易之美当作每个时代都具有的特征，因此他错把艺术史上籍籍无名的画家贡斯当丹·居伊（Constantin Guys）赞誉为"现代生活的画家"，原因无非是这位画家不为时风所惑，执着地从法国当时的现实生活中取材。从今天的标准来看，这其实只表明这位画家是一位现实主义者而不是现代主义者，而波德莱尔的赞誉之所以未能提升他在艺术史上的地位，也是因为现实主义画家的代表并不是他而是库尔贝。从某种意义上来说，印象派的画风与现实主义或自然主义有着明显的相通之处，因为它们都把目光从历史转向了现实。然而印象派之所以能成为现代绘画的先驱，并不是因为它以法国当时的现实生活为题材，而是因为它把握住了法国社会的现代性特质——变易性。我们在上文曾经指出，变易性是工业社会的普遍特征，然而这种特征在 19 世纪后半叶的法国表现得格外明显，原因在于从 1853 年起，奥斯曼男爵奉拿破仑三世之命，开始了对巴黎的大规模现代化改造，在此之后的短短二十余年间，巴黎从一个中世纪风格的城市一跃而成为现代化的大都市，城市景观每天都在发生着迅速的变化，而 19 世纪的巴黎乃是欧洲艺术的中心，这一变化自然就被捕捉到了艺术家们的笔下。①

　　因此印象派绘画在取材方面的特征并不在于现实性而在于时间性。从艺术形态学方面来说，绘画属于空间艺术，画家的任务是借助于色彩和线条等物质媒介来创造某种空间影像，至于时间维度则一向是缺席的。从理论上来说，画家所描绘的对象也具有某种时间属性，然而画家的工作恰恰是从时间之流中截取事物的一个断面，将其凝固在画布之上，因而实际上排除了事物的时间性。正是由于这个原因，传统画家一般不具有明确的时间意识。这可以从两个方面来看：就画家所描绘的对象来说，画家会自觉或不自觉地淡化事物的时间属性。传统绘画一般是在室内完成的，光线的亮度和光源大体上是固定不变的，因此画家所呈现的是事物的常态，而不是其在某一瞬间的特定状态。即便画家所描绘的是自然风景，也并不是在户外直接完成的，而是在室内重新设计光线和明暗效果，依靠记忆和想象来完成的，户外写生一般只是简单地勾勒事物的轮廓和阴影。就画家自身的创作行为来看，时间也并不是创作过程的一个内在因素，因为画家从不把作画的时间进程与所绘对象的时间属性关联起来，画家完成一幅画所需的时间完全取决于对象在空间造型上的复杂程度和画家自身的气质以及风格，比如达·芬奇完成一幅画往往需要数年的时间，拉斐尔却总是能按期把作品交付给雇主。凡此种种，都说明传统绘画并不具有明确的时间维度和时间意识。

　　印象派绘画则不同，它是第一个把时间维度引入绘画的艺术流派。表面上来看，印象派绘画与库尔贝、米勒（Jean-Francois Millet）等为代表的现实主义绘画一样，都从神话和历史转向了社会现实，但对这些现实主义画家来说，这仅仅意味着绘画题材的转变，至于描绘题材的方法则并无多少实质性的改变，这就是为什么这些画家尽管一开始

---

　　①　对此可参看［美］T. J. 克拉克《现代生活的画像——马奈及其追随者艺术中的巴黎》，沈语冰、诸葛沂译，江苏美术出版社 2013 年版；［古希腊］本雅明《发达资本主义时代的抒情诗人》，张旭东、魏文生译，生活·读书·新知三联书店 1989 年版，第三部"巴黎，19 世纪的都城"等。

对当时的画坛构成了一定的冲击，但最终却都为官方的沙龙所接纳，而印象派画家却始终与学院派势力所把持的沙龙保持着紧张乃至对立的关系，因为从现实中取材对印象派绘画来说不仅意味着题材的改变，更重要的是绘画方法和风格的革命性变革。当印象派画家面对一片风景的时候，吸引他的并不是风景本身所固有的特征，而是其在此时此刻的自然光线之下所呈现出的瞬间样貌，也就是说时间因素成了画家关注的焦点，与空间因素享有了同等的重要性。莫奈（Oscar-Claude Monet）、毕沙罗（Camille Pissarro）等人之所以热衷于创作系列绘画（如莫奈的《鲁昂大教堂》系列、《干草堆》系列、《白杨树》系列，毕沙罗的《法兰西歌剧院广场》系列、《鲁昂布瓦尔迪约桥》系列等），就是为了呈现事物在时间进程中的不同状态。印象派画家之所以从关注线条和轮廓转向了关注色彩和光线，就是因为前者只关乎事物的空间特征，与时间无关，后者则是随着时间而变化的，因而具有时间和空间双重属性。

正是为了把时间维度摄取到画面之中，印象派画家才极力坚持画家必须在户外完成绘画，断然抛弃了传统画家那种在户外写生，在室内完成绘画的做法。这样一来，时间也成了创作过程的一个内在因素，因为画家完成绘画的过程必须与所绘对象的时间特征保持一致。处于自然光下的风景每时每刻都在发生变化，画家的作画过程也就必须大大地加速。传统画家完成一幅画的时间一般需要数天、数月乃至数年，而印象派画家则只需要几十分钟。正是由于这个原因，印象派画家必须练就快速观察事物的能力。塞尚就曾经感叹："……莫奈却有着怎样的一双眼睛啊？那是人类自有绘画以来最了不起的一双眼睛！"① 作家莫泊桑也曾惊叹于莫奈的作画速度，将其誉为一个风景"猎人"："……我经常跟莫奈一起走向户外。实际上他已不再仅仅是一个画家，更是一个猎人。他……带着他的画布——用五到六幅画布描绘同一地点不同时间与光影效果下的景观。他完成这些画作之后，便按天气的

---

① ［法］约阿基姆·加斯凯：《画室——塞尚与加斯凯的对话》，章晓明、许菊译，浙江文艺出版社 2007 年版，第 52 页。

变化一张张排列。莫奈守在他所要画的题材前，紧盯着太阳与阴影的变化，然后开始着手，寥寥几笔，普照的阳光，抑或漂浮的云朵以及对于虚假与传统的蔑视，便跃然于画布之上了。"[1] 然而莫奈本人却常常抱怨自己作画的速度太慢，赶不上风景的变化："我努力钻研，我执着于（干草堆）一系列不同的效果，然而在这个季节太阳总是落得太快，以至于我无法追随它……我作画的速度慢得让我绝望，但是我越画，就越明白我需要画得更多，才能表现我追求的东西：'瞬间性'，尤其是同样包裹一切、散布各处的光，而且我前所未有的厌恶一股脑出现的简单的东西。"[2] 事实上，我们在其他印象派画家的书信里也常常看到类似的抱怨和感慨，表明这是印象派画家的共同特征。据此我们可以认为，正是这种对于绘画的时间性的强调，把印象派与此前的其他画派明确地区分开来了。

二

如何在绘画这种空间艺术中引入时间维度，这是印象派绘画所要解决的主要艺术难题。传统绘画之所以摒弃了时间维度，原因就在于绘画所采取的媒介天然不适合于表现时间。莱辛（Gotthold Ephraim Lessing）对此有一段精辟的论述："绘画由于所用的符号和媒介只能在空间中配合，就必然要完全抛开时间，所以持续的动作，正因为它是持续的，就不能成为绘画的题材。绘画只能满足于在空间中并列的动作或是单纯的物体，这些物体可以用姿态去暗示某一种动作。"[3] 不过，传统画家还是摸索出了一些表现运动和时间的技巧，比如莱辛就曾指出，"绘画在它的同时并列的构图里，只能运用动作中的某一顷

---

[1]　[俄]娜塔莉亚·布罗茨卡雅：《印象主义　后印象主义》，刘乐、张晨译，人民美术出版社2014年版，第119—120页。

[2]　[法]弗朗索瓦兹·巴尔伯·嘎尔：《读懂印象派》，王文佳译，北京美术摄影出版社2015年版，第211页。

[3]　[德]莱辛：《拉奥孔》，朱光潜译，人民文学出版社1988年版，第82页。

刻，所以就要选择最富于孕育性的那一顷刻，使得前前后后都可以从这一顷刻中得到最清楚的理解"。① 从这里可以看出，时间性在传统绘画中充其量只是一个潜在的维度，画家只能通过截取一个富有暗示性的瞬间，把事物的时间性间接地表现出来。除了这种视觉上的暗示之外，画家还常常采用象征的手法，比如 16 世纪的荷兰画家汉斯·霍尔拜因（Hans Holbein）在其名作《让·丹维尔和乔治·塞尔夫的寓意肖像》中，在地板上画了一个变形的头盖骨，以此来表达"人总是会死的"这一寓意。17 世纪的法国画家普桑（Nicolas Poussin）则直接通过文字来表达这一主题，在他的代表性作品《甚至在阿卡迪亚亦有我在》中，他让画中的人物在石碑上直接辨认出了这段文字。这些苦心孤诣的做法固然看起来别具匠心，却也显示出传统绘画在表现时间主题时的捉襟见肘。正是因此，时间从来就不是绘画艺术中的常见主题。

与之不同，印象派画家却试图在每一幅画面中都引入时间维度，而且不是采取暗示的方式来间接地表达，而是直接加以明示。表面上看来，印象派所采取的做法与传统绘画并无两样：都是从事物的存在和运动中截取一个瞬间，然而细一分析就会发现，传统绘画中的瞬间影像并不是从事物所处的时间流程中直接截取出来的，而是画家人为地设计和建构起来的，而印象派绘画中的影像却是在画家观察事物的过程中当下直接地显现出来的，而且这种显现是在画家的心灵和画布上同步发生的。举例来说，"耶稣下十字架""圣母怜子""圣母子"等都是传统绘画中的常见题材，这类画作看起来也是截取了人物运动中的一个瞬间，但这一运动本身在很大程度上就来自艺术家的虚构，即便画家在创作过程中采用了模特，但模特的动作和表情也是由画家按照自己的想象设计出来的，而且由于传统绘画的创作总是要延续很长时间，模特的姿态和表情也必须保持不变，有时甚至要不断重复，这些都使画作中的瞬间性名存实亡，时间维度也就随之被消解掉了，

---

① ［德］莱辛：《拉奥孔》，朱光潜译，人民文学出版社 1988 年版，第 83 页。

因为时间的本质就在于永无休止的流变和绵延，每一个瞬间都是转瞬即逝、无法重复的，被重复的瞬间就不再属于时间而属于空间了。也就是说，传统绘画从事物的运动中截取一个瞬间，所获得的影像只具有空间性而不具有时间性。

那么印象派画家又是如何克服这一悖论的呢？诚如我们所指出的，画家们所采取的是让事物从画家的当下感知中直接显现的方式。这一做法不仅要求画家摒弃神话、宗教和历史，直接从现实生活中取材，而且必须截取事物现实运动的一个真实瞬间。正是由于这个原因，印象派绘画在构图上与摄影有着高度的相似性。从某种程度上来说，印象派的这种构图风格就是从摄影术中得到的启发。贡布里希就明确宣称，摄影术的发明是印象主义者在与传统绘画的斗争中取得胜利的主要帮手之一。① 从我们的角度来看，这种做法的根本意义在于为艺术家捕捉和表现事物的瞬间性提供了必要的前提。只有当艺术家把注意力集中在事物当下此刻的样貌上，让其在自己的直观活动中原初地显现出来的时候，他所获得的瞬间印象才能包含真正的时间维度。从现象学的角度来看，任何时间对象都是通过某种相应的时间意识来构成的。胡塞尔曾经分析过如何通过时间意识来构成对一段旋律的时间经验。任何一个乐句都是由一个个相继出现的音符组成的，然而这些音符给我们的印象却并不是相互分离的，而是组成了一个连续的整体，这表明时间对象或客体不是一个个孤立片段组成的链条，而是一条绵延不断的河流。那么，对于不同音符的感受是如何联结起来的呢？胡塞尔的解释是，我们对每个音符的感知并不会随着音符的消失而立刻消失，而是会延续一段时间，逐渐衰减并蜕变为回忆和想象，这意味着当后一个音符响起的时候，对前一个音符的感知还在继续和滞留（retention），因而对两个音符的感知就会同时叠加在一起，两者之间的间隔由此被消弭。另一方面，当我们在感知当下音符的时候，就已

---

① ［英］贡布里希：《艺术的故事》，范景中译，广西美术出版社 2008 年版，第 522—523 页。

经对后续的音符产生了某种预期和前摄（protention），这种前摄并不是想象，而是一种有待被充实的感知。这样，滞留和前摄就成了围绕原初印象的视域或晕圈，它们分别把对每个音符的原初印象与此前和此后的音符联结起来，从而形成了一条绵延的时间之流。①

胡塞尔的上述思想尽管所讨论的是时间流的构成问题，但其中显然也包含对瞬间性的把握问题，因为时间流就是通过不同瞬间之间的相互绵延和渗透而构成的。从前面的概述中可以看出，胡塞尔把时间意识的核心要素界定为感知，这一点在对瞬间性的构成方面体现得尤其明显，因为瞬间印象尚未衰减，因此不可能蜕变为回忆，而是一种纯粹的感知。胡塞尔之所以如此重视感知，是因为在他看来，感知与回忆和想象相比乃是一种原初性行为，它能够使事物当下直接地显现出来，而回忆和想象则是一种当下化行为，只能对事物加以间接的再现："感知在这里是这样一种行为：它将某物作为它本身置于眼前，它原初地构造客体。与感知相对立的是当下化，是再现，它是这样一种行为：它不是将一个客体自身置于眼前，而是将客体当下化，它可以说是在图像中将客体置于眼前，即使并非以真正的图像意识的方式。"② 这就是说，感知才是我们对事物原初印象的直接来源，回忆和想象等当下化行为则只能把原初印象复现出来。就对时间对象的构成来说，感知显然能让我们获得对事物的瞬间把握，回忆和想象则只能把此一瞬间与其他瞬间联结起来。因此，感知是使印象保持瞬间性的关键因素。

由此我们就可以理解，印象派画家何以对感知如此重视，而对回忆和想象则始终保持着抗拒和否定的态度。众所周知，印象派总是强调画家应该在户外而不是室内完成绘画，其原因就在于，当画家在户外直接面对对象作画的时候，其所依赖的必然主要是感知，而当他们

---

① 上述内容可参看［德］胡塞尔《内时间意识现象学》，倪梁康译，商务印书馆 2009 年版；［德］胡塞尔《关于时间意识的贝尔瑙手稿（1917—1918）》，肖德生译，商务印书馆 2016 年版等书。

② ［德］胡塞尔：《内时间意识现象学》，倪梁康译，商务印书馆 2009 年版，第 74 页。

返回室内的时候，对对象的感知不可避免地会蜕变为回忆。这是因为，尽管感知可以以滞留的方式得到保持和绵延，但这种滞留并不是无限持续的，或迟或早总会转化为回忆。胡塞尔主张通过感知就能够把握一个完整的乐句，但他显然不可能把这一主张推广到整个乐章或整首乐曲，因为我们对一个音符的感知充其量只能够延续到该乐句的最后一个音符，当下一个乐句响起的时候，对前一个乐句的感知必然会在一定程度上转化为回忆。对于音乐欣赏来说，回忆的介入是完全必要的，因为音乐是一种时间艺术，作曲家所提供给听众的本身就是一个时间对象。而绘画却是一种空间艺术，画家所要建构的是一种空间对象而不是时间对象。无论画家采取多少努力，都不可能使影像具有一种绵延的时间性（这一难题只有在电影艺术出现之后才得到解决），画家唯一可能引入的时间维度就只有瞬间性，而对瞬间的把握只能依赖于感知，在这种情况下，回忆和想象一旦介入，就会使画家的原初印象发生变形，从而消解了影像的时间性。印象派画家之所以大大加快了绘画速度，原因也在这里，因为绘画时间一旦延长，不仅对象本身必然发生变形，画家的意识行为也会发生蜕变，从而影响对原初印象的把握和表达。

三

印象派画家执着于表现事物的变易之美，这使他们把时间维度引入了空间影像，从而对绘画艺术产生了革命性的影响。西方近代绘画的根本特征是采用透视法来营造一种三维空间的错觉，从而达到对客观世界的写实性再现。这种创作理念导致线条成为绘画艺术的主要媒介和表现对象，色彩则处于从属地位。这是因为，近代绘画所采用的是线性透视法，其方法是用一系列虚拟的视线把视点与事物的轮廓线连接起来，然后根据镜子反射光线的原理，让这些视线在与视点相对的灭点处交会，以此来传达人眼从固定视点观察到的世界景象。正是为了获得这种空间透视效果，画家总是想方设法在画面上设置一系列近乎平行的纵向线条，以此来把观众的视线引向画面深处，从而使画面产生深度感。达·芬奇的《最后的晚餐》、拉斐尔的《雅典学院》等名作莫不如此。同时，画家也常常把事物的轮廓线勾勒得十分清晰，以此来为观众的视线提供明确的空间参照。由此我们就能理解传统画家何以对素描如此重视，因为素描几乎完全是由线条构成的。当画家在户外进行观察的时候，他主要通过素描来勾勒事物的轮廓，并且把事物的阴影区域涂抹出来，对于事物的颜色则只关注其固有色，并且不做任何现场记录，而是完全依靠记忆。当他返回画室完成绘画的时候，其程序也是先用线条来勾勒事物的轮廓，然后把事物的固有色填充进去，再依据室内的光线效果来调整其明度和纯度。这样一来，色彩自然就沦为了线条的附庸。

印象派画家则不同，他们一反传统，把色彩放到了首位。莫奈曾经这样宣称："当你外出画画时，要竭力忘掉你眼前所拥有的对象：一棵树、一幢房子、一片农田或任何什么东西，而只是去思考一小方的蓝色，一长块的粉红色，或一条黄色，通过恰如其分的色彩和形态来画出你的所见，直至对象让你自己形成对眼前情景的纯真印象。"①从一定程度上来说，印象派绘画所描绘的主要对象就是事物的表面在特定光线照射之下所呈现出来的微妙而丰富的色彩。那么印象派画家何以对色彩如此感兴趣呢？表面上看来，这是因为长期的户外观察使他们发现了事物的色彩之美，但从根本上来说，则是因为色彩较之线条更富于变化，因而更富有时间性。印象派画家的主要发现就是事物的固有色会在光线的照射和环境色的影响之下发生改变，这一点在户外的自然光下表现得尤其明显。当天气晴朗、日照强烈的时候，事物的色彩几乎每时每刻都在发生着微妙的变化。与之相比，事物的线条和形状则是相对固定的。英国经验主义哲学家洛克（John Locke）曾

---

① 转引自易英《印象派：现代生活的观察者》，上海博物馆编《三十二个展览：印象派全景》，北京大学出版社 2013 年版，第 64 页。

经把事物的性质区分为第一性质和第二性质两种类型，前者包括广延、形状、数目等，后者则包括颜色、声音、气味等。在他看来，第一性质是客观的，不以人的感知为转移；第二性质则是主观的，是由人的感觉器官附加给事物的。按照这种区分，线条是客观的，色彩则是主观的，这在哲学上当然是经不住推敲的，但把线条说成是相对固定的，而色彩则是富有变化的，这一点显然是与人们的视觉经验相符合的。从我们的角度来看，这意味着从色彩出发所构成的影像天然就具有某种时间特征。印象派画家既然把变易之美作为自己的表现对象，那么他们关注色彩自然也就顺理成章了。

与其对于色彩的重视相对应，线条在印象派绘画中变得可有可无了。在印象派画家的笔下，任何事物的轮廓都趋于模糊乃至消失，仿佛融化在空气和光线之中，成为一片或大或小的色斑。在莫奈的笔下，无论是花朵还是树叶，都没有清晰的轮廓，就连人物的面孔也被涂抹成一团模糊的色块，有时连五官都完全消失了，比如在《罂粟花田》（1873 年）、《韦特伊附近的罂粟花》（1879 年）等画中，女性面孔完全没有五官，被画成了与背景色相同的黄色、红色斑块。在《花丛中的女人》（1875 年）、《在普尔维尔海崖上散步》（1882 年）等画中，人物几乎完全融入了风景之中，需要仔细分辨才能察觉其存在。在著名的《鲁昂大教堂》系列画中，教堂外立面那棱角分明的轮廓被涂抹得影影绰绰，规则的几何线条为不规则的色彩团块所取代。总之，线条和色彩之间的关系被完全颠倒了，线条沦为配角和附庸，色彩则成了当仁不让的主角。

通过捕捉和刻画色彩与光线交织而成的美丽画面，印象派画家为我们提供了一幅幅色彩斑斓、五光十色的瞬间影像。为了突出色彩在户外光线下变幻不定的特点，印象派画家不再像传统画家那样在调色板上把不同的颜色调和在一起，而是直接用细碎的笔触把纯色涂抹在画布上，让不同的颜色相互映射，借此来模拟真实的视觉印象。美国学者修·昂纳（Hugh Honour）和约翰·弗莱明（John Fleming）曾这样描述印象派的绘画方法："最典型的印象主义绘画是风景及其他户外主题的绘画，作品尺寸较小，且往往是在现场直接作画，而不是在画室中进行的，画中常运用高明度及高纯度的颜色，笔触多变且破碎，画布则选用以白色涂底的帆布（而非传统棕色涂底的帆布）。他们试图平均使用光谱上的颜色来捕捉住自然光的特性，并且以细碎的笔触为之，使得这些颜色在正确的距离外观看时，可以达到视觉上混合的效果。这种组合的方式显然有快照一般的随意性，全然是由颜色加以组合起来（以视觉上的色彩取代物象的固有色彩），而且尽量不（或根本不）倚赖色调的对比。"① 以莫奈的成名作《日出·印象》为例，画面上的一切事物都仿佛笼罩着一层空气的面纱，无论是太阳、船只、人物还是水面，都不是通过形状和线条，而是通过光线和色彩刻画出来的，"所有传统观念中的'内容'或是主题已不复存在，光线和空气才是主题——烟、雾以及港口内肮脏水面反射出来的视觉效果。这只是一段飞驰而过的时刻的记录，是对即将迅速消散的晨雾中正在升起的太阳的惊鸿一瞥。再过几分钟，甚至几秒钟之后太阳即将爬升得更高，颜色也将改变，海中的小船也会移动位置，每一件事物看起来都会变得不一样，这一刻也将不复存在"。②

　　印象派绘画把时间维度引入绘画，使得瞬间和变易成为绘画的主题，可以说是把握住了现代生活的特质，因而也理所当然地成为现代艺术的开端。波德莱尔曾把贡斯当丹·居伊称为"现代生活的画家"，但实际上这一桂冠更应该被戴在印象派画家的头上。无论是从他们与学院派艺术及其所把持的官方沙龙的长期艰苦卓绝的斗争和最终大快人心的凯旋，还是从他们对当时以及后来的画家们的深刻影响来看，这一赞誉都是当之无愧的。然而耐人寻味的是，印象派的绘画风格却

---

① ［英］修·昂纳、约翰·弗莱明：《世界艺术史》，吴介祯等译，北京美术摄影出版社2013年版，第703页。

② ［英］修·昂纳、约翰·弗莱明：《世界艺术史》，吴介祯等译，北京美术摄影出版社2013年版，第704页。

并没有在其后继者那里得到长久的延续，而是迅速为各种新的风格和流派所取代。事实上还在印象主义运动的盛期，这一流派就发生了内在的分裂。19 世纪 80 年代中期，毕沙罗为修拉（Georges Seurat）的"点彩派"画法所吸引，抛弃了自己原有的信念，雷诺阿（Pierre-Auguste Renoir）也对印象派的画法产生了深刻的怀疑，转而回到卢浮宫临摹那些经典杰作。尽管数年之后他们又重归印象派阵营，但印象派画家之间的分歧实际上已经无法弥合了。到了 80 年代后期，塞尚、梵·高、高更（Eugène Henri Paul Gauguin）等深受印象派影响的画家们便毅然决然地与其分道扬镳了。那么，究竟是什么原因导致这些画家们对印象派的绘画理念和技法产生了严重的不满呢？简单地说，这是因为印象派绘画过分执迷于捕捉和刻画事物的瞬间影像，导致他们的作品失去了传统绘画所具有的坚实感和稳定感。印象派绘画给人的最大感受就是，画面五色斑斓、光彩夺目，但却显得破碎凌乱、缺乏秩序。从某种意义上来说，印象派绘画过分沉迷于追求艺术的变易之美，从而忽略和遗失了波德莱尔所说的永恒之美。我们把现代社会的特质说成是永无休止的变易，但这并不意味着现代艺术只能以变易为主题，因为现代社会除了变易的一面之外，也有其不变和稳定的一面，只不过相对于传统社会而言，其变化和发展的速度更快而已。究极而言，任何社会都是变革与稳定的统一，因而任何时代的艺术都如波德莱尔所言，必须兼具变易之美和永恒之美。怎样在令人眼花缭乱的变易景观之下，发现现代社会的永恒之美，就成了现代艺术的终极使命。印象派艺术只抓住了前者而错失了后者，因此它就注定只是现代艺术的开端，不可避免地会为后来的现代艺术流派所取代和超越。

四

现在的问题是，印象派绘画为什么未能把握住现代生活的永恒之美呢？在我们看来，这是由于印象派绘画所呈现的只是一种单纯的感性影像，其背后并不包含任何稳定的图式。"图式"（schema）这一概念最初是由康德提出来的，但在现代艺术理论中却是因为贡布里希而广为人知的。他在其名著《艺术与错觉》中开宗明义地指出，"种种再现风格一律凭图式以行，各个时期的绘画风格的相对一致是由于描绘视觉真实不能不学习的公式"。① 按照他的观点，图式是画家描绘事物时所参照的某种观念或公式，比如当一个画家试图描绘一座教堂的时候，他并不是直接在画布上勾勒自己的视觉印象，而是从自己已经掌握的描绘教堂的一般程式出发，参照自己的视觉印象对其进行修正，直到两者逐渐符合为止。应该承认，这种观点与艺术家的创作经验大约是基本一致的，因此得到了艺术家和理论家们的高度肯定和赞誉。但就其对于图式这一概念的理解来说，却是对康德的明显误读。对于康德来说，图式并不是先验的概念或范畴，而是介于知性范畴和感性表象之间的一种中介物，"它一方面必须与范畴同质，另一方面与现象同质，并使前者应用于后者之上成为可能。这个中介的表象必须是纯粹的（没有任何经验性的东西），但却一方面是智性的，另一方面是感性的。这样一种表象就是先验的图型（按即图式）"②。按照康德的观点，这种中介物只能是时间，或者叫作"先验的时间规定"："……一种先验的时间规定就它是普遍的并建立在某种先天规则之上而言，是与范畴（它构成了这个先验时间规定的统一性）同质的。但另一方面，就一切经验性的杂多表象中都包含有时间而言，先验时间规定又是与现象同质的。"③

从康德的这些论述来看，他所说的图式既具有知性范畴的抽象性，又具有感性表象的直观性，而同时符合这两方面要求的只能是时间，

---

① ［英］贡布里希：《艺术与错觉》，杨成凯、李本正、范景中译，广西美术出版社 2012 年版，第 1 页。

② ［德］康德：《纯粹理性批判》，邓晓芒译，人民出版社 2004 年版，第 139 页。

③ ［德］康德：《纯粹理性批判》，邓晓芒译，人民出版社 2004 年版，第 139 页。

这表明图式就是感性表象在时间进程中所呈现出的某种抽象性或一般性，或者反过来说是知性范畴在时间进程中所呈现出的某种直观性。康德的这种图式理论很自然地让我们联想到了胡塞尔的本质直观学说。按照胡塞尔的观点，本质直观就是通过想象力对某个感性表象进行自由变更，直到某种自身同一的普遍本质呈现出来的过程。① 举例来说，我们可以把一张白色的纸作为直观的对象，通过想象将其变更为白色的墙壁、白色的布料、白色的云朵等其他事物，这时各种事物之间的差异就会变得无关紧要，白色本身则越来越清晰地呈现出来。胡塞尔认为由此产生的就是白色的普遍本质，也就是白色的概念或者范畴，但在我们看来，这恰恰就是康德所说的图式，因为它既具有表象的直观性，又具有范畴的普遍性。

如果说图式是在时间进程中产生的，那么印象派绘画何以缺失了图式呢？考虑到我们把印象派绘画的最大贡献确定为引入了时间维度，这种说法似乎显得有些匪夷所思。然而仔细想来，这一点却并不难理解，因为印象派画家所着力捕捉的只是事物的瞬间影像，这种影像的生成只依赖于感知，与想象和记忆无关。图式的生成则不然，因为图式不同于瞬间影像，而是通过对瞬间影像的变更而产生的，这种变更恰恰依赖于记忆和想象，因为想象只有在感知结束之后才能真正开始，而且图式只有在想象活动充分展开之后才能呈现出来，这必然导致感知表象转化为记忆。从这个角度来看，传统绘画恰恰有利于图式的产生，因为这类绘画不强调即时性，而是由画家在室内运用想象和记忆逐渐孕育成熟的。即便是一幅风景画，画家也只是在现场用素描勾勒和提取出风景中最核心、最"如画"的元素，而后在画室中通过想象对其加以修正和完善。正是由于这个原因，传统绘画往往充溢着某种永恒之美。当塞尚宣称他要"依据自然来复兴普桑"、"使印象主义成为某种更为坚实、更持久的东西，像博物馆里的艺术"的时候，他显

---

① 参看［德］胡塞尔《经验与判断》，邓晓芒、张廷国译，生活·读书·新知三联书店1999年版，第394—395页。

然是在缅怀印象主义所遗失了的传统艺术所蕴含的永恒之美。

然而这是否意味着印象派的艺术革新趋于失败了呢？并非如此，因为正如我们一开始所说的，传统绘画发展到 19 世纪已经走向了末路，原因就在于其过分执迷于追求永恒之美，以至于丧失了每个时代都具有的变易之美。印象派绘画把握住了现代生活的变易之美，显然是一次具有历史意义的拨乱反正，因为绘画艺术由此才能焕发出新的生机。印象派绘画既然错失了现代生活的永恒之美，自然就需要其他的现代艺术家来予以补救，而补救的方式就是从瞬间影像转向抽象的图式，这正是西方现代艺术走向抽象的根本原因。贡布里希曾这样概括印象派之后的现代艺术发展脉络："我们记得塞尚感觉到失去的是秩序感和平衡感，感觉到因为印象主义者专心于飞逝的瞬间，使得他们忽视自然的坚实和持久的形状。梵·高感觉到，由于屈服于他们的视觉印象，由于除了光线和色彩的光学性质以外别无他求，艺术就处于失去强烈性和激情的危险之中，只有依靠那种强烈性和激情，艺术家才能向他的同伴们表现他的感受。最后，高更就完全不满意他所看到的那种生活和艺术了，他渴望某种更单纯、更直率的东西，指望能在原始部落中有所发现。我们所称的现代艺术就萌芽于这些不满意的感觉之中；这三位画家已经摸索过的那些解决办法就成为现代艺术中三次运动的理想典范。塞尚的办法最后导向起源于法国的立体主义；梵·高的办法导向主要在德国引起反响的表现主义；高更的办法则导向各种形式的原始主义。无论这些运动乍一看显得多么'疯狂'，今天已不难看到它们始终如一，都是企图打开艺术家发现自己所处的僵持局面。"[1] 我们认为，现代绘画的这三条发展脉络恰恰代表了三种重建绘画图式的道路：塞尚以及立体主义者所建构的是一种客观图式，他们试图通过某种纯客观的几何图形来赋予印象派所发现的色彩世界以秩序，其最终结果是以蒙德里安为代表的客观抽象主义；梵·高以

---

① ［英］贡布里希：《艺术的故事》，范景中译，广西美术出版社 2014 年版，第 554—555 页。

及表现主义者所建构的则是一种主观图式，其目的是为每一种色彩和线条都寻找到所对应的情感图式，最终结果就是以康定斯基为代表的主观抽象主义，以及以波洛克为代表的抽象表现主义；高更以及各种原始主义者所建构的可以说是一种超验图式，其目的是让各种神秘的超验之物（如宗教以及原始的自然力）得到直观的呈现。

从这里可以看出，现代艺术在察觉到印象派绘画的缺陷之后，并没有试图重新寻求变易之美和永恒之美的统一，而是从变易之美走向了永恒之美，从瞬间影像走向了抽象图式，其结果是绘画艺术自觉地疏离和拒绝了普通公众的审美趣味，从而也就永远地淡出了大众的视线。艺术家们这种绝然的选择对于艺术来说究竟是福是祸？我们目前尚不得而知，只有未来才能告诉我们答案。

第三节　无成见的直观与有成见的理解

海德格尔在《艺术作品的本源》一文中对梵·高的画作《鞋》的阐释，是现代艺术史上的一桩著名公案。一方面，这段阐释对海氏建构自己的存在论诗学、完成自己的思想转向等，都有着重要的意义；另一方面，美国艺术史家迈耶·夏皮罗（Meyer Schapiro）依托翔实的史料对海德格尔把这幅作品的主题理解为一双农鞋提出了强有力的质疑，由此引发了一场旷日持久的论争。大体上说来，这场争论主要涉及两个方面的问题：一、海德格尔和夏皮罗对梵·高作品的阐释究竟孰是孰非？二、如果夏皮罗对海德格尔的批评是成立的，那么海德格尔所犯的这一错误对其诗学理论究竟有何影响？本文将主要聚焦于前一个问题，认为这场争论代表着两种不同的批评立场，其中海德格尔的批评方法是一种无成见的直观，夏皮罗所采用的则是一种有成见的理解方法，这两种方法在现代批评史上都有着广泛的影响，因而澄清它们之间的关系，对于我们理解艺术作品的意义有着重要的启示。

一

对于事物以及文本意义的理解究竟应该是有成见的还是无成见的？这是现代思想史上由来已久的一个问题。早在 20 世纪初，胡塞尔就把现象学的基本原则确定为"面向事情本身"，认为要想使事物原初地呈现出来，就必须排除一切成见，把我们从常识得来的"自然态度"，以及来自各种哲学理论和文化的思想信条等，都悬搁起来，这也就是所谓的"现象学还原"。然而他的学生海德格尔却接受了 19 世纪由施莱尔马赫和狄尔泰创立的解释学的一个洞见，认为我们在追问和探究任何事物的时候，总是已经对其意义有了一种先在的领悟："无论我们怎样讨论存在者，存在者总已经是在已先被领会的基础上才得到领会的。"① 他还强调指出，任何对于事物的直观和看视都必须建立在这种先在领悟的基础上，就连现象学所倡导的无成见的直观也不例外："我们显示出所有的视如何首先植根于领会，于是也就取消了纯直观的优先地位。……'直观'和'思维'是领会的两种远离源头的衍生物。连现象学的'本质直观'也植根于生存论的领会。只有存在与存在结构才能够成为现象学意义上的现象，而只有当我们获得了存在与存在结构的鲜明概念之后，本质直观这种看的方式才可能决定下来。"② 以此为基础，他的学生伽达默尔明确把成见看作任何理解得以可能的本体论前提，认为成见或前见构成了我们理解文本意义的视域，而理解就是我们把自己的视域与文本自身的意义或视域相互融合的过程。

然而耐人寻味的是，海德格尔在阐释梵·高的画作《鞋》的时

---

① ［德］海德格尔：《存在与时间》，陈嘉映、王庆节译，生活·读书·新知三联书店 1987 年版，第 8 页。

② ［德］海德格尔：《存在与时间》，陈嘉映、王庆节译，生活·读书·新知三联书店 1987 年版，第 180 页。

候，却似乎并没有坚持他所主张的有成见的理解方法，而是采取了胡塞尔的无成见的直观方法。他一开始就强调自己将不采用任何哲学理论，而是要直接描述对象，在分析结束之后又再次强调自己只是客观地描绘了直观之所见，没有带入任何主观的成见："要是认为我们的描绘是一种主观活动，事先勾勒好了一切，然后再把它置于画上，那就是糟糕的自欺欺人。要说这里有什么值得起疑的地方，我们只能说，我们站在作品面前体验得太过肤浅，对自己体验的表达太过粗陋，太过简单了。"① 从上下文来看，海德格尔的确没有依赖任何外部的依据，而是严格局限于描述自己眼中之所见，因此我们把他的批评方法说成是现象学的无成见的直观应该是站得住脚的。这一点其实并不奇怪，因为海德格尔尽管继承了解释学的传统，但同时也并未抛弃现象学的原则，事实上在前文分析和评价传统哲学对待物的三种方式的时候，他之所以对其都持否定的态度，就是因为这些方式都在某种程度上干扰或扭曲了物，使物之物性无法如其本源地显现出来。他认为要想避免这一点，就必须"对上述思维方式带来的一切先入之见和武断定论保持一定的距离"，以便"让物在其物的存在中不受干扰，在自身中憩息"②。由此可见，坚持现象学的无成见的直观原则，乃是海德格尔的一贯立场，现象学和解释学都是海氏思想的重要组成部分，两者缺一不可。

　　问题在于，单就对于梵·高这幅画作的阐释来看，海德格尔所坚持的现象学方法似乎并没有让他把握到作品的本源性意义，而是犯了张冠李戴的错误。他仅凭自己对于画作的观看印象，就断言其中所描绘的是一双农鞋，甚至还臆断鞋子的主人是一位农妇。而夏皮罗则经过仔细的考证，令人信服地推翻了这一论断。他援引了梵·高的友人高更和弗朗索瓦·高兹（Francois Gauzi）、科尔蒙（Cormon）等人的回忆，有力地证明梵·高所画的是自己的鞋子。此外，他还通过对画

---

① ［德］海德格尔：《林中路》，孙周兴译，上海译文出版社1997年版，第19页。
② ［德］海德格尔：《林中路》，孙周兴译，上海译文出版社1997年版，第15页。

作本身的精细分析，指出梵·高描绘农鞋以及自己的鞋子的时候有着明显的差异："当梵·高描绘农民的木底鞋时，他赋予它们以干净、完整的形状和表面，就像他放在桌面上的其他光滑的静物对象一样：碗、瓶子、卷心菜等等。在他后来创作的一幅画有农民的皮质拖鞋的作品里，他将拖鞋的后跟朝向观众。而他自己的靴子，他则将它们孤零零地放在地上；把它们画成似乎正面向观众，一副如此破损而又皱巴巴的样子，以至于我们可以将它们说成是旧靴子的真实写照。"① 从这段分析来看，梵·高在描绘农鞋的时候，并非像海德格尔所想象的那样，借其来刻画农民生活的艰辛，而是将其作为一幅静物画来创作的。反过来，当他描绘自己的旧靴子的时候，则透过其破旧的外观传达出了画家自己在世人眼中那穷困窘迫的形象，某种意义上将其变成了自己的一幅肖像画。客观地说，夏皮罗的观点显然更令人信服，而这与他所拥有的丰富的艺术史知识以及精细敏锐的艺术鉴赏力是分不开的。尽管夏皮罗本人并未明确服膺某一种批评立场，而是以综合并灵活地运用各种批评方法著称于世，但就对这幅作品的分析来看，他的批评方法显然与解释学所主张的有成见的理解相一致，因为他并不像海德格尔那样直接面对画作，根据自己的直观印象来做出判断和评价，而是仔细地考证了这幅作品的创作背景，并且对梵·高画作的艺术风格做了精深的研究，正是这一切才构成了他理解画作的成见或视域，并帮助他对作品做出了合理的解释。

从上述分析来看，似乎海德格尔在解释梵·高画作时所犯的错误源于他所坚持的现象学方法。刘旭光教授就持这一观点，他认为现象学的还原方法必然使其把先验自我或纯粹意识作为真理的保证，其所提出的意向性理论又使其把对象的意义看作主体的构成物，从而把对象消融于主体之中。理论家通过这种方法去把握艺术作品，就必然会把自己的主观体验和想象强加于作品，从而无法对作品做出客观的评

---

① ［美］迈耶·夏皮罗：《艺术的理论与哲学——风格、艺术家与社会》，沈语冰译，江苏凤凰美术出版社 2016 年版，第 137 页。

价。他由此得出结论，以现象学的方法来探求艺术中的真理是行不通的。[①] 不过也有学者主张，海德格尔所采用的并不仅仅是现象学的方法，而是把现象学的描述方法和解释学循环的方法结合在了一起。至于海德格尔为何把这双鞋子的主人错解为农民，这些学者则认为是一个无关紧要的问题，因为海德格尔关注的焦点并不是这幅画，而是通过对这幅画的分析来得出关于艺术的本质以及真理的看法，而这种真理较之对这幅作品的正确解释更加本源，因为对一幅画的正确解释涉及的只是一种认识论上的真理，这种真理观是以存在论上的真理为前提和源头的。[②] 我们认为，海德格尔在此文中的确综合运用了现象学和解释学的方法，但却各有不同的侧重点，当他分析艺术家与艺术作品、艺术作品与艺术、艺术与艺术家之间关系的时候，他主要运用的是解释学的循环和去弊方法，而当他分析梵·高这幅画作的时候，运用的却是现象学的直观和描述方法。同时，尽管存在论的真理较之认识论的真理更为原始，但这并不意味着认识论上的真理是无关紧要的，我们固然需要存在论上的真理作为一个敞开之域来使认识论上的真理呈现出来，但前者毕竟不能取代后者，海德格尔弄错了鞋子的主人绝不是一件无足轻重的事情，我们尽管不能因为这一错误而否定海氏整个诗学的合理性，但也决不能借口后者的合理性而掩盖或减轻这一错误的严重性，因为前者所涉及的是艺术作品的意义是什么的问题，后者涉及的则是如何把握艺术作品意义的问题，两者是无法相互取代的。

因此我们必须回过头来追问：海德格尔所犯的判断错误能否归咎于他所采用的现象学方法？反过来，夏皮罗的正确判断是否也应归功于解释学的批评方法？这两种批评方法之间是否是一种非此即彼的关系？澄清这一问题，不仅关乎我们对这一艺术史公案的鉴定，而且涉

---

① 参见刘旭光《谁是梵·高那双鞋的主人——关于现象学视野下艺术中的真理问题》，《学术月刊》2007 年第 9 期。

② 参见张廷国、蒋邦琴《真理：去弊与经验——兼论"谁是梵·高那双鞋的主人"》，《哲学研究》2009 年第 1 期。

及现代文论和批评的整体嬗变，因为不仅是现象学批评，诸如俄国形式主义、英美新批评、法国结构主义文论等理论流派都在不同程度上主张文学批评应该采取无成见的直观方法；而在解释学之外，19 世纪的传记式批评、20 世纪后半叶的接受美学、后结构主义乃至整个后现代主义文论都肯定了成见在理解文本时的作用和意义。我们常把现代文论的发展进程概括为作者中心论、作品中心论和读者中心论三种形态，从某种程度上来说，作品中心论坚持的是无成见的直观原则，作者中心论和读者中心论则都肯定成见的作用。由此可以看出，对艺术作品的理解和解释究竟应该是有成见的还是无成见的，其实是现代文论史上贯穿始终的一场隐形的论争。

二

海德格尔明确坚持现象学的直观方法，但却在阐释梵·高画作的时候犯了令人难以置信的常识性错误，这一点无论如何都会让人们怀疑这种批评方法的可靠性。不过仔细分析他对梵·高作品的阐释，会发现他并没有真正贯彻现象学的无成见原则，而是不自觉地带入了许多成见。夏皮罗就明确指出，海德格尔之所以会把鞋子的主人误解为农民或农妇，是"植根于他自己的社会观，带着他对原始与大地的强烈同情"①，也就是说他在观画的时候并不像自己所以为的那样毫无成见，而是带着对农民艰辛生活的深切同情，因此当他在画面上看到一双皱巴巴的旧靴子的时候，很自然地就把两者联系在了一起。进一步来说，海德格尔之所以会主张这幅画作借一双农鞋刻画出了农妇的生活世界，显然也是与他在《存在与时间》中所提出的"基础存在论"分不开的，因为这种思想认为此在是通过器具来与其他存在者打交道，从而组建起自己的世界的。从这个意义上来说，海德格尔表面上采用

---

① ［美］迈耶·夏皮罗：《艺术的理论与哲学》，沈语冰译，江苏凤凰美术出版社 2016 年版，第 136 页。

的是现象学的方法，实际上他与夏皮罗一样，都采取了解释学的批评方法。

如果说他们采取了同一种批评方法，那么为何得出的结论却截然相反呢？显然是由于他们在阐释作品的时候采用了不同的成见。海德格尔的成见是他的乡土情结和哲学理论，夏皮罗的成见则是他的艺术史知识和批评素养。就对一篇艺术作品的理解来说，后者显然是必不可少的，前者的介入则需要严加控制，只有当它符合后者的需要，并与后者结合在一起的时候，才能发挥出积极的作用。海德格尔的错误就在于不具备后一种成见，而让前一种成见独立地发挥作用，因此对作品做出了不恰当的解释。从这里可以看出，对于艺术作品的解释是否合理，不在于批评是否包含成见，而在于这种成见是否合理。这也就是说，解释学的批评方法要想取得成功，前提是批评者能够甄别合理的成见与不合理的成见。事实上这一点正是解释学理论所极力强调的。伽达默尔在把成见确立为理解得以可能的本体论前提之后，立刻就指出必须区分合理的成见与不合理的成见，只有排除了不合理成见的干扰，才能使文本的意义得到合理的阐释。用他的话说，"谁试图去理解，谁就面临了那种并不是由事情本身而来的前见解的干扰。……理解完全地得到其真正可能性，只有当理解所设定的前见解不是任意的"。[①] 事实上海德格尔自己对此也有着清醒的认识，他在把对存在意义的理解确定为一种从前见出发的循环之后，也强调要以正确的方式进入这个循环："决定性的事情不是从循环中脱身，而是依照正确的方式进入这个循环。……在这一循环中包藏着最原始的认识的一种积极的可能性。当然，这种可能性只有在如下情况下才能得到真实理解，那就是：解释领会到它的首要的、不断的和最终的任务始终是不让向来就有的先行具有、先行看见与先行把握以偶发奇想和流俗之见的方式出现，它的任务始终是从事情本身出来清理先有、先见与先行把握，

———————

① ［德］伽达默尔：《真理与方法》上卷，洪汉鼎译，上海译文出版社1999年版，第343页。

从而保障课题的科学性。"① 然而在理论上意识到这一点是一回事，在理解和解释的具体实践中真正做到这一点又是另一回事。就对梵·高作品的阐释而言，海德格尔无疑是让自己的成见以偶发奇想的方式出现了。但这同时也就说明，把海德格尔在批评实践中所犯的错误与他所坚持的思想方法看作一回事是不恰当的。

接下来的问题就是，怎样才能在批评实践中区分合理的成见与不合理的成见，从而对作品的意义做出合理的阐释呢？伽达默尔给出的答案是时间距离。所谓时间距离就是作品产生的时刻与阐释发生的时刻之间的距离。人们通常认为，时间距离是理解活动中的一种障碍，因为只有当我们置身于作品产生的情境和氛围之中的时候，才能对作品感同身受。随着时间的流逝，许多作品赖以被理解的条件趋于改变和消失，我们对作品的理解也就随之变得越来越困难了。然而伽达默尔却认为，时间距离并不是一种必须被克服的东西，而恰恰是作品的意义得以显现的重要前提，因为"它不仅使那些具有特殊性的前见消失，而且也使那些促成真实理解的前见浮现出来"。这样，"时间距离才能使诠释学的真正批判性问题得以解决，也就是说，才能把我们得以进行理解的真前见与我们由之而产生误解的假前见区分开来"。② 不难看出，这还是受到了海德格尔的启发，因为后者在《存在与时间》中主张，存在的意义只有在时间境域中才能显现出来。就我们所关注的这桩公案来说，这一观点似乎也得到了印证，因为夏皮罗对梵·高的批评较海德格尔晚了将近半个世纪，其阐释更加合理也就并不足奇。不过这种表面的证据自然并不具有充分的说服力，问题的关键还在于时间距离何以具有这种神奇的功能。在这个例子中，海德格尔的失足之处在于根本没有意识到自己的理解中所包含的成见，更加谈不上对这种成见是否合理加以甄别。不过严格来说，他并不应该因此受到苛

---

① ［德］海德格尔：《存在与时间》，陈嘉映、王庆节译，生活·读书·新知三联书店 1987 年版，第 187—188 页。

② ［德］伽达默尔：《真理与方法》上卷，洪汉鼎译，上海译文出版社 1999 年版，第 383 页。

责，因为并非任何成见都是可以在事先被意识到的，某些成见只有在解释活动完成之后，才能通过对解释成果的反思加以发现。不仅海德格尔如此，即便是夏皮罗也不例外。当然，由于夏皮罗自觉地采取了有成见的批评方法，因此他在对作品进行分析和评价之前就做了许多案头功夫，比如搜集与作品相关的各种直接和间接证据等等，但实际上他也并未清楚地意识到自己所秉持的所有成见，比如德里达就敏锐地发现，夏皮罗的观点看起来与海德格尔截然相反，但他们却分享着某种共同的批评成见，即都主张画中的鞋子仍归属于其画外的主人，只不过对这个主人究竟是谁各执一词而已。① 由此可见，时间距离之所以能够区分合理的成见和不合理的成见，是因为成见本身只有在时间境域中才能显现出来。

当然，成见的显现还只是事情的开始，问题的关键在于如何对显现出来的成见加以甄别。在这方面，伽达默尔提出了一个富有启发性的观点，他认为只有当艺术作品与其时代的一切关系都消失之后，我们才能对其做出合理的理解："每一个人都知道，在时间距离没有给我们确定的尺度时，我们的判断是出奇的无能。所以对于科学意识来说，关于当代艺术的判断总是非常不确定的。显而易见，正是由于这些不可控制的前见，由于这些对我们能够认识这些创造物有着太多影响的前提条件，我们才走近了这些创造物，这些前见和前提能够赋予当代创造物一种与其真正内容和真正意义不相适应的过分反响。只有当它们与现时代的一切关系都消失后，当代创造物自己的真正本性才显现出来，从而我们有可能对它们所说的东西进行那种可以要求普遍有效性的理解。"② 从这段话来看，对于当代艺术的判断之所以格外困难，是因为我们与当代艺术分享着各种共同的成见，因而这些成见不

---

① 参看［法］德里达《定位中的真理的还原》，［美］唐纳德·普雷齐奥西主编《艺术史的艺术：批评读本》，易英、王春辰、彭筠译，上海世纪出版股份有限公司 2016 年版，第 436 页以下。

② ［德］伽达默尔：《真理与方法》上卷，洪汉鼎译，上海译文出版社 1999 年版，第 382 页。

可避免地会对我们产生过度的影响，从而损害我们判断的客观性和合理性。以现代艺术为例，艺术家们在创造这些具有强烈反传统色彩的作品时，自然要用许多具有前卫色彩的观念和主张来为自己辩护；反过来，观众和批评家则往往还沉湎于传统的艺术成见之中。这两种成见之间的激烈争执，难免会使当时的人们无所适从，在两个极端之间摇摆不定。只有当这些作品与自己的时代脱离之后，那些具有强烈时代色彩的成见才会随之淡出人们的视野，不再对我们的理解构成过度的影响和干扰。与之相应，合理的成见才会逐渐浮现出来，因为作品本身已经沉淀在历史中，时人加诸其上的光环和毁誉都已褪色，作品的本来面目也就越来越清晰地呈现在我们面前。当然，这个过程并不是一蹴而就的，只有经过批评的反复砥砺和交锋，合理的成见才会被建构起来。当海德格尔对梵·高的《鞋》进行评价时，距离作品产生的时代已经有半个世纪之遥，梵·高的作品也已从其生前那种无人问津的状态一变而为炙手可热了，但这只是对梵·高作品的整体境遇而言的，对某一件具体作品的评价来说，则还需要一个漫长的研究和探索过程。海德格尔固然已经摆脱了梵·高同时代人那种冷漠甚至残酷的误解和成见，却仍分享着自己时代的精神和情绪，他对农民、土地、原始的热情与他所置身的存在主义思潮显然密切相关，而这种思潮在很大程度上正是对一战前后笼罩整个欧洲的时代情绪的折射。而当夏皮罗写下关于海德格尔与梵·高的札记的时候，已经是20世纪60年代末，时间距离的威力进一步显现出来，梵·高作为一个表现主义画家的形象已然牢固地树立起来，因此他才能轻而易举地排除海德格尔关于原始与大地的散漫想象，不假思索地把梵·高的作品阐释为对画家个人情感与体验的表达。当然，我们这样说并不是要抹杀夏皮罗作为一个杰出批评家和艺术史家的功绩，因为从理论上断言梵·高是一个表现主义者是一回事，在每一件作品中鉴别出其具体的表现对象和表现方式则完全是另一回事。夏皮罗既搜集了梵·高周围艺术家的第一手回忆，又广泛参证了汉姆生（Knut Hamsun）、福楼拜（Gustave

Flaubert）等作家关于艺术家与其个人物品关系的谈论，还能够从梵·高个人的风格出发分辨出其笔下物品的"面相学特征"，这一切都在显示了他深厚而精湛的学术功力。因此，把成见的甄别诉诸时间距离，并不等于否定批评家个人的作用，而恰恰是说时间距离为艺术家对合理成见的建构提供了一个敞开的境域，只有在这一境域之中，不合理的成见才会被逐渐淘汰，合理的成见也才会逐渐被建构起来。正是因此，伽达默尔宣称，"对一个本文或一部艺术作品里的真正意义的汲舀是永无止境的，它实际上是一种无限的过程"。①

三

我们主张一切理解都不可能摆脱成见，这似乎表明只有解释学才是正确的批评方法，现象学关于无成见的直观原则只是一种不切实际的幻想。然而问题并非如此简单，因为伽达默尔同样主张一切理解都必须服从现象学的"面向事情本身"的座右铭。用他的话说，"所有正确的解释都必须避免随心所欲的偶发奇想和难以察觉的思想习惯的局限性，并且凝目直接注意'事情本身'"。② 从这里可以看出，他实际上主张理解活动应该同时采用解释学方法和现象学方法。问题在于，这两种方法对待成见的态度完全相反，两者如何能够在理解活动中统一起来呢？

表面上看来，有成见还是无成见是一件非此即彼的事情，因而两种批评方法似乎无法共存，然而实际上两者却居于不同的思想层面，分别是从本体论和认识论角度来谈论理解活动的，因而不可能发生直接的冲突。无论是海德格尔还是伽达默尔都强调，成见乃是理解活动得以可能的本体论前提，也就是说成见并不是理解者可以自由支配的

---

① ［德］伽达默尔：《真理与方法》上卷，洪汉鼎译，上海译文出版社1999年版，第383页。
② ［德］伽达默尔：《真理与方法》上卷，洪汉鼎译，上海译文出版社1999年版，第342—343页。

认识工具或方法，而是在理解活动开始之前就作为一种对于文本的先入之见、先行把握而存在的。与之不同，胡塞尔提出现象学还原的目的则是为了解决近代认识论的一个基本问题："认识如何能够确定它与被认识的客体相一致，它如何能够超越自身去准确地切中它的客体?"① 正是为了解决这个难题，胡塞尔才提出了现象学还原的主张："在认识批判的开端，整个世界、物理的和心理的自然、最后还有人自身的自我以及所有与上述这些对象有关的科学都必须被打上怀疑的标记。它们的存在，它们的有效性始终是被搁置的。"② 海德格尔之所以主张现象学的直观必须以存在论上的理解和领悟为前提，就是因为直观是一种认识活动，它必须建立在本体论或存在论的基础上。由此我们也就不难理解，海德格尔尽管强调理解和领悟的本源性，但却并没有用解释学来取代现象学，而是把两者都视为自己思想的组成部分。

从这里可以看出，现象学所说的直观活动和解释学所说的理解活动实际上是两种不同的活动，前者主张我们对事物的把握应该是无成见的，后者则强调在这种无成见的把握之前必然已经先通过理解而产生了成见，两者显然并不矛盾。就对梵·高作品的把握而论，现象学强调的是我们应该无成见地面对作品本身，以便让作品的意义本源地显现出来，而解释学则主张我们在面对作品之前，已经具备了对于作品的某种先入之见。不过在理解活动开始之后，这两种立场之间的冲突就变得无法回避了：解释学主张先入之见是无法摆脱而且不应摆脱的，因为离开了成见就无法进行理解，而现象学却强调只有彻底摆脱成见，才能本源地把握对象的意义。怎样才能调和两者之间的矛盾呢？海德格尔和伽达默尔都提出了一种折中的观点：只有坚持现象学的"面向事情本身"的原则，才能让成见合理地发挥作用，这意味着现象学还原的作用并不是清理成见，而是约束成见，或者说只排除不合理的成见，而保留合理的成见。初看起来，这与胡塞尔强调必须使一

---

① ［德］胡塞尔：《现象学的观念》，倪梁康译，上海译文出版社1986年版，第22页。
② ［德］胡塞尔：《现象学的观念》，倪梁康译，上海译文出版社1986年版，第28页。

切成见都被悬置起来的立场有着相当的距离。不过严格说来，胡塞尔所说的悬置也并不是要彻底消除成见，而是要将其搁置起来，存而不论。举例来说，当我们面对梵·高的画作《鞋》的时候，我们应该把前人对于这幅作品的一切解释都悬置起来，使自己尽可能不受其影响，以此来确保我们直接面对作品。或许有人会说，海德格尔不是已经这样做了吗？结果却并没有避免曲解作品。反过来，夏皮罗没有回避自己的成见，而是积极地利用成见，结果却对作品做出了合理的解释，这不是已经证明排除一切成见既是不可能的，也是有害无益的吗？我以为这个结论看似有理，实则经不住推敲。

首先，海德格尔之所以未能对作品做出合理的解释，不是由于他采用了现象学的方法，而是由于他对这种方法的运用不够严格和彻底。夏皮罗就一针见血地指出，"在与作品的接触中，他既体验到了太少，又体验到了太多"。① 按照我们的理解，说他体验得太少，是因为他对作品的直观不够准确和细致，以致错失了其中的许多细节，比如他没有注意到这双鞋子是朝前而不是朝后，也没有注意到这是一双靴子而不是拖鞋、是皮鞋而不是木鞋。在那个被人们反复引用的著名段落中，只有"在鞋具磨损的内部那黑洞洞的敞口中""硬邦邦、沉甸甸""皮制"这几个短语可以看作对作品的客观描绘，其余都出自海德格尔的想象和沉思，足见他对作品的观察是多么粗疏，与夏皮罗提供的丰富细节完全无法同日而语。说他体验得太多，则是因为他把太多的想象和成见带入了作品，以致那段文字已经很难被视为严肃的批评了。需要指出的是，海德格尔把自己的主观体验和想象带入作品，不能被看作现象学方法本身的错误，而恰恰是违反了现象学方法的结果。把海德格尔的错误归咎于现象学方法本身，显然是不恰当的。

其次，夏皮罗之所以避免了海德格尔的错误，也并不是因为他选择了解释学而抛弃了现象学，而是因为他把两者更好地结合起来了。

---

① ［美］迈耶·夏皮罗：《艺术的理论与哲学》，沈语冰译，江苏凤凰美术出版社2016年版，第136页。

宣称夏皮罗比海德格尔更好地运用了现象学的方法，这看起来十分荒谬，因为夏皮罗并未接受过任何现象学的专门训练，海德格尔却是现象学的大家。然而事实上这一点却并不奇怪，因为尽管本质直观的理论是由现象学所创立的，但这种直观能力本身却并不是现象学家所独具的，而是人类的认识活动所普遍存在的，只不过现象学家将其内在机制抽象和概括出来了而已。海德格尔精通的只是现象学的思想理论，在实际的直观能力方面则并未面面俱到，从他对梵·高作品的把握来看，他对艺术作品的直观能力存在明显的缺陷。反之，夏皮罗尽管不了解现象学的相关理论，但长期的批评实践和卓越的艺术修养却赋予了他对艺术作品的精湛直观能力，否则他就无法为我们提供那么多重要的画面细节。当然，夏皮罗对艺术史资料的详细征引说明他的批评方法具有强烈的解释学色彩，但这并不能否定他同时采用了现象学的直观方法。

夏皮罗的成功经验对于我们探讨现象学方法与解释学方法在理解活动中的关系问题无疑提供了宝贵的启示。他取得成功的秘密就在于首先对作品进行一种细致而无成见的观察，然后再依托自己的批评成见对观察之所见进行分析和阐释。这也就是说，我们可以把完整的理解过程划分为两个阶段，第一个阶段是对作品的观察和描述，所采用的是现象学的方法；第二个阶段是对直观之所得进行分析和评价，所采用的则是解释学的方法。按照解释学的理论，在第一个阶段开始之前，我们已经对作品的意义有了一种先入之见，而且这种成见是我们理解作品的前提，比如我们如果不具备关于艺术的任何知识和修养，那就不可能理解艺术作品。但当我们开始面对作品的时候，就应该实行严格的现象学还原，把我们的一切成见都悬置起来，从而确保我们尽可能完整而准确地把握作品本身的特征。从海德格尔的例子来看，这种还原实际上是无法彻底进行的，因为总有某些成见是隐含着的，无法成为反思的对象，所以也无法给其加上括号，不过这种实际操作中的问题并不影响现象学方法本身的有效性，因为越是彻底的还原就越能使对象原初地显现出来。在这里我们需要澄清一种误解，即认为现象学的还原和直观方法都会导致把对象消融在主观的体验和想象之中，从而无法把握艺术的真理。这种说法所隐含的显然是一种符合论的真理观，即把真理看作主观对客观的符合，这样主观性的介入就必然会损害真理的客观性和普遍性。事实上现象学的独到发现恰恰在于，物的意义既是物本身的显现物，又是主体意向性活动的构成物。胡塞尔的意向性理论并不仅仅强调意向对象是由主体所构成的，同时也强调构成意向对象的质料是由对象所给予的，被给予性与被构成性是意向活动的两个方面。从这种理论出发，就会认为真理并不是主体对客体的符合，而是主体与客体相遇之后的构成物，是介于主观和客观之间的第三种存在物，也就是说真理本身就包含主观性，因此把主观性带入对作品的直观并不是现象学方法的"原罪"，而恰恰是一种重要的方法论贡献。当然，把主观性带入作品和用主观性来"消融"作品完全是两回事，这里的关键就在于，主体对意向对象的构成必须是从对对象本身的严格直观出发的，主体自身的一切成见都必须被悬置起来，像海德格尔那样放纵自己的想象和成见，自然就难免把作品的意义消融于主观性了。

如果说理解活动的第一个阶段要求主体排除自己的成见的话，那么第二个阶段则要求主体积极地利用自己的成见。主体通过无成见的直观固然把握到了作品的各种特征，但这些特征究竟意味着什么，则还需要进一步的阐释。在这个过程中，成见的作用就必不可少了。梵·高的这幅作品只是孤零零地描绘了一双鞋子，一切能够暗示其意义的背景都被有意地省略了（这正是梵·高从印象派承袭而来的现代绘画风格），如果我们缺乏足够的成见和视域，根本就无从阐释其意义。海德格尔尽管在无意识中带入了许多成见，但这些成见对理解这幅作品却大多是不恰当和不合理的，因此他的想象和沉思就只能导致对作品的歪曲。反过来，夏皮罗的阐释之所以具备更强的说服力，就是因为他所具备的成见和视域是更为完备与合理的。这个阶段不仅不应该排除成见，而且应该让成见充分地发挥其作用。成见的作用之所以必不可少，是因为对象的意义并不会自我显现，而是主体通过自己的前见将其筹划出来的，这种筹划活动甚至在理解活动之前就已经开始了，这也就是海德格尔所说的先行把握。按照伽达默尔的说法，对于文本意义的理解就是读者从自己的期待视域出发，筹划出文本自身的视域，这样把握到的意义实际上就是读者的视域与文本固有的视域之间的合成物。正是在这个意义上，成见才成了理解活动的本体论前提。

需要说明的是，我们在此把夏皮罗对梵·高的画作《鞋》的阐释说成是"正确"的，只是基于他令人信服地解释了这幅画在生活中的原型或"模特"，并不意味着他的全部阐释都是无可置疑的，也不意味着我们认为海德格尔的阐释都是错误的，而是说他在对绘画对象的理解方面犯了错误。事实上，即便海德格尔把鞋子的主人说成是农妇属于张冠李戴，但他从对这幅画的阐释中得出结论，认为艺术作品能够让器具以及存在者的存在得以显现，却是一个对于艺术本质的深刻洞察。正是因此，海德格尔在阐释梵·高画作时所犯的错误，对于他在此基础上所建构的存在论诗学并未构成实质性的伤害。不过，这个问题并不是我们在此所关注的焦点，因此就只能存在而论了。

第四章 实践美学的建构与重估问题

实践美学诞生于李泽厚 1979 年出版的著作《批判哲学的批判》，是他运用马克思的历史唯物主义观点和方法重新阐释康德思想的结果。自 20 世纪 80 年代起，实践美学就是中国当代美学的主流形态，其间尽管有不少学者对其展开批评，尤其是对李泽厚的"积淀说"更是争议不断，以至于 21 世纪初期甚至有学者预言实践美学已经终结，然而事实上实践美学至今仍在不断发展，演化出了新实践美学、实践存在论美学等新形态，显示出强大的生命力。因此我们有理由相信，实践美学今后还将继续发展，而现象学与马克思主义之间的融合则将成为其中的一个重要方向。

第一节 实践在马克思主义哲学中的本体论地位

顾名思义，实践美学是以马克思主义的实践论思想为基础的，因而对实践范畴的理解乃是把握实践美学的关键。在围绕实践美学所发生的历次争论中，对这一范畴的理解也始终是人们关注的重心之一。不过，把这一问题暴露的最为充分和尖锐的，则是董学文与朱立元就后者所倡导的实践存在论美学所进行的争论。实践存在论美学是由朱立元于 21 世纪初提出来的，其要义是把马克思的历史唯物主义与海德格尔的存在哲学统一起来，主张实践是人类的基本存在方式，因而是一个存在论或本体论范畴。董学文则明确反对这种实践本体论的主张，认为马克思所说的实践是一种物质活动，海德格尔所说的存在则是一种精神活动，是主体心性的大彻大悟，两者之间是无法融合的，用海德格尔的存在范畴来改造马克思的实践范畴，就会使马克思的历史唯物论蜕变为唯心主义。由于这场争论关系到实践美学的理论基础，因此我们特以此为案例，剖析马克思实践范畴的基本内涵，及其在马克思主义哲学中的地位问题。我们认为，马克思主义在根本上是一种实践本体论而不是物质本体论，这种本体论所认可的是自然的优先性，而不是物质的优先性；在社会历史领域，所强调的也是经济的决定性，而不是物质的决定性。

一　实践本体而不是物质本体

实践本体论还是物质本体论，这是我国学界在马克思主义本体论思想上所面临的主要分歧。反对实践本体论的学者一般总是强调，实践只是人类社会的基础，而在人类活动开始之前，自然界早就已经存在了，因此实践必须有一个物质前提，物质才是马克思主义思想中的本体。如果忽视了这个物质前提，就必然走向历史唯心论。董学文显然也持这种观点，他宣称："实践决定着人的存在，即决定着'现实的历史的人'的存在，因而对于社会存在和人的存在来说，它具有根本性的意义。但是，实践不能决定物质的客观存在，不能决定世界的物质统一性问题，也不能涵纳人类的一切行为和世间的万物。因此，实践不能作为本体，也不具备本体的意义。"① 在这里，董学文所说的物质乃是世界的本原，也就是远在人类社会出现之前的原始自然界。在他看来，只有把这样一种纯粹客观的物质作为本体，才能确保马克思主义的唯物论属性。

---

① 董学文、陈诚：《"实践存在论"美学、文艺学本体观辨析——以"实践"与"存在论"关系为中心》，《上海大学学报》2009 年第 3 期。

问题在于，这样的物质本体论乃是一种彻头彻尾的旧唯物主义，马克思何尝维护过这样的唯物论立场？熟悉马克思思想的人都知道，马克思的哲学革命首先开端于对旧唯物论的彻底批判和超越，而这种超越恰恰是以对物质概念的重新界定为标志的。他在《关于费尔巴哈的提纲》中说，"从前的一切唯物主义——包括费尔巴哈的唯物主义的主要缺点是：对对象、现实、感性，只是从客体的或者直观的形式去理解，而不是把它们当做感性的人的活动，当做实践去理解，不是从主体方面去理解"。① 显而易见，马克思在这里所说的"事物""现实""感性"统统都是物质概念的代名词，而他强调的恰恰是要从实践以及主体方面去理解，也就是说要把物质看作实践活动的产物，从而看到物质当中所蕴含的主观性。如果不是抱着形而上学的僵死教条的话，那就应该看到马克思已经彻底抛弃了旧唯物主义所说的那种纯客观的物质概念，转而提出了一种崭新的物质概念，这种物质固然是人们感性活动的对象，但这种感性活动却不再是传统哲学所说的感性认识，因而不再呈现为一种与主观性相对的客观性。相反，马克思所说的物质乃是实践活动的对象和产物，因而具备了一定的主观性。如果看不到马克思物质概念的这种双重性，仍旧固守传统哲学中主观与客观、物质与精神的二元对立，显然就无法领会到马克思辩证法思想的精髓。

或许有人会说，尽管人类实践活动的产品可能具有一定的主观性，然而在人类社会产生之前的原始自然界，不仍然是一种纯客观的物质形态吗？提出这种质疑的学者显然是想强调，马克思的历史唯物主义尽管是一种新的哲学，归根到底仍然是一种唯物主义，因而对于物质的优先性还是必须肯定的，或者说必须在肯定物质第一性的前提下，再来谈论实践的重要作用。对于这种质疑，最有力的回答就是马克思的这段话："被抽象地理解的、自为的、被确定为与人分隔开来的自

---

① ［德］马克思：《关于费尔巴哈的提纲》，《马克思恩格斯文集》第一卷，中共中央马克思恩格斯列宁斯大林著作编译局编译，人民出版社 2009 年版，第 499 页。

然界，对人来说也是无。"① 这里所说的"被抽象地理解的"、"与人分隔开来的自然界"，不正是那些学者念念不忘的在人类社会出现之前的原始自然界吗？当董学文强调实践无法决定物质的客观性的时候，他所想的不也是这样的自然界吗？然而马克思却恰恰把这样的自然界归结为无。当然，马克思并不是说这样的自然界是不存在的，而是说这种与人无关的物质在新哲学中是毫无意义的，因为新哲学所关注的是人类社会，是决定人类社会产生和发展的原因和规律。至于那种脱离开人类世界的自然界是否存在，则只是一个陈旧的形而上学问题。

正是在这种情况下，实践才取代物质，成了马克思主义思想中的本体。这种新的本体论与旧的形而上学本体论具有本质的区别：传统的本体论（无论是唯物论还是唯心论、观念论还是实在论）所追问的是世界的本原或原因，而新的本体论则只关注人类社会产生的原因和规律，以及对人类社会进行改造和变革的问题。从这个角度来看，实践无疑是马克思思想的核心和基础，因为实践是物质和精神、存在和意识、主观和客观、主体和客体发生分化和对立的原因，也是它们获得统一的根本途径。具体地说，实践是一种对象化活动，在这种活动中，人类一方面把自然界作为自己的生产或劳动资料，另一方面又把自己的观念和动机加以外化，凝结在产品或对象之中，并在这种产品之中来确证自身的本质力量。正是在这一过程中，人类才把自身从自然界当中分离出来，成为自然的对立面。随着人与自然的分离，物质与精神也开始变得分离和对立，因为实践这种对象性活动使得精神和意识成了一种主观的内在世界，而产品和对象则成了一种客观的外在世界，它们自然就成了两种有着本质区别的存在物。由此可见，人类关于物质和精神作为两种不同实体的观念，乃是实践活动的产物。正是在实践的基础上，才真正出现了物质和精神这样的不同实体。随着物质和精神的分化，主观与客观、主体与客体的分离也便随之而出现。

---

① ［德］马克思：《1844 年经济学哲学手稿》，《马克思恩格斯文集》第一卷，中共中央马克思恩格斯列宁斯大林著作编译局编译，人民出版社 2009 年版，第 220 页。

所以在这一新的理论体系中，物质就不再是本体，因为马克思主义所谈论的物质并不是与人无关的原始自然，而是人类实践活动的产物。这正如马克思在批评费尔巴哈时所指出的："他没有看到，他周围的感性世界决不是某种开天辟地以来就直接存在的、始终如一的东西，而是工业和社会状况的产物，是历史的产物，是世世代代活动的结果，其中每一代都立足于前一代所奠定的基础上，继续发展前一代的工业和交往，并随着需要的改变而改变他们的社会制度。甚至连最简单的'感性确定性'的对象也只是由于社会发展、由于工业和商业交往才提供给他的。"①

从董学文的文章来看，他对实践的这种重要性是完全认可的，但却强调要为实践加上一个物质前提，以此来维护马克思主义的唯物论立场。他之所以强调物质才是本体，显然也是出于这一动机。但在我们看来，如果把物质作为本体，实践在马克思主义思想中的基础地位就必然丧失了。这是因为，一旦把物质看作在实践活动之前就已产生的客观存在，那么实践就不再是物质和精神发生分化的基础和前提，而只是自然本身从物质向精神演化的工具和中介，这样，人类社会的产生就成了一个自然界内部运动的过程，物质和精神、存在和意识、主观和客观、主体和客体的分化就成了自然界本身发展和演化的结果。表面上看来，这种观点既坚持了唯物论的立场，又贯彻了马克思主义的辩证法思想，然而实际上却恰恰失落了马克思主义的内在精神，因为马克思在哲学上的真正洞见不在于看到了物质的先在性，也不在于看到了物质和精神之间的辩证关系，而在于洞察到了实践才是人类社会得以产生的根据，实践才是现存世界的根本基础。否定了实践的基础地位，就窒息了马克思思想的革命精神。半个多世纪以来，我国马克思主义思想的发展之所以举步维艰，就是因为如董学文这样的学者总是把物质而不是实践当作马克思主义思想的核心，每当有学者突出

---

① ［德］马克思、恩格斯：《德意志意识形态》，载于《马克思恩格斯文集》第一卷，中共中央马克思恩格斯列宁斯大林著作编译局编译，人民出版社 2009 年版，第 528 页。

实践地位的时候，他们就跳出来指责这些学者犯了唯心主义的错误。尽管他们总是看似公允地肯定实践的重要作用，但由于他们始终把物质看作实践的前提，其结果就是使马克思主义无法从根本上区别于旧的唯物论哲学，从而丧失了内在的生命力。

二 自然的先在性而不是物质的先在性

现在的问题是，如果否定了实践的物质前提，也就是否定了物质的先在性或第一性，那么岂不是背离了马克思主义的唯物论立场，从而走向一种唯心主义的"实践一元论"吗？这显然是许多学者质疑和反对实践本体论的根本原因。董学文先生显然也是这样看的，他认为"以'实践一元论'代替'物质一元论'，不是走向了'唯物主义的'实践，而是滑向了'唯心主义的'实践"。① 对于主张实践本体论的学者来说，这显然是一个十分棘手而又不容回避的问题，因为即使马克思主义不把原始的自然界作为关注的对象，但对其先在性或本原性不是仍要加以认同吗？从某种意义上来说，这似乎也正是马克思的观点。他曾经指出，"这种活动、这种连续不断的感性劳动和创造、这种生产，正是整个现存的感性世界的基础，它哪怕只中断一年，费尔巴哈就会看到，不仅在自然界将发生巨大的变化，而且整个人类世界以及他自己的直观能力，甚至他本身的存在也会很快就没有了。当然，在这种情况下外部自然界的优先地位仍然会保存着，而这一切当然不适用于原始的、通过自然发生的途径产生的人们"。② 从这段话来看，马克思固然强调实践乃是现存感性世界的基础，却也同时承认，当实践活动停止之后，现存世界就会遭到严重破坏和倒退。这就是说，马克

---

① 董学文、陈诚：《超越"二元对立"与"存在论"思维模式——马克思主义实践观与文学、美学本体论》，《杭州师范大学学报》2009 年第 3 期。

② ［德］马克思、恩格斯：《德意志意识形态》，载于《马克思恩格斯文集》第一卷，中共中央马克思恩格斯列宁斯大林著作编译局编译，第 529 页。

思肯定了原始自然对于实践活动的优先地位。许多学者正是从这一点出发，认为实践只是人类社会的基础和前提，却不是整个世界得以产生的原因和根据，因此实践本体论无法取代物质本体论。

　　然而在我们看来，这些学者在解读这段话的时候犯了一个不易觉察的错误，就是把自然和物质这两个概念混为一谈了。在这些学者看来，马克思既然肯定了自然的先在性，就等于承认了物质的第一性或本原性，也就等于承认了物质的本体论地位。正是因此，许多学者常常把物质本体论和自然本体论互用，认为在实践活动开始之前的自然界，就是一种纯客观的物质存在。即便是那些主张实践本体论的学者，也常常把自然的先在性等同于物质的先在性，这样一来，实践的本体论地位就变得非常可疑，因为它无法解释原始自然的存在问题。那么，原始自然是否就是一种纯粹的物质呢？这个问题其实一直是哲学史上争论的焦点，并且由此导致了唯物主义和唯心主义之间的对立：唯物论者总是把自然解释成一种客观的物质，唯心论者则把自然说成是精神（主观的或客观的）的产物。在这两种学说看来，自然要么是纯粹的物质，要么是纯粹的精神，因而两者不可避免地走向对立。从这个角度看来，把自然当成一种物质存在，乃是唯物主义的一贯立场，马克思主义自然也不例外。

　　然而问题在于，这种立场恰恰也是使唯物主义陷入困境的根本原因，因为如果自然乃是一种纯粹的物质，那么就只能把意识说成是物质活动的产物。这样一来，意识就是完全由物质所决定的，只是物质的反映和摹写，不可能对物质有任何反作用，这不正是马克思在《关于费尔巴哈的提纲》中所明确批评的旧唯物主义的立场吗？由此可见，要想克服旧唯物论的缺陷，就必须抛弃这种把原始自然当成纯物质的立场。或许有人会说，如果自然不是物质，那就只能是精神，这样不是倒向唯心主义一边了吗？董学文之所以一再强调要维护物质的第一性，显然也是出于这种顾虑。然而仔细想来，自然的属性难道只能在物质和精神之间进行非此即彼的选择吗？这种二元论的思维方式不正是形而上学的基本特征吗？当马克思提出要从主观方面来理解物质的时候，他不正是要超越这种二元论的思维方式吗？董学文想必会马上指出，马克思所说的带有主观性的物质只是实践活动的产物，因而只适用于实践活动开始之后的"人化"自然，而不适用于在此之前的原始自然。然而从上面的分析我们已经发现，要想克服旧唯物主义的局限，就必须设想原始自然乃是一种既非物质又非精神的第三种存在。

对于习惯了二元论思维方式的人来说，这种观点无疑会显得匪夷所思。然而如果我们抛开这种思维方式的局限，转而从马克思主义实践论的立场上来看问题，就会发现物质和精神的真正分化乃是在实践活动的基础上才开始的，也就是说在实践活动之前的原始自然界，既不存在纯粹的物质，也不存在纯粹的精神，而只能是这两者尚未分化的混沌状态。这种混沌状态从二元论的立场来看似乎难以理解，但实际上却早已为自然科学所证实。达尔文（Charles Robert Darwin）的进化论雄辩地证明，人类是从动物进化而来的，也就是说在人类产生之前动物就已经存在了，难道动物的生命活动是纯客观的吗？当然，动物的生命活动尚不能说是有意识的或主观的，因为"动物和自己的生命活动是直接同一的。动物不把自己同自己的生命活动区别开来。它就是自己的生命活动"。① 与之不同，"人则使自己的生命活动本身变成自己意志的和自己意识的对象。他具有有意识的生命活动。……有意识的生命活动把人同动物的生命活动直接区别开来"。② 这就是说，由于动物的生命活动不是对象性的，因此主观和客观的分化尚未发生，但这不正说明动物的生命活动具有混沌的特征吗？不正说明自然本身已经孕育着物质和精神、主观和客观的分离吗？进一步来说，比动物

---

① ［德］马克思：《1844 年经济学哲学手稿》，《马克思恩格斯文集》第一卷，中共中央马克思恩格斯列宁斯大林著作编译局编译，人民出版社 2009 年版，第 162 页。

② ［德］马克思：《1844 年经济学哲学手稿》，《马克思恩格斯文集》第一卷，中共中央马克思恩格斯列宁斯大林著作编译局编译，人民出版社 2009 年版，第 162 页。

更为低级的植物也是一种生命活动，因而也包含主观和客观相分离的萌芽。当然，董学文肯定认为这一切生命活动都是从更为低级的非生命的自然物发展而来的，而这种原始的自然物只能是一种纯粹的物质，因而精神就是从物质当中分化出来的。然而问题在于，把生命活动开始之前的自然说成是纯粹的物质，不是仍然会陷入旧唯物论的窠臼吗？

那么，究竟应该如何界定原始自然的存在属性呢？我以为只能把这种混沌状态的自然界定为一种永恒的运动而不是静止的实体。旧唯物论以及整个形而上学本体论的特点，都在于把世界的本原看作某种永恒不动的实体，而马克思主义则从辩证法的立场出发，认为世界是一种永恒的运动。对于这种立场，董学文这样的物质本体论者也并不反对，但他们却主张这只能是一种物质运动。然而在我们看来，如果认为原始自然是一种纯粹的物质运动，那么就必然重新退回到形而上学的立场上去，因为纯粹的物质运动只能产生物质而不是精神，或者说精神只能是对物质的被动反映和摹写，辩证法就只能是一句空话。因此我们认为，原始自然就是一种混沌状态的运动，无论是物质还是精神，都只能是这种运动的产物，而不可能在运动开始之前就已经存在。

不过，即便把原始自然归结为一种混沌的运动，这种运动不是在人类活动之前就已经存在了吗？这样一来，即便抛弃了物质本体论，不是也必须承认自然而不是实践的本体论地位吗？如果我们把实践看作一种主体性的人类活动，那么这一立场就是无法避免的。然而正如我们在上文所指出的，主体与客体的分化和产生同样是实践活动的产物，也就是说人类本身乃是实践活动的产物，而不可能是实践活动的主体。当然，从认识论的角度来看，人类的任何活动都是主体性活动（马克思就说过"主体是人，客体是自然"这样的话），然而如果从本体论的角度来看，那么实践根本就不是主体性活动，相反，任何主体性活动都是在实践的基础上才得以可能的。在此意义上，实践本身恰恰是自然的一种运动方式。事实上从发生学的角度来看，最初意义上的实践指的就是动物（类人猿）使用和制造工具的行为，正是在这种行为的基础上，动物才进化成了人类。就此而言，自然的运动与实践活动恰恰是同质的。当然，仅仅看到这种同质性，就会停留在自然主义的立场上。如果我们站在辩证法的立场上，就不难发现实践活动尽管最初只是一种带有偶然色彩的自然运动，但这种运动的产物——人类——最终却变成了运动的主体，从而最终把自身与自然分离并对立起来。这也就是说，原始自然的运动与人类的实践活动实际上是一体的，前者是后者的来源，后者则是前者的高级形态。从这个角度来看，自然本体论与实践本体论实际上就是统一的，两者都从根本上超越了形而上学：不是把某种静止不动的实体（物质或者精神），而是把永无休止的运动当作世界的本原或者本体。而实践活动既然是自然运动的高级形态，那也就是说实践乃是自然本质的真正显现，因而从逻辑上来说，自然运动乃是实践活动的初级形态。由此出发，实践本体论就是以运动为本体的必然结论。

三　经济的决定性而不是物质的决定性

如果说实践活动不需要也不存在一个物质前提的话，那么马克思何以把自己称作"实践的唯物主义者"，并且一再强调物质实践的决定作用呢？董学文也正是由此出发，否定了实践本体论在马克思主义思想中的存在。马克思曾经说过，"……对实践的唯物主义者即共产主义者来说，全部问题都在于使现存世界革命化，实际地反对并改变现存的事物"。[①] 在董学文看来，实践本体论实际上是实践唯物主义的另一说法，而实践唯物主义这一称谓恰好被许多学者认为出自马克思的这段文本。董学文认为，实践唯物主义和实践的唯物主义者乃是两种根本不同的说法，前者指的是一种以实践为基础或

---

① ［德］马克思、恩格斯：《德意志意识形态》，载于《马克思恩格斯文集》第一卷，中共中央马克思恩格斯列宁斯大林著作编译局编译，人民出版社2009年版，第527页。

核心的唯物主义学说，后者则是指把唯物主义观点付诸实践的人，至于这是一种怎样的唯物主义学说，则完全未做界定。因此，马克思并没有把自己的学说称作实践唯物主义。如果从字面意思上来看，董学文的解释当然是完全正确的，然而问题的实质并不在于马克思有没有提出"实践唯物主义"这一称谓，而在于他的唯物主义思想究竟是不是以实践为基础和核心的。无论是"实践本体论"还是"实践唯物主义"，所强调的都不是这种说法在马克思经典著作中的出处，而是实践在马克思主义思想中的核心或本体地位。因此，董学文即便否定了实践唯物主义的这一出处，也并不能就此否定实践本体论观点的合法性。

从我们前面的论述来看，实践无疑是马克思主义思想的核心和基础。既然如此，马克思何以不径直把自己的思想称作实践哲学，而仍视之为一种唯物主义学说呢？不难看出，其直接原因显然在于马克思认为自己所说的实践是一种物质活动，因而是一种新形态的唯物主义。客观地说，马克思的确在自己的著作中多次使用"物质实践"这样的说法，并且坚决捍卫自己的唯物主义立场。这方面的话语在董学文的文章中已多次引用，此处就不再赘述了。然而正如我们前面所强调的，马克思的物质概念已经经过了彻底的改造，与旧唯物论的物质概念有着本质的区别。简单地说，旧的物质概念指的是一种纯客观的存在，而马克思却主张物质是实践活动的产物，这种产物尽管有着客观性的外观，但却包含内在的主观因素。因此，当马克思宣称"不是人们的意识决定人们的存在，相反，是人们的社会存在决定人们的意识"①的时候，他并不是在简单地重复旧唯物主义关于存在决定意识、物质决定精神的信条，而是在强调实践活动的决定作用。具体地说，马克思所说的社会存在其实就是社会的经济基础，而经济基础指的乃是"物质生活的生产方式"，也就是实践活动。因此历史唯物主义的要义

---

① ［德］马克思：《〈政治经济学批判〉序言》，《马克思恩格斯文集》第二卷，中共中央马克思恩格斯列宁斯大林著作编译局编译，人民出版社2009年版，第591页。

不在于强调物质的决定作用，而在于突出经济生产或物质实践的重要性。

在董学文看来，经济生产不就是一种物质活动，因而经济的决定作用不正等同于物质的决定作用吗？在这个意义上，历史唯物主义就变成了辩证唯物主义和唯物辩证法在社会历史领域的应用，这种在学界广为流传的观点自然也就应运而生。然而经济生产和物质生产看似是一回事，实际上却有着本质的区别，因为后一种说法显然把生产活动看成了一种纯粹的物质行为，从而完全背离了马克思的实践论观点。从董学文一再强调实践的物质性、客观性来看，他显然赞同这一说法。或许有人会说，马克思自己不也常常使用"物质实践"这样的说法吗？然而问题在于，马克思所说的物质本身就包含主观的因素，而董学文却把实践和生产说成是纯粹的客观活动，两者之间不正是形同而实异吗？在我们看来，把经济的决定性混同于物质的决定性，等于是抹杀了马克思主义与旧唯物主义之间的根本区别。看不到这种区别，无论在口头上多么强调实践的重要作用，都不可能真正把握马克思主义的精神实质。董学文指责实践本体论"倒退到了马克思学说之前，为唯心论的入侵重新创造了条件"①，在我们看来，恰恰是他未能领悟到马克思主义思想的革命性和创新性所在，停留在了旧唯物主义的窠臼之中。

现在的问题是，如果说马克思彻底超越了旧唯物主义的二元论思维方式，那么他何以还要把人类的活动区分为实践和理论、物质和精神这两种形式呢？即便他所说的物质和精神都同时兼具主观性和客观性两种属性，它们不仍旧是两种不同性质的活动吗？具体地说，实践是一种包含精神以及主观因素的物质活动，而理论则是一种包含物质以及客观因素的精神活动。从马克思强调经济基础对上层建筑的决定作用来看，他不是仍然在坚持物质活动决定精神活动

①　董学文、陈诚：《"实践存在论"美学、文艺学本体观辨析——以"实践"与"存在论"关系为中心》，《上海大学学报》2009年第3期。

吗？如果说物质活动对精神活动有决定作用，那么物质实体对精神实体不也具有决定作用吗？我们认为，这些问题其实是由哲学语言的局限性所造成的。当马克思完成了自己的哲学革命的时候，他其实已经彻底打破了形而上学关于物质和精神、存在和意识、主观和客观、主体和客体等一系列二元对立，但由于他随即就把这种革命的成果运用到了政治经济学和社会革命理论的研究中去，而没有系统地建构一套新的哲学话语，因此当他在表述自己的新哲学思想的时候，仍然常常使用旧的哲学术语以及命题。正是由于马克思思想表述上的这种特点，导致许多学者错误地以为马克思仍然固守着传统的哲学思想，从而不断地用旧的哲学观念来诠释马克思的思想。如果我们真正掌握了马克思哲学革命的精神实质，就应该明白当他使用旧概念和旧命题的时候，实际上已经赋予了它们以崭新的含义，采取了一种"旧瓶装新酒"的态度。举例来说，当马克思宣称"社会存在决定社会意识"的时候，这个命题根本不能与旧唯物主义所说的存在决定意识混为一谈，因为马克思所说的存在是一种社会存在，意识也是一种社会意识，两者都是社会实践的产物，因此都是物质和精神、主观和客观的统一。而当马克思由此推论出经济基础决定上层建筑的时候，他也并不是把经济基础等同于物质范畴，把上层建筑等同于意识范畴。在这里，经济基础和上层建筑，以及历史唯物主义的许多新术语，其实都已经隶属于一个新的话语以及思想体系了。当然，这种新旧混合的话语方式不可避免地会引起各种误解。正因为如此，马克思在其思想的成熟期便基本抛弃了这些传统哲学的基本概念，转而主要采用自己所提出的新概念和新命题。这种话语体系的转换固然是由于研究对象本身从哲学转向了政治经济学，但同时也意味着马克思彻底摆脱了传统哲学的窠臼。董学文显然也看到了这种话语的转换，但由于他未能把握住马克思哲学革命的实质，因而对于这种转换的意义也就无所领悟了。

第二节　感觉如何通过实践成为理论家？

"感觉通过自己的实践直接变成了理论家"①，这是马克思在《1844年经济学哲学手稿》中提出的一个重要命题，也是实践美学的重要理论支柱。这一命题脱胎于黑格尔的《精神现象学》，但却克服了这种现象学的思辨性质，认为人的感觉并不是通过精神的矛盾运动转化为理性的，而是在实践的基础上直接具备了理性特征。从现象学的角度来看，这种理性化的感觉实际上就是一种本质直观或范畴直观能力，正是这种能力构成了审美经验的基础。因此我们认为，马克思的实践哲学和美学对胡塞尔所开创的现代现象学保持着开放性的视野。澄清这一视野，对于实践美学的建构具有重要的意义。

一　从精神现象学到实践哲学

所谓感觉通过自己的实践变成了理论家，就是说感性能力演变成了理性能力。这种观点本身并不是马克思的首创，黑格尔在《精神现象学》中早就对此进行了系统的论述。在黑格尔看来，人的意识或精神经历了一个由低到高的发展过程，从最低级的感性逐渐演变成了理性。具体地说，意识发展的第一个阶段是"感性确定性"，它是一种最直接的感觉，对于客体或对象只能"意谓"到"有这么一回事"，所把握到的只是一种最简单的个别性，也就是所谓的"这一个"，至于"这一个"是什么，如何存在，则一无所知；第二个阶段则是"知觉"，其特点是意识能够用语言说出"这一个"是什么，这样一来，就把"这一个"变成了普遍的东西，因为这种说法可以适用于任何一个"这一个"。不过，知觉所把握到的并不是纯粹的普遍性，而是一

---

① ［德］马克思：《1844 年经济学哲学手稿》，《马克思恩格斯文集》第一卷，中共中央马克思恩格斯列宁斯大林著作编译局编译，人民出版社 2009 年版，第 190 页。

种"具有普遍性的直接性"，因为"在这里感觉成分仍然存在着。但是已经不像在直接确定性那里，作为被意谓的个别东西，而是作为共相或者作为特质而存在着"。① 第三个阶段乃是"知性"，它能够摆脱共相中的感性成分，把握到事物的普遍本质和规律，"这个绝对普遍的东西消除了普遍与个别的对立，并且成为知性的对象，在它里面首先启示了超出感官世界和现象世界之外有一个超感官世界作为真的世界"②；第四个阶段是"自我意识"，这个阶段意识不再像前几种形态那样以和自身相异的"物"为对象，而是以自身为对象，从而依次产生了欲望、主奴关系和苦恼意识等三种形态；第五个阶段是"理性"，意识超越了前面那种把对象和自身对立起来的观点，它认为自己就是实在，并且是唯一的实在："它现在确知它自己即是实在，或者说，它确知一切实在不是别的，正就是它自己；它的思维自身直接就是实在；因而它对待实在的态度就是唯心主义对待实在的态度。"③ 黑格尔认为，这一特征构成了理性的本质："理性就是意识确知它自己即是一切实在这个确定性；唯心主义正就是这样地表述理性的概念的。"④

从这里可以看出，黑格尔的精神或意识现象学包含两个维度：一个是意识自身的演变过程，在这一过程中，意识从感性历经知觉、知性而发展为理性；另一个维度则是意识与其对象的关系，从关注对象到关注自身，最终扬弃两者之间的对立。这两个维度交织在一起，表明黑格尔认为意识的发展和演变并不是封闭和独立的，而是在对象性活动中得以展开和完成的。从某种程度上来说，这意味着他获得了与胡塞尔相似的洞见：胡塞尔强调意识的根本特征是意向性，即意识总是关于某物的意识，或者说意识总是指向某种对象的；黑格尔则认为意识总是具有对象性的，只能通过对象性活动来加以展开和发展。不

① ［德］黑格尔：《精神现象学》上卷，贺麟译，商务印书馆 1996 年版，第 75 页。
② ［德］黑格尔：《精神现象学》上卷，贺麟译，商务印书馆 1996 年版，第 97 页。
③ ［德］黑格尔：《精神现象学》上卷，贺麟译，商务印书馆 1996 年版，第 155 页。
④ ［德］黑格尔：《精神现象学》上卷，贺麟译，商务印书馆 1996 年版，第 155 页。

过仔细想来，黑格尔并没有真正贯彻这一洞见，因为他否定了对象的独立性和实在性，认为对象只是由意识所设定的，是意识把自身加以外化和异化的结果。这样一来，意识从对象身上把握到的一切，实际上都是意识本身所赋予对象的。这正如马克思在评价黑格尔时所概括的："自我意识的外化设定物性。因为人＝自我意识，所以人的外化的、对象性的本质即物性＝外化的自我意识，而物性是由这种外化所设定的。"① 从这里可以看出，黑格尔的对象化理论实际上来自费希特的"自我设定非我"，因而根本上是一种思辨的唯心主义。正是由于这个原因，他虽然把感性确定性作为意识活动的起点，但随即就强调"这种确定性所提供的也可以说是最抽象、最贫乏的真理"②。由此出发，他就不再关注对象在意识活动中的显现问题，而是关注意识自身的自我扬弃和辩证发展。虽然由此产生的各种意识形态与对象性活动之间还存在一定的对应关系，但这些意识形态的特征却不是从其与对象的关系中产生的，而是由意识自身的矛盾运动所决定的。这样一来，他就违背了自己的现象学洞见，把意识的对象性活动变成了意识自身矛盾运动的内在环节，他的精神现象学因此蜕变成了一种思辨哲学。

对于黑格尔哲学的这种两面性，马克思显然有着清醒的认识。他一方面尖锐地指出，"黑格尔把人变成自我意识的人，而不是把自我意识变成人的自我意识，变成现实的人、因而是生活在现实的对象世界中并受这一世界制约的人的自我意识。黑格尔把世界头足倒置，因此，他也就能够在头脑中消灭一切界限；……整部《现象学》就是要证明自我意识是唯一的、无所不包的实在"，③ 另一方面又明确肯定，"黑格尔的《现象学》及其最后成果——辩证法，作为推动原则和创造原则的否定性——的伟大之处首先在于，黑格尔把人的自我产生看

① ［德］马克思：《1844年经济学哲学手稿》，《马克思恩格斯文集》第一卷，中共中央马克思恩格斯列宁斯大林著作编译局编译，人民出版社2009年版，第190页。
② ［德］黑格尔：《精神现象学》上卷，贺麟译，商务印书馆1996年版，第64页。
③ ［德］马克思：《神圣家族》，《马克思恩格斯文集》第一卷，中共中央马克思恩格斯列宁斯大林著作编译局编译，人民出版社2009年版，第357—358页。

作一个过程，把对象化看作非对象化，看作外化和这种外化的扬弃；可见，他抓住了劳动的本质，把对象性的人、现实的因而是真正的人理解为人自己的劳动的结果"。① 从这种双重的洞见出发，马克思找到了对黑格尔的精神现象学进行批判和改造的突破口。具体地说，他颠倒了黑格尔在意识活动的两个维度之间建立的关系，认为意识自身的辩证运动应该建立在对象性活动的基础上，这样一来，他就打破了黑格尔思辨哲学的封闭性，使其重新建立在现象学的基础之上。他之所以能够做到这一点，是因为他把黑格尔所说的意识的对象化活动改造成了感性的实践活动，这样一来，意识就不是通过自身的自我否定，而是通过感性的实践活动，实现从感性到理性的发展和演变的。从某种程度上来说，这种改造实际上是一种还原，因为黑格尔本人已经洞察到了意识的对象性活动与感性的实践活动之间的关联，他所说的各种意识形态与社会历史实践之间存在相当严格的对应关系，比如主奴关系对应着奴隶社会的阶级关系，自由意识或怀疑精神来自古罗马的斯多葛主义，苦恼意识则产生于中世纪的基督教信仰，如此等等，只是由于受制于自身的思辨方法和唯心论立场，他把这种现实的社会关系和实践活动当成了意识外化或者异化的结果。马克思则颠倒了这两者之间的关系，主张真正的对象化活动乃是现实的实践活动，至于意识的对象化活动和矛盾运动，则只是这种实践活动在精神领域的显现和反应而已。这样一来，黑格尔的精神现象学就被改造成了马克思的实践哲学。

二 实践哲学的现象学维度

正是从这种实践哲学的立场出发，马克思提出了感觉的理性化这一命题。我们在前文说过，这个命题脱胎于黑格尔的精神现象学，但

---

① ［德］马克思：《1844 年经济学哲学手稿》，《马克思恩格斯文集》第一卷，中共中央马克思恩格斯列宁斯大林著作编译局编译，人民出版社 2009 年版，第 205 页。

如果仔细推敲的话，两者之间其实有着本质的区别。黑格尔所说的理性是一种与感性完全不同的认识能力：感性只能把握纯个别的"这一个"，理性则能把握事物的普遍本质；感性是一种直观能力，理性则是一种抽象的思辨能力；感性属于纯粹的对象意识，把意识和对象完全对立起来，理性则是对象意识和自我意识的统一，扬弃了意识与对象之间的对立。与之不同，马克思所说的理论家则既不同于感性，也不同于理性，而是一种包含理性因素的感性，它一方面能够把握事物的普遍本质，另一方面却仍保持了感性活动的直观本性，因而实际上是一种本质直观能力。正是对这种直观能力的发现，为马克思的实践哲学开启了一个现象学的维度或视野。

本质直观是现代现象学的创始人胡塞尔所提出来的一个重要概念，指的就是通过直观把握一般本质的能力。不过客观地说，胡塞尔的这个概念并不是空穴来风，而是有着悠久的传统。人们通常认为，西方思想把人的认识能力划分成了感性和理性两种形式，但实际上从古希腊时代起，哲学家们就认为人类还具有一种高级的认识能力，这种能力可以不经推理直接把握事物的本质，柏拉图、亚里士多德，以及近代的笛卡尔、斯宾诺莎和莱布尼茨等理性主义者都莫不如此。[①] 这一传统在康德那里受到了尖锐的挑战，因为他主张人类只具有感性直观而不具有智性直观能力。用他的话来说，"我们的本性导致了，直观永远只能是感性的，也就是只包含我们为对象所刺激的那种方式。相反，对感性直观对象进行思维的能力就是知性"，"知性不能直观，感官不能思维。只有从它们的互相结合中才能产生出知识来"[②]。不过，康德的挑战并没有真正终断这一传统，相反，后继的思想家如费希特、谢林等还十分重视他所提出的"智性直观"这一概念，并将其作为自

[①] 有关智性直观思想在西方哲学史上的演变过程，可参看邓晓芒《康德的"智性直观"探微》，《文史哲》2006年第1期，以及倪梁康《"智性直观"在东西方思想中的不同命运》，分期连载于《社会科学战线》2002年第1、2期。

[②] ［德］康德：《纯粹理性批判》，邓晓芒译，人民出版社2002年版，第52页。

己思想体系的核心。就连黑格尔也对这一概念大加赞赏，认为是"一个深刻的规定"①。就此而言，马克思所提出的"理论家"或人化的感觉也隶属于这一传统。

不过在我们看来，马克思在这一传统中享有某种独特的地位。严格说来，马克思并非自觉地置身于这一传统，相反，他的致思目的恰恰在于批判和颠覆这一传统。西方传统哲学所谈论的感性和理性都是一些形而上学的设定，是从人类的认识活动中抽象出来的。马克思则不同，他对这种抽象的理论思辨兴致寥寥，他所真正感兴趣的恰恰是把这些抽象的认识能力还原为现实的社会历史活动。众所周知，马克思关于感觉的人化的思想出自其对象化理论，而对象化理论则是其异化学说的组成部分。马克思所说的异化并不是一个抽象的哲学概念，而是特指资本主义社会的私有财产和工业生产所造成的劳动以及人的异化。表面上看来，感觉的人化说的是动物的感觉与人的感觉之间的差异，实际上马克思所说的动物感觉并不是指人类产生以前的动物感觉，而是指异化状态中人的感觉；反之，人的感觉也不是指人类在超越其动物性之后所获得的新的感觉，而是指异化被扬弃之后的人的感觉。这两种感觉之间的差异，在于异化状态的感觉是一种纯粹的占有、拥有，具有利己主义的性质；人化的感觉则扬弃了这种利己主义性质，具有了某种社会性。正是因此，马克思把感觉的人化与私有制的扬弃紧密地联系在一起："私有制使我们变得如此愚蠢而片面，以致一个对象，只有当它为我们拥有的时候，就是说，当它对我们来说作为资本而存在，或者它被我们直接占有，被我们吃、喝、穿、住等等的时候，简言之，在它被我们使用的时候，才是我们的"②；反之，"对私有财产的扬弃，是人的一切感觉和特性的解放；……因此，需要和享

---

① ［德］黑格尔：《哲学史讲演录》第四卷，贺麟、王玖兴译，商务印书馆1978年版，第296页。

② ［德］马克思：《1844年经济学哲学手稿》，《马克思恩格斯文集》第一卷，中共中央马克思恩格斯列宁斯大林著作编译局编译，人民出版社2009年版，第189页。

受失去了自己的利己主义性质，而自然界失去了自己的纯粹的有用性，因为效用成了人的效用"①。

从这里可以看出，所谓感觉的人化、理性化，实际上指的就是感觉的社会化。对马克思来说，这个过程不是通过意识自身的辩证运动和对象化活动，而是通过现实的社会历史实践来完成的。就此而言，马克思彻底颠覆和终结了西方哲学的基本传统。不过从另一个角度来看，马克思实际上又开启了一个新的哲学传统。就直观问题而言，马克思与传统思想的根本差异，在于他不是把理论家或人化的感觉视为一种高级的理性能力，而是看作一种新的感性能力。传统哲学所说的感性是一种主观的认识能力，它以五官感觉为基础，把握事物的个别属性；马克思所说的感性则超越了这种主观与客观、精神与物质的二元对立，指的是一种感性的实践活动。这种活动的主体不是主观的心灵而是完整的人，活动的方式也不仅仅是通过五官感觉来感知对象，而是借助于劳动工具等社会的器官，来实际把握和改造对象。用马克思的话说，"人以一种全面的方式，就是说，作为一个总体的人，占有自己的全面的本质。人对世界的任何一种人的关系——视觉、听觉、嗅觉、味觉、触觉、思维、直观、情感、愿望、活动、爱，——总之，他的个体的一切器官，正像在形式上直接是社会的器官的那些器官一样，是通过自己的对象性关系，即通过自己同对象的关系而对对象的占有，对人的现实的占有"。② 正是由于人的感觉具有这种全面性和现实性，因此它不仅能够把握事物的个别性，而且能够把握其内在本质。

这种全新的感性能力，实际上就是胡塞尔所说的本质直观能力。或许有人会说，社会化的感觉仍然也是一种感性能力，如何能够将其说成是一种本质直观能力呢？然而事实上马克思对这种能力的论述已

---

① ［德］马克思：《1844 年经济学哲学手稿》，《马克思恩格斯文集》第一卷，中共中央马克思恩格斯列宁斯大林著作编译局编译，人民出版社 2009 年版，第 189 页。

② ［德］马克思：《1844 年经济学哲学手稿》，《马克思恩格斯文集》第一卷，中共中央马克思恩格斯列宁斯大林著作编译局编译，人民出版社 2009 年版，第 189 页。

经清晰地说明了这一点："对象如何对他来说成为他的对象，这取决于对象的性质以及与之相适应的本质力量的性质；因为正是这种关系的规定性形成一种特殊的、现实的肯定方式。"① 这就是说，人化的感觉具有一种特定的本质力量，通过这种力量它就可以把握到事物的内在本质。尽管马克思所列举的例证仍然是眼睛和耳朵等感觉器官，但这些器官所具有的却已经不再是一种纯粹的感性能力，因为它们已经通过实践具有了新的本质力量："只是由于人的本质客观地展开的丰富性，主体的、人的感性的丰富性，如有音乐感的耳朵、能感受形式美的眼睛，总之，那些能成为人的享受的感觉，即确证自己是人的本质力量的感觉，才一部分发展起来，一部分产生出来。"② 从这里可以看出，人的眼睛和耳朵所具有的已经不再只是一种感性的认识能力，因为它们已经获得了人的本质的丰富性。正是因为这个原因，它们才能从声音中听出音乐感，从事物身上看到形式美。

从西方直观思想的传统来看，马克思的这种观点与胡塞尔有着惊人的相似性：传统思想总是把本质直观归结为一种理性能力，因此称其为理性直观或智性直观；马克思和胡塞尔则更强调其与感性活动之间的关联。前文指出，马克思把本质直观视为人类在实践的基础上所产生的一种新的感觉能力；无独有偶，胡塞尔的本质直观和范畴直观概念也是通过对于感知概念的拓展而产生的。他明确指出，"就每一个感知而言都意味着，它对其对象进行自身的或直接的把握。但是，感知可以是狭义的感知，也可以是广义的感知，或者说，'直接'被把握的对象性可以是一个感性的对象，也可以是一个范畴的对象，换言之，它可以是一个实在的对象，也可以是一个观念的对象，随这里的情况变化，这种直接的把握也就具有一个不同的意义和特征。我们

---

① 〔德〕马克思：《1844 年经济学哲学手稿》，《马克思恩格斯文集》第一卷，中共中央马克思恩格斯列宁斯大林著作编译局编译，人民出版社 2009 年版，第 191 页。

② 〔德〕马克思：《1844 年经济学哲学手稿》，《马克思恩格斯文集》第一卷，中共中央马克思恩格斯列宁斯大林著作编译局编译，人民出版社 2009 年版，第 191 页。

也可以将感性的或实在的对象描述为可能直观的最底层对象，将范畴的或观念的对象描述为较高层次上的对象"。① 这就是说，他把感知区分成了狭义的感知和广义的感知：前者指的就是传统哲学所说的感性，它所把握的是个别对象，后者则是指范畴直观或本质直观，所把握的是范畴对象或本质一般。不难看出，马克思所说的对象的性质、形式美等等，恰恰就属于胡塞尔所说的范畴对象或本质一般，因而人化的感觉实际上就是一种范畴直观或本质直观能力。

当然，这种理论视野的相似性并不会掩盖他们之间的思想差异。大体上来说，胡塞尔主要探讨的是本质直观的内在机制，马克思则更关注产生这种直观能力的社会历史根源，因而我们可以认为，马克思的实践哲学为胡塞尔的现象学提供了一种社会历史的证明。

三 实践美学的现象学阐释

现在的问题是，马克思所发现的这种人化的感觉能力对于实践美学来说具有何种意义呢？我们认为，这种新的感觉或直观能力就是人的审美能力的来源。

长期以来，人们总是把审美和艺术经验归结为一种感性活动，由此带来的问题就是，如果审美和艺术只是一种感性活动，那么它必然就不具有真正的真理性。为了解决这个问题，美学家们试图把感性和理性统一起来，认为审美经验不仅包含感性因素，同时也包含理性因素。问题在于，感性和理性是两种截然不同的认识能力，它们如何能够统一起来呢？正是为了解决这个问题，近代美学不得不求助于辩证法。辩证法的特点在于把感性和理性作为两种相互对立的认识能力，试图在两者之间的矛盾运动中使其统一起来。以黑格尔为例，他认为理性就是通过感性的自我否定和扬弃而产生的，反过来，理性以扬弃

① ［德］胡塞尔：《逻辑研究》第二卷第二部分，倪梁康译，上海译文出版社1999年版，第146页。

的方式把感性包含在自身之内，由此使两者获得统一。问题在于，这种统一实际上是一种虚假的统一，因为经过了从感觉到知觉、知觉到知性、知性到理性的多重扬弃之后，感性早就已经消失得无影无踪了，其结果只是以理性吞并了感性而已。黑格尔自己的思想轨迹就充分印证了这一点。他一方面宣称，"艺术的内容就是理念，艺术的形式就是诉诸感官的形象"①，这意味着艺术达到了感性和理性的统一，但另一方面又认为，"无论是就内容还是就形式来说，艺术都还不是心灵认识到它的真正旨趣的最高的绝对的方式"②，原因就在于艺术未能彻底摆脱感性的约束。由此出发，他甚至做出了艺术终结的断言，认为艺术必然为宗教和哲学所取代。由此可见，他并不认为审美经验可以真正把感性和理性统一起来，两者之间矛盾运动的结果只能是理性确立起自己的统治地位。

近代美学的上述命运启示我们，辩证法并不能提供美学之谜的真正解答。正是在这一背景之上，马克思的发现凸显出其革命性的意义。从某种意义上来说，马克思所提供的是一个和辩证法相反的解决方案：不是把感性和理性统一在某种新的认识能力或认识活动中，而是将两者还原到其共同的根源。在我们看来，这种观点堪称划时代的创举。从哲学史上来看，在马克思之前或许只有康德产生过类似的想法。他在《纯粹理性批判》一书导言的结尾处说过这样一段话："人类知识有两大主干，它们也许来自于某种共同的、但不为我们所知的根基，这就是感性和知性，通过前者，对象被给予我们，而通过后者，对象则被我们思维。"③ 从这段话来看，康德曾经推测感性和知性具有某种共同的根源，但这显然只是一个转瞬即逝的念头，因为他在此后从未沿着这个方向进行过深入的思考。与之不同，马克思所说的人化的感觉则是一种本源的认识能力。或许有人会说，既然这种感觉乃是一种

---

① ［德］黑格尔：《美学》第一卷，朱光潜译，商务印书馆1991年版，第87页。
② ［德］黑格尔：《美学》第一卷，朱光潜译，商务印书馆1991年版，第13页。
③ ［德］康德：《纯粹理性批判》，邓晓芒译，人民出版社2004年版，第22页。

本质直观能力，那就应该归属于历史悠久的理性直观传统，何以称之为划时代的创举呢？然而问题在于，传统哲学始终把理性直观当作一种高级的理性能力，而不是视之为感性和理性的共同根源。马克思则不同，他表面上看起来是把人化的感觉看作在感性之后出现的一种认识能力，然而事实上在他看来，原有的感觉只是一种动物的感觉，只有这种人化的感觉才具有属人的本性。换句话说，人化的感觉对人来说乃是一种原初的认识能力，在此基础上才出现了感性和理性的分化和对立。

从这个角度来看，实践美学的创新意义就变得一目了然了。在我们看来，马克思在谈论人化的感觉及其对象化活动的时候，之所以一再涉及美学和艺术问题，并非一种偶然，而是因为这种感觉最直接、最充分的体现就是审美活动。当然，马克思并不认为感觉的人化主要是通过审美和艺术活动来实现的，在他看来对象化活动的根本方式乃是工业等物质实践，他甚至把那种过分重视艺术的观点视为异化现象的产物："我们看到，工业的历史和工业的已经生成的对象性的存在，是一本打开了的关于人的本质力量的书，是感性地摆在我们面前的人的心理学；对这种心理学人们至今还没有从它同人的本质的联系，而总是仅仅从外在的有用性这种关系来理解，因为在异化范围内活动的人们仅仅把人的普遍存在，宗教，或者具有抽象普遍本质的历史，如政治、艺术和文学等等，理解为人的本质力量的现实性和人的类活动。"① 不过在我们看来，人化的感觉尽管最初并不是通过审美和艺术活动而产生的，但在这种能力产生之后，却无疑只有在审美活动中才能得到不断的磨砺和发展。这是因为，工业本身尽管是本质力量得以产生和发展的根本途径，然而迄今为止的工业活动却始终是以异化的形式出现的。从这个角度来看，由此所产生的本质力量恰恰被工业活动掩盖起来了。正是因此，马克

---

① ［德］马克思：《1844 年经济学哲学手稿》，《马克思恩格斯文集》第一卷，中共中央马克思恩格斯列宁斯大林著作编译局编译，人民出版社 2009 年版，第 192 页。

思才强调人们迄今还没有打开这本关于人的本质力量的书。反过来，审美和艺术则成了工业社会中对抗异化的有效途径。在这方面，20世纪的法兰克福学派无疑做出了富有价值的探索。马尔库塞就认为，艺术能够有效地对抗社会的异化，唤起人们的反抗意识，并且培养起一种新的感受力："艺术创造了使艺术推翻经验的独特作用成为可能的领域：艺术所构成的世界被认为是在既成现实中被压抑、被歪曲的一种现实。这种经验终于导致极端的紧张场面，这些场面则以一种通常不被承认、甚至闻所未闻的真实性的名义，爆破了既有的现实。艺术的内在逻辑发展到底，便出现了向为统治的社会惯例所合并的理性和感性挑战的另一种理性、另一种感性。"① 耐人寻味的是，他把这种新的感受力称为"新感性"，并且强调这是另一种理性、另一种感性。显然，这种新感性与马克思所说的人化的感觉一样，既不是感性，也不是理性，而是两者的共同根源，是一种本质直观能力。所不同的只是，马尔库塞认为这种新感性是通过艺术活动发展起来的。这看起来背离了马克思的历史唯物主义立场，实际上却是这种立场的进一步发展，因为尽管对异化劳动的扬弃只能通过工业本身来完成，然而要想唤起工业社会中人们的反抗意识，却必须借助于工业之外的力量，这显然就为审美和艺术提供了用武之地。马克思反对人们仅仅从有用性的角度来看待工业，但这并不意味着他反过来否定了非实用的审美活动在对抗和消除异化方面的功能。什克洛夫斯基有段名言："为了恢复对生活的感觉，为了感觉到事物，为了使石头成为石头，存在着一种名为艺术的东西。"② 我们以为，这里所说的感觉同样指的是这种原初的直观能力。

　　当然，我们把马克思所说的人化的感觉说成是一种本质直观能力，并不意味着他已经提出并建构起了成熟的现象学美学。事实上，马克

---

① ［德］马尔库塞：《现代美学析疑》，绿原译，文化艺术出版社1987年版，第7页。

② ［俄］什克洛夫斯基：《艺术作为手法》，［法］茨维坦·托多罗夫编选：《俄苏形式主义文论选》，蔡鸿滨译，中国社会科学出版社1989年版，第65页。

思只是初步开启了这一维度，并且构成了其中的一个环节。我们在前文说过，康德只是猜测而没有真正探究感性和知性的共同根源，然而海德格尔却曾主张，康德在《纯粹理性批判》的第一版中实际上已经发现了这种原初的认识能力，这就是康德所说的先验想象力，但他为了维护知性的统治地位，随即就从这个立场上退却了。① 这种诠释是否合理姑且不论，但它至少提示我们先验想象力在认识论上的重要地位。事实上，在他之后的费希特和谢林都十分重视这一概念，并且将其与智性直观紧密地联系在一起，直到 20 世纪的胡塞尔在建构其本质直观学说的时候，仍然把想象力作为不可或缺的元素，认为只有通过想象来进行自由变更，才能把普遍本质作为绝对同一的内涵呈现出来。② 从这个角度来看，马克思似乎游离在了本质直观学说的传统之外。不过在我们看来，尽管马克思并没有注意到想象力在认识活动中的重要地位，但这并不能否认他所说的人化的感觉与本质直观之间的一致性，因而对实践美学进行一种现象学的阐释就有了合理的理由。

第三节　李泽厚美学思想的历史地位

在当代中国的美学研究中，实践美学无疑占据着十分重要的位置，而李泽厚显然又是其中的主要代表人物。李泽厚在有选择地吸收马克思、康德等人思想的基础上，形成了独具特色的主体性实践哲学以及美学思想。在当前，中国美学界正酝酿新的突破，人们要求超越和突破实践美学的呼声越来越高，如何客观地评价这一思想的理论价值和历史地位，显然具有十分迫切的现实意义。

---

① 参看［德］海德格尔《康德与形而上学疑难》，王庆节译，上海译文出版社 2011 年版，第 152 页。

② 参看［德］胡塞尔《经验与判断》，邓晓芒、张廷国译，生活·读书·新知三联书店 1999 年版，第 394—395 页。

一

李泽厚的美学思想诞生于 20 世纪 50 年代的美学大讨论中。不过，他最初提出的却不是实践论而是"社会派"的美学观点。在他最初的几篇美学论文中，李泽厚论证了美的客观性和社会性，以及这两者之间的内在联系，由此区别于主观派和客观派等其他各派的主张。他认为，美既不是客观事物的自然属性，也不是主观精神和意识活动的产物，而是属于社会存在的范畴，是事物与人类的社会生活相联系而产生的一种社会属性。因此，他一再强调要区分美和美感，认为前者属于社会存在，后者属于社会意识，前者是社会生活的客观属性，后者则是对前者的主观认识和反映。由此可见，尽管李泽厚在讨论中与朱光潜、蔡仪等人有着明显的区别，但他当时所持的却是认识论的哲学和美学观点，其主要思想来源是俄国民主主义者车尔尼雪夫斯基（Nikolay Gavrilovich Chernyshevsky）"美是生活"的唯物主义观点。

不过，由于李泽厚一开始就接受了马克思的历史唯物主义哲学观，因此他不能不注意到社会存在、社会生活与实践活动的关系。正如马克思所说："全部社会生活在本质上是实践的"[①]，生活的核心内容就是人们改造世界的实践活动。肯定美是一种社会存在，就是认为美是人类社会实践的产物。所以，随着讨论的深入，李泽厚开始自觉地运用马克思的实践论观点来分析美的本质。他认为，实践活动的根本目的就是通过改造客观世界来满足人类自身的需求（即"善"），这一活动要想取得成功，就必须首先掌握和遵守客观存在的自然规律（即"真"）。通过实践，主体的"善"得到了肯定和实现，成了对象化的善，而客观的"真"则为人所掌握，成了主体化（人化）的"真"，它们统一于实践活动的成果之中就成了"美"。因此，李泽厚说：

---

① ［德］马克思：《关于费尔巴哈的提纲》，《马克思恩格斯文集》第一卷，中共中央马克思恩格斯列宁斯大林著作编译局编译，人民出版社 2009 年版，第 501 页。

"'美'是'真'与'善'的统一。"① 这里，他对真、善、美相统一的古老格言进行了创造性的阐释，成功地表达了自己的实践美学观。据此我们可以认为，这是李泽厚实践美学思想诞生的标志。然而我们就在这里也发现，他仍坚持说："艺术美只是美的反映，……相对于现实美来说，她却是第二性的，意识形态的，从而也就是属于主观范畴的。"②"艺术反映现实，在本质上是与科学一致的、共同的。"③ 可见实践活动在此只是解决了美的本质和根源问题，至于审美与艺术则仍属于认识活动，这样，实践仍只是一个认识论的概念，因而其整体的哲学观在当时仍是认识论而非实践本体论的。

　　这种局面直到他在 70 年代开始从事康德研究，才有了根本性的改变。在这里，实践活动才开始有了确定的内涵，即"所谓社会实践，首先的和基本的便是以使用和制造工具为核心和标志的社会生产劳动"④。他不再仅仅把实践与认识活动相联系，转而认为，"人类的最终实在、本体、事实是人类物质生产的社会实践活动"⑤。可见他已经明确地把实践当成社会本体论而非认识论的概念。李泽厚运用这样一种新的实践观来分析和研究康德，发现康德所提出的认识如何可能的问题，"根本上起源于人类如何可能"⑥。具体地说，认识活动不是起源于人的主观感觉和知觉，而是使用和制造工具的物质实践，认识的目的、对象和范围都是由实践活动所规定的，因而认识论应该奠基于实践论之上而不是相反。不仅如此，李泽厚还把实践观贯彻到伦理学和美学的研究之中，认为人类的伦理观念和道德意识不是来源于康德所谓的道德律令，而同样是与实践活动密切相关的："社会实践本身

---

① 李泽厚：《美学论集》，上海文艺出版社 1980 年版，第 162 页。
② 李泽厚：《美学论集》，上海文艺出版社 1980 年版，第 166 页。
③ 李泽厚：《美学论集》，上海文艺出版社 1980 年版，第 166 页。
④ 李泽厚：《批判哲学的批判》，安徽文艺出版社 1994 年版，第 85 页。
⑤ 李泽厚：《批判哲学的批判》，安徽文艺出版社 1994 年版，第 83 页。
⑥ 李泽厚：《批判哲学的批判》，安徽文艺出版社 1994 年版，第 172 页。

就是'本体的善'，其他一切的善都是由它派生而来的。"① 这种人类整体的生存与发展对于每个个体来说自然就构成了不可抗拒的"绝对命令"，而个体经由社会的强制逐渐将这种外在的群体规范移入和内化，就凝聚成了内在自觉的道德感，因此，"道德本是作为整体的人类社会的存在对个体的要求、规范和命令"②，因而道德与伦理同样应被置于实践活动的基础之上。李泽厚由此克服了康德哲学中现象界与物自体、理论理性与实践理性之间的二元对立，建立了实践一元论的哲学体系。在这个体系中，美和审美不再如康德哲学中那样，仅仅是弥合认识与道德之间的分裂，把人培养成有道德的人的工具和桥梁，相反，审美本身成了人生的最高境界，因为认识活动和伦理活动都存在某种外在、片面和抽象的理性特征。在认识活动中主体需要抑制自身的情感和愿望，以掌握外在的自然规律，在伦理活动中则要压抑、规范主体的情感和需要，以确立道德意志的尊严，它们都构成了对人的自然需求的束缚和规范。只有在审美活动中，社会与自然、理性与感性、历史与现实、人类与个体之间才得到了真正内在的、具体的、全面的交融与统一。因此，"美的本质是人的本质最完满的展现，美的哲学是人的哲学的最高级的峰巅"。③ 这样，李泽厚就从实践活动出发，全面回答了人类的认识能力、道德意志与审美需要的来源和基础问题，由此建立了完整的主体性实践哲学体系。

　　值得注意的是，李泽厚所说的主体却不是认识论而是本体论的概念，是他所谓人类学本体论的主观方面。这个本体乃是人类实践活动的成果，它表现在两个方面："这种成果的外在的物质方面，就是由不同生产方式所展现出来的从原始人类的石头工具到现代大工业的科技文明。这即是工艺—社会的结构方面。这种成果的内在心理方面，

---

① 李泽厚：《批判哲学的批判》，安徽文艺出版社 1994 年版，第 365 页。
② 李泽厚：《批判哲学的批判》，安徽文艺出版社 1994 年版，第 324—325 页。
③ 李泽厚：《批判哲学的批判》，安徽文艺出版社 1994 年版，第 473 页。

就是分别内化、凝聚和积淀为智力、意志和审美的形式结构。这即是文化—心理的结构方面。"① 不难看出，所谓本体论的两个方面只是把认识论中主观与客观、社会存在与社会意识加以改造而产生的，这个改造也就是以实践为支点所进行的本体论转换，是李泽厚对马克思哲学革命的具体表述。这个表述是否符合马克思的原意，我们在前见探讨李泽厚美学的方法论特征时已经进行了探讨，兹不赘述。在此只需要指出，由于李泽厚把人类本体看作实践活动的成果，在美学上直接导致了"积淀说"的提出。这一学说从产生之日起，就处于激烈的争论之中，而争议的焦点首先就在积淀一词的含义上。李泽厚自己曾把积淀概括为广狭两义，广义的积淀是指主体性（人性）的生成过程，它包括了人的智力结构、意志结构和审美结构的建构过程，狭义的积淀则专指审美的心理情感的建构。② 这样看来，积淀说在美学上只是解决了审美机制的形成问题。但实际上积淀也涉及美的本质问题，因为客观存在的美也是由实践活动转化而来的。用李泽厚的话说，所谓美乃是自然的人化的产物。通过漫长历史的社会实践，自然为人所征服、控制和利用，成为顺从人的自然，成为人的无机的身体，这样，自然与人、真与善、感性与理性、规律与目的、必然与自由就获得了统一。"理性才能积淀在感性中，内容才能积淀在形式中，自然的形式才能成为自由的形式，这也就是美"③，而审美则是"这一统一的主观心理上的反映，它的结构是社会历史的积淀"④。由此可见，尽管积淀一词有着多种用法，但在根本上是用来概括实践活动的成果由动态向静态的转化过程，这一转化的客观成果形成了工具本体，主观成果则形成了情感本体，而美和美感又分别是其最高的表现形式。不难看出，积淀说乃是主体性实践哲学在美学上的必然产物，它的提出是李

---

① 李泽厚：《批判哲学的批判》，安徽文艺出版社 1994 年版，第 430 页。
② 李泽厚：《美学四讲》，安徽文艺出版社 1994 年版，第 578 页。
③ 李泽厚：《批判哲学的批判》，安徽文艺出版社 1994 年版，第 434 页。
④ 李泽厚：《批判哲学的批判》，安徽文艺出版社 1994 年版，第 434 页。

泽厚实践美学思想形成的标志。

二

随着李泽厚哲学、美学思想的成熟，他的观点获得了越来越多的赞同。可以说，20 世纪 80 年代以来的中国美学几乎一直处于李泽厚的影响和支配之下。那么，实践美学的理论价值究竟何在呢？概括地说，我认为主要表现在它革新了中国现代美学的哲学基础，使其彻底摆脱了机械反映论的束缚，从而真正建立在马克思所开创的实践哲学的基础之上。

众所周知，中国当代的美学、文艺学研究主要建立在唯物主义反映论的基础之上。李泽厚尽管在早年也曾短暂地接受过反映论的哲学观，但他很快就转向了实践哲学的研究。他创造性地把马克思早期关于"自然的人化"的哲学命题（《1844 年经济学哲学手稿》）、思想转折时期提出的实践范畴（《关于费尔巴哈的提纲》），以及思想成熟时期的历史唯物主义观点结合起来，形成了独具特色的实践论观点。以往在马克思主义研究中，尽管人们也看到了实践范畴的重要意义，但更多的是把它当成一个认识论的范畴，从认识的工具与手段的意义上来规定实践的内涵，这实际上无法展示实践观对于马克思确立新的哲学观和世界观、超越近代认识论哲学的革命性意义。而李泽厚则首先把实践作为人类生存与发展的基本活动方式，把它提高到社会本体论的高度。因此，他一方面赋予实践以具体的历史规定性，认为实践就是使用和制造工具进行劳动，从而使其与历史唯物主义的物质生产概念统一起来；另一方面又把实践看作自然向人生成的根本动力和途径，由此赋予它以确定的价值指向性。如此一来，实践就成了贯穿马克思全部思想的核心和本体论的范畴。以此为基础，李泽厚对康德哲学进行了卓有成效的分析研究，回答了康德哲学的根本问题，并把康德哲学的精髓——主体性精神吸收进自己的思想体系，也因此把当代中国的马克思主义哲学向前推进了一步。

从美学的角度来看，这一思想的最大功绩在于彻底更新了马克思主义美学的哲学基础。在中国当代美学史上，无论是朱光潜的主客观统一派，还是蔡仪的客观派、吕荧和高尔泰的主观派美学，其哲学基础都是认识论。在那场著名的美学大讨论中，各方争论的焦点都集中在美的本质究竟是客观的还是主观的，而始终没有怀疑过审美是否应被看作认识活动，认识论能否充当美学研究的方法论基础。明确坚持美的客观性的蔡仪自不必说，就连朱光潜也认为，"马克思列宁主义的文艺理论和美学有一个总的出发点，那就是反映论"①。因此，尽管他在李泽厚之前就注意到实践对于美学研究的重要意义，却把生产实践与艺术创作完全混同起来，做出了"文艺活动是一种生产劳动，和物质生产劳动显出基本一致性"② 的错误结论。所以，尽管朱光潜和蔡仪等人也在努力运用马克思主义观点来研究美学，实际上他们仍旧停留在近代美学的水平上，所不同的只是前者吸收了唯心主义的思想成果，后者则有明显的机械唯物主义色彩。在此思想支配之下，他们必然会在根本上把审美、艺术与认识活动相等同，从而忽略、抹杀了前者的特殊本质。这一点最为明显地表现在蔡仪主编的《文学原理》中。在这部80年代流传极广的著作中，从范畴的设定到体系的建构，都全面地挪用了哲学认识论的体系框架。诸如感性与理性、主观与客观、内容与形式、一般与个别等一系列二元对立的范畴体系，很明显地脱胎于认识论和逻辑学。可以说，把美学建立在认识论的基础上，是导致我国的美学、文艺学研究长期陷于僵化、落后状态的主要根源。与之不同，李泽厚的实践美学直接从马克思的实践哲学发展而来，因而在根本上超越了近代哲学所陷入的唯物与唯心之争的理论困境，较之其他各派美学自然高出一筹。在他所建立的主体性实践哲学体系中，认识论已不再能涵盖美学，相反，美学已经被看成人的哲学的核心内

---

① 文艺报、新建设编辑部：《美学问题讨论集》（六），作家出版社 1964 年版，第 227 页。

② 《朱光潜选集》，天津人民出版社 1993 年版，第 289 页。

容和最高境界，因而认识应该为审美服务而不是相反。他明确指出，"认识论不能等同也不能穷尽哲学，……哲学还应该包含伦理学和美学"①，这是在中国现代美学史上，第一次把美学从认识论的支配下解放出来，这个观点至今仍有着不容忽视的现实意义。应该看到，目前流行的许多美学、文艺学著作中，仍普遍存在把审美与艺术当作认识活动，把美学从属于认识论的思想倾向，这从反面证明了实践美学所开创的美学研究新思路至今仍未过时，它的理论价值还有待我们进一步认识与开掘。

如果说李泽厚的实践哲学使美学研究摆脱了认识论的束缚而走向独立，那么，他的主体性思想则对美学、文艺学研究克服机械反映论的局限起到了关键作用。由于各种历史因素的作用，机械反映论长期在我国学术界占据着统治地位。李泽厚在 20 世纪 80 年代相继发表了关于主体性的两个论纲，简要地总结了自己研究康德哲学的主要成果，明确提出了建立主体性的号召，从而唤起了学术界的热烈讨论和思考。在讨论中，人们逐渐意识到教条主义和机械反映论对我国学术研究所造成的危害，开始运用主体性思想来加以克服，由此使主体性思潮成为那个年代思想界的主导性潮流。时至今日，审美和艺术活动的主体性已经为各派理论所普遍接受。尽管人们在认识上仍然存在差异，但机械反映论在思想界的统治地位已经一去不复返了，这一点无论如何应被看作李泽厚对中国学术的历史性贡献。本来，主体和主体性是西方近代哲学的核心问题，也是马克思早就关注过的话题。他在著名的《关于费尔巴哈的提纲》中就是把重视主体的能动性当作唯心主义的主要贡献，并以此来批评费尔巴哈的机械唯物主义的。但由于我国理论界长期以来存在把马克思主义认识论化的倾向，因而看不到主体的能动作用根本上是由实践活动来保证的。正是因此，许多美学家才重蹈了近代机械唯物主义（如蔡仪）和唯心主义（如朱光潜、吕荧和高

---

① 李泽厚：《批判哲学的批判》，安徽文艺出版社 1994 年版，第 467—468 页。

尔泰）的覆辙。而李泽厚则把主体范畴与实践范畴并提，即首先把人看成是实践活动而非认识活动的主体，并把主体性（人性）本身看作实践活动的产物，这样，主体就与实践一同被赋予了人类学上的本体地位。准确地说，是同一本体的两个方面：实践是主体的活动形态，主体则是实践的静态成果。正是因此，李泽厚才又创造出积淀一词来描述两者之间的相互转化关系。当然，由于积淀在根本上只能是一种单向性的活动，它只能概括实践成果向主体内在结构的转换生成，却无法触及主体对实践的能动选择和影响，这一点正是积淀说乃至整个实践美学遭到批评的主要根源，也是李泽厚哲学、美学思想的主要缺陷（李泽厚一再自辩说积淀是主体能动的选择活动，但由于他所说的主体始终是指整体的、人类学的结构形态，因而根本上无法揭示个体选择能力的由来与机制），这一点下文还将论及。不过，积淀说确实抓住了自然向人、动物性向人性生成的关键，尽管它的内在机制尚有待于研究，要从假说发展为科学理论还需要大量的实证研究，但它毕竟为审美机制的揭示指出了一条有前途的道路。从这个意义上说，李泽厚第一次真正确立了主体性范畴在马克思主义哲学和美学中的地位。

三

要想全面地把握实践美学的历史地位，不仅要看它对推进中国美学所做的贡献，而且应该分析它在世界美学格局中的位置，看它能否与世界美学的发展潮流展开建设性的对话与交流。在这方面，李泽厚同样做出了开拓性的贡献。由于历史的原因，当代中国美学长期处于世界美学的潮流之外。为了改变这种局面，李泽厚与现代西方美学展开了积极的对话，并在对话中展示了自身的理论特色和优势。当然，其思想的局限性也格外清晰地暴露出来了。

西方现代美学的主要传统是从叔本华以来的非理性主义思潮。这种美学思潮不满于西方近代美学的理性主义传统，认为德国古典美学把审美归结为认识活动的做法忽略了审美与人的生存活动的紧密联系，因而主张恢复康德的传统，重提审美与人的生存之间的关系问题，由此产生了叔本华、尼采等人的唯意志论美学。以后，直觉主义、存在主义等流派尽管相互间有着诸多差异，但在主张审美与人的个体生存体验相关这一点上是基本一致的。这种倾向显然与李泽厚把实践看作人的基本活动的观点有着内在的相通之处，因此他十分重视存在主义所提出的各种生存论或人生论问题："人为什么活着？人生的价值和意义？存在的内容、深度和丰富性？生存、死亡、烦闷、孤独、恐惧等等，并不一定是认识论问题，却是深刻的哲学问题。它们具有的现实性比认识论在特定条件下更为深刻，它们更直接地触及了人的现实存在。"① 他甚至多次表示要把命运和偶然作为自己哲学的主题，而审美作为他的哲学的最高旨归，实际上就是他所提出的解决人生问题的根本途径。也正是因此，他在工具本体之外又提出了情感本体的问题，并特别指出与前者重视整体、理性和必然不同，后者更看重个体、感性与偶然，认为这一领域"不是必然主宰偶然，而是偶然建造必然"②，只有通过审美与艺术活动才能完成建立"新感性"的任务，才能解决现代人生存的价值与意义问题，这些都表明实践美学触及了现代哲学和美学所关注的重要课题——个体生存的意义问题。另一方面，由于哲学基础的差异，实践美学对于人的生存意志、道德的本质等问题又做出了完全不同的解释。西方现代的非理性主义者从叔本华开始就把意志与认识对立起来，并且用个体的生存意志来对抗理性的认识活动，因为他们认为正是理性主义造成了近代科学的畸形繁荣，科学和认识成了人的统治者和压迫者，个体的愿望、需求被遗忘、忽略和压抑，人类生存的真正意义在根本上被抹杀了。因此，应该取消科学技术的统治地位，通过个体感性的生存体验来把握人生的价值和意义。李泽厚则认为，这种非理性的个体愿望、需求和意志本质上仍是动物

---

① 李泽厚：《批判哲学的批判》，安徽文艺出版社1994年版，第467页。
② 李泽厚：《批判哲学的批判》，安徽文艺出版社1994年版，第496页。

性的，它们本身就是实践活动的改造对象（即所谓内在自然的人化）。因此，生存危机不是来源于个体的被遗忘和被压抑，而是因为个体没有通过审美与艺术来建立起自己的情感本体。与此相应，危机的解决不应通过取消科学技术，恢复个体生存体验的权利，而应通过积淀来完成科学实践和物质生产的外在成果向人的内在心理能力的转换与建构。换言之，生存的意义不是来自个体的生存实践，而是来自人类群体的物质实践，来自个体向群体与社会的归依。不难看出，造成这种分歧的根源在于对道德意志本质的理解。非理性主义者把道德理解为个体愿望和生存意志的实现，因而社会的规范就是反道德的力量；李泽厚则认为道德就是人类生存与发展的整体要求，这种要求尽管在开始时对个体表现为强制性的力量，但经过漫长的人类历史，个体却能将这种规范移入自身，积善成德，成为自己自觉追求的道德律令。①李泽厚从这样的道德观出发来批评西方现代哲学与美学，确实可以克服其非理性倾向，纠正其反科学的错误态度，但也十分明显地暴露了自身的理论局限。因为把道德意志非理性化固然不可取，但为了强调道德的理性内容而把个体的愿望与需求一概否定或归结为所谓的动物本能，却又走向了另一个极端。而且从逻辑的角度来看，李泽厚的道德观念根本上缺乏辩证内涵，原因在于他把道德简单地归结为群体规范，实际上取消了个体愿望的道德合理性。这很明显是由于他过多地接受了康德思想的影响之故。而现代西方非理性主义者所坚持的个体化道德观正是为了反对近代哲学的理性主义倾向而提出的，尽管它有着明显的非理性色彩，但毕竟是在把道德哲学推向前进。在这个意义上，李泽厚的批评固然有效，但解决的办法却不是前进了而是倒退了。既然如此，他所谓通过审美来拯救现代人类的设想就根本落空了，因为个体愿望既然是改造的对象，就谈不上个体对实践成果的主动选择，所谓个体与群体、感性与理性、偶然与必然的交融与统一，就只能是

---

① 李泽厚：《批判哲学的批判》，安徽文艺出版社1994年版，第484页。

前者向后者的无条件认同和归依。尽管李泽厚一再否认这一点，但这确实是他的理论逻辑的必然结果。

行文至此，我们不能不提出这样一个根本性的问题：既然马克思的实践观是对西方近代哲学的根本超越，何以李泽厚竟未能由此提出一种富有现代色彩的道德观和审美观呢？我以为根源在于他对实践范畴的界定具有浓厚的理性主义和科学主义色彩。李泽厚把马克思所说的人的感性活动简单地理解为使用和制造工具进行劳动这样一种物质生产活动，而没有看到人的活动本身就是感性个体的生存实践，尽管群体化的工具操作对于人类的生存与发展具有决定性的意义，但它却不能代替个体生存的价值内涵。因此，实践不能简单地归结为社会化的工具操作活动，而必须看到它内在地包含个体生存的维度。只有这样，它才既能解决自然向人、动物性向人性的生成问题，又能解决感性个体的生存意义和价值问题，解决审美与道德活动中个体与群体的矛盾关系问题。李泽厚看不到这一点，因此重蹈了近代理性主义的覆辙。

李泽厚思想的这种局限性在他与西方现代美学的另一重要思潮——分析美学的对话中，同样明显地表露出来。与非理性主义不同，分析美学是以实证主义、逻辑经验主义为武器来反对形而上学的，因此在美学上主张取消美的本质问题，把美学的任务归结为澄清语言的用法问题，由此发展出分析美学的各个流派。李泽厚一方面表示十分重视语言的重要性，另一方面认为语言不是本体论的范畴，语言的本质应该由实践活动来解释，这无疑是十分重要的见解。他认为，"不是语言而是物质工具，不是语言交际而是使用——制造工具的实践活动，产生和维持了人的生存生活"。[①] "语法和逻辑的根源乃在于他们是使用、制造工具的活动形式和结构规范。"[②] 因此他主张应该从劳动实践出发去解释数学这种形式语言的本质。在后期，他还提出了"先有伦

---

① 李泽厚：《批判哲学的批判》，安徽文艺出版社 1994 年版，第 513 页。
② 李泽厚：《批判哲学的批判》，安徽文艺出版社 1994 年版，第 514 页。

理，后有认识。认识规则（语法、逻辑）是从伦理律令中分化、演变出来的"[1] 这样的重要主张，初步触及语言活动与人的生存意义的关系问题。可惜的是，由于哲学思想的局限，他所提出的方法充其量只能回答科学语言、规范语言的本质，却无法回答日常语言、审美和道德语言的根源问题。从工具操作出发确乎可能触及了逻辑和数学的本质，但由此只能构筑起规范化的科学语言，却无法回答审美语言的情感本质。维特根斯坦对此保持沉默，至少表明他已经看到了其中形而上的价值内涵，而李泽厚把它归结为工具操作，却恰恰掩盖了这一点，即审美和道德语言根本上是对个体生命价值和意义的追问与言说，它的含糊性、多义性正是为了表达个体生命的独特性和丰富性，因而根本不是用物质劳动所能解释的。正是因此，李泽厚更加接近于分析哲学中的人工语言学派，而与日常语言学派相疏远。而从美学的角度来看，恰恰是后者才更值得重视。

经过以上简单的比较可以发现，李泽厚的美学思想尽管对中国自身的美学发展来说，具有变革性的意义和开拓性的贡献，但从整个世界的范围来看，无论是思维方式还是课题本身都保留了较多的近代色彩。尽管他已经对马克思主义美学的发展做出了创造性的贡献，但还没有充分展现出马克思哲学和美学思想的当代意义。不过，他所着力研究的主体性和实践问题却远远没有过时，而通过分析他的思想局限，也必将有助于我们把他所开创的理论方向进一步推向前进。在我看来，这也是中国美学发展的一条希望之路。

第四节　生成·直观·积淀

在前面的章节中，我们已经对李泽厚美学的理论贡献和历史地位进行了讨论，这里我们将着手对其进行现象学的阐释和重构。之所以

---

[1]　李泽厚：《批判哲学的批判》，安徽文艺出版社 1994 年版，第 501 页。

要进行这一工作，是因为他的美学思想仍存在许多内在的缺陷。李泽厚的美学素以"积淀说"而知名。他曾明确宣称这种学说是从马克思的"自然的人化"理论中引申和发展出来的，学界对此似乎也并无异议。然而在我们看来，这种发展实际上建立在对马克思思想的误解之上，因为马克思所说的"自然的人化"指的是自然向人生成的过程，李泽厚却把这个过程解释成了人向自然积淀的过程。在此意义上，李泽厚的"积淀说"并不是对马克思美学思想的阐释和发展，而是一种误解和倒转。我们将深入揭示这种倒转发生的原因，并从现象学的角度出发对其加以重构。

一 积淀与生成

严格说来，李泽厚的"积淀说"实际上是一种哲学理论，也就是他所宣称的"主体性实践哲学"或"人类学本体论"，美学只是其中的一个维度。李泽厚曾经给"积淀"一词下过一个十分全面的定义："所谓'积淀'，正是指人类经过漫长的历史进程，才产生了人性——即人类独有的文化心理结构，亦即从哲学讲的'心理本体'，即'人类（历史总体）的积淀为个体的，理性的积淀为感性的，社会的积淀为自然的，原来是动物性的感官人化了，自然的心理结构和素质化成为人类性的东西'。这个人性建构是积淀的产物，也是内在自然的人化，也是文化心理建构，也是心理本体，有诸异名而同实。它又可分为三大领域：一是认识的领域，即人的逻辑能力、思维模式，一是伦理领域，即人的道德品质、意志能力，一是情感领域，即人的美感趣味、审美能力。"[①] 从这段话可以看出，李泽厚的哲学思想是把马克思的实践哲学与康德的批判哲学相互融合的产物。具体地说，他一方面运用马克思在《1844 年经济学哲学手稿》中提出的"自然的人化"

---

① 李泽厚：《美学四讲》，安徽文艺出版社 1994 年版，第 495 页。

理论来解释康德所说的人的认识能力、道德能力和审美能力的由来，另一方面又把康德对人的心意机能的三分法引入了马克思的实践哲学。如果把康德所说的三种能力看作人的主体性的三个维度，那么这种哲学就应称之为"主体性实践哲学"；如果视其为对康德人学理论的本体论证明，则应称之为"人类学本体论"。

在"主体性实践哲学"或"人类学本体论"的三个领域中，被阐发得最为充分的无疑是美学，因此李泽厚的"积淀说"常常直接被视为一种美学理论。在这方面，他也有一段清晰的说明："通过漫长历史的社会实践，自然人化了，人的目的对象化了。自然为人类所控制改造、征服和利用，成为顺从人的自然，成为人的'非有机的躯体'，人成为掌握控制自然的主人。自然与人、真与善、感性与理性、规律与目的、必然与自由，在这里才具有真正的矛盾统一。真与善、合规律性与合目的性在这里才有了真正的渗透、交融与一致。理性才能积淀在感性中，内容才能积淀在形式中，自然的形式才能成为自由的形式，这也就是美。美是真、善的统一，即自然规律与社会实践、客观必然与主观目的的对立统一。审美是这个统一的主观心理上的反映，它的结构是社会历史的积淀，表现为心理诸功能（知觉、理解、想象、情感）的综合，其各因素间的不同组织和配合便形成种种不同特色的审美感受和艺术风格，其具体形式将来应可用某种数学方程式和数学结构来作出精确的表述。"① 在这段话中，李泽厚首先概括论述了马克思关于"自然的人化"的理论，而后强调指出，只有在审美活动中，自然与人、真与善、感性与理性、规律与目的、必然与自由等诸种矛盾才能获得真正的统一，即矛盾的两个方面能够彻底交融在一起，言下之意是在认识活动和道德活动中只能达到有限的统一。这种彻底的统一如果体现在客观对象身上，就产生了美；如果体现在主观心理之中，就构成了人的美感或审美能力。

---

① 李泽厚：《批判哲学的批判》，安徽文艺出版社 1994 年版，第 433—434 页。

　　把这两段话加以比较，就可以明显看出无论是在哲学上还是在美学上，李泽厚的"积淀说"都是他把马克思与康德的思想相互融合的产物。李泽厚自己认为他是在运用马克思的"自然的人化"理论来回答和阐释康德哲学和美学中的难题，但我们认为在此过程中，他实际上也从康德的思想框架出发重新阐释了马克思的实践哲学，这就使他对马克思思想的理解打上了康德的烙印。具体地说，他把马克思所说的"自然的人化"理解为人类通过漫长的实践使自然成为人的"有机的躯体"，进而使自身原有的动物性的感官人化了，从而实现了内在自然的人化，这些无疑都是符合马克思的原意的，但他进而主张，自然与人、真与善、感性与理性、规律与目的、必然与自由等诸种对立也是通过"自然的人化"而得到统一的，则显然是在用康德来阐释马克思，从而把康德哲学的思想框架和范畴体系引入到马克思的思想中来了。这是因为，上述范畴都是康德在其批判哲学中所提出来的，它们之间的对立乃是康德哲学所要面临和解决的问题。具体地说，自然与人、规律与目的之间的对立是康德在《判断力批判》中提出来的，其动机是为了回答"自然是人的目的"这一难题；感性与理性的对立则是康德在《纯粹理性批判》中提出来的，被他视为人类所具有的两种最基本的认识能力；真与善、必然与自由的对立则涉及认识活动与道德活动、理论理性与实践理性之间的关系。由于康德哲学是对人的诸种心意机能的批判性考察，因此他把这些对立视为既成的事实。李泽厚主张这些矛盾对立可以通过马克思的实践哲学来加以解决并没有错，然而他把解决这些矛盾当作"自然的人化"理论的题中之义却是一种误读。这是因为，"自然的人化"只是马克思实践哲学的一个组成部分，或者说只是其早期的雏形，而非其成熟的理论形态。简单地说，马克思思想成熟期的实践哲学就是他在《政治经济学批判》等著作中所表述的历史唯物主义，这种哲学是对人类整个历史的辩证阐释，因此的确可以用来回答和解决康德以及德国古典哲学的各种问题，而"自然的人化"理论则出现于马克思早年的《1844 年经济学哲学手稿》中，是对动物向人生成过程的阐释。如果说前者是一种历史哲学，那么后者就是一种历史发生学。没有对这两者加以区分，是李泽厚所犯的一个重大理论错误。

那么，马克思的"自然的人化"理论何以并不能回答康德哲学的诸种问题呢？我们认为原因在于，马克思提出这一理论的根本目的，并不是为了解决人类的各种活动和能力之间的关系问题，而是为了回答和解决它们的起源问题。用马克思的话说，就是要弄清楚人类是如何通过实践使自身摆脱原有的动物性，从而具备了作为人的理性和社会性等本质特征的问题，简言之，即所谓自然如何向人生成的问题。用马克思的话说，"只是由于人的本质客观地展开的丰富性，主体的、社会的人的感性的丰富性，如有音乐感的耳朵、能感受形式美的眼睛，总之，那些能成为人的享受的感觉，即确证自己是人的本质力量的感觉，才一部分发展起来，一部分产生出来。因为，不仅五官感觉，而且连所谓精神感觉、实践感觉（意志、爱等等），一句话，人的感觉、感觉的人性，都是由于它的对象的存在，由于人化的自然界，才产生出来的"。① 从这里可以看出，所谓"自然的人化"，指的就是动物性如何转化为人性的问题。如果把这个问题同时也说成是自然与人、感性与理性、必然与自由如何统一的问题，就意味着人在尚未从自然中生成的时候，就已经具备了理性和自由等本质特征，这显然是一种自相矛盾。进而言之，把自然向人生成的过程说成是社会性向个体性、理性向感性积淀的过程，就更是一种本末倒置，因为在马克思看来，"自然的人化"就是一个从动物的个体性发展到人的社会性、从动物的感觉发展到人的理性能力的过程，怎么可能是把后者积淀到前者的过程呢？从这个角度来说，马克思的"自然的人化"理论中所蕴含的实际上是一种"生成说"，李泽厚将其阐释为"积淀说"，显然是对马克思思想的误读和倒转。

---

① ［德］马克思：《1844 年经济学哲学手稿》，《马克思恩格斯文集》第一卷，中共中央马克思恩格斯列宁斯大林著作编译局编译，人民出版社 2009 年版，第 191 页。

二　生成与直观

严格说来，我们把"自然的人化"概括为从动物的感觉向人的理性的发展并不完全准确，因为马克思所说的实际上是从动物的感觉到人的感觉的发展过程。在马克思看来，自然的人化包括客观和主观两个方面。从客观方面来看，这意味着自然变成了人的"无机的身体"，或者说，对象成为人自身："因此，一方面，随着对象性的现实在社会中对人来说到处成为人的本质力量的现实，成为人的现实，因而成为人自己的本质力量的现实，一切对象对他来说也就成为他自身的对象化，成为确证和实现他的个性的对象，成为他的对象，这就是说，对象成为他自身。"① 从主观方面来说，则意味着人的感觉在丰富性、全面性和深刻性等方面都超越了动物的感觉，成为一种更为高级和复杂的感觉。具体地说，人的五官感觉不再只是用于满足生存和本能的需要，而是具有了欣赏美的能力，能够感受到音乐感和形式美。在此基础上，人还发展出了动物所没有的精神感觉和实践感觉（意志、爱等）。马克思的确说过，"眼睛成为人的眼睛，正像眼睛的对象成为社会的、人的、由人并为了人创造出来的对象一样。因此，感觉在自己的实践中直接成为理论家"。② 所谓理论家指的是具有反思和抽象思维能力的人，因而与理性有着必然的联系。李泽厚显然也是由此联想到了康德哲学所关注的感性与理性如何统一的问题，从而找到了把马克思的"自然的人化"理论与康德的批判哲学融合起来的契机。但在我们看来，马克思在此所说的理论家实际上只是一种类比，并不是指纯粹的理性能力，而是指一种具有了社会性和人性的感觉能

---

① ［德］马克思：《1844 年经济学哲学手稿》，《马克思恩格斯文集》第一卷，中共中央马克思恩格斯列宁斯大林著作编译局编译，人民出版社 2009 年版，第 190—191 页。

② ［德］马克思：《1844 年经济学哲学手稿》，《马克思恩格斯文集》第一卷，中共中央马克思恩格斯列宁斯大林著作编译局编译，人民出版社 2009 年版，第 190 页。

力。马克思之所以做此类比，是因为感觉的社会性、人性和理性之间的确有着密切的联系，究极而言，它们乃是理性的起源和基础。具体地说，人的感觉之所以能够超越动物的感觉，是因为它是一种建立在对象化基础上的、经过反思的感觉，用马克思的话说，"动物和自己的生命活动是直接同一的。动物不把自己同自己的生命活动区别开来。它就是自己的生命活动。人则使自己的生命活动成为自己意志的和自己意识的对象。他具有有意识的生命活动。这不是人与之直接融为一体的那种规定性。有意识的生命活动把人同动物的生命活动直接区别开来"。① 由于人能够把自己的生命活动作为自己意志和意识的对象，因此就能够对自己的生命活动进行反思，由此意识到自己是一种类存在物，具有社会性这种特定的类本质。这样一来，人的感觉就具有了社会性。正是在这种反思性、社会性的感觉能力的基础上，才进一步发展和演化出了人的理性能力。从这个意义上来说，人化的感觉就是一种处于萌芽状态的理性，因此马克思称其为理论家是言之成理的。然而这也恰好说明，马克思所讨论的是感性向理性生成的过程，李泽厚将这个过程说成是理性向感性积淀的过程，显然是本末倒置。

不过从另一个方面来说，这种人化的感觉也不同于康德所说的感性认识，而是一种介于感性和理性之间的直观能力。所谓直观，指的是一种不借助于概念和推理来认识事物的能力。人们通常把直观等同于感性认识，我们认为这是一种片面的、简单化的观点。在西方哲学史上，曾经产生过三种直观概念：智性直观（intellectual intuition，又译为知性直观、理智直观等）、感性直观（sensuous intuition）和本质直观（essential intuition）。古希腊的柏拉图、亚里士多德，以及近代的笛卡尔、斯宾诺莎、莱布尼茨等理性主义者，都主张人类具有智性

---

① ［德］马克思：《1844 年经济学哲学手稿》，《马克思恩格斯文集》第一卷，中共中央马克思恩格斯列宁斯大林著作编译局编译，人民出版社 2009 年版，第 162 页。

直观或理性直观能力，并且将其视为最高级的理性能力。① 康德颠覆了这一传统，认为人类只具有感性直观而不具有知性直观能力，理由是人类只具有感性和知性这两种认识能力，其中感性是被动的、接受性的，知性则是主动的、自发性的。因此，如果知性能够直观，那就意味着知性能够通过自己的直观创造出对象，因为如果对象在直观之前就已经存在，那么知性就变成接受性的了。这种创造性的认识能力只有神或"原始存在物"才具有，人类则只是一种有限的存在物，因此只拥有感性直观能力。② 胡塞尔则不同，他把本质直观视为一种介于感性和理性之间的认识能力，认为它能够不借助于知性而把握到事物的本质。他曾十分详细地描述过本质直观的具体过程："将一个被经验的或被想象的对象性变形为一个随意的例子，这个例子同时获得了指导性的'范本'的性质，即对于各种变体的开放的无限多种多样的生产来说获得了开端项的性质，所以这种作用的前提就是一种变更。换言之，我们让事实作为范本来引导我们，以便把它转化为纯粹的想象。这时，应当不断地获得新的相似形象，作为摹本，作为想象的形象，这些形象全都是与那个原始形象具体地相似的东西。这样，我们就会自由任意地生产各种变体，它们中的每一个以及整个变更过程本身都是以'随意'这个主观体验模态出现的。这就表明，在这种模仿形态的多种多样中贯穿着一种统一性，即在对一个原始形象，例如一个物作这种自由变更时，必定有一个不变项作为必然的普遍形式仍在维持着，没有它，一个原始形象，如这个事物，作为它这一类型的范例将是根本不可设想的。这种形式在进行任意变更时，当各个变体的差异点对我们来说无关紧要时，就把自己呈现为一个绝对同一的内涵，一个不可变更的、所有的变体都与之相吻合的'什么'：一个普遍的

---

① 有关智性直观思想在西方哲学史上的演变过程，可参看邓晓芒《康德的"智性直观"探微》，《文史哲》2006年第1期，以及倪梁康《"智性直观"在东西方思想中的不同命运》，分期连载于《社会科学战线》2002年第1、2期。

② 参看［德］康德《纯粹理性批判》，邓晓芒译，人民出版社2004年版，第91页。

本质。"① 简单地说，本质直观就是把感性直观所获得的表象作为出发点，借助想象力对其进行变更，在此过程中使其中的一个要素保持不变，这样当变更进行得足够充分的时候，就可以让这个要素作为一种自身同一的本质直接呈现出来。

在以上三种直观概念中，第一种把直观归属于理性，第二种将其归属于感性，只有胡塞尔的本质直观概念介于感性和理性之间。因此我们认为，马克思所说的人化的感觉与胡塞尔所说的本质直观是基本一致的。当然严格说来，两者所强调的侧重点是不同的：马克思所强调的是，人化的感觉是人的本质力量的表现形式，是人的社会性本质的体现；胡塞尔则强调的是，人可以通过直观把握事物的本质。也就是说，马克思关注的是直观活动的主体性一面，胡塞尔关注的则是直观活动的对象性一面；马克思说明了直观能力的历史起源，胡塞尔则揭示了直观活动的内在机制，两者之间构成了相互补充、相互印证的关系。进而言之，马克思的"自然的人化"理论说明了，人的认识能力从感性到理性的发展并不是一蹴而就的，而是必须以直观能力为中介。这种通过直观把握本质的能力是使人在认识能力上区别于动物的关键，在此基础上才进一步产生了理性。

从美学的角度来看，这种直观能力同样构成了人的审美能力的基础。马克思在谈到感觉人化的标志时，列举的是"有音乐感的耳朵、能感受形式美的眼睛"，我们认为这并非偶然。这是因为，人的感觉区别于动物感觉的根本标志，就在于动物的感觉只是用于满足实际的生存和物质需要，而人的感觉却能够超越这种功利性的需要，用于满足更高的精神需要。正是这种超功利性的感觉能力，构成了人的审美能力的基础。正是因此，马克思强调指出："囿于粗陋的实际需要的感觉，也只具有有限的意义。对于一个忍饥挨饿的人来说并不存在人的食物形式，而只有作为食物的抽象存在；食物同样也可能具有最粗

---

① ［德］胡塞尔：《经验与判断》，邓晓芒、张廷国译，生活·读书·新知三联书店1999年版，第394—395页。

陋的形式，而且不能说，这种进食活动与动物的进食活动有什么不同。忧心忡忡的、贫穷的人对最美丽的景色都没有什么感觉，经营矿物的商人只看到矿物的商业价值，而看不到矿物的美和独特性……"① 从这里可以看出，马克思把审美需要和审美能力的产生看作人的感觉区别于动物感觉的直接标志。当然，人化的感觉并不仅限于审美能力，事实上马克思就把人化的感觉区分成了五官感觉、精神感觉和实践感觉，但我们认为在这三种不同的感觉能力中，五官感觉无疑处于基础性的位置，精神感觉和实践感觉必须建立在五官感觉的基础上，因为人的五官感觉尽管已经具有了超功利性，但毕竟仍保留着原有的物质功能，而精神感觉和实践感觉则进一步摆脱了感觉的物质性，蜕变为纯粹的精神活动。而五官感觉获得人化的标志，恰恰就是审美能力的产生，因为只有在审美活动中，人的感觉才既具有了精神性和非功利性，又保留了原有的感性特征。因此我们认为，马克思的"感觉的人化"理论所谈论的是从动物的感觉到人的直观能力的生成过程，而人的审美能力的产生正是这种直观能力的首要标志和原初形态。

三　直观与积淀

我们把马克思的"自然的人化"理论阐释为一种"生成说"而不是"积淀说"，只是为了更为准确地把握和揭示马克思的哲学和美学思想，并不是说李泽厚"积淀说"本身是错误的或无意义的。如果说感觉的人化是一个从感性向理性生成的过程，那么在理性从感性之中分化和发展起来之后，理性和感性的对立就成了一个客观的事实，这时就面临着如何把感性和理性统一起来的问题，"积淀说"在此就有了自己的意义和价值。康德的批判哲学所要解决的正是这一问题，但由于他缺乏应有的历史眼光，导致他把感性和理性的对立视为一种既

---

① ［德］马克思：《1844 年经济学哲学手稿》，《马克思恩格斯文集》第一卷，中共中央马克思恩格斯列宁斯大林著作编译局编译，人民出版社 2009 年版，第 191—192 页。

成的事实，因而使自己陷入了形形色色的二律背反之中。在这种情况下，李泽厚试图从马克思的实践哲学和历史唯物论出发来寻找问题的答案，就成了一种合理的选择。从美学的角度来看，他把美说成是理性的内容积淀在感性的形式之中，把审美说成是理性能力积淀在感性能力之中，都可以说是对康德以及德国古典美学的改造和发展。

不过在我们看来，积淀活动的内在机制还是必须借助于直观理论才能加以清晰的说明和阐释。李泽厚给美和审美所下的定义是："理性才能积淀在感性中，内容才能积淀在形式中，自然的形式才能成为自由的形式，这也就是美。审美是这个统一的主观心理上的反映，它的结构是社会历史的积淀，表现为心理诸功能（知觉、理解、想象、情感）的综合。"① 就对美的定义而言，所谓"美是自由的形式"与康德的命题"美是道德的象征"有着明显的相似之处。在康德看来，人的自由是通过道德来实现的，因此李泽厚实际上只是把康德所说的象征改换成了形式而已。就对审美的定义而言，把人的审美能力或心理机制界定为心理诸功能的综合，与康德关于审美鉴赏是诸认识能力的自由游戏的观点也并无两样。李泽厚的真正突破在于指出这种统一或综合是通过理性向感性的积淀而实现的，而这种积淀又是自然的人化的结果。我们在前面已经指出，自然的人化所导致的实际上是感性向理性的生成而不是理性向感性的积淀，但由于康德美学所设置的语境是理性与感性分离之后所形成的对立，因此李泽厚把两者之间的统一说成是理性向感性的积淀在一定程度上也是言之成理的。问题在于，理性究竟是如何积淀到感性之中的？对于这个关键的问题李泽厚却没有做出任何具体的说明，这一点无疑是他的"积淀说"的薄弱之处，也是其为学界所诟病的原因之一。

我们认为，只有从"直观说"出发，才能填补"积淀说"的这一薄弱环节，从而使其从"假说"变为真正的"学说"。我们在前文曾

---

① 李泽厚：《批判哲学的批判》，安徽文艺出版社 1994 年版，第 433—434 页。

经指出，马克思所说的人化的感觉实际上就是胡塞尔所说的本质直观，而审美能力则是这种直观能力形成的首要标志。这就是说，审美能力在根本上是一种介于感性和理性之间的直观能力，因此理性要想积淀到感性之中，就必须以直观活动作为中介。具体地说，理性活动必然涉及抽象的概念和理念，而审美鉴赏所涉及的却只是感性的表象或形象，要想使理性积淀或融入感性之中，就必须让概念或理念蕴含在具体的艺术形象之中。康德曾经指出，这一过程是借助于艺术家的想象力来完成的："诗人敢于把不可见的存在物的理性理念，如天福之国、地狱之国，永生，创世等等感性化；或者也把虽然在经验中找得到实例的东西如死亡、忌妒和一切罪恶，以及爱、荣誉等等，超出经验的限制之外，借助于在达到最大程度方面努力仿效着理性的预演的某种想象力，而在某种完整性中使之成为可感的，这些在自然界中是找不到任何实例的；而这真正说来就是审美理念的能力能够以其全部程度表现于其中的那种诗艺。"① 这就是说，诗人的想象力可以把不可见的理性理念转化为可以直观的感性形象。康德之所以强调这种神奇的诗艺在自然之中找不到先例，是因为自然界中的事物都只能成为理念的有限例证，而诗人所创造的艺术形象却能够成为理念的完整展示。不过康德同样没有具体解释想象力是怎样完成这一神奇的转化的，原因大约是他把艺术家的天才视为一种无法解释的自然造化。我们则认为，这一过程完全可以通过直观理论来加以解释。胡塞尔主张通过直观可以把握到自身同一的纯粹本质，但在我们看来，这实际上夸大了直观的功能，使直观僭越到了知性和理性的领域，原因在于在直观过程中通过想象进行的自由变更所产生的始终是具有某种同一性的感性表象，而不可能是纯粹的同一之物，无论这种变更进行得多么充分，都不可能完全摆脱表象的感性特征，因此本质作为同一之物是不可能在直观活动中完全充分地呈现出来的。胡塞尔说到了一定程度就可以把本质

---

① ［德］康德：《判断力批判》，邓晓芒译，人民出版社 2002 年版，第 159 页。

析取出来，问题是这种析取在根本上只能是一种知性的抽象，因而已经越出了直观的领域。不过从另一方面来说，在直观活动中所呈现出来的表象也不同于通过感性直观所获得的感性表象，因为这种新的表象建立在充分的自由变更的基础上，所以具有更高的抽象性和同一性。这种既具有感性表象的直观性，又具有知性概念和理性理念的抽象性的特殊表象，我们认为就是康德所说的图式（schema），正是它构成了艺术形象的基础和来源。

在此令人感到困扰的是，康德明确强调图式是一个认识论概念，审美鉴赏所涉及的则是象征而不是图式。用他的话说，"一切我们给先天概念所配备的直观，要么是图型（即图式）物，要么是象征物，其中，前者包含对概念的直接演示，后者包含对概念的间接演示。前者是演证地（demonstrative）做这件事，后者是借助于某种（我们把经验性的直观也应用于其上的）类比（analogy），在这种类比中判断力完成了双重的任务，一是把概念应用到一个感性直观的对象上，二是接着就把对那个直观的反思的单纯规则应用到一个完全另外的对象上，前一个对象只是这个对象的象征"。[①] 从这段话可以看出，康德认为图式和象征都是对概念的直观演示，但前者是直接的，后者则是间接的，因为前者是对概念的直接证明，后者则只是对概念的间接类比。象征之所以是对概念的间接类比，是因为象征的产生涉及了两种判断活动：首先通过规定判断把概念与某个直观对象联系起来，然后再通过反思判断把这个概念所包含的规则应用到某个另外的对象身上，这个新的对象就以类比的方式构成了对概念的间接表达。由此可见，康德对图式和象征的区分与他对规定判断和反思判断的区分是相互对应的，图式只涉及规定判断，象征则涉及反思判断，因此他主张前者与认识活动相关，后者则与审美活动相关。但在我们看来，这种把图式与象征、认识活动与审美活动截然二分的观点是站不住脚的。事实上，

---

① ［德］康德：《判断力批判》，邓晓芒译，人民出版社2002年版，第200页。

图式与象征的真正区别并不在于前者是认知性的，后者是审美性的，而在于图式是一种抽象的直观表象，象征则是一种感性的直观表象。其所以如此，是因为图式介于感性表象和知性范畴之间，而象征则是借助于反思判断产生的感性表象。康德之所以强调只有象征与审美相关，是因为在他看来审美对象只能是感性表象而不能是抽象表象，但在我们看来，审美对象的根本特征不在于感性或具象性而在于其直观性，图式尽管是抽象的但仍具有直观性，因而同样可以成为审美对象。

如果我们把图式纳入审美经验的范围，那么我们就找到了使理性或知性概念积淀到感性形象之中的内在机制。事实上康德关于象征的分析已经给我们提供了关键的启示。他认为象征就是通过一个经由反思产生的感性表象来以类比的方式间接地表达某个抽象概念，我们认为这恰恰是一切艺术形象的共同特征，也是艺术形象与在认识活动中所产生的感性表象之间的根本差异。认识活动中的感性表象是经由感性认识而产生的，它是对某个实在对象的感性表征，同时也是对某个抽象概念的直接演示。艺术形象则不同，它是艺术家从某个或某些实在对象出发，经由审美反思而产生的某种新的感性表象，这种新的表象是艺术家从抽象概念所包含的法则出发创造出来的，因此它不是以外在的方式来验证抽象概念，而是把概念本身蕴含在自身内部，由此就完成了从抽象概念向感性形象的积淀。不过在我们看来，艺术家既然是借助于反思判断而不是规定判断来创造新的感性形象的，那么他所依据的就不是概念而是图式，因为反思判断无法把感性表象和抽象概念联结起来，只有当抽象概念已经被转化为具有直观性的图式之后，才能成为反思判断所要寻找的普遍法则。事实上在现实的艺术活动中，艺术家很少是从某种抽象概念或理念出发来创造艺术形象的，因为艺术家对这种纯粹的抽象概念并不感兴趣，构成他们思想的元素其实是介于概念和形象之间的图式。但由于图式乃是概念之起源，因此概念就以图式为中介融入或积淀到感性形象之中去了。这种现象并不仅仅发生于艺术活动中，在现实的物质实践中也不例外。当人类把自己所掌握的审美法则和尺度运用于实践活动的时候，就在对象身上创造出了一种现实的、实在的美。当马克思宣称，"动物只是按照它所属的那个种的尺度和需要来构造，而人却懂得按照任何一个种的尺度来进行生产，并且懂得处处都把固有的尺度运用于对象；因此，人也按照美的规律来构造"，① 我们认为所指的也正是这个意思。也只有从这个角度出发，李泽厚把康德的美学命题"美是道德的象征"改造成"美是自由的形式"，才是一种合理的阐释。

如果说美是理性内容积淀到了感性形式之中，那么审美能力则是理性能力积淀到了感性能力之中。人们通常把审美归属于感性认识，"美学之父"鲍姆加登也是因此把美学称作"感性学"（aesthetics），然而康德美学已经深刻地揭示出，审美经验乃是感性与理性的统一。在对美的分析中，他提出审美鉴赏是想象力和知性的自由游戏；在对艺术的分析中，他认为天才就是想象力和知性按照一定比例相结合的产物；在对鉴赏判断的二律背反的分析中，他主张审美鉴赏尽管不涉及任何确定的概念，但必须以某种不确定的概念为根据。凡此种种，都表明审美经验既涉及感性能力，又涉及理性能力。那么，这两种能力在审美活动中是如何统一在一起的呢？我们认为还是借助于直观。这是因为，直观活动既具有感性的具象性，又具有理性的抽象性，因此能够消除感性和理性之间的分离和对立。所谓理性能力向感性能力的积淀，实际上就是使理性摆脱概念的束缚，蜕变或还原为一种直观能力，这种直观尽管不涉及概念，却能够使审美判断获得普遍性的基础，因为它能够把感性表象加工成具有一定普遍性的图式，这种图式也就是康德所说的不确定的概念。也正是因为知性在审美经验中能够蜕变为直观，所以才能与想象力展开自由的游戏，从而生成使审美判断具有普遍可传达性的心意状态。据此我们认为，"生成说"和"积淀说"都应统一于"直观说"，因为感性乃是经由直观而生成为理性，

---

① ［德］马克思：《1844 年经济学哲学手稿》，《马克思恩格斯文集》第一卷，中共中央马克思恩格斯列宁斯大林著作编译局编译，人民出版社 2009 年版，第 163 页。

理性也只能经由直观而积淀于感性。

第五节　实践

新时期以来，在我国当代的马克思主义文艺学研究中所出现的各派理论，表面上都把实践作为自身的逻辑起点，认为实践活动是文艺的主体性、认识性、价值性等本质属性的基础，但在对文艺活动内在规律的具体论述中，却又程度不同地抛开了"实践"，原因在于无法处理作为"精神"的文艺活动与作为"物质"的实践活动之间的关系，而更深一层的原因则是，实践在马克思主义哲学中究竟是一个认识论的范畴，还是确立了一种新的本体论？这个问题长期得不到解决，以致我们的文艺学体系在逻辑上出现了巨大的错位：在认识论上已经确立了辩证的能动的反映论，在本体论上却还固守着唯物主义的物质或曰自然本体论，这使我们的思想似乎一只脚已经跨入了现代，另一只脚却还停留在近代乃至古希腊。

一

客观地说，在新时期以来的文艺学研究中，实践范畴实际上早已承担起了本体论的功能，却没有得到明确的承认。以关于"文学主体性"问题的讨论为例，各派观点无不赋予实践以基础地位。被许多人认为是机械反映论代表的陈涌也明确宣称，无论是主体的能动性还是受动性，都统一在实践活动中，离开了社会实践来谈论人的能动性和受动性，不是走向主观唯心主义，就是回到机械唯物主义的直观反映论。[①] 这实际上已经承认人的主体性是社会实践的产物，因而实践就是使人作为主体而存在的本体论前提。而既然实践才使马克思主义区

---

① 陈涌：《文艺方法论问题》，《红旗》1986 年第 8 期。

别于主观唯心主义和机械唯物主义，那么马克思主义与旧哲学的区别就不在于是否承认人的主体性，也不在于是否承认物质自然的优先性，而在于是否承认实践活动的本体论地位。陈涌之所以被广泛地指责为机械唯物主义论者，就是因为他主张"按照反映论的要求，每一个作家在历史上的意义和地位，主要取决于他对社会生活反映了些什么和反映得怎样，他的作品和社会生活的本质符合得怎样"[①]。这段话显然并不仅仅是在认识论上坚持唯物论的反映论，而且是在本体论上坚持物质本体论，因为社会生活在此显然是一种物质本源和本体。主体论者看不到这种观点在本体论上的含糊与疏漏，却去指责他否定了作家在反映生活时的能动性和创造性，在很大程度上就成了无的放矢，因为陈涌主张作家要反映社会生活的本质，而这显然必须发挥认识上的主观能动性。当然，这种"符合论"的本质又暴露出陈涌在认识论上的唯知识论倾向，对此下文还将论及。双方在哲学立足点上的共同缺陷极大地妨碍了论争的深入。

或许主体论者以为只要搬出价值论的观点就可驳倒反映论，因此他们提出，马克思主义的实践论是认识论与价值论的统一，文艺作为建立在社会实践基础上的精神产品，既体现着人对世界的认识，又体现着人的价值要求。[②] 反映论只注意了自然赋予客体的固有属性，而往往忽视了人赋予客体的价值性，因而只能解决人的认识问题，不能解决人的价值选择和情感意志的动向。[③] 但这显然只能击中机械反映论的要害，而不能否定能动的、辩证的反映论。比如审美反映论就认为，反映活动并不仅限于狭义的认知活动，而是包括知、情、意三种心理要素于一体的广义认识活动。而审美反映则是以情感的形式来进行的审美活动，这就使它不仅能把握对象的实体属性，而且能把握其价值属性，不仅是对客体的认识，而且是对主体情感意志的表达。这

---

① 陈涌：《文艺方法论问题》，《红旗》1986 年第 8 期。
② 杨春时：《论文艺的充分主体性和超越性》，《文学评论》1986 年第 6 期。
③ 刘再复：《论文学的主体性》，《文学评论》1986 年第 1 期。

表明以主体论来取代反映论的企图是不可能成功的，因为审美反映论已经体现和容纳了主体性的要求。只不过这还只是使马克思主义在认识论上超越了机械唯物主义，至于新旧哲学在本体论上的差异则还没有进入理论的视野。

之所以会出现这种理论上的不平衡状态，根本上是因为人们在对本体论的理解上存在某种误区乃至禁区。长期以来，人们都不加怀疑地认为，马克思主义作为一种唯物主义哲学，必然要信守物质本体论的前提，似乎物质本体论是唯物主义的根本规定性，如果把实践提到本体论的高度，就会否定物质自然的优先性，背离唯物主义而走向唯心主义。为此所采取的折中办法是，把实践界定为一种物质活动并归属于物质本体之中，但在理论上却只承认物质的本体地位，由此才会出现这样一种咄咄怪事：尽管实践被看成是认识的基础和前提，认识的对象和目的来源于实践，认识的成果是否具有真理性也要依赖于实践的检验，但实践本身却不能被承认为认识活动的本体论前提，这也就是人们时常谈论的实践范畴的认识论化。如此一来，似乎马克思主义就只是在认识论领域超越了旧哲学，在本体论上则对其无所触动，而这显然是一种逻辑上的本末倒置，因为没有本体论观念上的根本变革，认识论的超越就无从谈起。

这里的问题其实并不复杂，就是如何处理实践论、唯物论和本体论三者间的关系，而其中首要的又是如何理解"本体论"的确切含义。"本体论"一词译自 ontology，其中 on（相当于英语中的 being）是指"存在者"，它是希腊语中系动词的动名词形式，onto 则是其复数形式；ology 的含义是"学问""道理""理性"等，因此 ontology 的意思是指"关于存在者的学问"，其准确的译法应是"存在论"而非"本体论"。人们一般公认存在论的研究内容是亚里士多德所说的"作为存在的存在"，即不是探求各种存在者本身，而是存在者之所以存在的原因和根据。这里的关键是不能把"存在"简单地当作名词看待，因为存在并不是指任何一种存在者，而是一切存在者之为存在的原因，这才是存在一词的语源学上的确切含义。之所以被译成了"本体论"，是因为西方的存在论被混同于中国的道论这种探究天人之根本的学问。所谓"本""体"皆有根本、根据、本质、本原之意，因而本体论指的是研究宇宙世界之本质、本原、根据的学问。中西学术的差异所导致的这一误译使中国思想中的本体论研究常混同于本质论和本原论的研究，比如文艺学中长期争论的命题如"社会生活是文学艺术的唯一源泉""文学的本质是对社会生活的反映"等等，实际上是把文学的本质、本原和本体混为一谈。而更为重要的是，道论并不把道看成与经验事物无关或独立于万物之外的精神或理念，而认为是万物运动的规律和原则。因此道论并没真正完成存在与存在者的区分，换言之，中国古代思想中并没有严格意义上的"存在论"，以"本论"译之就不仅使存在论变成了本原论，而且这个本原往往会被归结为一种特殊的存在者——最高实体。

如果说第一层误解是因为忽视了学术渊源的差异，那么第二层误解则与西方的形而上学有着密切的联系。人们之所以把唯物主义与物质本体论相联系，就是因为这里的本体被看成了一种最高实体——物质，而把本体实体化则是形而上学思维方式的根本特征。一般而言，形而上学的产生是以柏拉图提出的"世界二重化"原则为标志的。柏拉图一改前苏格拉底哲学家用自然的原因、元素和规定性来解释自然的做法，而把世界划分为理念世界和现象世界，其中，理念是先于各种具体事物而存在的，各种事物之所以存在是因为"分有"或"模仿"了理念的结果。这样，他所说的理念一方面不是存在者，而是使各种存在者得以存在的原因，因此他已为本体论奠定了基础；另一方面，理念作为本体被实体化了，这又导致形而上学以寻求和论证上帝、神等最高或第一实体为使命。他的学生亚里士多德虽然没有接受柏拉图以理念为本体的做法，转而提出"形式本体""质料本体"等说法，但世界的二重化和本体就是最高实体等观点，却被作为形而上学的基本原则确定下来了。所谓"本体"的两个条件或意义：（1）凡属于最底层而无由再以别一事物来为之说明的；（2）那些既然成为一个"这个"，也就可以分离而独立的，[①] 实际上就是从那两个原则中推论出来的。

那么，物质本体论究竟是不是唯物主义的本体规定呢？所谓物质本体论的核心意思是把世界的本原和本质归结为一种最高实体——物质，因此这是一种典型的形而上学的本体论，它一方面把本原与本体相等同，另一方面又把本体归结为最高实体，因而这只能是形而上学唯物主义的本体论规定，而这恰好就是人们的一般看法。在我国的哲学语汇中，唯物主义包括以下三层含义：一是承认物质的客观性，物质存在于人的意识之外，不以人的意志为转移；二是承认我们的知识是客观存在的反映，人们可以认识客观存在的物质；三是物质是一个哲学概念，它不同于物理学等自然科学或日常生活中的物质概念。这里的第二层意思所谈的实际上是认识论问题，而其他两条显然就是亚里士多德对本体的规定：第一层是指物质是一种无待他求的最高实体，第三层是指这种特殊实体不同于其他存在者。这就是我们总是把唯物主义与物质本体论相联系的根本原因，而在这种本体论中显然不可能有实践的位置。对此我们不禁要问，马克思主义所谈论的物质就是这样一种脱离了人和人的实践活动的抽象实体吗？实践唯物主义所说的本体就是这种先于人而存在的世界本源吗？一言以蔽之，马克思主义仍然是一种形而上学吗？

二

任何一个略知马克思主义哲学发展史的人，都知道马克思是从清理费尔巴哈的人本主义唯物主义思想开始，建立自己新的"世界观"的，而这种清算，首先就集中在费尔巴哈的物质观或自然观上。马克思曾经肯定，费尔巴哈比"纯粹的"唯物主义者有很大的优点：他承

---

① ［古希腊］亚里士多德：《形而上学》，吴寿彭译，商务印书馆1959年版，第95页。

认人也是"感性对象",这表明费尔巴哈已经开始不满于旧唯物主义那种脱离人的"纯粹的"自然观,因此他声称他的"新哲学将人连同作为人的基础的自然当作哲学唯一的、普遍的、最高的对象"①,这也就是他在一定程度上成为黑格尔与马克思中间环节的内在依据。但正如马克思所说,费尔巴哈的致命缺陷也在于"他把人只看作是'感性对象',而不是'感性活动'",而马克思的新世界观立脚点则在于"把感性世界理解为构成这一世界的个人的全部活生生的感性活动","这种活动,这种连续不断的感性劳动和创造,这种生产,正是整个现存的感性世界的基础。"②

从本体论的角度来看,马克思通过批判费尔巴哈,实际上否定了那种"先在的、与人无关的自然界",而代之以通过现实、感性的实践活动所产生的新的现实世界。如此一来,物质的本体论地位就被取消了。因为马克思主义所谈的物质世界是通过实践活动才产生和存在的,因而物质在这种新的思想体系中并不具有最高的终极地位,取而代之的是实践。当然,自然的先在性还被保持着,但这仅仅是在它作为世界本源的意义上来说的,新哲学所谈论的本体则只能是实践,由实践出发,精神与物质、主观和客观、主体和客体等范畴的分化、对立和统一才是可以理解的。具体而言,实践是主观世界与客观世界、自在世界与人类世界分化和统一的基础。所谓主观世界包括了人的意识和观念世界,客观世界则是整个自然界和社会存在;自在世界是指人类产生以前就已存在的自然界,以及人类活动尚未达到的自然界;人类世界则是指人类实践基础上形成的人化自然和人类社会。这两方面正是在实践的基础上才发生了分化,也只有在实践的基础上才能获得统一,实践是"整个人类世界""整个现存世界"的基础,因此,对于立脚点是"人类社会或社会化了的人类"的"新唯物主义"来

---

① 《费尔巴哈哲学著作选集》上卷,荣震华、李金山等译,商务印书馆1984年版,第184页。

② [德]马克思、恩格斯:《德意志意识形态》,载于《马克思恩格斯文集》第一卷,中共中央马克思恩格斯列宁斯大林著作编译局编译,人民出版社2009年版,第530页。

说，实践就是其本体，就是其思想体系的最终基础。

正是从这种认识出发，我们反对那种把实践归之于物质范畴的做法，因为在马克思主义哲学中，实践不是由物质范畴引申出来的，而是相反，物质概念不是作为本源的先在自然，而是在实践的基础上才产生的。不仅如此，实践也不能被简单地看成一种改造世界的物质活动，因为人与世界的对象性活动、物质与意识的分化本身是实践活动的结果和产物。当然，我们并不是想就此把实践神秘化，而是想强调指出，实践作为马克思主义哲学核心的、最高的范畴，其含义是不能由作为其属概念的物质、客观等来规定的，因为这些范畴恰好应该由实践来规定而不是相反。一言以蔽之，实践就是人类根本的存在方式，它既不是一种物质活动，也不是一种精神活动，而是同时包含了物质因素和精神因素，并是使这两种活动得以可能的根本原因。同样我们也反对那种把实践概括为主客体之间的对象化活动的做法，因为主体能够独立出来并且建立起与客体的对象化关系，正是由于人类实践活动的结果。主客二分这种对象性思维方式只能以实践为前提才是可以理解的。

正是由于马克思主义把实践提到本体论的高度，才使它从本体论和认识论两个层面上超越了西方的形而上学。一般来说，西方古代哲学的中心是本体论，而这种本体论的核心特征就是把本体当成了最高实体，这一点无论是柏拉图的"理念"、亚里士多德的"第一实体"、基督教的"上帝"，乃至旧唯物主义的"物质"等都是如此。而马克思把实践提高到本体论的地位，这在某种程度上就等于取消了"本体"，因为它一劳永逸地结束了那种为人和世界寻找一种不变的共同本质和本原的努力。正是因此，海德格尔才认为马克思已经完成了"对形而上学的颠倒"①。如果说在此之后我们还能谈论某种"本体论"的话，那么这里的本体一定不能被以任何形式加以实体化，而只能认为它作为核心范畴具有使思想自洽的功能。一言以蔽之，实践本体论

---

① ［德］海德格尔：《海德格尔选集》下卷，孙周兴选编，上海三联书店1996年版，第1244页。

的最大特征在于使本体由一个实体性范畴变成一个功能性范畴。另一方面，实践的本体论地位也使由笛卡尔开始的主体性形而上学得以消解。在西方哲学史上，笛卡尔提出"我思故我在"的原则，由"我思"来论证"我在"，这是第一次把主体提到与客体并列和对立的地位，从而确立了主客二分的对象性思维方式，这是形而上学由本体论转向认识论的根本标志。原因在于，笛卡尔的"我思"是一个不证自明的范畴，这里的自我就不再是经验性的，而是普遍、绝对、先验的"我"，因此，这样的自我、主体就只能是先验的形而上学设定。而马克思的实践唯物主义则把人还原为现实的社会存在物，认为人的本质在其现实性上就是"一切社会关系的总和"①，这样，主体的先验性和抽象性就被否定了。在此基础上，马克思进一步指出，人的"五官感觉的形成是迄今为止全部世界史的产物"②，"感觉通过自己的实践直接变成了理论家"③ 等等，这些都是在证明，实践才是人的主体性得以产生的本体论前提。除此之外，以实践为本体，主客二分的对象性思维方式就不具有最终的意义。由此出发，笛卡尔把我思的"思"等同于重理智、认识，从而导致认识论中的唯知识论和科学主义倾向也得到了克服，对此下文还将论及。

从西方实践哲学的传统来看，马克思把实践本体论化同样意味着一个根本的变革。一般公认，西方实践哲学的创始人是亚里士多德。亚氏开始把人的实践活动纳入哲学反思的范围，界定了实践的具体含义，并且建立了实践哲学的理论体系。当然，实践在亚氏那里还是多义的，他有时并不以之专指人的行为，而是包含了一切有生命物（包括动物和植物）的生存活动。但他在《尼各马可伦理学》中，就已经

---

① ［德］马克思：《关于费尔巴哈的提纲》，《马克思恩格斯文集》第一卷，中共中央马克思恩格斯列宁斯大林著作编译局编译，人民出版社 2009 年版，第 501 页。

② ［德］马克思：《1844 年经济学哲学手稿》，《马克思恩格斯文集》第一卷，中共中央马克思恩格斯列宁斯大林著作编译局编译，人民出版社 2009 年版，第 191 页。

③ ［德］马克思：《1844 年经济学哲学手稿》，《马克思恩格斯文集》第一卷，中共中央马克思恩格斯列宁斯大林著作编译局编译，人民出版社 2009 年版，第 190 页。

把实践限定在人的生存方式上。他划分了三种实践形式：理论科学、工艺技术、人际行为①。之所以把理论也看成一种实践方式，是因为在亚里士多德看来，求知和爱智就是理论家、哲学家的生活方式。这三种实践分别对应着三种学问：形而上学、技术、伦理学和政治哲学。不过亚氏的真正意图是只把第三种方式视为实践，这从他对实践与生产的区分即可见出。他认为实践是一种贯彻生命始终的人生践履，这种行为本身就是目的，因此实践的目的不是为了求知，实践之知——通过实践而追寻到人生意义和价值——随时就体现在人的行为之中，成为实践的内在环节。而生产则不同，生产的过程本身只是手段，产品才其目的，指导生产的技术不同于实践之知，它与生产者个体的人生价值无涉，只保证生产的工艺流程准确无误。因此，亚氏的实践哲学主要限于伦理学和政治学。

　　不难看出，实践哲学在亚氏那里与本体论、形而上学根本无关。个体的人生实践只能解决道德上的课题和人际行为的规范问题，无法涉及对本体的形而上学追问。同时，个体的践履与社会的生产也处于分离和对立之中。这些方面对实践哲学的发展产生了深远的影响。比如近代实践哲学的代表康德就坚持把"技术的实践"和"道德的实践"区分开来，前者与理论哲学（作为自然的理论）相对应，后者才与实践哲学（作为道德的理论）相对应。这里显然是继承了亚里士多德关于生产和实践的区分。不过更重要的是，亚氏的三分法变成了两分法，理论哲学与技术实践合一了。其原因正如上文所指出的，近代哲学已经从本体论转向了认识论，而认识论自笛卡尔开始又被狭隘化为知识论。笛卡尔的"我思"是一个纯理性的概念，认识就成了求知，这固然大大促进了近代科学的发展，但哲学反过来变成了科学的附庸，从而引发了自身的危机。康德区分技术实践与道德实践，本身是为道德哲学划定其领域，这当然大大提高了实践哲学的理论地位。

---

　　① 苗力田主编：《亚里士多德全集》第 8 卷，中国人民大学出版社 1992 年版，第 3 页。

但他把理论理性和实践理性看作同一个理性——纯粹理性——的不同应用，这又在根本上消弭了两者的界限，实践哲学被涵盖在认识论之中。除此之外，康德把实践哲学先验化，只关心先验的道德律令，而远离现实人生具体的、历史的实践行为，这其实是回避了真正的实践问题。随着实证主义哲学的发展，近代的实践概念越来越脱离个体的人生践履，逐渐为生产所取代，实践的真理也变成了科学的真理或技术之知。科学的倡明解决不了人的信仰和道德问题，取代不了个体对人生意义的追问，这正是近代哲学的根本问题。

由以上简单的回顾可以看出，实践哲学在其发展中主要面临以下问题：实践究竟是一种精神性的活动还是物质性的活动？道德实践与物质生产的关系怎样？实践的个体性与社会性的关系如何处理？而作为这一切的基础，实践哲学与理论哲学（本体论和认识论）的关系如何显然，马克思对实践哲学的变革首先就是从这后一方面开始的。他把实践提到本体论的地位，否定了那种作为世界本原的物质本体，这实际上彻底取消了旧的本体论存在的可能性，与此同时也就改变了理论哲学与实践哲学相脱离的状态。一方面，理论哲学扩大到实践的领域，认识论不仅研究科学的问题，而且要关注实践之知——人生的价值和意义问题；另一方面，实践作为人类根本的存在方式又充当着一切认识活动的本体论基础，对实践的反思提供了哲学的本体之维。从这种观点出发，实践当然既不仅仅是精神活动，又不仅仅是物质活动，既不限于道德活动，又不限于物质生产，既包含个体的层面，又包含社会的层面，因为实践在马克思主义哲学中的地位决定了，所有这些层面都只是实践的不同维度和具体表现形式，这些范畴之间的分化正是在实践的基础上才产生的，其统一当然也有赖于实践。当然，马克思主义作为一种"实践的唯物主义"，必然认为实践的物质性、生产性、社会性的一面占据主导的、决定性的地位，但我们不能就此把实践归结为这一方面，因为这些属性本身是依赖于实践才成为可能的。正是因此，实践应合理地理解为这些方面的辩证统一。

三

我们把艺术界定为一种实践活动，就是为了在认识论的视角之外，为文艺学研究建立哲学本体论的基础。

建立艺术实践论的首要前提乃是准确地把握艺术实践的内涵，我们所说的艺术实践是指，文艺活动是一种个体感性的生存实践，艺术所记录的就是艺术家在人生实践中把握到的生活真谛和人生价值。因而，它能够以情感的方式作用于我们的整个心灵，改造我们的道德意识和价值观念，提高我们的生活境界，从而为我们的人生实践树立正确的导向。这可以从两个方面加以说明。

首先，文艺活动就是艺术家的审美的人生实践。艺术活动在根本上是与艺术家探究人生真谛、追求艺术真理的人生实践相统一的。艺术家与社会生活的关系在根本上是实践关系而不是认识关系。这是因为，艺术创作并不是置身于生活之外去冷静地观察、分析和认识生活，而是直接以人生实践的方式参与到社会生活之中去。艺术活动在根本上是一种审美的人生实践，它的目的不是去把握业已存在的客观知识，而是真实地记录艺术家的人生体验和感悟。与认识活动所要求的客观性、真实性不同，审美体验具有创造性、生成性的特征。艺术家通过切身体验所把握到的哲理和意蕴，并不是异己的客观存在物，而是艺术家领悟到的人生价值和意义。这种价值不是来源于对客体属性的认识，而是主体的精神创造为社会生活所增添的新维度。当然，艺术价值的创造离不开艺术家对社会生活的观察和分析，但这种认识却只能为艺术创造准备前提条件，它无法取代艺术家艰苦的人生实践过程，这即是艺术家提高自己的审美修养、道德品格和人格境界的内在精神历程。正是有了这一实践的过程作为前提，才使艺术家得以长期保持自身的艺术激情，在艺术创造和人生实践中不断达到新的境界。由此可见，艺术的价值本质和实践本性高于它的认识功能，只有从实践的角度出发，艺术的价值本性才能超越认识活动的评价性特征，成为艺术活动创造性的真实体现。

其次，艺术活动不仅仅是作家、艺术家的人生实践，随着艺术作品为人们接受和欣赏，艺术活动必然要和广大读者的人生实践发生紧密联系。艺术作品不仅能帮助读者认识社会、理解社会，更重要的是可以有效地作用于读者的心灵，帮助人们净化自身的情感，陶冶他们的情操，提高他们的道德水平，从而对他们的人生实践起正确的导向作用。由于艺术作品所记录的是艺术家直接的人生体验，而不是纯粹客观的社会知识，因而艺术接受也不仅仅是认识活动，而是以情感为中介的审美体验和道德实践过程。只有当读者全身心地投入到艺术作品的情境、氛围之中去，切实地感受人物形象的喜怒哀乐、悲欢离合，与艺术家在创作中所倾注的感受和情绪融为一体，产生强烈的共鸣之后，作品所包含的哲理和意蕴才能为读者所把握和接受。因此，艺术欣赏不仅是对读者知识水平、审美修养的考验，而且是对读者道德和人格境界的审视与检阅。如果读者在人生实践中达不到一定的境界和水平，艺术作品的价值功能就得不到充分的实现。反过来，优秀的作品正是因为渗透着艺术家对社会人生的积极评价，洋溢着艺术家对人生的理想和智慧，才能给读者以智慧的启迪和美的享受。

由这两方面的论述可以看出，作者与读者的艺术实践实际上以作品为中介而紧密地交织在一起，因而完整的艺术实践实际上是一种主体间的交往实践过程。从方法论的角度来看，这就是要求我们抛弃以往认识论文艺观中主（作家）、客（读者）对立的思维方式，代之以主体（作家）—客体（作品）—主体（读者）之间的解释学循环，从而为我们超越文艺学中的唯知识论和科学主义倾向提供了条件。在此，艺术实践论无疑与当代的存在论、解释论美学有着许多共同的话题。无独有偶，现代解释学的代表人物伽达默尔也把自己的思想称为解释学的实践哲学，并且自称要在当代复兴亚里士多德的传统。粗看起来，解释学与实践哲学似乎相去甚远，但实际上，现代形态的解释学早已不是过去的那种文本解读技术，而是一种新形态的哲学本体论，这也就是由海德格尔和伽达默尔所完成的解释学的"本体论转折"。海德格尔认为，理解并不是理解者的主观行为，而是理解者——此在——的生存论、存在论结构环节："对存在的领悟本身就是此在的存在规定"①，因此，理解就是一个"存在论的事件"（伽达默尔语）。而理解的对象不是别的，就是"存在者的存在和这种存在的意义，变式和衍生物"②，因而解释学就是一种本体论。那么解释学又何以被看成一种实践哲学呢？这是因为存在的意义不是一种对象、技术之知，对存在的理解是一种非对象性的存在活动，所以理解不是一种对象性的认识活动，所理解的意义也不是认识而是一种实践之知。伽达默尔认为，近代科学的发展导致自然科学的方法论取得了统治地位，古老的实践哲学传统被遗忘了。解释学重新唤起了人们对于实践之知的重视，因此就在一定程度上恢复了实践哲学的传统。

　　那么，怎样才能克服自然科学方法论所导致的实践哲学的衰微呢？伽达默尔接受了海德格尔的观点，这就是把理解和解释看作此在生存的存在论环节，而一切自然科学的说明都必须以此为前提，只不过是把此在领悟到的存在意义加以对象化、专题化的陈述而已，这样，只要澄清了一切理解得以可能的本体论条件，就已经在根本上超越了近代认识论哲学的局限性。而这正是伽氏所建立的本体论解释学命意所在。在他看来，"精神科学中的本质性东西并不是客观性，而是同对象的先在的关系。我想用参与者的理想来补充知识领域中这种由科学性的道德设立的客观认识的理想"③。所谓"同对象的先在关系""参与者的理想"都是指海德格尔所说的"前有、前见和前理解"，在精

---

　　①　［德］海德格尔：《存在与时间》，陈嘉映、王庆节译，生活·读书·新知三联书店 1987 年版，第 16 页。

　　②　［德］海德格尔：《存在与时间》，陈嘉映、王庆节译，生活·读书·新知三联书店 1987 年版，第 45 页。

　　③　［德］伽达默尔：《赞美理论——伽达默尔选集》，夏镇平译，生活·读书·新知三联书店 1988 年版，第 69 页。

神科学中，这些就是一切理解得以可能的本体论前提。这也就是由海德格尔提出，并由伽氏加以展开的"解释学循环"思想。在传统的解释学中，循环是指理解总是在文本的整体和部分之间来回运动，而在本体论的解释学中，循环则是指对文本的理解要以理解者的前见为前提，这就使循环由一种方法概念而提升到了本体论的层次。在具体的理解过程中，理解者的先见作为对于文本意义的一种预期，就构成了他的视域，而理解就是理解者的视域与文本视域的一种融合过程。然而文本的视域并不是一种客观的存在物（或者说这种客观性是无关紧要的，因为它即使存在也无从把握），而有待于理解者的筹划。对文本意义的筹划必然反过来改变理解者已有的视域，从而引起新的循环和融合过程。因此伽氏说"对一个本文（即文本）或一部艺术作品里的真正意义的汲取是永无止境的，它实际上是一个无限的过程"①，这样，自然科学的客观性概念就为主体间性所取代，理解不再是主客体间的对象性活动，而是主体间的交往活动。

自然科学与精神科学的区别很容易使我们想起亚里士多德对理论知识和实践知识的区分，从而把我们带回到实践哲学的传统之中。理论知识以某种永恒必然的东西为对象，方法是从某种普遍原则出发进行推导，这正是后世自然科学和认识论的原型。而实践知识则是用于处理特殊可变易的人类实际事物的知识，其目的是追求何物能导致一般的善。这种知识是不可传授的，只有通过亲身的实践和参与才能获得。近代科学的发展恰好遗忘了这一点，而解释学的努力则正可对症下药。伽达默尔认为，法官对文字法律的理解和导演对戏剧的诠释正是这种实践知识的典型例证。实践和参与，根本上在于把人类陌生的问题变成我们自身的问题，而任何文本或任何陈述都是对人类自身某一问题的回答，因而对文本的理解就是对人类事务的实际参与，在此意义上，解释学的经验就是人类此在的生存

---

① ［德］伽达默尔：《真理与方法》上卷，洪汉鼎译，上海译文出版社 1992 年版，第 388 页。

实践。

由此可以看出，确立实践的本体论地位，就使我们获得了与各种现代思想相同的问题境遇，马克思主义文艺学的当代性就有了坚实的理论基础。长期以来，由于我们囿于旧的本体论观念，以致马克思主义实际上仍旧被当成了一种形而上学，我们的文艺学研究在哲学基础上也就无法获得根本的突破。尽管我们吸取了许多现代心理学和认识论的研究成果，却难以改变文艺被归结为认识这一定论，文艺学也就始终笼罩在自然科学方法论上的统治之下。因此我们可以断言，把实践确定为文艺活动的本体论维度，是我们的文艺学研究走向当代的关键一环。

第六节　实践美学的现象学重估

现象学思想自传入我国以来，已经产生了越来越广泛的影响。不过迄今为止，这种影响主要还局限在对这种思潮的引进和评析方面，怎样才能使其转化为我国当代美学的一个内在组成部分，仍是一个有待进一步探索的话题。[①] 在我们看来，对实践美学进行一种现象学的阐释，正可以为此提供一个适宜的理论契机。这是因为，实践美学作为新时期以来中国当代美学的主导形态，近年来正面临着越来越多的质疑和挑战，通过引入现象学这种新的理论资源，可望使其焕发出新的思想活力；另一方面，这也可以有力地显示出现象学思想对于中国当代美学的启示意义，从而使其在本土化方面迈出坚实的一步。

一

要想使现象学思想服务于中国当代的美学探索，首先必须弄清现

---

① 值得指出的是，邓晓芒的《胡塞尔现象学对中国学术的意义》（《新华文摘》1995年第4期）、戴茂堂的《马克思美学的现象学解读》（《人大复印资料·美学》1998年第4期）等论文，在这方面已经进行了开拓性的尝试，惜乎尚未引起足够的重视。

象学究竟是一种怎样的思潮。这种思潮的创始人胡塞尔曾经把现象学精神概括为"面向事情本身"，这一口号是如此深入人心，以至于几乎被人们当成了现象学运动的代名词。然而问题在于，这个看似简单明了的说法其实包含许多模糊和未定之处，因为在具体的现象学研究中，人们还必须进一步界定究竟应该面向怎样的"事情"，以及如何面向这种事情等等，由此才能确定现象学的研究对象和方法。然而正是在这些具体的问题上，现象学运动却陷入了似乎无法调和的分歧之中。在胡塞尔看来，现象学的研究对象是纯粹意识及其意向性结构，研究的方法则是本质直观（或称本质还原）和先验还原，然而追随他而形成的哥廷根学派的其他成员却只赞同本质直观的方法，对于后期胡塞尔所提出的先验还原的方法则敬而远之，由此就出现了本质现象学与先验现象学之间的对立；随后，海德格尔又主张现象学的研究对象应该是存在者的存在及其意义，"只有存在与存在结构才能够成为现象学意义上的现象"①，研究的方法也应该是从理解和领会出发的诠释学，因为"此在的现象学就是诠释学"②。这样，又出现了意识现象学与存在现象学之间的对立；在现象学运动的法国阶段，萨特一方面试图统一胡塞尔与海德格尔的立场，另一方面又吸收了黑格尔的辩证法思想和笛卡尔的自我学说，从而使问题进一步复杂化了；梅洛－庞蒂同样试图调和胡塞尔与海德格尔之间的分歧，但他却明确放弃了胡塞尔的先验现象学立场，而是把胡塞尔后期所提出的生活世界的现象学与海德格尔的存在哲学嫁接起来，这样又凸显了生活世界的现象学与先验现象学之间的对立。

现象学运动中存在如此广泛的分歧甚至对立，难免会使人们感到疑惑，究竟是否存在一种统一的现象学精神呢？我以为这种精神的确

---

① ［德］海德格尔：《存在与时间》，陈嘉映、王庆节译，生活·读书·新知三联书店 1987 年版，第 180 页。

② ［德］海德格尔：《存在与时间》，陈嘉映、王庆节译，生活·读书·新知三联书店 1987 年版，第 47 页。

是存在的，它可以概括为两个方面：一方面，是对形而上学思维方式的批判；另一方面，则是对一种后形而上学思维方式的建构。不过，反对形而上学在某种意义上乃是西方现代思想的共识，现象学思想在其中又具有怎样的特殊性呢？我以为现象学的特点就在于，它试图寻找并把握住某种本源性的状态，在这种状态中，人与自然、理性与感性、本质与现象处于一种浑然不分、和谐一体的关系之中，以此来消除形而上学所设立的各种二元对立，并且建构起一种非二元论的思维方式。在我看来，正是这种对于思想的本源性的不懈追求，构成了贯穿整个现象学运动的内在精神，也只有从这种精神追求出发，我们才能合理地解释现象学运动所经历的复杂的嬗变过程。

现象学运动的创始人胡塞尔尽管并没有明确提出反对形而上学的任务，但他的整个思想追求实际上都指向了这一目标。胡塞尔一生的思想曾经经历过复杂的演变和发展，然而这些转变的目标都是为了越来越彻底地克服近代思想的自然主义特征。在胡塞尔看来，自然主义的根本特征就是把自我与世界对立起来，因而是一种典型的二元论观点。正是为了克服这种观点，他才提出了本质直观和先验还原的思想。在胡塞尔之后，海德格尔等人尽管对其思想进行了一系列的改造或者修正，但这些改造的根本目的，却都是为了真正彻底地完成对于形而上学的批判与超越。海德格尔尽管对于胡塞尔现象学的观念、方法与对象都进行了改造，但这并不意味着他彻底抛弃了现象学的根本精神。相反，由于他所说的此在对存在意义的把握不是通过对象性的表象思维方式，而是通过一种本源性的理解和领悟，在这种状态之中，根本不存在主体与客体、意识与存在的分离与对立，因而也就更彻底地摆脱了二元论思维方式的纠缠。在这个意义上，海德格尔可以说是更加彻底地贯彻了现象学的基本精神和原则。在现象学运动的法国阶段，萨特和梅洛–庞蒂同样致力于现象学精神的彻底贯彻。萨特的贡献在于以"前反思的我思"取代了海德格尔的"此在"范畴。萨特认为，海氏所说此在对存在意义的领悟仍旧是一种意识，只不过是一种前反思的意识而已。在他看来，反思意识不是指向外在世界而是指向意识活动自身的，因此无法避免二元论的困境，因为这样的意识是与世界相隔绝和对立的。而前反思意识则不同，它是直接指向对象并与对象融为一体的，它比反思意识更根本和更原始，由此就可以彻底避免近代哲学的二元论困境。梅洛－庞蒂的贡献则在于对身体及其知觉活动给予了空前的重视。在他看来，为了彻底克服传统思想的二元论特征，就必须以肉身化的身体—主体（body—subject）概念来取代传统的主体概念。所谓身体—主体乃是一个身心合一的概念，也就是说主体并不是与身体相分离的某种精神或者自我，而直接就是我们的身体本身，因为我们的身体并不是自我进行意识活动的中性工具，也不是外在的物质世界的组成部分，相反，我们的身体具有一种意向性活动的能力，它可以在我们的周围筹划出一个生活世界。由此出发，传统思想的身心二元论观点就站不住脚了。同时，他认为身体—主体的知觉活动具有一种暧昧性的特征，它与对象或世界之间不是一种主客体的对立关系，而是一种往复不已的相互作用和交流，这样，传统思想中的主客对立关系也就被否定了。

从上面的分析可以看出，现象学运动的发展轨迹其实是十分清晰的。从表面上看来，现象学运动在不断地经历着自我否定和批判，然而这种否定恰恰体现了思想家们对现象学精神的坚持和贯彻。正是在这种不断的自我否定中，现象学运动越来越彻底地超越了形而上学的二元论思维方式，同时也越来越清晰和准确地把握住了后形而上学思维方式的精髓。

二

在澄清了现象学思想的基本特征之后，我们需要进一步弄清实践美学与现象学思想之间是否存在相通之处。根据我们前面的分析，现象学的根本特征就在于对形而上学的二元论思维方式的批判和超越。

　　那么，实践美学是否也表现出了同样的思想追求呢？

　　回顾近年来围绕实践美学所进行的各种争论，我们发现人们对这种美学观的最大质疑恰恰在于，认为其并没有真正摆脱形而上学的束缚和局限。有的学者明确指出，实践美学"在致力于调停主观客观、感性理性、自然自由等一系列矛盾与对立的同时，等于提前已默认了这些二元对立"，因而实际上所坚持的仍是形而上学的二元论思维方式。① 诸如此类的批评还有很多，表明这种看法在学界有着相当的代表性。然而耐人寻味的是，这些批评都把矛头指向了实践美学的代表人物李泽厚、蒋孔阳等人，对于这种美学思想赖以提出的哲学基础——马克思的实践哲学——却不置一词。从这个意义上来说，这些学者对实践美学的批判实在是犯了舍本逐末的错误。

　　那么，马克思的实践哲学究竟有没有超越形而上学，从而与现象学具有一种相同的思想视界呢？在这方面，来自现象学阵营的声音显然格外值得我们关注。海德格尔就曾经说过："纵观整个哲学史，柏拉图的思想以有所变化的形态始终起着决定性的作用。形而上学就是柏拉图主义。……随着这一已经由卡尔·马克思完成了的对形而上学的颠倒，哲学达到了最极端的可能性。"② 在这里，海氏显然是把马克思引为了自己的同道，因为在他看来，现代思想对于形而上学的批判和超越恰恰是从马克思开始的。他之所以把形而上学等同于柏拉图主义，就是因为柏拉图所确立的理念与现象相对立的"世界二重化原则"，乃是西方思想中二元论思维方式的始作俑者。那么，马克思究竟是怎样解构这种思维方式的呢？我以为首先就体现在他对于形而上学的自然观的清算上。众所周知，马克思是从清理费尔巴哈的形而上学唯物主义开始来建立自己的新世界观的。而这种清算，主要又集中在费尔巴哈的物质观或自然观上。在马克思看来，费尔巴哈的思想仍是一种直观的唯物主义："费尔巴哈对感性世界的'理解'一方面仅

---

① 张弘：《存在论美学：走向后实践美学的新视界》，《学术月刊》1995 年第 8 期。

② 孙周兴选编：《海德格尔选集》下卷，上海三联书店 1996 年版，第 1244 页。

仅局限于对这一世界的单纯的直观，另一方面仅仅局限于单纯的感觉"，"他没有看到，他周围的感性世界决不是某种开天辟地以来就已存在的、始终如一的东西，而是工业和社会状况的产物，是历史的产物，……甚至连最简单的'感性确定性'的对象也只是由于社会的发展、由于工业和商业交往才提供给他的"。① 在此我们不无惊讶地发现，马克思对费尔巴哈的批判与胡塞尔后来对自然主义的批判如出一辙，因为费尔巴哈的直观唯物主义显然是自然态度的产物，而马克思则自觉地与这种自然态度划清了界限，所以实际上实行了一种现象学的还原。从这个角度来看，马克思的思想与现象学的原则之间无疑是相通的。正是在这个意义上，马克思明确否定了形而上学的自然观："被抽象地理解的、自为的、被确定为与人分隔开来的自然界，对人来说也是无。"②

在清除了费尔巴哈思想的形而上学色彩之后，马克思建立起了自己的以实践为核心的新世界观。在我们看来，这种新的实践哲学正代表着马克思对后形而上学思想的建构，因为实践在马克思这里被赋予了一种本体论的地位。在他看来，实践指的就是一种活生生的感性活动，"这种活动，这种连续不断的感性劳动和创造，这种生产，正是整个现存的感性世界的基础"③。那么，这种实践观何以能够超越二元论的思维方式呢？这是因为，实践在马克思的思想中是一个最高的、本源性的范畴，它既不是一个物质范畴，也不是一个精神范畴，相反，物质与精神、存在与意识、主体与客体、主观与客观之间的分化都是在实践的基础上才产生的，也只有在实践的基础上才能获得统一。在这方面，我国当代的实践美学所犯的最大的错误就是把实践当成了一

---

① ［德］马克思、恩格斯：《德意志意识形态》，载于《马克思恩格斯文集》第一卷，中共中央马克思恩格斯列宁斯大林著作编译局编译，人民出版社 2009 年版，第 528 页。

② ［德］马克思：《1844 年经济学哲学手稿》，《马克思恩格斯文集》第一卷，中共中央马克思恩格斯列宁斯大林著作编译局编译，人民出版社 2009 年版，第 220 页。

③ ［德］马克思、恩格斯：《德意志意识形态》，载于《马克思恩格斯文集》第一卷，中共中央马克思恩格斯列宁斯大林著作编译局编译，人民出版社 2009 年版，第 529 页。

种物质活动，这实际上就把马克思重新拉回到费尔巴哈的立场上去了。李泽厚就曾明确指出，"所谓社会实践，首先的和基本的便是以使用和制造工具为核心和标志的社会生产劳动"。[①] 按照这种理解，实践就成了一种纯物质的谋利活动。马克思曾经批评费尔巴哈对于实践"只是从它的卑污的犹太人活动的表现形式去理解和确定"[②]，如果按照李泽厚的说法，那么马克思岂不是犯了与费尔巴哈同样的错误吗？邓晓芒先生对此曾经进行了尖锐的批评："李泽厚为了使客观美学摆脱其庸俗性、机械性，他引入了马克思的实践的能动性；而为了从实践观点坚持美的客观性，他又从实践中排除了人的主观因素，使之成为一种毫无能动性的、非人的、实际上是如费尔巴哈所认为的那种'丑恶'的实践，这种实践只有在资本主义的异化劳动，即那种动物式的谋生活动中才得到体现。"[③] 我们认为，这番批评是有一定合理性的。

那么，怎样才能避免李泽厚所犯的错误呢？邓晓芒认为应该把马克思所说的实践界定为"有意识的生命活动"。在他看来，"实践既不是一种纯主观的东西，也不是一种纯客观的东西，而是'主客观的统一'"，这与我们的看法显然是完全一致的。不过耐人寻味的是，邓晓芒在对实践范畴的进一步阐释中，却不知不觉地陷入了一种话语的困境之中。他认为，"实践首先是一种'客观现实的物质性活动'，不承认这一点，就会陷入康德、黑格尔式的唯心史观；但是，实践又是一种有意识、有目的、有情感的物质性活动，而不是象动物或机器那样盲目的物质性活动，它把人的主观性或主体性……作为自身不可缺少的环节包含在内。不承认这一点，就会陷入费尔巴哈（从否定的态度上）和现代行为主义、操作主义（从肯定的态度上）的机械论观点，同样落入唯心史观"。[④] 这段话看起来是从前面对实践的界定推论出来

---

① 李泽厚：《批判哲学的批判》，安徽文艺出版社 1994 年版，第 85 页。
② ［德］马克思：《关于费尔巴哈的提纲》，《马克思恩格斯文集》第一卷，中共中央马克思恩格斯列宁斯大林著作编译局编译，人民出版社 2009 年版，第 499 页。
③ 邓晓芒、易中天：《黄与蓝的交响》，人民文学出版社 1999 年版，第 397 页。
④ 邓晓芒、易中天：《黄与蓝的交响》，人民文学出版社 1999 年版，第 403 页。

的，且逻辑也十分严密，既防止了唯心史观，又避免了李泽厚的错误，但实际上他把实践说成既是一种物质活动又是一种精神活动，然而试问从实践"既不是一种纯主观的东西，也不是一种纯客观的东西"，怎么能够推出这一结论呢？合乎逻辑的结论只能是，诸如物质、精神等范畴都是无法用来描述实践活动的。邓晓芒的意思是说实践活动既包含物质因素，又包含精神的因素，这显然还是把实践实证化的结果，犯的是与李泽厚相同的错误，因为李泽厚也并不否认实践活动中包含精神因素，只不过他认为实践归根到底仍是一种物质活动，这与邓晓芒的说法又有多大的差异呢？在我们看来，他们的共同错误都在于认为实践活动包含物质与精神两种因素，而事实上实践作为一个本体论的范畴根本就不存在这样一种二元论的划分，因为它是比物质和精神都更具本源性的范畴（这正是马克思清算费尔巴哈自然观的必然结果），如果把实践又重新划分成物质和精神两种形式，那不是意味着马克思建立新"世界观"的努力都付之东流了吗？当然，公正地说，邓晓芒实际上已经意识到了这一问题，这从他给"主客观统一"这一说法加上了引号就可以看出来。但由于他仍未完全摆脱二元论的思维方式和话语方式的约束，因而不自觉地又回到李泽厚的立场上去了，这也从反面证明了建构一种后形而上学的思维方式乃是何等艰巨的任务。

或许有人会说，如果不能用物质、精神等范畴来描述实践活动，那么实践岂非变成了一个无法界定的神秘范畴了吗？从某种意义上来说，这种看法不无道理，因为正如德里达所曾经指出的，我们对于现有哲学概念的"每一次具体的借用都会拖带着整个形而上学"①。这就是说，当今思想所使用的语言已经打上了形而上学的烙印，因而一种反形而上学的思想往往无法在语言层面彻底超越形而上学。正是由于这个原因，海德格尔晚期竟不得不采取给存在等概念打上叉号等

---

① ［法］德里达：《结构，符号，与人文科学话语中的嬉戏》，王逢振、盛宁、李自修编《最新西方文论选》，漓江出版社 1991 年版，第 136 页。

做法，借此来和形而上学的语言划清界限。明乎此，我们就不难理解马克思何以有时也会使用诸如"精神实践"等说法。而既然语言的界限暂时尚无法逾越，我们认为关键的问题就应该集中在思想层面。就此而言，只要我们明了马克思的实践范畴所描述的乃是一种非二元论的本源状态，是人类的一种基本的生存方式，那么就不难把握住其反形而上学的精髓，也不难从中窥见其与现象学相通的理论视野。

三

通过前面的分析，可以说明实践美学在其哲学基础方面已经超越了形而上学，现在的问题是，这种超越是否同样贯彻到了美学层面呢？在这方面，许多论者同样只是把目光集中于李泽厚等人对实践美学的阐发，至于马克思本人的实践美学思想则并没有进入讨论的视野。我们认为，这种做法同样是本末倒置的。

那么，马克思本人在美学方面究竟有没有超越形而上学呢？需要指出的是，马克思尽管并没有建构起完整的美学思想体系，然而他在建立自己的实践哲学的过程中，已经对这种新世界观的美学效应做了关键性的提示。从某种程度上来说，实践美学甚至本身就是马克思建立实践哲学的重要基础，因为他在建构自己的实践论学说的过程中，所诉诸的恰恰主要是美学方面的证据。当然，这里所说的"美学"一词并不局限于狭义上的审美和艺术活动，所取的乃是"美学之父"鲍姆加登所赋予的"感性学"的含义。实践哲学在马克思这里之所以会和美学发生一种必然的会通，是因为在马克思看来，实践作为一种人的本质力量的对象化活动，乃是人的本质得以产生和发展起来的根本基础，而人的本质最集中的体现，恰恰在于人的感觉的社会化方面。马克思认为，对象化活动是在扬弃异化劳动的基础上产生的，"对私有财产的积极的扬弃，就是说，为了人并且通过人对人的本质和人的生命、对象性的人和人的作品的感性的占有，不应当仅仅被理解为直接的、片面的享受，不应当仅仅被理解为占有、拥有"。① 由此可以看出，异化使人丧失了自己的（类）本质，其结果是人的感觉重新蜕化成了动物的感觉，因而只是以一种直接的、片面的方式来占有、拥有对象；反之，对象化活动作为对异化劳动的扬弃，使人重新占有了自己的（类）本质，其结果则是人的感觉重新具有了社会性，因而能够以一种全面的、感性的方式来占有对象。那么，马克思何以总是把人的本质与人的感觉、感性联系起来呢？这是因为他所说的实践活动本身就是一种现实的感性活动，因而在此基础上所建构起来的人的本质自然就直接体现于人的感觉和感性上面。正是因此，马克思才说，"感觉在自己的实践中直接成为理论家"。② 而正是在这种感觉的人化过程中，人的各种审美的感觉才得以产生和发展起来："只是由于人的本质客观地展开的丰富性，主体的、人的感性的丰富性，如有音乐感的耳朵、能感受形式美的眼睛，总之，那些能成为人的享受的感觉，即确证自己是人的本质力量的感觉，才一部分发展起来，一部分产生出来。"③ 由此可见，实践哲学和实践美学在马克思这里实际上是相互印证和相互依存的：审美感觉的形成为实践对人的本质的建构提供了直接的证明，反过来，实践活动又为审美感觉的产生提供了人类学上的前提。

既然马克思的实践哲学和美学之间存在这种共生关系，那么其哲学层面对形而上学的超越势必同样体现于美学方面。在这方面，我们不无惊讶地发现马克思的努力与现象学的立场又一次不谋而合了。具体地说，马克思把人的审美能力还原为人的感觉的社会化或者人化，

---

① ［德］马克思：《1844 年经济学哲学手稿》，《马克思恩格斯文集》第一卷，中共中央马克思恩格斯列宁斯大林著作编译局编译，人民出版社 2009 年版，第 189 页。
② ［德］马克思：《1844 年经济学哲学手稿》，《马克思恩格斯文集》第一卷，中共中央马克思恩格斯列宁斯大林著作编译局编译，人民出版社 2009 年版，第 190 页。
③ ［德］马克思：《1844 年经济学哲学手稿》，《马克思恩格斯文集》第一卷，中共中央马克思恩格斯列宁斯大林著作编译局编译，人民出版社 2009 年版，第 191 页。

这与现象学所谈论的本质直观活动实在是异曲而同工。马克思所说的"感性"或"感觉"是通过对费尔巴哈所说的"感性直观"的批判而提出的，他认为后者所说的感性还只是一种静观感知，仍属于个体动物性的范畴，因而主张人的感觉已经通过实践活动而赋有了一种社会性；同样，胡塞尔也不满于西方传统哲学把理性和感性对立起来，认为只有理性能够把握事物的本质，感性直观只能把握现象的观点，主张存在一种本质直观活动，这种活动一方面具有把握本质的能力，另一方面又具有直观的特征。不仅如此，胡塞尔同样认为审美经验在根本上也是一种本质直观活动。他在晚年的一封信中明确指出，"现象学的直观与'纯粹'艺术中的美学直观是相近的"。① 当然，由于胡塞尔主要致力于对各现象学领域的开拓和奠基工作，因而对于审美经验并没有进行完整的分析（这与马克思也构成了一种有趣的对比），但他的这些提示无疑已经为审美经验的现象学分析指明了方向。此后，杜夫海纳吸收和综合了胡塞尔以及梅洛－庞蒂的知觉现象学理论，明确提出审美经验是一种知觉活动，而"审美对象就是辉煌地呈现的感性"②，从而建构起了完整的现象学美学体系。

当然，我们的这种比较并不意味着要抹杀马克思的实践美学与现象学美学之间的差别，而是要指出它们在方法论方面的一致性。表面上看来，这两者之间有着十分明显的差异：胡塞尔的现象学理论要求排除一切先入之见，他的本质直观学说是通过对意识活动的意向性分析而建立起来的，至于这种直观能力的来源问题则并不涉及，而且必须首先通过现象学还原来加以悬搁；与之相反，马克思的实践哲学恰恰是要追溯人的感觉所具有的本质力量（包括审美能力）的历史渊源，这恰恰犯了胡塞尔所批评过的历史主义和世界观哲学的错误。然而事实上正像我们在前面所指出的，现象学真正的方法论特征并不拘

---

① ［德］胡塞尔：《艺术直观与现象学直观》，倪梁康选编《胡塞尔选集》下卷，上海三联书店 1997 年版，第 1203 页。

② ［法］杜夫海纳：《审美经验现象学》，韩树站译，文化艺术出版社 1992 年版，第 115 页。

泥于某个思想家的外在表述，而在于其内在的反形而上学的思想追求。即以现象学运动内部而论，胡塞尔把意识的意向性视为本质直观能力的根源，但在海德格尔看来，人的意识所具有的意向性特征（包括其本质直观能力）乃是由其存在方式所决定的，因而对意识的本质特征的把握也必须通过分析人的生存活动才能解决。在这个意义上，海氏的立场与马克思无疑是一致的。尽管海氏把人的生存方式概括为"烦"（即"打交道"），马克思则将其界定为"实践"，但就他们都把意识的本质追溯到人的生存方式这一点来说，他们的思想倾向显然是一致的。①

现在的问题是，我国当代的实践美学是否准确地把握住了马克思美学思想的这种方法论特征呢？我们认为回答是基本否定的。即以李泽厚而论，其最大的问题就在于把马克思的实践美学彻底拉回到二元论的立场上去了。在本体论层面，他无视马克思赋予实践的本体论地位，转而提出了所谓"工具本体"和"情感本体"的双重本体说。按照他的说法，人类的实践活动产生了两个方面的成果："这种成果的外在的物质方面，就是由不同生产方式所展现出来的从原始人类的石头工具到现代大工业的科技文明。这即是工艺—社会的结构方面。这种成果的内在心理方面，就是分别内化、凝聚和积淀为智力、意志和审美的形式结构。这即是文化—心理的结构方面。"② 不难看出，这里所谓双重本体实际上是把形而上学所设置的物质与精神的二元对立又请了回来，这样一来，实践充其量只是物质与精神之间的一个中介环节，这种二元对立本身成了一个当然的前提，这对他把自己的思想宣称为"人类学实践本体论"实在是一个莫大的讽刺。在此基础上，他又提出了著名的"积淀说"："理性才能积淀在感性中，内容才能积淀

---

① 关于马克思与海德格尔思想之间的异同，近年已有学者论及，可参看仰海峰《"实践"与"烦"》一文，见《学习与探索》2001 年第 2 期。

② 李泽厚：《批判哲学的批判》，安徽文艺出版社 1994 年版，第 430 页。

在形式中，自然的形式才能成为自由的形式，这也就是美。"① 且不说有些学者已经令人信服地指出，这种学说在学理上缺乏基本的科学根据，② 单从方法论的层面来看，李泽厚把理性与感性、内容与形式、自然与自由截然剥离开来，即从根本上违背了马克思思想的内在旨趣。马克思固然强调审美能力乃是人的感觉在实践的基础上所形成的一种本质力量，然而感觉所赋有的这种理性内涵显然并不是从外部烙印或积淀上去的，而是感觉通过自身的反复实践所秉有的一种本质直观的能力，因而在马克思的思想中，审美活动根本不存在理性与感性之间的二元对立，自然也就不需要通过实践来使后者积淀在前者之中。从表面上来看，这种"积淀说"是在马克思关于"自然人化"思想基础上所做出的合理发挥，但实际上马克思并没有把人与自然的对立视为一个当然的前提，相反，那种与人无关的、作为世界本原的自然从一开始就被马克思还原或者悬搁起来了，在他的思想中，居于本体地位的始终是实践，人本身就是通过实践才把自身创造出来的，怎么能反过来把人与自然的对立设为前提，而将实践降格为两者之间的一个中介范畴呢？李泽厚把马克思本已克服了的二元论思维方式作为建构自己美学思想的基础，因而其理论受到人们的广泛质疑就不是一件令人意外的事情了。

据此我们认为，实践美学本身并未像许多论者所宣称的那样已经过时，需要超越，相反，其所包含的反形而上学的方法论追求尚待我们进一步开掘。不过，这一开掘的前提是我们必须重新回到马克思，而这一返回又不是一种单纯的重复，而必须是一种从当代思想出发的重新审视。在这一重审的过程中，现象学思想无疑是一个极有意义的思想参照。

---

① 李泽厚：《批判哲学的批判》，安徽文艺出版社 1994 年版，第 434 页。
② 可参看曹俊蜂《"积淀说"质疑》一文，见《学术月刊》1994 年第 7 期。

第五章　身体美学的基本问题

身体美学是当代美学的一种重要理论形态，美国学者舒斯特曼和中国学者王晓华等都是其中的代表。当代美学之所以关注身体问题，是因为这个问题涉及身心关系这个自笛卡尔以来的哲学难题。近代美学由于受到这种二元论思维方式的影响，因此把审美主体视为自我或者心灵，把审美经验视为纯粹的意识或者精神活动，身体则被视为与外部对象一样的广延之物，变成了心灵活动的工具。身体美学强调人就是身体，身体并不是纯粹的物质，而是具有能动性和意向性，因而能够成为审美活动的主体。从方法论的角度来看，这显然符合现代美学批判和超越形而上学的目标，因而自然成了当代美学的重要形态。

第一节　身体何以能够绘画？

梅洛－庞蒂是法国现代著名的现象学家，也是身体美学的奠基人。梅洛－庞蒂把克服笛卡尔所开启的身心二元论作为自己的主要目标，因此提出了身体—主体（body-subject）的概念，认为身体与自我总是密不可分的，我们既无法设想脱离身体的自我，也无法设想脱离自我的身体，身体本身就具有能动性和主体性，能够通过意向性活动筹划出人的生存空间。在此基础上，他主张艺术家是直接通过身体来创作的，并且通过对于塞尚艺术的分析论证了这一观点，由此为身体美学奠定了基础。剖析梅洛－庞蒂的美学思想，对于我们了解身体美学的基本要义无疑是十分有益的。

一　知觉与身体

绘画艺术自古就引起了哲学家们浓厚的兴趣。当柏拉图提出他那著名的"模仿说"的时候，他想到的例证就是绘画。其之所以如此，大约是因为绘画艺术建立在视觉活动的基础上，而视觉则被认为是最重要的感知方式。柏拉图曾经宣称，"视觉器官是肉体中最敏锐的感官"[①]，而亚里士多德也认为，视觉"最能使我们识别事物，并揭示各种各样的区别"[②]。这就是说，视觉在各种感觉器官中具有最强的认识功能，因而绘画艺术中或许就潜藏着人类认识活动的秘密呢！

然而耐人寻味的是，柏拉图对于绘画的分析所得到的却是否定性的结论。在他看来，画家和诗人一样，对于自己所描画的事物并无真正的知识，因为知识来自理性，而画家却依赖于视觉。视觉只能把握事物的颜色和形状，而"真正的存在没有颜色和形状，不可触摸，只有理智这个灵魂的舵手才能对它进行观照，而所有真正的知识就是关于它的知识"[③]。柏拉图认为，这种真正的存在居于"诸天之外"，只有在灵魂与肉体结合之前，通过心灵之眼——理性——才能直观得到，至于肉体之眼——视觉——则是无能为力的。这样一来，视觉就无法提供真正的知识，而绘画自然也就不具有真理性了。

从这里可以看出，柏拉图否定绘画的根本原因，在于他把感性和理性、身体和心灵、现象和本体（真正的存在，即理念）截然对立起

---

① ［古希腊］柏拉图：《斐德罗篇》，王晓朝译《柏拉图全集》第二卷，人民出版社 2003 年版，第 165 页。

② ［古希腊］亚里士多德：《形而上学》，苗力田主编《亚里士多德全集》第七卷，中国人民大学出版社 1993 年版，第 27 页。

③ ［古希腊］柏拉图：《斐德罗篇》，载于王晓朝译《柏拉图全集》第二卷，人民出版社 2003 年版，第 161 页。

来，从而彻底否定了身体及其感觉活动的认识功能。要想推翻这种主张，就必须克服这种二元论的思维方式。从这个角度来看，梅洛－庞蒂对于绘画的兴趣也就不难理解了，因为他的哲学探索的根本动机，就在于通过确立知觉经验的首要地位，彻底解构理性与感性的二元对立："我们借此表达的是，知觉的经验使我们重临物、真、善为我们构建的时刻，它为我们提供了一个初生状态的'逻各斯'，它摆脱一切教条主义，教导我们什么是客观性的真正条件，它提醒我们什么是认识和行动的任务。这并不是说要将人类知识减约为知觉，而是要亲临这一知识的诞生，使之同感性一样感性，并重新获得理性意识。"①从这段话来看，梅洛－庞蒂认为一切理性知识都是从知觉经验中产生的。通过返回知觉经验，我们就可以重新体验并参与理性的诞生，领悟到理性与感性之间的亲缘关系，从而消解两者之间的对立。

正是从上述洞见出发，梅洛－庞蒂把关注的目光转向了绘画艺术，因为在他看来，画家天然地摆脱了二元论思维方式的束缚："在这里，把灵魂与肉体、思想与视觉区别对立起来是徒劳的，因为塞尚恰恰重新回到了这些概念所由提出的初始经验，这种经验告诉我们，这些概念是不可分离的。"②那么，画家的知觉经验何以具有这种原初性特征呢？这是因为画家把知觉经验看作一种身体性行为，而不是纯粹的意识或精神活动。用梅洛－庞蒂的话来说，"正是通过把他的身体借给世界，画家才把世界变成了画"。③表面看来，这似乎仍然回到了身体与心灵相互对立的二元论立场，但实际上梅洛－庞蒂所说的身体与传统哲学有着本质的区别。传统哲学把身体当作一种纯粹的物质性存在，认为身体是对象世界的一部分，梅洛－庞蒂则认为，身体既不是主体，也不是客体，而是一种两重性的存在："我们的身体是一个两层的存

---

① ［法］梅洛－庞蒂：《知觉的首要地位及其哲学结论》，王东亮译，生活·读书·新知三联书店 2002 年版，第 31—32 页。

② ［法］梅洛－庞蒂：《眼与心》，刘韵涵译，中国社会科学出版社 1992 年版，第 49 页。

③ ［法］梅洛－庞蒂：《眼与心》，杨大春译，商务印书馆 2007 年版，第 35 页。

在，一层是众事物中的一个事物，另一层是看见事物和触摸事物者。"① 就视觉活动而言，它"同时是能看的和可见的"②。作为"能看者"，身体是视觉活动的主体；作为"可见者"，身体又是视觉活动的对象。身体之所以会成为视觉活动的对象，是因为构成身体的材料与万物是相同的，因此身体就成了外部世界的一个组成部分。然而另一方面，身体又具有看视的能力，这就使它与其他事物区别开来，其他事物作为一种附属品环绕在它的周围。梅洛－庞蒂把这种现象称作"身体的灵化"。从某种意义上来说，身体就是看与被看、触摸与被触摸之间的相互交织："当一种交织在看与可见之间、在触摸和被触摸之间、在一只眼睛和另一只眼睛之间、在手与手之间形成时，当感觉者—可感者的火花擦亮时，当这一不会停止燃烧的火着起来，直至身体的如此偶然瓦解了任何偶然都不足以瓦解的东西时，人的身体就出现在那里了⋯⋯。"③ 既然如此，只要深入分析身体的这种内在机制，视觉、触觉等知觉活动的秘密也就可望被解开了。

那么，身体究竟是如何形成对于其他事物的视觉的呢？梅洛－庞蒂认为，这是由于身体与其他事物是由相同的材料组成的，因此事物就能够与我们的身体发生一种内在的相互作用和交流，从而在我们的身体之中形成一种内部等价物。这种等价物具有一种十分独特的存在方式：它与事物本身十分相似，但又不仅仅是原物的某种复制品或派生物，而是拥有自己独立的存在。举例来说，原始人把动物的影像描绘在岩壁上，这影像尽管依附于岩壁，但与岩壁本身的存在截然不同。传统理论把这种影像归结为一种想象物，梅洛－庞蒂对此也很认同，但他认为影像并不仅仅是心理活动的产物，而是来自我们身体的视看能力，因为影像与原物的相似性是以我们的身体与原物的相似性为基础的。然而世间万物是千差万别的，身体何以对每个事物都能产生相

---

① ［法］梅洛－庞蒂：《可见的与不可见的》，罗国祥译，商务印书馆 2008 年版，第 169 页。
② ［法］梅洛－庞蒂：《可见的与不可见的》，罗国祥译，商务印书馆 2008 年版，第 169 页。
③ ［法］梅洛－庞蒂：《眼与心》，杨大春译，商务印书馆 2007 年版，第 38 页。

似的影像呢？这是因为身体具有某种类似于镜子的功能。镜子的特征在于能够使万物在自身内部原封不动地映现出来，而我们的身体也具有这样的功能。梅洛－庞蒂指出，"镜中幽灵在我的肉外面延展，与此同时，我身体的整个不可见部分可以覆盖我所看见的其他身体。从此以后，我的身体可以包含某些取自于他人身体的部分，就像我的物质进入到他们身体中一样，人是人的镜子。至于镜子，它是具有普遍魔力的工具，它把事物变成景象，把景象变成事物，把自我变成他人，把他人变成自我"。① 这就是说，人与人、人与事物之间通过相互作用，形成了一种互相映现的镜子关系。正是由于身体具有这种映现功能，因此人们才能形成对于其他事物的视觉。

把身体比作一面镜子，这看起来并不是一种新颖的观点，因为我们一贯把眼睛看作专门的视觉器官，而近代物理学早就已经发现了眼睛反射光线与镜子的共同之处。在人们看来，这一发现已经一劳永逸地解开了视觉活动之谜，比如笛卡尔就把视觉归结为一种机械作用，即外部的光线作用于我们的眼睛，从而在视网膜上形成了一定的影像。按照这种理论，视觉活动显然并无任何神秘之处，身体在其中只是充当传递信息的手段和工具，由此形成的影像也并不具有独立的存在，只是事物的复制品而已。而梅洛－庞蒂则不同，在他看来，镜子乃是一个"幽灵"，而视觉活动则包含一种"被动性的神秘"。其之所以如此，是因为视觉活动并不仅仅是通过眼睛这一器官孤立地进行的，而是我们整个身体的映现活动。准确地说，真正的视觉器官并不是眼睛，而是我们的"肉"，或者说是我们作为肉身主体的存在。视觉的产生并不是通过光线与镜子之间的机械作用，而是我们的肉与他人以及其他事物的肉之间复杂的相互作用，作为机械装置的镜子其实只是这种相互作用的抽象模型而已。因此，视觉活动的真正秘密并不在眼睛，而是隐藏在我们的身体之中。

---

① ［法］梅洛－庞蒂：《眼与心》，杨大春译，商务印书馆2007年版，第48页。

二 身体与绘画

通过把身体揭示为一种既非精神、又非物质的第三种存在，梅洛－庞蒂深刻地触及了知觉经验的原初性的秘密。不过，这种灵化的身体是每个个体都具备的，何以只有画家才具备一种原初性的视觉经验呢？画家的视觉和普通人究竟有何区别呢？

事实上普通人最初当然都拥有一种本源性的视觉能力，即都是通过自己的整个身体与事物之间的交流来形成视觉，然而在长大成人之后，人们却接受了一种习以为常的观念，把视觉活动简单地看成眼睛对光线的反射作用；同时，大多数人都陷入了一种功利性的生活态度之中，对于事物只是关注其最基本、最抽象的外形特征，从而逐渐丧失了与事物进行全方位交流的能力。而画家则不同，他们拒不接受关于视觉的科学以及功利性态度，而是始终立足于和事物之间的肉身性交流。因此对他们来说，视觉活动并无固定的模式可寻，每一次的视觉活动都是一次全新的探索和体验。在画家的眼中，万事万物都有着自己的生命，而不是像近代思想所宣扬的那样只是一种无生命的机械之物。因此，视觉对于画家来说并不是按照事物的概念去分辨或者捕捉事物，而是让事物的影像或相似物自发地在自己的身体之中萌生出来。正因为这样，画家才感到视觉活动不是单向而是双向的，即画家和景物在相互观察和交流。法国画家马尔尚曾经说过："在一片森林中，我有好多次都觉得不是我在注视着森林。有些天，我觉得是那些树木在注视着我，在对我说话……而我，我在那里倾听着……我认为，画家应该被宇宙所穿透，而不能指望穿透宇宙……我期待着从内部被淹没、被掩埋。我或许是为了涌现出来才画画的。"[1] 当这种交流达到十分深切的程度的时候，画家甚至会感到自己完全丧失了自我意识，

---

① 转引自［法］梅洛－庞蒂《眼与心》，杨大春译，商务印书馆2007年版，第46页。

变成了风景自我显现和表达的工具："是风景在我身上思考，我是它的意识"（塞尚语）。这就是说，事物的影像并不是由画家主动构想出来的，而是事物自发涌现出来的，因此梅洛－庞蒂认为画家的视觉具有一种"被动性的神秘"。既然影像的形成取决于事物自身而不是画家，那么每一次的视觉活动就都是全新的，因为事物是各不相同的，自然就会以不同的方式涌现出来。从某种程度上来说，这种萌发和涌现正是人的诞生和文化的起源，因为这意味着由此建立了一种人与物之间的交流关系。因此梅洛－庞蒂宣称，"当母体内的一个仅仅潜在的可见者让自己变成既能够为我们也能够为他自己所见时，我们就说一个人在这一时刻诞生了"。①对于普通人来说，这种诞生乃是一次性或偶发性的，因为他们随后就把这种萌发程式化了，画家却能够把每一次萌发都变成诞生，所以"画家的视觉乃是一种持续的诞生"②。

既然画家的每一次视觉活动都是原发性的，绘画艺术自然也就是非程式化的，因为画家不可能按照同样的模式来描绘不同的事物。然而绘画史上却不断产生某种程式化的表现技法，比如文艺复兴时期出现的"透视法"就对此后的绘画产生了压倒性的影响，对此应该做何解释呢？梅洛－庞蒂认为，透视法本身并不是一种固定的模式，而是包含线性透视、高空投影、圆形投影、斜投影等多种方式，这表明画家最终仍是按照事物本身显现的方式来决定自己的表达方式的。从某种意义上来说，透视法与其说是为画家提供了一种固定的表现模式，还不如说是提供了一种新的刺激，让画家从旧的表现模式中解脱出来，从而与事物之间建立起新的联系。因此，绘画技法和风格的嬗变恰好证明并不存在唯一正确的绘画方法，或者说绘画艺术根本上并不是一个技巧的问题，而是艺术家与事物之间无休止地交流的问题，每当新的交流方式被建立起来，旧的方式便随之失去了生命力。因此梅洛－

---

① ［法］梅洛－庞蒂：《眼与心》，杨大春译，商务印书馆 2007 年版，第 46—47 页。
② ［法］梅洛－庞蒂：《眼与心》，杨大春译，商务印书馆 2007 年版，第 47 页。

庞蒂认为，"画家们本身都根据经验知道，任何一种透视技巧都不是一种精确的解决方案，不存在着任何方面都尊重现存世界的、值得成为绘画的基本法则的针对现存世界的投影"，"真实的情况是，没有任何一种既有的表达方式能够解决绘画的问题，能够把绘画转变为技巧，因为没有哪种象征方式会永远作为刺激物起作用"①。

从这种立场出发，梅洛－庞蒂对绘画艺术的各个元素与身体及其知觉活动的关联进行了系统的分析，借此来揭开绘画以及整个视觉活动的秘密。绘画作为一种典型的空间艺术，自然必须准确地展示事物所处的空间维度。按照笛卡尔的二元论立场，客观事物与自我意识的根本差别就在于其具有广延性，这样一来，空间性就成了外部事物的客观属性，与人及其意识活动无关。正是从这种观点出发，笛卡尔把素描看作绘画艺术的典型，原因是素描仅仅以线条来描绘事物，不涉及事物的颜色，而在他看来，只有线条才客观地表达了事物的广延特征，至于颜色则属于事物的第二性质。由此出发，事物的高度和宽度便成了绘画艺术的两个主要维度，而深度则成了派生性的第三维度，因为画面是一种平面的东西，事物的深度根本上是无法表现的。人们通常所说的深度其实是指某种事物被其他事物遮蔽了，这种深度如果从侧面观察的话马上就转变成了宽度，也就是说深度恰恰是无法直观到的。从这个角度来看，笛卡尔式的空间其实是一种无深度的空间。然而现实的视觉经验告诉我们，事物的深度或者厚度的确是客观存在的，因而也应该是事物空间性的一个真实维度。梅洛－庞蒂指出，"当我透过水的厚度看游泳池底的瓷砖时，我并不是撇开水和那些倒影看到了它，正是透过水和倒影，正是通过它们，我才看到了它。如果没有这些失真，这些光斑，如果我看到的是瓷砖的几何图形而没有看到其肉，那么我就不再把它看作为它之所是，不再在它所在的地方看到它"。② 这就是说，当我们观察事物的时候，我们的确是通过一定

① ［法］梅洛－庞蒂：《眼与心》，杨大春译，商务印书馆2007年版，第61页。
② ［法］梅洛－庞蒂：《眼与心》，杨大春译，商务印书馆2007年版，第75页。

的深度或者厚度才把握到它的，如果没有这种厚度，那么事物就不再是其所是。现在的问题是，笛卡尔何以无法解释事物的深度特征？这是因为他把事物的空间特征看作与人无关的纯客观特征，"他的错误在于把空间升格为摆脱了一切视点、一切潜在、一切深度的，没有任何真正厚度的一种完全肯定的存在"①。因此梅洛-庞蒂主张，空间并不仅仅是事物自身的特征，而是与人的身体有着内在的关联，或者说事物的空间特征乃是以身体空间为基础的，这种身体空间同时也是思想的居所："身体空间并不如同那些事物一样是随便一种样式，广延的一个样本，它乃是被思想称之为'它的'身体之处所，是思想寓居的一个处所"，"身体对心灵而言是其诞生的空间，是所有其他现存空间的基质"②。从这里可以看出，身体实际上成了联结心灵与世界的桥梁，笛卡尔的二元论因此就站不住脚了。

从这种身体空间的观念出发，深度就不再仅仅是事物的"第三维度"，而恰恰成了第一维度，或者说它根本就不是一个维度，而恰恰是其他维度的基础："我之所以看到事物各居其位，恰恰因为它们彼此遮蔽对方，它们之所以在我的目光面前成为对手，恰恰因为它们各处其位。我们从它们的相互包裹中认识到的是它们的外在性，在它们的自主中认识到的是它们的相互依赖。对于如此理解的深度，我们不再会说它是'第三维度'。"③ 这就是说，我们之所以认为各种事物都处于一定的空间位置，乃是因为它们彼此相互遮掩，从而具有了一定的深度，换句话说，深度乃是事物空间性的基础。这样的深度显然并不是事物自身所具有的，而恰恰是由事物与我们的身体之间的关系所决定的：正是由于事物对我们的身体来说是看不见的，因此它才是有深度的。也正是由于深度乃是事物各种空间维度的基础，因此寻找深度便成了画家的第一要务。贾珂梅迪（Alberto Giacometti）说，"我本

---

① ［法］梅洛-庞蒂：《眼与心》，杨大春译，商务印书馆2007年版，第59页。
② ［法］梅洛-庞蒂：《眼与心》，杨大春译，商务印书馆2007年版，第62页。
③ ［法］梅洛-庞蒂：《眼与心》，杨大春译，商务印书馆2007年版，第71页。

人认为塞尚终其一生都在寻求深度"，罗伯特·德洛奈（Robert Delaunay）也宣称："深度乃是新的灵感。"在画家的眼中，深度乃是存在的"爆炸"，是事物的"不发声的叫喊"，也就是说当事物的深度对画家显现出来的时候，画家也就把握住了事物的存在及其影像。塞尚以及立体主义者宣称要打碎事物的外壳或者外形，原因就是这种外形只关乎事物的各个空间维度，只有打破外形，寻找到事物的深度，才能弄清这些孤立的维度相互结合并构成事物外形的方式。从这个角度来看，现代绘画之所以决然抛弃文艺复兴以来的透视法，转而进行各种奇特的形式试验，其目的就在于把近代绘画中事物那完美的外形拆解开来，从而弄清事物的深度之谜。当然，现代画家并没有也不可能揭晓这一谜底，因为对深度的寻求乃是一项永无休止的事业，而绘画艺术的生命在某种程度上也正维系于此。

对深度的重视必然带来对于绘画艺术版图的全方位重组。首先，对于色彩的贬低态度应该予以抛弃。笛卡尔之所以轻视色彩，是因为在他看来事物的空间性是纯客观的，而色彩则具有某种主观性。但从梅洛－庞蒂的立场上看来，事物的空间性是以身体空间为基础的，因此色彩恰恰集中地反映了事物与人之间的关联。画家的话为此做了最好的注脚：颜色是"我们的大脑与宇宙交汇之处"（保罗·克利语）。在画家看来，通过颜色就能够更好地接近"事物的心脏"。正是因此，现代绘画对于颜色给予了高度的重视，印象派绘画甚至为此不惜牺牲事物的轮廓和线条。当然，这并不是说颜色反过来成了营造深度最重要途径，而是说颜色不再是绘画艺术中可有可无的元素了。其次，线条的优越地位遭到了颠覆。当然，线条仍旧是空间性的重要构成元素，但不再是唯一的元素，因为人们发现线条也并非事物的自在特征，而是与画家的身体及其视点有着密切的关联："不存在着自在地可见的线条。不管是苹果的轮廓还是田地与牧场的界线都不是或在此处或在彼处，它们始终都要么不及要么超出于人们注视的视点，始终都在人们所固定的东西之间或后面，它们被事物所指示、所暗示，甚至被事物专横地要求，但它们不属于事物本身。"① 线条之所以是非自在的，是因为线条并非来自画家对事物的模仿，而是事物发生和显现的样式："线条不再模仿可见者，它'导致可见'，它是事物的发生之图样。"这就是说，线条并不是事物本来的样子或者轮廓，而是使事物对人来说变得可见的动态标志。正是由于线条具有动态的特征，因此它才总是处在人们的视点之外。也正是由于绘画中的线条具有这种不平衡的特征，因此它才能打破摄影图片那种僵死和凝固的特征，真正刻画出了事物的运动和生命特征。进一步来说，绘画艺术的魅力就在于它不仅刻画出了事物的空间特征，同时也刻画出了时间特征。绘画中的线条之所以是不稳定的，就是因为这线条刻画的乃是事物在时间进程之中的空间位置，而且画家为了表现事物的运动和生命特征，还有意使事物的时间和空间特征产生错位："提供运动的乃是一种形象，胳膊、小腿、躯干、头在这一形象中各自都是在另一瞬间被捕捉到的，因此形象把身体具象在身体任何时刻都未曾拥有过的一种姿态中，并且在它的各个部分之间施加了一种虚构的连接，仿佛这些不可共同可能者之间的对抗能够并且单独能够让过渡和绵延出现在青铜里、出现在画布上。"② 表面上来看，画家似乎是在撒谎，照片才真实地刻画了事物的客观形态，然而唯其通过这种谎言，画家才真正表现了事物的内在真实或者存在——事物的生命，而照片却只能使事物静止下来，因此才有了罗丹（Auguste Rodin）的名言："照片撒谎，而艺术真实。"

三　绘画与真理

自从柏拉图在《理想国》中宣称诗歌与真理"隔了三层"，并对诗人下了逐客令之后，西方思想家和艺术家一直在从事着"为诗辩护"的事业。考虑到柏拉图在谈论模仿活动的时候一直把画家和诗人

---

① ［法］梅洛－庞蒂：《眼与心》，杨大春译，商务印书馆 2007 年版，第 78 页。
② ［法］梅洛－庞蒂：《眼与心》，杨大春译，商务印书馆 2007 年版，第 82 页。

并举，这种对艺术的辩护显然应该把绘画包含在内。在梅洛－庞蒂对于绘画艺术的分析中，并未明确地把绘画与真理联系起来，不过究极而言，绘画艺术只是他探讨知觉问题的一种借径，而知觉在他看来则是真理、知识与价值的诞生地，因此当他把画家的视觉看作一种原初性的知觉经验的时候，他显然是把绘画艺术当成了真理的发生方式。由此出发，我们就有理由观照梅洛－庞蒂的画论在"为诗辩护"的思想谱系中所处的位置。

第一个明确否定柏拉图的信条，宣称诗和艺术具有真理性的思想家无疑是亚里士多德。亚氏与柏拉图同持模仿说，但却认为人类"通过摹仿获得了最初的知识"[①]，而不仅仅是"影子的影子"。在柏拉图看来，模仿之所以无法产生真正的知识，是因为模仿的对象乃是具体事物而不是理念本身。而亚里士多德则认为，柏拉图"理念论"的根本错误就在于把理念看作具体事物之外的独立存在，这使理念根本无法成为具体事物存在的原因和根据。因此他认为，理念就在具体事物之中，具体事物乃是一种真实的存在，因而通过模仿具体事物就能够获得真正的知识。不过，亚里士多德的本体论思想本身并不是一贯的，他在早期宣称个别事物乃是"第一本体"，后期却转而认为形式才是第一本体，个别事物只是第二本体，这就使他对艺术的真理性持一种保留性的态度。按照他的说法，"诗是一种比历史更富哲学性、更严肃的艺术，因为诗倾向于表现带普遍性的事，而历史却倾向于记载具体事件"。[②] 在这里，历史所表现的只是纯然的个别性，相当于没有任何规定性的质料，诗所表现的则是质料和形式结合成的个别事物（第二本体），只有哲学表现的才是纯粹普遍性的形式（第一本体）。诗之所以逊色于哲学，显然是因为诗是一种感性之物，无法直接把握普遍性的形式（即理念）。由此可见，柏拉图所设定的感性与理性、现象与本体之间的二元对立，只是得到了有限度的调和，而没有获得真正

---

① ［古希腊］亚里士多德：《诗学》，陈中梅译，商务印书馆1996年版，第47页。
② ［古希腊］亚里士多德：《诗学》，陈中梅译，商务印书馆1996年版，第81页。

的解决。

亚里士多德这种为诗辩护的思路极大地影响了此后的西方思想，并且一直延续到黑格尔。客观地说，黑格尔赋予艺术的真理性地位要高于亚里士多德，因为他主张艺术"和宗教与哲学处在同一境界，成为认识和表现神圣性、人类的最深刻的旨趣以及心灵的最深广的真理的一种方法和手段"①。不过在他看来，由于艺术是用感性形式来表现最崇高的东西，因此"无论是就内容还是就形式来说，艺术都还不是心灵认识到它的真正旨趣的最高的绝对的方式"②，这就是说，尽管艺术与哲学处于同一境界，但其真理性地位仍旧低于哲学。不仅如此，由于黑格尔坚持历史与逻辑相统一的原则，因此他认为艺术与哲学作为真理的两种显现方式，并不仅仅是相互并列的逻辑关系，而同时是绝对理念自我发展的两个阶段，当这种发展达到哲学阶段时，艺术作为真理的显现方式就被扬弃了，由此他就发出了震惊时代的"艺术终结"的宣言。一种为艺术辩护的努力最终竟然合乎逻辑地宣判了艺术的消亡，这显然是一种莫大的讽刺。

在我们看来，黑格尔"艺术终结论"的面世无异于宣告在形而上学内部为艺术辩护的努力是不可能取得成功的，因为只要感性与理性的二元对立被视为一个当然的前提，艺术的感性特征就只能是一个无法消除的污迹，使其真理性品格受到永久的玷污。这一事实反过来启示我们，要想彻底打破柏拉图加在艺术身上的"魔咒"，就必须从根本上颠覆他所倡导的二元论思维方式。正是在这个意义上，由胡塞尔所开创的现象学运动为人们开启了新的希望。胡塞尔的本质直观学说主张，本质并非一定要通过理性活动才能把握，在直观行为中同样能够得到呈现："不仅个别性，而且一般性、一般对象和一般事态都能够达到绝对的自身被给予性。"③ 这种直观行为包含感性直观和本质直

---

① ［德］黑格尔：《美学》第一卷，朱光潜译，商务印书馆1991年版，第10页。
② ［德］黑格尔：《美学》第一卷，朱光潜译，商务印书馆1991年版，第13页。
③ ［德］胡塞尔：《现象学的观念》，倪梁康译，上海译文出版社1986年版，第6页。

观两种形式，而且这两者之间有着密切的关联：只要在感性行为中实行"目光转向"以及"本质变更"，就可以从感性直观转向本质直观，从而不经知性推理而直接把握到本质一般。这样一来，艺术的感性特征就不再成为其把握真理的障碍，相反却是真理得以发生和呈现的必由之路：艺术的根本特征不在于其感性特征而在于其直观性，艺术并不是像柏拉图所宣称的那样只能以感性的方式来把握现象，而是可以通过直观来把握本质。

作为现象学运动的重要一员，梅洛－庞蒂显然也活动在这一思想轨迹之中。初看起来，他的绘画理论乃至整个思想都未涉及本质直观问题，因为他研究的中心一直是知觉问题，但实际上他所谈论的知觉根本就不是一种纯粹的感性认识能力，而是一种原初性的直观能力。在他看来，知觉经验为我们提供的是"一种诞生状态的逻各斯"，是真理与价值的发生地。从传统哲学的角度来看，知觉所把握的只是事物的表面现象，如色彩、形状等，这些都属于事物的"第二性质"，但梅洛－庞蒂却认为，"深度、颜色、形状、线条、运动、轮廓、面貌就是存在的枝条"，而且"其中之一就会把我们引回到整束枝条"①。显然，形而上学设置的现象与本体之间的二元对立已经被彻底打破了，因为现象学所谈论的本质或存在并不是隐藏在现象背后的独立实体，而是现象自身的直接呈现，或者说现象学所谈论的现象本身就不是一个名词而是动词，指的是事物自身的呈现或显现过程，在这一过程开始之前，并不存在任何先在的本质或本体，本质本身就是在这一显现的过程中生成的。因此，当我们通过知觉经验把握到事物的颜色、形状等特征的时候，我们并不需要也不可能"透过"这些"现象"把握到某种先在的固定本质，相反，事物的本质就显现为这些颜色和形状。绘画艺术奠基于这种原初的知觉经验，因而必然是真理的一种基本的显现方式。

---

① ［法］梅洛－庞蒂：《眼与心》，杨大春译，商务印书馆2007年版，第89页。

不过在现象学运动的历史上，这种观点显然并非梅洛－庞蒂所首创，海德格尔就曾通过对梵·高的名画《鞋》的分析，提出艺术的本质乃是"存在者的真理自行设置入作品"。① 两相比较，梅洛－庞蒂的看法有何创新之处呢？回顾现代美学的发展历程，我们不得不承认海德格尔的观点产生了极为深远的影响，不过就其对梵·高画作的阐释而言，则一直存在激烈的争论，有些论者甚至宣称海氏的看法完全是张冠李戴，因为梵·高描绘的根本就不是一双农鞋，而是画家自己的一双旧鞋。在我们看来，这种非议即便有着确凿的事实依据，也不会从根本上抹杀海氏艺术真理观的重要意义，但争议的出现却表明海氏阐释绘画作品的方法是可以质疑的。如果我们将其与梅洛－庞蒂的绘画理论相比较，其间的差异便一目了然：海氏是站在一个欣赏者的角度来分析现成的绘画作品，而梅洛－庞蒂则是深入到了画家的创作经验当中，深刻地体察绘画在知觉经验中的诞生过程。表面看来，这只是接受理论和创作理论的分野，两者并无高下之分，但深入一步来看，会发现海氏观照艺术的方式还是一种纯粹的意识行为。当然，海氏对于意识与存在、主体与客体的二元对立是深有警醒的，他在《存在与时间》一书中一再对此展开批判，自觉地抛弃了意识这一概念，把此在对于存在意义的把握说成是一种生存论的理解和领会，并且强调这种方式比现象学的直观更加本源："'直观'和'思维'是领会的两种远离源头的衍生物。连现象学的'本质直观'也植根于生存论的领会。"② 从这个角度来看，梅洛－庞蒂强调知觉的首要性似乎成了一种倒退。但如果我们仔细分析的话，就会发现海氏所说的生存论的领会并未如他所说达到彻底的本源性，因为他所刻画的此在的生存论结构存在一个重要的缺失：此在的身体性。他把此在的存在方式界定为"在世界之中存在"，并且强调这里的"存在"是一种栖居，是使用器

---

① ［德］海德格尔：《林中路》，孙周兴译，上海译文出版社 1997 年版，第 20 页。
② ［德］海德格尔：《存在与时间》，陈嘉映、王庆节译，生活·读书·新知三联书店 1987 年版，第 180 页。

具和其他存在者打交道，但此在的身体却始终处于现象学的直观和描述之外，这就使他所谈论的"烦""无聊""畏"等生存论体验和情绪失去了真正的"切身性"，在很大程度上仍然停留在"心"的范畴之内。正是因此，萨特宣称海德格尔的"此在"概念完全可以用意识和自我来取代，只要将其界定为"前反思"的即可。①

从这个角度来看，梅洛－庞蒂强调知觉经验的首要性，并且把知觉活动阐释为一种身体性行为，显然是对海德格尔思想的重要发展，也是对现象学运动的重要推进。从胡塞尔开始，现象学运动就把"面向事情本身"当作自身的座右铭。这一原则的基本含义，就是要求现象学家在面对任何问题的时候，排除一切先在的成见（是所为"悬搁""加括号"）。当海德格尔忽略了身体现象的时候，他显然是受到了笛卡尔的"身心二元论"这一成见的影响，或者说他对这一成见的排除还不够彻底，因此不自觉地把身体当成了意识的驯服工具，当成了物质世界的组成部分。反过来，梅洛－庞蒂把身体当作知觉经验的主体，并且在后期思想中不断提升这一概念的位置，将其作为新的本体论思想的核心，认为身体就是一种"灵化的肉"，肉并非人类及动物所独有，而是万事万物的存在方式。这样一来，他不仅彻底超越了身心二元论，而且超越了主体与客体、精神与物质等形而上学所设置的各种二元对立。从这个意义上来说，梅洛－庞蒂的思想在一定意义是标志着现象学运动在克服二元论方面所达到的顶点。而他对绘画艺术的沉思，则堪称这一思想的结晶体，因而散发着持久的智慧之光。

第二节　身体何以能够写作？

在上一节中，我们借助梅洛－庞蒂的绘画美学讨论了身体在绘画创作中的作用，接下来我们将探讨身体与文学创作的关系。有关身体

---

① 参看［法］萨特《存在与虚无》，陈宣良等译，生活·读书·新知三联书店1987年版，第10页以下。

写作的话题在当代中国曾经一度十分流行，但很快就偃旗息鼓了。不过我们在此重提身体写作的问题，却并不是为了激活一个旧话题，而是为了开启一个新问题，因为十多年前高举身体写作大旗的作家和批评家，只是把身体作为写作的对象，强调要用"写身体"来取代"写心灵"或"写精神"；我们提出身体写作，则是把身体视为创作活动的主体，强调作家是用身体写作，而不是用心灵或者精神写作。把身体作为写作的对象，充其量只是拓展了文学创作的题材领域，因此只是一个批评问题；把身体作为写作的主体，则彻底颠覆了传统的文学观念，因此是一个基础性的理论问题。

一

作家是用身体写作的，这本是一个显而易见的事实，然而长期以来人们对此却视而不见，始终把文学创作视为心灵之事业。弗里德里希·施莱格尔（Friedrich Schlegel）将艺术家称作人类"至高无上的精神器官"①，圣·佩韦（Charles A. Sainte-Beuve）则宣称，"任何一部伟大作品，只能由一个灵魂、一个独特的精神状态产生——这是一般的规律"。② 至于身体的作用，则一向被贬低甚至无视，人们认为身体只是创作的工具，必须服从心灵的指挥。表面看来是手在书写，实际上却是心灵在劳作。正是由于这个原因，在古今中外的文学理论中，身体始终处于缺位状态，变成了一个看不见的幽灵。

人们之所以如此轻视身体而高扬心灵，根本上来自身体和心灵的二元对立。无论是在中国还是西方，这种二元对立都是根深蒂固的。中国的宋明理学明确主张"存天理，灭人欲"，认为肉体的欲望必然

---

① ［德］弗里德里希·施莱格尔：《断片》，伍蠡甫主编《西方文论选》下卷，上海译文出版社 1979 年版，第 320 页。

② ［法］圣·佩韦：《泰纳的〈英国〉》，伍蠡甫主编《西方文论选》，上海译文出版社 1979 年版，第 204 页。

导致人的堕落，必须加以抑制甚至扼杀，才能保障灵性和天理。西方的身心二元论则从古希腊时代就开始萌芽。柏拉图认为，人的产生是灵魂和肉体相结合的结果，是灵魂赋予了肉体以生命，离开了灵魂，肉体只是一团僵死的物质。他甚至认为，灵魂是由于堕落才与肉体结合的，按其本性，它应该存在于天国或者彼岸世界。肉体的作用就是限制和约束灵魂，灵魂应该努力挣脱这个牢笼而重返天国。这种二元论的观点构成了此后西方思想的传统。古罗马的普罗提诺认为，心灵本来是美的，只是由于和肉体的结合才变得丑陋："我们说心灵的丑是由于这种掺杂，这种混淆，这种对肉体和物质的倾向，我们是持之有故的。同理，只有在清除了由于和肉体结合得太紧而从肉体带来的种种欲望，洗净了因物质化而得来的杂质，还纯抱素之后，它才能抛弃一切从异己的自然得来的丑。"① 奥古斯丁也认为，肉体应该服从灵魂的指引："你为何脱离了正路而跟随你的肉体？你应改变方向，使肉体跟随你。"② 这种身心二元论在近代的笛卡尔那里进一步得到了强化。他把身体和心灵看作两种截然对立的实体："除了我是一个在思维的东西之外，我又看不出有什么别的东西必然属于我的本性或属于我的本质，所以我确实有把握断言我的本质就在于我是一个在思维的东西，或者就在于我是一个实体，这个实体的全部本质或本性就是思维。而且，虽然也许我有一个肉体，我和它非常紧密地结合在一起，不过，因为一方面我对我自己有一个清楚、分明的观念，即我只是一个在思维的东西而没有广延，而另一方面，我对于肉体有一个分明的观念，即它只是一个有广延的东西而不能思维，所以肯定的是：这个我，也就是说我的灵魂，也就是说我之所以为我的那个东西，是完全，真正跟我的肉体有分别的，灵魂可以没有肉体而存在。"③ 从这段话来

① ［古罗马］普罗提诺：《九章集》，马奇主编《西方美学史资料选编》上卷，上海人民出版社 1987 年版，第 180—181 页。

② ［古罗马］奥古斯丁：《忏悔录》，周士良译，商务印书馆 1991 年版，第 62 页。

③ ［法］笛卡尔：《第一哲学沉思集》，庞景仁译，商务印书馆 1996 年版，第 82 页。

看，笛卡尔虽然认为灵魂和肉体紧密地结合在一起，但却认为它们是截然相反的：灵魂是无广延的思维和精神，肉体则是广延性的物质。这样一来，只有灵魂才具有能动性和主体性，身体则只是对象和客体。

归结起来，身心二元论把身体看作物质性的存在，认为肉体的欲望会导致人的堕落，因此必须对其加以压抑和限制，使其服从灵魂和理性的指引。正是这种观点，导致人们在文学研究中贬低身体的作用，大唱灵魂的赞歌。不过，这种二元论的观点本身存在许多难以克服的缺陷。从哲学上来说，把身体和心灵截然对立起来，必然使其无法统一。笛卡尔为了解决这个问题，提出了所谓"松果腺"的理论，认为人的大脑中存在一个腺体，可以在身体和心灵之间充当中介和桥梁。这个说法一经提出就传为笑谈，现代科学的发展也早已揭示了其荒谬之处。身体和心灵无法统一，必然使笛卡尔的认识论陷于破产，因为心灵是通过肉体认识世界的，如果心灵和肉体之间没有中介，那么心灵就无法认识世界。这一问题一直困扰着现代哲学，就连20世纪的胡塞尔仍在追问："认识如何能够确定它与被认识的客体相一致，它如何能够超越自身去准确地切中它的客体？"① 他甚至感叹哲学长期无法解决这一问题乃是一种耻辱。从社会学和伦理学的角度来看，片面地高扬灵魂而贬低肉体，必然导致对人性的束缚和限制，剥夺了人的自由，从而加深了人的异化状态。随着现代社会的发展，这些问题暴露得越来越充分和彻底，因此身心二元论也受到了人们的强烈质疑。从文学的角度来看，这种观点也对文学创作产生了许多不利的影响。由于身体被看作低级、丑恶的存在，因此对身体的描写和表现在很大程度上变成了文学的禁区，稍加涉猎，就会被指责为庸俗、猎奇和低级趣味，甚至与色情文学挂起钩来。显然，这种观点限制了作家的创作自由，使得文学创作的题材变得狭隘和贫乏。更重要的是，这还限制了作家的思想视野，使他们对人性的看法囿于社会的成见或者偏见，

---

① ［德］胡塞尔：《现象学的观念》，倪梁康译，上海译文出版社1986年版，第22页。

从而影响了作品的思想深度。

从这个角度来看，"身体写作"的主张自有其合理和可取之处。事实上，西方现代的身体写作理论本身就是女性主义思潮的产物，带有反抗男权文化、追求妇女解放的目的。西方身体写作的代表人物埃莱娜·西苏（Hélène Cixous）明确指出，"妇女必须通过她们的身体来写作"[①]，因为"通过写她自己，妇女将返回到自己的身体，这身体曾经被从她身上收缴去，而且更糟的是这身体曾经被变成供陈列的神秘怪异的病态或死亡的陌生形象，这身体常常成了她的讨厌的同伴，成了她被压制的原因和场所"[②]。为什么身体写作会与妇女解放联系在一起？因为在西方女性主义者看来，对身体的贬低和压抑是与男权文化联系在一起的。自古以来，男性就被认为是富有理性和理智的存在物，妇女则更多地与感性、情感联系在一起，这与灵魂和肉体的二元对立显然是相互对应的，因此灵魂对身体的统治和男性对女性的支配是一脉相承的。就此而言，身体写作就不仅仅是把身体纳入文学创作的领域，拓展了文学创作的对象和题材，同时也改变和消除了作家对于身体的偏见，推进了文学创作的发展。正是因此，我们不能同意某些学者对于身体写作的批评，在他们看来，身体写作只不过是一种当代形式的色情文学或"淫妇文学"而已。[③] 当然，我们不否认某些主张身体写作的作家，尤其是我国当代某些"美女作家"的作品带有某些色情倾向，她们实际上只是把身体作为性和欲望的代名词，通过对于性行为的露骨描写来吸引读者的眼球而已。然而纵观西方以及我国当代的身体写作景观，其主流仍然是为身体、为女性正名，将身体写作与色情文学画上等号，显然是一种极为片面的做法。

不过，身体写作尽管在一定程度上触及了人们对于身体的偏见，

---

① ［法］埃莱娜·西苏：《美杜莎的笑声》，张京媛主编《当代女性主义文学批评》，北京大学出版社 1992 年版，第 201 页。

② ［法］埃莱娜·西苏：《美杜莎的笑声》，张京媛主编《当代女性主义文学批评》，北京大学出版社 1992 年版，第 193 页。

③ 黄应全：《解构"身体写作"的女权主义颠覆神话》，《求实学刊》2004 年第 4 期。

但这种挑战却是极不彻底的。从某种意义上来说，这种主张只是动摇了古希腊以及中世纪的身心二元论，不再把身体看作丑陋和邪恶的代名词，但却没有触及笛卡尔以来的身心二元论，因为它仍然把身体作为写作的对象，而没有将其视为创作的主体。尽管西苏等人强调要通过身体来写作，但其含义却是主张作家要重视并描绘自己的身体经验，而不是说作家要用自己的身体来写作。在她看来，身体写作就是要描绘身体，对于女作家来说，就是要写出"一个寻觅的世界，一个对某种知识苦心探索的世界。它以对身体功能的系统体验为基础，以对她自己的色情质热烈而精确的质问为基础"①。当然，这种写作在一定程度上是对男权文化和传统观念的颠覆，其看待身体的态度是严肃而深刻的，然而深入一步来看，被严肃看待的身体也仍然只是被审视的对象，而不是具有积极性和主动性的身体。即便作家把身体及其欲望描绘得活灵活现，这身体也仍然是僵死的物质，因为它只是书写的对象，创作的主体依旧是灵魂。无怪乎"美女作家"代表棉棉竟然宣称，"作家在神的手上。作家是灵魂的传达者"②。在这里，身体写作的立场与传统观念竟然出奇地一致，致力于反抗男权文化的妇女作家，恰恰成了自己压迫者的同谋，这实在是一种奇妙而残酷的讽刺！

二

从上面的分析可以看出，要想真正确立起身体写作的理念，就必须从根本上解构或者消解笛卡尔的身心二元论，把身体而不是心灵视为写作的主体。或许有人会说，用身体取代心灵，岂不是与数年前引起轩然大波的"下半身写作"同流合污了？然而稍加细究，就不难发现，所谓下半身写作的主张尽管貌似激进，实际上其对身体的看法仍

---

① ［法］埃莱娜·西苏：《美杜莎的笑声》，张京媛主编《当代女性主义文学批评》，北京大学出版社 1992 年版，第 189 页。

② 棉棉：《一场"美女作家"的闹剧》，《文学自由谈》2001 年第 5 期。

然是十分传统的。试看下半身写作的这段宣言："所谓下半身写作，指的是一种诗歌写作的贴肉状态，就是你写的诗与你的肉体之间到底是一种什么样的关系？紧贴着的还是隔膜的？紧贴肉体，呈现的将是一种带有原始、野蛮的体质力量的生命状态；而隔膜则往往会带来虚妄。"① 从这段话来看，下半身写作只是改变了写作对象：从描写心灵（上半身）转向了描写身体（下半身），然而写作的主体却并未改变，仍然是心灵或者精神，这与女性主义的写作理论显然并无二致。

从这里可以发现一个值得深思的问题：这些激进的创作主张何以只是变革写作的对象，而不是变革创作的主体呢？这是由于论者仍旧秉持着笛卡尔的身体观：身体是一种纯粹的物质，因此无法成为创作的主体，只能成为创作的对象。这种情况看似怪异，实则不难理解，因为这种身体观在今天已经成了一种常识，其真理性似乎不容置疑，无论多么激进的作家和批评家都将其视为当然的前提。然而如果我们撇开这种成见，直面具体的创作经验，就不难发现一个显而易见的事实：作家是用身体，而不是用心灵来写作的。梅洛－庞蒂曾经说过，"事实上，人们也不明白一个心灵何以能够绘画。正是通过把他的身体借给世界，画家才把世界转变成了画"②，这段话显然也适用于写作。人们之所以不愿承认作家是用身体在写作，是因为他们把身体当作客体而不是主体。然而如果我们不是囿于笛卡尔式的成见，就不难发现身体并不是纯然的客体，它同样可以成为行为的主体：当我们观察自己身体的时候，身体就是客体，但当我们观察其他事物的时候，身体就变成了主体。人们通常认为，即使在观察他物的时候，主体也不是身体而是心灵，身体只是心灵的工具，其作用是被动地接受外界的刺激，并把这种刺激传递给心灵。造成这种看法的原因，在于人们把身体和器官混为一谈了，认为身体是由各种感觉器官组合起来的，因此在具体的感知活动中，只有相关的器官参与进来，身体的其他部

① 沈浩波：《下半身写作及反对上半身》，《诗刊》2002 年 8 月上半月刊。
② ［法］梅洛－庞蒂：《眼与心》，杨大春译，商务印书馆 2007 年版，第 35 页。

分则置身事外。按照这种看法，身体自然就变成了心灵的工具，因为被分离和孤立出来的感觉器官只是一种纯粹的有机组织，不具有任何主动性，只能充当接受和传递信息的工具。这种看法发展到极端，就必然把身体看作一架机器。用法国 18 世纪的启蒙哲学家拉·梅特里（La Mattrie）的话来说，"人体是一架会自己发动自己的机器：一架永动机的活生生的模型"。① 然而事实上，这种看法完全颠倒了身体和器官的关系，因为身体本身是一个整体，它并不是由各种感觉器官组合起来的，相反，感觉器官是由于身体的需要才产生和发展起来的。梅洛 – 庞蒂曾经指出，"我的身体不是并列器官的综合，而是一个协同作用的系统"。② 由于身体是一个整体，因此任何感知活动都不只是个别感觉器官的行为，而是需要整个身体的参与。以视觉活动为例，除了眼睛的作用之外，身体其他部分的参与也是不可或缺的：为了看见事物，我们必须走到一个距离适当的地方；为了全面地观察事物，我们需要围着事物转动，有时还需要用手抓住事物，以便更近地观看，或者将其翻转过来，以便观察那些其他的侧面。正是因此，胡塞尔强调感知活动具有"侧显"的特征。他认为，事物在感知活动中从来不是一次性完整地呈现给我们的，而是依次显现出不同的侧面，从而构成了一个连续的侧显复合体。③ 据此我们认为，感知活动不仅仅依赖感觉器官，而是需要整个身体的参与。

那么，作为整体的身体是否仍然只是感知活动的工具呢？回答是否定的，因为当身体进行感知的时候，它并不只是被动地接受和传递信息，而是具有了一种意向性的功能。在传统思想中，意向性被看作心灵和意识活动的特征，意思是意识总是关于某物的意识，或者说意识总是指向某种外在的事物。现代的布伦坦诺和胡塞尔也是在这个意义上来使用该词的。然而事实上意向性并不仅仅是意识活动的特征，

---

① ［法］拉·梅特里：《人是机器》，顾寿观译，商务印书馆 1996 年版，第 20 页。
② ［法］梅洛－庞蒂：《知觉现象学》，姜志辉译，商务印书馆 2001 年版，第 299 页。
③ ［德］胡塞尔：《纯粹现象学通论》，李幼蒸译，商务印书馆 1996 年版，第 115 页。

海德格尔就认为，人类此在的生存活动也是意向性的，而且这种生存论上的意向性构成了意识活动意向性的基础。用他的话说，"意向性是奠基于此在的超越性之中的，而且只有在超越性中才是可能的，而不是相反"。① 所谓此在的超越性，实际上就是此在生存的意向性，因为在海德格尔看来，超越的含义就是"越出自身"，此在之所以是超越性的，是因为此在的生存方式就是"在世界之中存在"，也就是处于其他事物之中，并与其他事物打交道。这就说明，此在的生存是向其他事物敞开的，正是通过这种敞开状态，存在的意义才向此在显现出来，在此基础上，事物才变成了意向活动的对象。因此，意识的意向性是以此在的超越性为基础的，超越性就是生存论、存在论意义上的意向性。而从我们的角度来看，此在的意向性实际上就是身体的意向性，因为此在与意识的区别就在于它是有身体的。当然，海德格尔所说的此在指的是人的生存方式，而不是作为实体的人，但人的生存方式与意识活动的差别，就在于人的生存是身体性的。海德格尔尽管并没有挑明这一点，但从他一再强调此在和主体的差别，并且把生存活动刻画为通过使用器具来组建一个世界，还是可以清楚地看出这一点。

正是身体的意向性和超越性使其具有了一定的主体性，成了梅洛-庞蒂所说的身体—主体。当然，身体的主体性不同于心灵的主体性：心灵主体是一种纯粹的精神实体，身体主体则既不是精神也不是物质，而是介于两者之间的第三种存在。用梅洛-庞蒂的话来说，"它是一种新的存在类型"②，"在任何哲学中都没有名称"③。其之所以如此，就是因为身体本身具有一种暧昧性或两重性。我们在前面曾经指出，身体既可以成为客体，也可以成为主体：它既是看者又是可见者，既是触摸者又是可触者，或者说它就是这两者之间的交织。从这种新的

---

① Martin Heidegger, *The Basic Problems of Phenomenology*, tran. by Albert Hofstadter, Indiana: University of Indiana Press, 1973, p. 157.

② ［法］梅洛－庞蒂：《可见的与不可见的》，罗国祥译，商务印书馆 2008 年版，第 184 页。

③ ［法］梅洛－庞蒂：《可见的与不可见的》，罗国祥译，商务印书馆 2008 年版，第 182 页。

身体观来看，笛卡尔的身心二元论就站不住脚了，因为人并不是由身体和心灵这两种实体组合、嫁接起来的，作为一个统一的整体，人就是自己的身体。当然，这样的身体也不再只是一种广延性的物质，而是成了某种灵化的物。反过来，心灵或者灵魂也不再是一种独立的实体，而是还原成了身体的某种灵性。梅洛－庞蒂把这种现象称作"身体的灵化"："身体的灵化并不是由于它的诸部分一个挨一个地配接，另外，也不是由于有一个来自别处的精神降临到了自动木偶身上：这仍然假定身体本身没有内在，没有'自我'。当一种交织在看与可见之间、在触摸和被触摸之间、在一只眼睛和另一只眼睛之间、在手与手之间形成时，当感觉者—可感者的火花擦亮时，当这一不会停止燃烧的火着起来，直至身体的如此偶然瓦解了任何偶然都不足以瓦解的东西时，人的身体就出现在那里了……。"①

身体主体与心灵主体之间的差异，导致它们与事物发生关系的方式也截然不同：心灵主体与事物之间处于相互对立的关系之中，因此面临着如何切中或符合对象的问题；身体主体则不与事物形成对象性的关系，而是通过与事物的相互作用和交流来把握对象。从某种意义上来说，身体—主体也是一个自我，但这是一个特殊的自我："这是一种自我，但不是象思维那样的透明般的自我（对于无论什么东西，思维只是通过同化它，构造它，把它转变成思维，才能够思考它），而是从看者到它之所看，从触者到它之触，从感觉者到被感觉者的相混、自恋、内在意义上的自我——因此是一个被容纳到万物之中的，有一个正面和一个背面、一个过去和一个将来的自我……。"② 这就是说，身体在感知事物的时候，不是同化对象，而是与对象相混、相交融。具体地说，身体不是站在事物之外被动地接受事物的刺激，获得事物的表象，而是侵入事物内部，让事物从内部变得可感可知。当然，这是一种相互的侵越：当我们侵入事物内部的

---

① ［法］梅洛－庞蒂：《眼与心》，杨大春译，商务印书馆2007年版，第38页。
② ［法］梅洛－庞蒂：《眼与心》，杨大春译，商务印书馆2007年版，第37页。

时候，事物同样侵入了我们自身。之所以会出现这种差异，是因为心灵与事物之间具有异质性，因此只能从外部来观察和把握对象。相反，身体与世界则是同质的，因为它们是由相同的材料所构成的，因此就能够相互侵越和交融："我的身体是可见的和可动的，它属于众事物之列，它是它们中的一个，它被纳入到世界的质地之中，它的内聚力是一个事物的内聚力。但是，既然它在看，它在自己运动，它就让事物环绕在它的周围，它们成了它本身的一个附件或者一种延伸，它们镶嵌在它的肉中，它们构成为它的完满规定的一部分，而世界是由相同于身体的材料构成的。"①

三

正是这种身体与世界的相互交流，构成了文学创作的基础。文学创作的起点是作家自身的生活体验，这正如狄尔泰（Wilhelm Dilthey）所指出的，"体验为宗教、艺术、人类学和形而上学提供了基础"，"宗教思想家、艺术家和哲学家都是在体验的基础上进行创作的"②。那么，作家又是如何体验生命的呢？显然是通过身体来进行的，因为生命主体不同于认识主体："在由洛克、休谟和康德建构起来的认识主体的血管中没有现实的血液流淌，有的只是作为思想活动的稀释了的理性汁。"③

或许有人会说，任何人的生命活动都建立在身体经验的基础上，何以只有作家的生命体验能够成为创作的财富呢？这是因为，普通人的生命活动主要是由功利性的生存活动所构成的，在这种活动中，身体已经在一定程度上蜕变成了物质，成了认识以及实践活动的工具，从而丧失了主体性的功能。以感知活动为例，普通人的感知实际上已经变成了认知性的活动。什克洛夫斯基就曾指出，"多次被感觉的事

---

① ［法］梅洛－庞蒂：《眼与心》，杨大春译，商务印书馆2007年版，第37页。
② 转引自李超杰《理解生命——狄尔泰哲学引论》，中央编译出版社1994年版，第113页。
③ 转引自李超杰《理解生命——狄尔泰哲学引论》，中央编译出版社1994年版，第71页。

物是从识别开始被感觉的：一个事物处在我们面前，我们知道它，但是我们不再去看它"。① 作家则不同，他们始终保持着感知的身体性，因此能够与世界建立起本源性的交流关系。在这种关系中，艺术家不是站在世界之外去客观地观察和认识生活，而是把事物也看作有生命的存在，与其建立起一种平等的交流关系："我通过我的身体进入到那些事物中间去，它们也象肉体化的主体一样与我共同存在。"② 梅洛－庞蒂曾经通过对绘画艺术的分析深入地揭示了这种关系。他认为，当画家进行艺术创作的时候，他并没有把自己与要表现的对象区别或对立起来，也没有人为地设置灵魂与身体、思想与感觉之间的对立，而是重新回到了这些概念所由产生的那种初始经验。在这种原始的经验中，画家不是面对着对象，而是置身于对象之中，为对象所包围。在这种时刻，画家会感到不仅自己在注视和观察着对象，而且对象也在观察着自己。法国画家安德烈·马尔尚曾经这样描绘自己的创作体验："在一片森林中，我有好多次都觉得不是我在注视着森林。有些天，我觉得是那些树木在注视着我，在对我说话。"③ 显然，这种现象不仅存在于绘画艺术中，作家和诗人也常常产生这种体验。李白诗云："相看两不厌，只有敬亭山。"辛弃疾词云："我见青山多妩媚，料青山见我应如是。"以往人们总是把这些诗句归结为拟人手法，殊不知这种手法的基础却是诗人的真实经验。

作为一种身体经验，作家的感知活动与普通人有着截然不同的内在机制。普通人的感知之所以会蜕变成一种认知行为，是因为这种感知是通过孤立的感觉器官来进行的，比如视觉依赖于眼睛、听觉依赖于耳朵，如此等等。身体一旦被分解为器官，就立刻丧失了主体性，变成了感知活动的工具和手段，其作用只是接受刺激和传递信息；感

---

① ［俄］什克洛夫斯基：《艺术作为手法》，［法］茨维坦·托多罗夫编选：《俄苏形式主义文论选》，蔡鸿宾译，中国社会科学出版社 1989 年版，第 65 页。

② ［法］梅洛－庞蒂：《作为表达和说话的身体》，刘韵涵译《眼与心——梅洛－庞蒂现象学美学文集》，中国社会科学出版社 1992 年版，第 22 页。

③ 转引自［法］梅洛－庞蒂《眼与心》，杨大春译，商务印书馆 2007 年版，第 46 页。

知活动的主体则是心灵，只有心灵才能把这些信息整合为统一的表象。因此，康德把感性看作一种基本的认识能力。作家则不同，他从不把自己的身体分解开来，而是始终将其作为一个整体，因而始终保持了身体的主体性。身体——主体在感知世界的时候，其感觉器官之间并无明确的界限，相反，它们总是协同运作的。正是由于这个原因，作家的感觉天然就具有通感的特征。人们一般把通感看作一种修辞手法，认为这是作家借助于想象打通了不同感觉之间的界限。殊不知作家之所以能够产生这种想象，是因为他们的感觉本来就是互通的。杜甫《夔州雨湿不得上岸作》一诗有句云："晨钟云外湿"，含义复杂而微妙，叶燮对此有段著名的分析："声无形，安能湿？钟声入耳而有闻，闻止耳，止能辨其声，安能辨其湿？曰云外，是又以目始见云，不见钟，故云云外，然此诗为雨湿而作，有云然后有雨，钟为雨湿，则钟在云内，不应云外也。斯语也，吾不知其为耳闻邪？为目见邪？为意揣邪？俗儒于此，必曰'晨钟云外度'，又必曰'晨钟云外发'，决无下湿字者，不知其于隔云见钟，声中闻湿，妙悟天开，从至理实事中领悟，乃得此境界也。"[1] 在这段话中，叶燮罗列了常人对这句诗所产生的各种疑问，不难看出，这些疑问的产生都是由于常人把感觉看作孤立的器官活动的结果，认为钟声必须诉诸耳朵，湿度需要诉诸触觉，云彩则诉诸视觉，三者各行其是，泾渭分明，诗人却将这三者混为一谈，自然就令人感到困惑。殊不知诗人所描绘的是一种身体经验，在这种经验中，各种感觉器官协同运作，浑然天成，因而三种感觉自然就交织在了一起。常人之所以惊诧莫名，就是因为他们已经疏远和遗忘了感知活动的身体维度。

正因为作家的感知活动是一种身体经验，所以才总是能给人以新鲜的感觉。什克洛夫斯基说，"为了恢复对生活的感觉，为了感觉到事物，为了使石头成为石头，存在着一种名为艺术的东西。艺术的目

---

[1]　叶燮：《原诗》，郭绍虞主编《中国历代文论选》，上海古籍出版社 1979 年版，第 335 页。

的是提供作为视觉而不是作为识别的事物的感觉；艺术的手法是使事物奇特化的手法，是使形式变得模糊、增加感觉的困难和时间的手法，因为艺术中的感觉行为本身就是目的"。① 艺术为什么能够恢复人们对事物的感觉呢？原因在于艺术家每次感知事物的时候，都不是简单地识别或辨认事物，而是回到了源初的身体经验当中，仿佛第一次看到这个事物一样。事实上普通人在初次看到某个事物的时候，也是通过整个身体来进行感知的，只不过当他们掌握了相关知识之后，就再也没有兴趣重复这种身体经验，而是满足于简单地将其识别出来而已。久而久之，人们便淡忘了当初那种鲜活的感受。因此，当作家把这种感受重新呈现出来的时候，自然就让读者产生了一种新鲜感。由于这种感受打破了人们习以为常的行为模式，因此会让人们产生一种反常化或陌生化的感觉。从这个角度来看，所谓陌生化既是作家的一种艺术技巧，也是作家感知方式的真实体现。

对于感知经验的身体性特征，作家们显然是最有发言权的。普鲁斯特（Marcel Proust）就曾经指出，作家是通过身体来保存记忆的。他把记忆分为两种类型：意愿记忆和非意愿记忆。意愿记忆是一种主观的理智行为，它总是习惯于把事物从环境以及时间流程中分离出来，变成一个孤立的对象，然后通过机械性的重复来加以记忆。对于日常生活或者认识活动来说，这种记忆是十分重要的，因为它能够增加我们的知识储备。但对作家的创作来说，更重要的则是非意愿记忆。这种记忆是一种无意识的身体行为，用普鲁斯特的话来说，这是一种四肢的记忆："这种记忆……寿命更长，犹如某些无智慧的动物或植物的寿命比人更长一样。双腿和双臂充满了麻木的记忆。"② 看起来这似乎只是一种低级的本能，但对作家来说却意义非凡，因为这种记忆并

---

① ［俄］什克洛夫斯基：《艺术作为手法》，［法］茨维坦·托多罗夫编选：《俄苏形式主义文论选》，蔡鸿宾译，中国社会科学出版社 1989 年版，第 65 页。

② ［法］M. 普鲁斯特：《追忆似水流年》第七卷，徐和瑾、周国强译，译林出版社 1991年版，第 9 页。

不把事物孤立出来，而是将其放在某种环境和氛围之中；不是把事物作为僵死的事实，而是作为作家体验的对象，并且将这一切以鲜活的形式保藏在记忆之中。对于这样的记忆来说，"一个小时并不只是一个小时，它是一只玉瓶金尊，装满芳香、声音、各种各样的计划和雨雪阴晴"。① 正是由于这个原因，艺术家才能把自己的生活经历转化为取之不尽的创作财富。表面看来，他们的生活经历与普通人也并无两样，有时甚至十分简单而平凡，但由于其中浸润着作家的丰富体验，因此当这些经历被作家形诸笔端的时候，总是显得那么生动、鲜活，充满了诗情画意。人们常把创作比喻为生活的"炼金术"，我以为其根源正在这里。

四

身体经验并不仅仅是为创作活动准备素材和材料，在创作活动开始之后，身体同样承担着主体性的职能。人们通常认为，作家只是用手来充当写作的工具，至于身体的其他部分则与创作无关。然而事实上，身体在创作中的参与是全方位的。尼采曾经生动地描绘过艺术家在创作中的身体状态："某种官能的极端敏锐，以至于它能够理解并且创造出一种完全不同的符号语言，这种敏锐常常同有些神经病相联；极端的灵活性，从中发展出一种高度的传达能力；谈论一切能给出符号的事物的愿望；似乎要通过符号和表情姿势摆脱自我的需要；用成百种语言方式来谈论自己的能力——一种爆发状态。首先必须把这样一种状态设想为通过各种肌肉劳作和活动而从极度的内在紧张中摆脱出来的驱迫和冲动，……设想为整个肌肉组织在从内发挥作用的强烈刺激推动下的一种自动作用。"② 这就是说，作家在创作中整个身体都

---

① ［法］M. 普鲁斯特：《追忆似水流年》第七卷，徐和瑾、周国强译，译林出版社 1991 年版，第 197 页。

② ［德］尼采：《悲剧的诞生》，周国平译，生活·读书·新知三联书店 1986 年版，译林出版社 1991 年版，第 359 页。

处于强烈的紧张和兴奋状态，而创作本身则产生于作家把自身从这种状态中摆脱出来的愿望和冲动。

不过在传统思想看来，这种身体状态只不过是作家内在心灵活动的伴随物，是由于作家在精神上处于紧张和亢奋状态，身体才随之而兴奋起来。真正的创作活动是在作家的心灵之中完成的：形象的孕育、情节的构思、语言的表达等，这些内在的精神活动是身体所无法参与的。我们认为，这种看似无可置疑的观点实际上乃是二元论思想的产物。人们之所以把身体排除在创作活动之外，是由于把心灵和身体截然对立起来，认为它们分别归属于精神和物质范畴。对于这种看法，我们在上文已做过分析。这里要指出的是，我们所说的身体乃是物质和精神的统一体，至于心灵则不再是独立的精神实体，而是身体所具有的某种灵性。因此与传统观点相反，我们认为作家内在的心理活动只是身体活动的伴随物，是统一的身体活动的组成部分。从这个角度来看，创作活动的整个过程，都建立在身体经验的基础上。

文学创作的核心是作家对艺术形象的孕育。有关形象思维的研究和论争在我国曾一度成为人们关注的焦点，在西方也长期成为文学研究的中心。撇开各种观点之间的差异，不难发现这一理论的核心，是把文学形象归结为作家心灵中的某种主观表象，认为形象乃是表象被外在化和客观化（通过语言）的结果。既然表象是一种主观的心理影像，其产生自然就和身体没有本质的关联了。深入一步来看，这种观点的背后乃是一种源远流长的认识论学说：从洛克、休谟的经验主义，到康德的批判哲学，无不把认识看作一种表象活动。康德就认为，感性直观的作用在于把感觉器官所接受的各种感觉材料（感性杂多）加工为统一的感性表象，而后再由知性能力把这种表象与知性概念结合起来，从而形成判断和知识。问题在于，现代哲学和心理学的发展已经彻底推翻了这种观点，因为人们发现，这种与客观事物相对应的主观表象实际上是根本不存在的。胡塞尔的现象学主张，意识行为具有意向性特征，即意识总是"关于某物的意识"，也就是说意识总是直接或间接地指向某种对象，而不是把对象复制为某种内在的心理表象。他曾经说过，"我知觉着这个物，这个自然客体，花园中的这株树；除此以外别无他物是知觉的'意向的'现实客体。一株第二个内在的树，或者哪怕一株在我面前的这株现实的树的'内在形象'，绝未被给予，而如要做此假设只会导致悖谬"。① 萨特在系统地考察了影像理论的全部历史之后，断然宣布："在意识中，没有，也不可能有影像。"②不过，这并不意味着影像或形象本身是不存在的，而是说影像并不是一种主观的表象，而是介于主观和客观之间的一种独立存在物，用柏格森的话说，"它大于唯心论者指称的表象，但是却又小于实在论者指称的物体——它是一种介于'物体'和'表象'之间的存在物"。③那么，影像是如何产生的呢？只能来自身体与事物之间的相互交流。以视觉影像为例，事物之所以对我们变得可见，是因为我们的身体与其他事物是由相同的材料组成的，因此事物就能够与我们的身体发生一种内在的相互作用和交流，从而在我们的身体之中形成一种内部等价物。用梅洛－庞蒂的话来说，"由于万物和我的身体是由相同的材料做成的，身体的视觉就必定以某种方式在万物中形成，或者事物的公开可见性就必定在身体中产生一种秘密的可见性"。④ 所谓影像，就是通过身体与事物的交流而产生的某种等价物，这种等价物并不存在于我们的心灵内部，而是拥有自己的独立存在。举例来说，原始人把动物的影像描绘在岩壁上，这影像并不是某种主观表象的外在表现，而是直接在岩壁上被创造出来的。同时，它尽管附着于岩壁，但却与岩壁本身的存在截然不同。

---

　　① ［德］胡塞尔：《纯粹现象学通论》，李幼蒸译，商务印书馆1996年版，第228—229页。

　　② ［法］萨特：《影象论》，魏金声译，李瑜青、凡人主编《萨特哲学论文集》，安徽文艺出版社1998年版，第341页。

　　③ 转引自王理平《差异与绵延——柏格森哲学及其当代命运》，人民出版社2007年版，第132页。

　　④ ［法］梅洛－庞蒂：《眼与心》，杨大春译，商务印书馆2007年版，第39页。

从这种立场出发，文学作品中的形象就不再是作家心灵的产物，而是由身体直接创造出来的。这种观点看似怪异，实际上却得到了作家创作经验的反复印证。许多作家在谈到人物形象孕育过程的时候，都描述过相关的身体经验。狄更斯（Charles Dickens）在创作的过程中，与自己笔下的人物结下了如此密切的联系，以至于当作品完成的时候，就仿佛要与自己的亲人告别一般难分难舍；屠格涅夫（Ivan Sergeevich Turgenev）甚至为笔下的人物建立了各自的档案，随时记录下他们的一言一行；福楼拜在写到包法利夫人服毒自尽的时候，自己的嘴里也充满了砒霜味；巴尔扎克把自己创造的形象当作现实中的人物，甚至过起了他们的生活。勃兰兑斯（Gerog Brandes）对此曾有过精彩的描述："终于巴尔扎克就过上了他们的生活，正如他在《法西诺·喀恩》（一八三六年）里告诉我们的那样，'感到身上披着他们的那些破破烂烂的衣服，脚上穿着他们的掉了鞋底的鞋子在走路。'他们五花八门的梦想，他们千头万绪的需要，都一一萦回在他的脑际，他做着白日梦到处走。当他的心灵在尽情陶醉的时候，他放弃了他一切的通常习惯，变成了跟自己不同的另外的人，变成了时代精神。他不仅在创作他的故事，他是在亲身经历他的故事；他虚构的人物是那样活灵活现呈现在他的面前，以致他跟朋友谈起他们来，仿佛他们是确实存在的。"① 人们通常把这种现象归结为想象活动的结果，认为作家是在强烈的想象支配之下陷入了某种幻觉。但在我看来，事实恰恰相反，作家的想象之所以如此强烈，正是因为他与人物建立了身体上的交流关系。在传统思想看来，这种交流只是一种精神活动，是在作家的心灵内部进行的。然而正如我们在前面所指出的，人物形象并不是在作家的心灵中孕育出来的，而是处于主体与客体之间。因此，人物对作家来说是一个他者，是另一个主体，他有着自己的意志和性格。作家要想了解人物，不能通过内省，而必须通过主体间的交流。柯罗

---

① ［丹麦］勃兰兑斯：《十九世纪文学主流》第五分册，李宗杰译，人民文学出版社 1982 年版，第 220 页。

连科（Korolenko）对作家与人物之间的这种关系有过深刻的分析：
"您，作为一个艺术家，想象一个人物、一种性格；他活生生地在您的想象中出现，从此以后，他对您来说，就是一个具体的事实，它是活的，而且有行动。不管他是您从自然界临摹来的，或者是创造性的想象的成果，都没有关系，重要的是他必须像一个有个性的人物般地存在于您的想象中，您能够看到他的面貌，看到他的动作，看到他的行为，您既然对他有了这样的概念，——他已经就是一个具体的事实，他已经独立地存在。他不能照您的命令行动，而是依照自己的性格行动，而且他已经这样行动。"①

　　或许有人会说，无论人物有着怎样的独立性和主动性，它都是由作家想象和虚构出来的，怎么可能和作家的身体建立一种交流关系呢？这种看法的根源显然还是把身体当作一种物质性的存在，而人物则被视为精神现象，因此认为两者之间不可能发生直接的交流。但在我们看来，无论是作家的身体还是人物，都不是纯然的物质或者精神，相反，两者恰恰是同质的：它们都是物质和精神之外的第三种存在。即便人物是被虚构出来的，他也不是一个虚幻的精神存在，因为作家并不是单凭心灵之力，而是借助于语言媒介才将其创造出来的（对此我们将在下文展开论述）。因此，无论作家交往的对象是现实中的他人，还是自己笔下的人物，都必须通过身体来进行。他必须先把自己的身体置于人物的地位和情境之中，让身体去主动地体验人物的生活，才能使自己的想象有所依托。从某种意义上来说，作家对人物的创造实际上就是对自身生存方式的拓展，或者说他是在向人物生成。当然，这个过程并不是单向性的，而是一种相互侵越：作家通过身体侵入人物的生活，从而了解了人物的奥秘，在此基础上想象得以展开；由于作家的身体向着人物开放，人物也因此侵入了作家内部，寄居在作家的身体之中，迫使作家去过他的生活。福楼拜说："包法利夫人就是

---

① ［俄］柯罗连科：《关于现实主义和浪漫主义》，《世界文学》1959 年 8 月号。

我，"这不是说包法利夫人表达或象征着"我"的欲望和思想，而是说包法利夫人就是另一个"我"，因为是"我"把自身生成为包法利夫人。

五

文学是一种语言的艺术，因此有关身体写作的探讨最终必须落脚于身体与语言的关系。传统理论认为，语言在文学创作中的职能，只是把作家在心灵中孕育和构思出来的人物形象和故事情节传达出来而已，因此只有在创作的传达阶段，才会涉及语言以及身体问题。究其根源，是因为人们把语言看作传达思想和情感的工具或者媒介。用黑格尔的话说，"心灵不用单纯的音调而用文字作为表达工具"。① 这种观点似乎也得到了作家创作经验的佐证，比如陆机就感叹，在创作中"恒患意不称物，文不逮意，盖非知之难，能之难也"②，刘勰也说过，"方其拟翰，气倍辞前；暨乎成篇，半折心始"。③ 高尔基也曾指出，"很少有诗人不埋怨语言的'贫乏'。……而这种埋怨的产生，是因为有些感觉和思想是语言所不能捉摸和表现的"。④ 在这里，思想、感觉等都被认为是在语言之前产生的，后者的功能只是对其加以表现而已。

然而这种观点在现代哲学和语言学中已经受到了广泛的批评。越来越多的学者认为，思维和语言并不是相互分离的，因为语言并不仅仅是传达思想的工具，思维本身就是通过语言来进行的，离开了语言，思想就无法产生。美国学者福多（Jerry Alan Fodor）把这种和思维相关的语言称作思维语言，认为这种语言是思维直接的、名副其实的媒介，任何思想内容都是通过思维语言而得到加工、储存和表征的，思

---

① ［德］黑格尔：《美学》第三卷，下册，朱光潜译，商务印书馆1991年版，第8页。
② 陆机：《文赋》，郭绍虞主编《中国历代文论选》，上海古籍出版社1979年版，第66页。
③ 刘勰：《文心雕龙·神思》，郭绍虞主编《中国历代文论选》，上海古籍出版社1979年版，第84页。
④ 林焕平编：《高尔基论文学》，广西人民出版社1980年版，第188页。

维活动本身就是对思维语言的提取和处理。① 有些学者甚至提出了语言决定思维的观点，如萨丕尔（Edward Sapir）、沃尔夫等。苏联的许多心理学家也持这种观点。他们认为，人类的劳动和语言乃是思维和意识产生的最主要的推动力。当然，苏联心理学家强调语言与思维是相辅相成的，语言决定思维的发展，思维的发展对言语又起着反作用，但无论如何，他们都坚决反对那种把思维和语言分割开来的观点。

因此我们认为，语言并不是在形象和情节产生之后才介入进来的，相反，形象和情节正是通过语言才得以产生的。屠格涅夫在孕育人物形象的时候，常常不厌其烦地记录人物可能具有的各种言行举止："围绕着我当时所感兴趣的主题开始浮现这个主题所应该包含的那些人物。于是我马上把一切记在小纸片上。我仿佛为了写戏似的规定这人物：某某，多大年纪，装束怎样，步态又是怎样。有时我想象起他的某种手势，也马上把这写下来：他用手摸摸头发或者理理胡子。当他还没有成为我的老相知之前，当我还没有看见他，还没有听到他的声音之前，我是不动手来写的。我就是这样地写所有的人物，……其余一切，只不过是技巧的事情，那就轻而易举了……。"② 在这里，作家对人物的想象和塑造完全是通过语言活动来进行的。当然，有些作家并不在写作之前记录人物的言行，而是在写作过程中进行直接描绘，但这一过程仍然是通过语言来进行的。不过在许多论者看来，即便人物是通过语言而产生的，但语言本身却是一种精神活动，因而仍旧与身体无关。事实上，这种看法可以说是语言学思想的主流。传统的语言学理论一向把语言视为精神活动的产物，比如德国语言学家洪堡特（Wilhelm von Humboldt）就认为，语言是"精神不由自主的流射"，"语言与人类的精神发展深深地交织在一起，它伴随着人类精神走过

---

① 参看宋荣、高新民《思维语言——福多心灵哲学思想的逻辑起点》，《山东师范大学学报》（人文社会科学版）2009 年第 2 期。

② 转引自［俄］列特科娃《关于屠格涅夫》，中国社会科学院外国文学研究所编《外国理论家作家论形象思维》，中国社会科学出版社 1979 年版，第 104 页。

每一个发展阶段，每一次局部的前进或倒退，我们从语言中可以识辨出每一种文化状况"①。按照这种理论，语言尽管包裹着一层物质外壳，其内在本质却是精神性的。索绪尔甚至把这层物质外壳也从语言中剥离出去了。他认为，"语言符号连结的不是事物和名称，而是概念和音响形象。后者不是物质的声音，纯粹物理的东西，而是这声音的心理印迹"②。就创作活动而言，由于作家所使用的是内部语言，其精神性似乎更加无可置疑。福多就认为，思维语言是一种纯粹的心理语言，是"心理表征的无穷集合"③。

然而在我们看来，这种把语言的本质归结为精神活动的看法是大可质疑的。事实上，物质属性对语言来说并不是一种可有可无的外壳，这正如马克思所说的，"'精神'从一开始就很倒霉，注定要受物质的'纠缠'，物质在这里表现为震动着的空气层、声音，简言之，即语言"④。在这里，马克思直接把语言说成是精神的物质媒介或者载体。不过，这并不意味着语言反过来成了一种纯粹的物质存在。我们认为，语言与身体一样，乃是介于物质和精神之间的存在物，因为语言在根本上是身体表达活动的产物。梅洛－庞蒂说过，"词语在成为概念符号之前，首先是作用于我的身体的一个事件，词语对我的身体的作用划定了与词语有关的意义区域的界限"⑤。这就是说，词语首先是一个身体事件，并且通过这一事件获得了意义，然后才变成了概念符号。什么是这里所说的身体事件呢？这就是身体的表达活动。在规范化的语言产生之前，人类就是通过身体的某种手势和姿态来表达自己的情绪和思想的，因此梅洛－庞蒂认为语言的根源蕴含在情绪动作

---

① ［德］威廉·冯·洪堡特：《论人类语言结构的差异及其对人类精神发展的影响》，姚小平译，商务印书馆1999年版，第21页。

② ［瑞士］索绪尔：《普通语言学教程》，高名凯译，商务印书馆1996年版，第101页。

③ 参看宋荣、高新民《思维语言——福多心灵哲学思想的逻辑起点》，《山东师范大学学报》（人文社会科学版）2009年第2期。

④ 《马克思恩格斯全集》第三卷，中共中央马克思恩格斯列宁斯大林著作编译局编译，人民出版社2008年版，第34页。

⑤ ［法］梅洛－庞蒂：《知觉现象学》，姜志辉译，商务印书馆2001年版，第300页。

之中："应该在情绪动作中寻找语言的最初形态，人就是通过情绪动作把符合人的世界投射在给出的世界上。"① 在这种最初的语言形态中，意义仍然和动作保持着高度的一体性，并没有蜕变为主观的心理事实："我不把愤怒或威胁感知为藏在动作后面的一个心理事实，我在动作中看出愤怒，动作并没有使我想到愤怒，动作就是愤怒本身。"② 那么，语言的意义是怎样产生的呢？索绪尔曾经宣称，"能指和所指的联系是任意的，或者，因为我们所说的符号是指能指和所指相联结所产生的整体，我们可以更简单地说：语言符号是任意的"。③ 这一断言对于现代思想的影响可谓极其广泛而深远，几乎被人们当成了定论。对于现代的拼音语言来说，这种说法当然是无可非议的，但如果我们追溯语言的身体根源，就会发现意义的表达绝不是任意的，因为身体的姿态乃是情绪的自然流露，并未经过任何设计和选择，所以其表达程式是固定的和自发的。

　　不过，文学创作所使用的显然是符号化的文字语言，而不可能是原始的身体语言。在这种情况下，强调文学语言的身体性还有什么意义呢？在我们看来，恰恰是在文学活动中，语言的身体性得到了较为完美的保藏和彰显。毋庸讳言，人类的语言早就疏远了身体经验，演变成了抽象的文字符号。诸如计算机所使用的程序语言等，更是一种极为抽象的符号体系。不过，文学语言却恰恰扎根在身体经验的土壤上，这一点从古至今都未改变。现代西方文学理论曾经对文学语言的特征进行过广泛的探讨，提出了许多富有影响的理论主张，比如瑞恰兹（Ivor Armstrong Richards）主张诗歌语言的根本特征在于表达情感；燕卜荪（William Empson）认为诗歌语言具有复义性或含混性（ambiguity）等等。我们认为，这些特征与文学语言的身体性都有着密切的关联。文学语言的情感性显然可以追溯到身体语言的情绪表达功能；

---

① ［法］梅洛－庞蒂：《知觉现象学》，姜志辉译，商务印书馆2001年版，第245页。
② ［法］梅洛－庞蒂：《知觉现象学》，姜志辉译，商务印书馆2001年版，第240页。
③ ［瑞士］索绪尔：《普通语言学教程》，高名凯译，商务印书馆1996年版，第102页。

文学语言的多义性则是由于作家经常会抛弃语词的词典含义，回溯到原初的身体经验当中。肖洛霍夫在名著《静静的顿河》中写到女主人公阿克西妮亚听到恋人死亡的消息时，说她看到了一轮"黑太阳"，这种写法的背后显然不是一种单纯的比喻，而是以真实的体验为基础的，因为女主人公在这一消息的打击之下，实际上已经悲痛欲绝、两眼发黑了。

正是由于文学语言建立在身体经验的基础上，因此阅读文学作品常能给人以新鲜而陌生的感受。日常语言的含义是整个社会所通用的，作家的身体经验却是独一无二的。通过把语言引回到自己的身体经验，作家就成功地松动了符号语言那僵化的逻辑体系，从而创造出个人的语言风格。什克洛夫斯基指出，"列夫·托尔斯泰的反常化手法在于，他不用事物的名称来指称事物，而是像描写第一次看到的事物那样加以描述，就像是初次发生的事情"。① 托尔斯泰在创作中之所以有意识地抛开事物的常用名称，就是因为这些名称在反复使用之后，已经变成了一些抽象的符号，用这些名称来描绘事物，只能产生一些毫无新意的陈词滥调，无法给读者以美的享受。那么，作家怎样才能像第一次看到事物那样进行描绘呢？只能是回到原初的身体经验之中，因为身体经验乃是语言的诞生地，当作家直接描绘自己身体经验的时候，他实际上就是在创造一种新的语言，自然就能让读者产生新鲜感。无怪乎诗人会感叹："世界上没有比语言的痛苦更强烈的痛苦"，因为诗人的每次创作都是一次新的创造。梅洛－庞蒂说过，"在巴尔扎克或在塞尚看来，艺术家不满足于做一个文化动物，他在文化刚刚开始的时候就承担着文化，重建着文化，他说话，象世上的人第一次说话；他画画，象世上从来没有人画过"。② 这就是说，作家的每次言说，都

---

① ［俄］什克洛夫斯基：《艺术作为手法》，［法］茨维坦·托多罗夫编选：《俄苏形式主义文论选》，蔡鸿宾译，中国社会科学出版社1989年版，第66页。

② ［法］梅洛－庞蒂：《塞尚的疑惑》，《眼与心——梅洛－庞蒂现象学美学文集》，刘韵涵译，中国社会科学出版社1992年版，第53页。

仿佛一个孩子在咿呀学语，其艰难与滞涩可想而知。不过，正是通过诗人的这种努力，人类的语言才得以永久保持生命的血脉，历久常新，永不枯竭！

第三节　身体美学何以安顿心灵问题？

身体美学是当代美学中的一支重要思潮。传统美学受到二元论思维方式的束缚，把审美经验视为一种纯粹的精神活动，把心灵视为审美活动的主体，导致身体的作用受到了严重的贬低和忽视。因此，现代美学把恢复和凸显身体的作用视为超越传统美学的一个突破口，就成了一种合理的选择。这一思潮自尼采肇始，经过一个多世纪的发展，如今已经蔚然成风。这其中，既有尼采这样的唯意志论者，也有梅洛－庞蒂这样的现象学家、伊格尔顿（Terry Eagleton）这样的西方马克思主义者、舒斯特曼这样的实用主义者，还有乔治·拉科夫（George Lakoff）和马克·约翰逊（Mark Johnson）这样的神经与认知科学家。可以说，当代思想的许多流派在这一问题上都发生了交集。近年来，我国学者王晓华异军突起，试图综合以上各家学说，建构一个系统的身体美学体系。所有这些都说明，身体美学是当代美学的一支重要力量，值得我们予以充分的关注。

身体美学彰显身体重要性的根本途径，是改变过去那种仅仅把身体视为审美活动的对象和工具的观点，把身体确立为审美活动的主体。这一观点最初是由法国现象学家梅洛－庞蒂提出的，他主张身体能够通过自身的意向性活动，筹划出一个生存空间和世界，因而具有一定的主体性。除此之外，他还提出画家是通过身体而不是心灵来绘画的，从而在一定程度上确立了身体在艺术创作中的主体性地位。进入21世纪以来，美国学者舒斯特曼明确提出了"身体美学"这一概念，主张身体是审美欣赏及自我塑造的场所。不过，这些学者有一个共同的特点，就是在肯定身体的主体性地位的同时，并未明确否定心灵的存在及其主体性。梅洛－庞蒂主要强调的是身体在知觉经验中的主体性，并未把自由意志等其他精神活动也归之于身体。他明确承认，人既不是纯粹的精神，也不是纯粹的身体，而是拥有身体的心，是心灵和身体的结合物，因此实际上并没有彻底抛弃身心二元论。舒斯特曼同样承认，人的活动包含身体和精神两个方面，他一方面强调吃喝等行为不是纯粹物质性的，而是渗透着社会的、认知的和审美的意义，另一方面又肯定意欲、希望、祈祷等行为是心智和灵魂的活动。伊格尔顿也采取了某种含糊的立场，认为既不能说人有一个身体，也不能说人就是身体。从这个意义上来说，这些学者并没有与传统美学彻底划清界限，而是提升了身体在审美活动中的地位，使身体和心灵之间的关系趋于平衡。

与这些西方学者的观点相比，我国学者王晓华的立场显然要激进和彻底得多。在其所著的《身体美学导论》一书中，他首先援引哲学以及认知科学、神经科学等方面的研究成果，对西方思想中的身心二元论进行了系统的批判，提出作为独立实体的心灵或灵魂是不存在的，意识只是身体的功能，人就是身体，除此之外一无所有。从这种身体一元论的观点出发，他试图建构一种"完全从身体出发的美学体系"。在他看来，在传统哲学和美学中被归属于心灵的各种现象，如审美鉴赏、审美愉悦、审美判断、艺术想象，乃至于理性思维、意志活动等，要么是身体活动的结果和产物，要么本身就是一种身体活动。举例来说，他认为人的审美能力是通过个体之间的联合，在身体主体之间的交往关系的基础上产生的。个体之间的协作不仅保证了生存的安全，而且使得每个个体能够超越自己而通达他人，进而想象和筹划自己的未来。在身体—主体组建世界的过程中，身体的想象力、移情和鉴赏能力都得到了培养和发展，审美能力由此形成。进而言之，人的理性能力也建立在身体运动的基础上。原初的范畴和概念就来自有机体对周遭事物的分类，举例来说，即使原始的阿米巴虫也已经能够把事物分为可以食用和不可食用的，由此就把事物划分成了两种类型。

坦率地说，这种理论建构的勇气无疑是值得充分肯定的。不过仔细审视这套理论体系，不难发现其内在逻辑仍存在不少问题。首先，王晓华对现象学的主体间性理论的征引是一种明显的误用。胡塞尔提出这一理论的目的是走出唯我论的困境，即解决自我如何把他我作为主体而不是客体来把握的问题，也就是说这一理论一开始就把每个个体具有自我和主体性视为自明的前提，而后再试图解决主体之间如何通过交流来相互理解的问题。简言之，主体间性理论是以主体性理论为前提的，而王晓华援引这一理论的目的却是说明主体性的起源，这显然无异于缘木求鱼。正是由于这个原因，他虽然借用了现象学的这一术语，却无法征用现象学的理论资源，而只能自己建构一套主体间性理论。按照他的说法，审美能力的根本标志是能够产生审美意象，然而意象乃是一种心象，身体美学既然不承认心灵的存在，何以解释意象的产生？对此他给出的解释是，尽管单个的身体不具备这一能力，但是当多个身体联合起来之后，每个个体的身体就被置于一个身体网络之中，由此就可以想象自己身处别的位置，从而为自己"立象"。问题在于，如果单个的身体不具备想象的能力，那么处于网络之中的身体也只能现实地看到别人的身体，何以能够虚拟地想象自己的身体处于一个可能位置呢？从这里可以看出，所谓身体之间的联合并不能真正说明想象力以及审美能力的起源。这一点其实并不难理解，因为我们在群居动物身上经常能观察到身体之间的联合与协作，但却并未发现这种联合使其获得了人类所独有的想象力和审美能力。当然，王晓华可能争辩说想象力和审美能力并不是人类所独有的，而是在动物身上就有其雏形，然而即便如此，我们也无法证明这种雏形是群居动物所独有的，因为我们并无证据证明群居动物在这些方面优于独居动物，仅此一点就充分说明，身体之间的联合并不是审美能力的真正起源。

其次，王晓华所采用的还原论方法有着明显的局限，充其量只能说明审美经验以及意识活动与身体有着一定的关联，而无法说明身体是一切意识活动的主体，更无法说明一切意识活动都是纯粹的身体活动。他曾质疑梅洛－庞蒂只肯定了身体在知觉经验中的主体性地位，而在理性以及意志活动中为心灵保留了位置和地盘。为此他主张，人类所使用的语言、符号、范畴以及推理活动都与身体相关，所提出的主要依据则是这些活动最初都可以追溯到身体那里。① 他援引列维—布留尔（Lucien Lévy-Bruhl）的理论指出，词语最初都是用来描述和指称身体动作的，比如许多动词就是用来描述人的各种步态的，然而这只能说明身体是语词描绘的对象，何以能说明语词是由身体所创造的呢？更重要的是，即便这一说法能够成立，也只是适用于语言起源时的情景，当人类的语言发展成熟之后，显然有许多语词并非用来描述身体而是用来描述心灵的，即便能够证明这些词语最初与身体有一定关联，也无法否认这些词语的含义和用法已经发生了实质性的转变。王晓华还曾援引认知科学家乔治·拉科夫和马克·约翰逊的理论，提出范畴和概念最初起源于动物对对象的分类活动，但这一说法即便成立，也只是说明了范畴和概念在起源时与动物活动相关，何以说明这种动物活动是一种纯粹的身体活动呢？同样更为关键的是，我们如何说明成熟的人类所使用的抽象的概念和范畴也是身体的产物？我们如何说明人类所进行的复杂的逻辑推理仍是一种纯粹的身体行为？

我们提出上述质疑的目的，并不是为了证明王晓华对心灵的否定是错误的，而是想说明他用以把各种精神现象归结于身体的证据是不够充分的。我们承认，现代哲学和科学的发展已经越来越多地说明许多精神现象与身体有着密切的关系，因而像笛卡尔那样把身体和心灵截然二分的做法是站不住脚的，但这并不能反过来说明心灵是完全不存在的，而只能说明心灵和身体之间有着内在的关联。事实上，在王晓华的理论框架中存在一个巨大的跳跃，即他一开始所宣称的只是作为独立实体的心灵是不存在的，但在此后的理论建构中，他所论证的目标却是一切形态的心灵都是不存在的，任何精神现象和审美经验都

---

① 参看王晓华《身体美学导论》，中国社会科学出版社 2016 年版，第 44 页以下。

只是纯粹的身体活动。问题在于，他所依托的理论根据却只能证明，一切精神现象和审美经验都是与身体相关的，身体在知觉经验中具有主体性地位，这就使他的思想资源和理论野心之间出现了巨大的空白。正是这一空白在很大程度上削弱了他的理论体系的坚实性和说服力。在我们看来，就身体与心灵的关系问题来说，迄今为止的哲学和科学发展成果能够支撑的结论是，作为独立实体的心灵是不存在的，与之相应，作为独立实体的身体也是不存在的，仅仅否定心灵的实体性而单方面地肯定身体的实体性是不合理的。人类的一切行为都具有身体和心灵的两重属性，如果说一切心灵活动都具有具身性的话，那么一切身体活动也都具有心灵性和精神性。由此出发，身体美学不应奢望彻底放逐心灵，而是应该在提升身体地位的同时，为心灵寻找到一个适宜的安顿之所。

第六章　生态美学的理论建构问题

生态美学产生于 21 世纪初，是中国当代美学的一种重要形态，其理论基础是现代西方的生态学思想。从一定程度上来说，生态美学作为一种理论形态来自中国学者的创造，因为当代西方只存在生态批评、景观美学和环境美学，尽管这些理论形态都对中国学者产生了重要影响，然而西方学者终究没有明确提出生态美学这一概念，也没有进行系统的理论建构。从这个意义上来说，生态美学堪称中国学界对于世界美学的重要贡献。

第一节　世界的复魅

从理论渊源上来说，生态美学显然是生态学与美学进行学科交叉的产物，或者说是从生态学角度对于美学问题进行重新审视的结果。[①]生态学的核心问题是人与自然的关系问题，其最显著的理论效应就在于对人们自然观的影响和改造方面。与此相应，生态美学的主要课题就在于检视人对自然的审美经验所出现的生态学转向。

---

① 关于生态美学的学科定位问题，目前学界尚存在争议，本文不拟涉足这一论域，相关情况可参看曾繁仁《试论生态美学》（《文艺研究》2002 年第 5 期）、仪平策《从现代人类学范式看生态美学研究》（《学术月刊》2003 年第 2 期）等文。

一

生态学思想究竟对人们的自然观造成了怎样的影响？一言以蔽之，曰"世界的复魅"。毋庸讳言，这个命题源于马克斯·韦伯（Maximilian Weber）的著名术语"世界的祛魅"。按照他的说法，由于近代科学和技术的发展，导致人们不再相信世界上存在"任何神秘、不可测知的力量"①，认为任何事物都是可以通过技术性的方法来计算和控制的。这样一来，世界在人们的眼中就不再具有神秘的魅力了。不难看出，韦伯的观点实际上预设了一个必然的前提，即在历史上，自然在人们的眼中曾经是充满魅力的。就此而言，他所描述的其实是古代的自然观为近代的机械论自然观所取代的过程，而我们所要致思的方向则是，以生态学的自然观来颠覆和取代这种机械论的自然观。

古代自然观的典型形态是古希腊的有机论和泛灵论观点。这种自然观的基本特点是把自然比作人类的肌体，认为自然物也像人的身体一样是一个有机体，并且具有自己的灵魂，而整个自然则是由这些小的有机体所构成的大的有机整体。泰勒士（Thales）就曾经认为，自然界的每棵树、每块石头都是具有灵魂的有机体，同时是整个世界这个大机体的一部分。② 此后，阿那克萨戈拉（Anaxagoras）、苏格拉底（Socrates）和柏拉图等人进一步发展了这种灵魂学说，并试图由此出发来解释整个宇宙的存在；亚里士多德则在此基础上发展起了一种目的论学说，认为自然万物都有一种努力或奋争的趋势，通过这种努力，它们才能实现从潜能到现实的转变。正是由于这种自然观是一种泛灵论的观点，认为自然万物都有灵魂和生命，因而世界在人们的眼中就充满了神秘的色彩和无穷的魅力，用科林伍德（Robin George Colling-

---

① ［德］马克斯·韦伯：《学术与政治》，钱永祥译，广西师范大学出版社 2004 年版，第168 页。

② ［英］柯林伍德：《自然的观念》，吴国盛、柯映红译，华夏出版社 1999 年版，第 34 页。

wood）的话说，"自然原来是一种模糊而神秘的东西，充满了各种藏身于树中水下的神明和精灵。星辰和动物都有灵魂，它们与人相处或好或坏。人们永远不能得到他们所企望的东西，需要奇迹的降临，或者通过重建与世界联系的巫术、咒语、法术或祷告去创造奇迹。在这个感觉、机体、想象的世界中，魔法的作用借助于咒语、感应以及表达爱恋与仇恨、恐惧与渴望等激情的象征性动作，即巫魅世界的各种奇迹和巫术"①。不过，世界的这种魅力是与自然的神秘、强大和可怖联系在一起的，总体而言，人在与自然的关系中处于劣势的地位，自然乃是人们膜拜和崇敬的对象。

从 16 世纪开始，这种自然观逐渐为近代的机械论观点所取代。这种新的自然观乃是近代科学技术发展的结果。按照这种观点，自然不是一个有机体，而是一架机器，它可以被还原为一些基本的要素或粒子，如原子、电子、质子、中子乃至夸克等，事物就是由这些粒子以机械作用的方式所构成的。这样一来，自然界就变成了一堆僵死的物质，对人类来说丧失了任何亲近感和亲和力，古希腊人所赋予自然的那种神奇的魅力也就随之消失殆尽，其结果是把自然从根本上置于和人类相对立的位置，成了人类征服、改造和利用的对象。借助于科学技术和近代工业，人类得以实际地认识和战胜了自然，因而人与自然的关系就颠倒了过来，自然成了人们居高临下地审视和奴役的对象。由此所导致的结果则是人与自然关系的异化："机械论观点的中心内容是，否认自然事物有任何吸引其他事物的隐匿（神秘）的力量（这种否认使得磁力和万有引力变得难以解释）。就这样，自然失去了所有使人类精神可以感受到亲情的任何特性和可遵循的任何规范。人类的生命变得异化和自主了。"② 既然人与自然处于一种异化的关系之

① ［法］塞尔日·莫斯科维奇：《还自然之魅：对生态运动的思考》，庄晨燕、丘寅晨译，生活·读书·新知三联书店 2005 年版，第 92 页。
② ［法］塞尔日·莫斯科维奇：《还自然之魅：对生态运动的思考》，庄晨燕、丘寅晨译，生活·读书·新知三联书店 2005 年版，第 3 页。

中，人类也就不再认为需要为自己对自然的态度承担任何道义和伦理上的义务，因而便肆无忌惮地把自然当成了一个可以随意利用的资源库："由于物质自然没有思维和自己的价值观，因而我们便可以随心所欲地对待我们的环境，致使资源挖掘殆尽，垃圾堆积如山，而我们却毫无悔改之意。"① 从这个角度来看，机械论自然观实在是对当代世界生态环境的恶化负有相当大的责任。

正是由于机械论自然观具有如此显著的负面影响，因而理所当然地成了生态学自然观的批判对象。这种自然观是在怀特海的有机体哲学或过程哲学，以及当代的生命科学、后现代物理学等新科学观念的影响下，所形成的一种新的自然观。机械论观点把事物还原为一些不可入的基本粒子，其结果是事物之间总是相互外在的，它们只是通过机械作用来发生联系。而怀特海则认为，事物之间是一种"合生"的关系，即它们都是依赖于其他事物而存在的："许多存在物都有进入一种现实、成为实在的合生之中的某种成分的潜在性，这种潜在性是所有现实的和非现实的存在物所具有的一种普遍的形而上学特征；它的宇宙中的每一项均关涉到每一种合生。换言之，它属于某种'存在'的本性，因而它对每一种'生成'来说都是潜在的。这就是'相对性原理'。"② 这样一来，自然就必然被看作一个活生生的有机整体。美国当代学者詹姆斯·洛夫洛克（James Ephraim Lovelock）和莱恩·马格里斯（Lynn Alexander Margulis）所提出的著名的"该亚假设"就是这种自然观的典型代表。这一假设认为，"地球的行为就像一个活生生的有机体，它通过自我调节海藻和其他生物有机体的数量来积极保持大气层中维持生命的化学成分。……生命是一个地球和生物圈相互作用的现象。世界上栖息于地区生态系统中的生物有机体调节着地球

---

① ［美］大卫·雷·格里芬：《后现代科学——科学魅力的再现》，马季方译，中央编译出版社1998年版，第126页。

② ［英］阿尔弗雷德·诺思·怀特海：《过程与实在：宇宙论研究》，杨富斌译，中国城市出版社2003年版，第38页。

的大气层，这就是说，大地（该亚）的动态平衡是由个体有机体的地区性活动形成的"。① 按照这种观点，人类同样是自然的一部分，因而也必须为维护自然的动态平衡而努力。由此出发，人类过去（包括现在）那种无节制、无休止地开采和利用自然的做法就必须加以抑制或者终止，使其维持在一定的限度之内。显然，这就要求人类为了自然的利益而对自己的欲望和要求加以限制，而这就意味着改变人类对于自然的居高临下的态度，转而建立起一种平等的相互作用和交流关系。据此我们认为，生态学自然观从根本上克服了机械论自然观的人类中心主义倾向。②

确立生态学自然观的直接后果，就是使世界的魅力重新得到了恢复。其之所以如此，是因为人们不再把世界看作一堆僵死的物质，而是当成了一个生气蓬勃的大花园，从而重建了与自然之间的亲密关系。英国当代学者大卫·伯姆（David Bohm）曾经精辟地指出："如果我们把世界看作是与我们相分离的，是由一些计算操纵的、由互不相关的部分组成的，那么我们就会成为孤立的儿女，我们待人接物的动机也将是操纵与计算。但是，如果我们能够获得一种对整个世界的直觉的和想象的感觉，认为它有着一种也包含于我们之中的秩序，我们就会感觉到自己与世界融为一体了。我们将不再只满足于为了自己的利益而机械地操纵世界，而会对它怀有发自内心的爱。我们将像对待我们至爱之人一样呵护它，使它包含在我们之中，成为我们不可分割的一部分。"③ 从某种意义上来说，这意味着古希腊的有机论自然观得到了复兴，因为我们重新把世界看作一个有机整体，并认为自然万物都充满了生机与活力。然而需要注意的是，这两种自然观之间仍有着本

---

① ［美］查伦·斯普瑞特奈克：《真实之复兴》，张妮妮译，中央编译出版社 2001 年版，第 27 页。

② 当今的生态学思想大致可以分为两种倾向：一种是环境主义，关注人类如何通过对生态环境的维护来保障自身的利益，这在根本上仍是一种人类中心主义；另一种则是生态主义，关注人类的活动应该限制在何种范围内才能不危及非人类世界的存在，这显然已经超越了人类中心主义。本文所持的正是后一种立场。

③ 转引自［美］大卫·雷·格里芬《后现代科学——科学魅力的再现》，马季方译，中央编译出版社 1998 年版，第 94—95 页。

质的区别。从某种意义上来说，生态学自然观乃是把古希腊的有机论自然观和近代的机械论自然观加以辩证统一的结果：一方面，它吸收了古希腊思想把自然看作一个有机整体的思想；另一方面，它又吸收了近代自然科学的观点，抛弃了古希腊的万物有灵论。正是因此，它所倡导的自然观既不是要人们膜拜和崇敬自然（古希腊），也不是要人们审视和征服自然（近、现代），而是要人们平等地对待自然，把自然当作自己的家园来爱惜与呵护（后现代）。

二

生态学思想对于人们自然观的这种重大影响，理所当然地会扩散到人们的审美经验中来，因为从某种意义上来看，人们对自然的审美观念乃是其自然观的一个内在组成部分。这样一来，自然美问题显然就成了生态学与美学发生关联的一个理论枢纽。

客观地说，自然美成为一个重要的美学范畴，乃是近代美学的一个历史性贡献。之所以出现这种情况，是因为在某种程度上，大自然在古代并没有成为人们的审美对象。在古代社会之中，自然或者是人们崇拜和敬畏的某种神秘力量，或者是人们辛勤耕耘和劳作的对象，而唯独无法成为人们欣赏和把玩的对象，原因在于人们的认识能力和生产能力都还很低下，自然对人们来说更多的是一种威胁和不可知的力量。从这个意义上来说，近代的机械论自然观对于自然被大规模地纳入人们的审美活动中来，乃是一个不可缺少的关键因素。这是因为，机械论自然观的基础是近代的科学技术和工业生产，前者为人们提供了认识自然的工具，后者则为人们提供了实际地征服和改造自然的能力。通过科学，人们发现自然并不像古人所想象的那般神秘、混乱和偶然，而是服从于某种客观规律的约束，充满了规则和秩序；① 通过

---

① 古希腊的思想家如毕达哥拉斯学派等尽管也认为自然包含秩序，但他们认为这种秩序是由灵魂所赋予的，这反而给自然增添了一层神秘的外衣。

工业，人们发现自然不再是威胁自己的神秘力量，而成了服务于自身需要的驯服工具。这正如马克思所指出的："成为希腊人的幻想的基础，从而成为希腊（神话）的基础的那种对自然的观点和对社会关系的观点，能够同自动纺机、铁道、机车和电报并存吗？在罗伯茨公司面前，武尔坎又在哪里？在避雷针面前，丘比特又在哪里？"① 近代科学和工业的发展取消了神话的基础，也就使古希腊的那种泛灵论自然观走向消亡，其结果是使自然走下了神坛，成了人们欣赏乃至审视的对象。因此，自然物在近代成为一种审美对象乃是一种历史的必然。

引人深思的是，近代人对自然美的重视在美学上竟造成了两种截然相反的效应。就其积极的一面来说，这使自然美在近代人的艺术实践和美学理论中都占据了十分重要的地位，并且结出了极为辉煌的艺术和理论硕果。从艺术实践的角度来看，近代艺术家对自然美的重视是空前的，远非古代以及中世纪艺术家所能望其项背。在古代的神话和史诗当中，自然力总是以神的形象出现的，至于其本身的审美价值则并没有得到真正的表现。而近代艺术家则不同，他们经常把对自然美的欣赏看作陶冶和培养自身审美情趣与能力的重要途径，这一点在卢梭的《忏悔录》、歌德的《诗与真》等自传性作品中都有十分明显的表现。不仅如此，自然美还成了近代艺术家十分重要的创作题材和表现对象，诸如华兹华斯、拜伦（George Gordon Byron）、雪莱（Percy Bysshe Shelley）、歌德、海涅（Heinrich Heine）、雨果（Victor Hugo）等人的抒情诗，以及荷兰画派的风景画等都是明证。而从美学理论的角度来看，近代美学家对自然美的重视也是不容置疑的。英国经验主义美学家所分析的主要审美对象就是自然物，这在美学史上已经成了人们的常识；康德的《判断力批判》同样对自然美给予了高度的重视和精细的分析。他曾经指出，"如果一个人具有足够的鉴赏力来以最大的准确性和精密性对美的艺术产品作判断，而情愿离开一间在里面

---

① 《马克思恩格斯选集》第二卷，中共中央马克思恩格斯列宁斯大林著作编译局编译，人民出版社1972年版，第113页。

找得到那些维持着虚荣、至多维持着社交乐趣的美事的房间，而转向那大自然的美，以便在这里通过某种他自己永远不能完全阐明的思路而感到自己精神上的心醉神迷：那么我们将以高度的尊敬来看待他的这一选择本身，并预先认定他有一个美的灵魂，而这是任何艺术行家和艺术爱好者都不能因为他们对其对象所怀有的兴趣而有资格要求的"。① 不难看出，康德实际上把对自然美的爱好和鉴赏看作是比艺术趣味更高的一种审美情趣和精神素养了。

然而另一方面，近代美学同时又蕴含着另一个重要的倾向，这就是对于自然美的贬低。阿多诺（Theodor Adorno）就曾经指出："从谢林开始，美学几乎只关心艺术作品，中断了对'自然美'的系统研究。……自然美为什么会从美学的议程表上被拿掉呢？其原因并非像黑格尔要我们所相信的那样，说什么自然美在一个更高的领域中已被扬弃。事实恰恰相反，自然美概念完全受到压制。"② 从这里可以看出，近代美学家之所以贬低自然美，是因为在他们看来自然的审美价值低于艺术。这一点在黑格尔那里表现得最为显著。他明确指出，只有艺术美才符合美的理想，至于自然美则只是它的"附庸"。其之所以如此，则是因为"艺术美是由心灵产生和再生的美，心灵和它的产品比自然和它的现象高多少，艺术美也就比自然美高多少"③。

现在的问题是，近代美学在自然美问题上何以会陷入这种两难的困境呢？我以为这和其所依赖的自然观之间有着密切的关系。前文曾经指出，机械论自然观乃是自然美在近代美学中的地位得以提升的根本原因，然而另一方面，这种自然观同时也在根本上使自然丧失了独立的审美价值，从而成为艺术美的一种附庸。这是因为，机械论自然观在人与自然之间设立了一种二元对立的关系，并且认为人在这种关系中居于主导和统治地位，这固然使自然成了人们欣赏而不是崇拜的

---

① ［德］康德：《判断力批判》，邓晓芒译，人民出版社2002年版，第142页。
② ［德］阿多诺：《美学理论》，王柯平译，四川人民出版社1998年版，第109页。
③ ［德］黑格尔：《美学》第一卷，朱光潜译，商务印书馆1979年版，第4页。

对象，但同时却也使人把自身的价值高高地凌驾于自然之上，以致自然的审美价值只是在对人及其产品的类比以及陪衬当中才获得了承认。近代美学把握自然美的一个重要途径就是采取形式主义的路线，把自然物的审美价值归结为符合诸如整齐一律、对称均衡等形式美的法则，这种做法时至今日仍然在我国美学界占据着主导地位。然而在我们看来，这种观点的背后明显有着机械论自然观的影子。具体说来，这些所谓形式美的法则或规律并不是从自然的审美对象当中归纳和总结出来的，而是来自对各种人工产品（包括艺术作品）形式特征的观察和总结，实际上是把艺术美当成了评价自然美的标准，因而自然美沦为艺术美的附庸就成了一种必然。黑格尔把这一点说得最为明确，他认为任何自然物（甚至包括人的身体这种最高的生命体）都无法避免自然所固有的偶然性，因而难以像艺术品那样做到抽象理念与感性形式的完美统一。① 更进一步来看，人们之所以格外偏爱自然物当中那些较为符合形式美法则的事物，根本上还是因为那些杂乱无章的事物在人类看来是无法把握、难以征服甚至令人恐惧的，而相对规则的自然物则似乎已经处于人类的控制和支配之下，因而也就变成了人们的审美对象。

从上面的分析可以看出，近代美学对自然美的贬低和歧视与机械论自然观有着十分密切的联系，因此要想克服这种观点的局限，就必须以生态学的自然观来取而代之。那么，生态学视野中的自然美究竟具有怎样的特征呢？我们认为，这首先就意味着否定近代美学赋予自然美的附庸地位，转而肯定自然的独立审美价值。或许有人会问，这岂非意味着自然具有某种与人无关的审美价值吗？回答是否定的，因为任何事物的审美价值都建立在与人的审美关系之中，并且基于人们对这种关系所做出的评价，就此而言，自然的审美价值同样是与人相关的。既然如此，又何谈自然美的独立性呢？这里的关键在于，我们

①　参看［德］黑格尔《美学》第一卷，朱光潜译，商务印书馆1979年版，第191页以下。

对于自然美的审美判断必须建立在其自身的审美价值的基础上，而不能把艺术作品这种人工产品确立为评价自然美的标尺，更不能把自然的审美价值归结为对于人类情绪和心意的激发和映衬功能。只有这样，才能避免人类中心主义对于自然的审美价值的扭曲和贬低。然而这样一来，自然美岂非变得无法描述和把捉了吗？从某种意义上来说确实如此，因为生态学观点要求人们不再局限于从形式美的角度来把握自然的审美价值，而一旦突破这些规则的限制，那么自然美的多样性和难以概括性就立刻成为一个无法回避的事实。阿多诺就曾经指出："自然美的实质委实具有其不可概括化与不可概念化等特征。自然美的这种本质上的不确定性表现在下述事实之中，即：自然界的任何片段，正像人为的和凝结于自然中的所有东西一样，是可以成为优美之物，可以获得一种内在的美的光辉。而这与形式比例之类的东西很少有关或丝毫无关。与此同时，每个被视为美的自然客体，自身表现为它仿佛就是整个世界上唯一优美的东西。"① 不难看出，阿多诺之所以认为自然美是难以描述的，是因为自然物的形式是变化多端、无限多样的，任何一个自然物就其自身来看都可能是优美的，根本无法用形式法则之类的概念来加以规范，因而也就无法像艺术美那样归结为几种简单的类型。不过在我们看来，这种看法仍然没有彻底摆脱形式主义的美学思路，因为这仍旧只是着眼于自然物的形式特征来把握其审美价值。而从生态美学的角度来看，自然美之所以是多种多样和难以描述的，是因为生态学思想从根本上肯定任何自然物都有其独立的存在价值，哪怕一个自然物的外形从形式美的角度来看是极端丑陋或了无情趣的，也仍旧无损于其审美价值，反过来，只有那些被人类违反生态原则的行为所破坏和污染了的自然环境，才丧失了其原有的审美价值。

从这个角度看来，生态美学势必认为一切自然物都有其内在的审

① ［德］阿多诺：《美学理论》，王柯平译，四川人民出版社1998年版，第125页。

美价值。正是因此，西方当代的环境美学就形成了一种"自然全美"的"肯定美学"思潮。这派美学的代表人物卡尔松（Allen Carlson）认为，"自然界在本质上具有肯定的审美价值"①，哈格若夫（Eugene Hargrove）则进一步指出，"自然总是美的，自然从来就不丑"，并且断言"自然中的丑是不可能的"②。不过，他们为此所提出的理由却令人难以苟同。按照卡尔松的看法，自然之所以是全美的，是因为人们本身就是从一定的审美形式或者范畴出发来认识和发现自然的，因而只有那些符合这些规范的自然物才能进入人们的认识范围，并具有相应的审美价值；至于那些不符合形式规范的自然物则根本无法为人们所理解，因而它们就既无所谓美，也无所谓丑。在我们看来，这种论证的逻辑一方面没有彻底超越近代形式主义美学的思路，另一方面又把生态美学与生物科学等自然科学的研究模式混为一谈了。具体地说，生物科学对于那些尚未为人们所认识的事物，自然无法做出科学的评价和判断，然而生态美学却是要把生态学立场作为审美活动的一个重要原则和出发点，在这一前提之下，最终仍旧要诉诸审美的直观而不是科学的分析。那么，审美直观如何能够体现出生态学的基本立场呢？我们认为这里的基本尺度就在于对自然物与人工制品之间的区分。在这方面，杜夫海纳的分析可以为我们提供丰富的启发。在他看来，"自然之物与实用对象、城市风光与原始森林、寸草不生的科斯（指法国内部的石灰岩高原）与桀骜不驯的大海，它们之间的差别是一下子知觉到的"。③ 其之所以如此，是因为实用对象或人工制品总是打着人为活动的烙印，显示出由人按照一定的标准克服自然的偶然性，从而赋予对象以某种秩序或者规则；自然物则不同，它不含人为性，在某种意义上甚至具有一定的野性，因为它常常缺乏规则性而充满了偶

---

① Allen Carlson, *Nature and Positive Aesthetics*, Environmental Ethics, Vol. 6, 1984, p. 28.

② Eugene Hargrove, *Foundation of Environmental*, Englewood Cliffa, NJ: Prentic Hall, 1989, pp. 177, 184.

③ ［法］杜夫海纳：《审美经验现象学》，韩树站译，文化艺术出版社1992年版，第111页。

然性。在我们看来，这种区分本身就与生态学的立场相耦合，因为生态学所反对的就是通过人为的活动粗暴地破坏自然物的生态属性。更进一步地来看，自然物的这种野性恰恰是其审美价值的根基所在，因为审美对象本身就必须在一定程度上避免实用对象所具有的那种人工痕迹或者"匠气"，从而显示出一种浑然天成的自然之美。从这个意义上来说，艺术作品的审美价值恰恰必须参照自然美才能得到合理的界定。因此我们认为，对自然的审美价值的肯定乃是审美经验的内在属性所决定的，根本不需要所谓来自自然科学的证明。

三

在澄清了自然美的观念所发生的巨大变化之后，我们还需要进一步分析生态学视野对于人与自然的审美关系所造成的影响。在这方面我们认为，机械论视野中人与自然之间主要是一种认识论的关系，而生态学视野中人与自然之间则是一种生存论或存在论的关系。

我们之所以把前者归结为一种认识关系，是因为审美经验在近代美学中一开始就被看作是一种感性认识活动。这种观点的始作俑者无疑就是被称为"美学之父"的鲍姆加登。在他看来，美学其实就是一门"感性学"（Aesthetics），也就是研究感性认识的学问，这在美学史上显然已成了一种常识。在自然美的问题上，这种观点同样具有普遍的代表性。事实上在此之前，英国的经验主义美学家就一直是运用经验概括和归纳的方法来分析审美活动的，其中对自然的审美经验又是他们所分析的重点，他们对于优美、崇高等审美范畴的基本看法主要都是从对自然美的细致观察和分析中产生的，并且构成了这派美学的主要成就。在德国古典美学中，康德明确把审美鉴赏界定为一种反思判断，也就是一种从个别出发来寻找普遍的感性认识活动，黑格尔则把美的本质规定为"理念的感性显现"。由此可见，近代美学主要是认识论哲学的产物。

生态美学则不同，它对审美经验的观察在根本上是在存在论或本体论的层面上进行的。当代西方的环境美学就把对自然的审美经验明确区分为两种类型：分离式和介入式，前一种形式中主体与对象是相分离和外在的，主体只是在自然景观前走马观花地浏览一番，其典型形式就是当今十分流行的各种观光旅游；后一种形式中主体则完全沉浸于对象之中，与其密切地结合在一起，其代表则是长期生活于自然风景中的居民。① 在我们看来，分离式的审美活动中人与对象之间乃是一种认识关系，而介入式的审美活动中则是一种存在论或生存论关系（不过我们并不赞同把这种关系比作居民与其生存环境的关系，这实际上是把审美活动混同于生存活动了，对此我们在下文将做深入的分析）。分离式的审美经验之所以是一种认识活动，是因为主体在这种活动中与对象保持着一定的空间和心理距离，以此来满足审美经验的非功利性要求，这与以康德为代表的近代认识论美学显然如出一辙。那么，生态美学何以要倡导一种存在论意义上的介入式审美经验呢？这可以从两个方面来看：首先，从社会实践的角度来看，生态美学之所以兴起，根本上就是为了从理论上来呼应和反思现实的生态运动，而生态运动产生的根源则是当代人类所面临的严峻的环境问题和生态危机，也就是说生态学的问题归根到底是一个攸关人类的生存和发展的问题，因而生态美学也必然贯穿着这种生存论上的关怀与思考。究极而言，生态美学的根本使命就是为了使人们的审美经验符合与体现生态运动的基本立场和终极指向。从这个意义上来说，生态美学有着十分强烈的现实意义，它与那种传统的纯思辨性的、形而上学式的美学形态有着本质的区别；其次，从思想基础方面来看，生态美学不是基于近代的认识论哲学，而是与海德格尔的存在哲学以及当代反人类中心主义的后现代哲学有着密切的关系。海德格尔在早期就明确反对把人与世界的关系看作是主体与客体之间的二元对立关系，认为近代

① 参看 Steven Bourassa, *The Aesthetics of Landscape*, London and New York：Belhaven Press, 1991, p. 27。

认识论所提出的核心问题——主体如何能够超越自身的内在性而切中一个外在的对象——乃是一个虚假的问题，转而主张此在在自己的生存活动中就对存在的意义有着一种本源性的理解和领悟，认识论上的解释和陈述只是对这种领悟的专题化而已，这就重新恢复了存在论对于认识论的奠基性意义。在其晚期的思想转向之后，他对自己早期思想中残余的主体性形而上学倾向进行了彻底的清算，提出了"人不是存在的主人，人是存在的看护者"① 这样一种反人类中心主义的主张，并且对近代的科学和技术进行了深刻的反思与批判，凡此种种，都使他成了当代西方生态运动以及生态学思想的先驱。

那么，怎样才能使认识性的审美经验转化为存在性的审美经验呢？我们以为这并不意味着要让人们彻底放弃那种观光旅游式的欣赏方式，转而只是与自己定居于其中的环境建立起一种生存关系。这是因为，日常的生存实践固然能够使人们获得一种对于自然的生存体验，但这种体验在大多数时候却与审美无缘，因为人们主要是把自然当成了一种实用和谋生的对象。那么，究竟怎样才能获得这种存在性的审美经验呢？我们认为关键在于改变近代美学在人与自然之间所设立的二元对立关系，转而使其处于一种本源性的统一状态。而要做到这一点，则必须以存在论上的身体—主体概念来取代认识论意义上的我思—主体。在分离式的审美经验中，主体之所以与对象处于一种外在和对立的关系，根本上是因为这里的主体是一种认识主体，也就是笛卡尔所说的处于反思状态的我思。正是由于主体通过反思把自己看作没有广延性的自我意识，才使其与具有广延性的对象处于分离和对立的状态。反过来，要想消除这种对立，就必须使主体处于一种前反思或非反思的状态，这也就是由法国现象学家梅洛－庞蒂所提出的身体—主体（body-subject）概念。梅洛－庞蒂认为，我们的身体并不是外在的对象世界的组成部分，也不是我们进行认识或知觉活动的中性工具，而

---

① ［德］海德格尔：《关于人道主义的书信》，孙周兴选编《海德格尔选集》上卷，上海三联书店 1996 年版，第 385 页。

直接就具有一种意向性的功能，它能够在自己的周围筹划出一定的生存空间或环境。① 在我们看来，这就意味着身体—主体能够通过自身的意向性活动与对象建立起一种本源性的存在关系。

从这种新的主体观出发，人与对象之间就不再是主体与客体之间的那种相互分离和对立关系，而是一种相互作用和交流关系。在这种关系中，主体不是站在对象之外去客观地观察和认识对象，而是把对象也看作有生命的主体，与其建立起一种平等的交流关系："我通过我的身体进入到那些事物中间去，它们也象身体—主体一样与我共同存在。"② 梅洛－庞蒂曾经通过对绘画艺术的分析深入地揭示了这种关系。他认为，当画家进行艺术创作的时候，他并没有把自己与要表现的对象区别或对立起来，也没有人为地设置灵魂与身体、思想与感觉之间的对立，而是重新回到了这些概念所由产生的那种初始经验。在这种原始的经验中，画家不是面对着对象，而是置身于对象之中，为对象所包围。在这种时刻，画家会感到不仅自己在注视和观察着对象，而且对象也在观察着自己。法国画家安德烈·马尔尚曾经这样描绘自己的创作体验："在一片森林里，有好几次我觉得不是我在注视森林。有那么几天，我觉得是那些树木在看着我，在对我说话。"③ 而后期印象派画家塞尚也曾经说过："是风景在我身上思考，我是它的意识。"④ 显然，我们不能把这些感受简单地归结为艺术家的幻觉。当然，这里所谓说话与思考等都是拟人化的说法，但这些说法的内在根据在于艺术家与世界之间的密切交流，而这种交流体验却是完全真实的。中国古代的艺术家们也曾经多次描绘人与自然的这种相亲相融、和谐统一的密切

---

① 参看 Merleau-Ponty, *Phenomenology of Perception*, trans. by Colin Smith, London Routledge & Kegan Paul, p. 148。

② Merleau-Ponty, *Phenomenology of Perception*, trans. by Colin Smith, London Routledge & Kegan Paul, p. 185.

③ 转引自［法］梅洛－庞蒂《眼与心》，刘韵涵译，中国社会科学出版社 1992 年版，第 136 页。

④ 转引自［法］梅洛－庞蒂《眼与心》，刘韵涵译，中国社会科学出版社 1992 年版，第 51 页。

关系："黄山是我师，我是黄山友"（石涛）、"相看两不厌，只有敬亭山"（李白）、"花开鸟语辄自醉，醉与花鸟为友朋"（欧阳修）、"我见青山多妩媚，料青山见我应如是"（辛弃疾）……在这里，艺术家们不是以一种主体的身份居高临下地俯视自然，而是敞开胸怀，用自己的全部身心去拥抱自然、亲近自然，以一种朋友的身份与自然建立起情感上的亲密交流。在我们看来，这种交流不仅存在于艺术创作之中，它同样也应是我们欣赏自然风景的一般方式，而这也正是我们应该与自然建立起来的存在论意义上的审美关系。

第二节　自然·乡村·城市

顾名思义，生态美学是一种在生态学的基础上建立起来的美学理论。按照德国生物学家恩斯特·海克尔所下的定义，生态学是一门研究生物体与其周围环境的相互关系的科学。对于生态美学来说，其基础显然并非一般意义上的生态学，而是特指人类生态学，所关注的是人类（而非其他物种）与自然之间的相互关系。从物质形态上来看，人类社会是由乡村和城市这两个部分构成的，因此，自然、乡村与城市乃是人类生态学的三个组成部分，同时也是生态美学的三个基本维度。

一

迄今为止，人类的自然观已经经过了漫长的演变过程，先后产生了古代的神话自然观、近代的机械自然观和浪漫自然观，以及当代的生态自然观。与这些自然观相适应，人类对自然的审美态度也在不断地发展和演变。

神话自然观是世界各民族在远古时代所形成的，其影响一直延续到工业文明产生之前。这种自然观是原始神话以及巫术活动的产物，其思想基础乃是万物有灵论。原始人类运用神话思维的方式，把自然力加以神化，认为自然万物都是由神灵所创造的，或者说是各种神灵的化身，比如古希腊神话中的大神宙斯、太阳神阿波罗、海神波塞冬、大地女神该亚，以及古印度神话中的火神阿耆尼、水神伐楼那等，都是各种自然力或物质元素被神化之后的产物。由于自然物之中总是蕴含着某种神秘的灵性，因此原始人类以为万物都有自己的灵魂。这种自然观在古希腊思想中得到了清晰的表达。泰勒士就曾经认为，自然界的每棵树、每块石头都是具有灵魂的。[①] 此后，阿那克萨戈拉、苏格拉底和柏拉图等人进一步发展了这种灵魂学说，并试图由此出发来解释整个宇宙的存在。按照这种观点，自然在人类的眼中就呈现出两副面孔：一面是母亲，是奶与蜜之地，是人类的生存和繁衍之所；另一面则是父亲，是神灵，是狂暴的自然力，是恐怖的灾难，是人类不可抗拒的命运。这样的自然，是人类热爱、敬畏和崇拜的对象，但却不是审美的对象。

自然成为审美对象在西方是近代的事情。从十六、十七世纪开始，在西方产生了一种新的自然观——机械自然观。这种新的自然观是近代科学技术和工业实践的产物。按照这种观点，自然乃是一架机器，它可以被还原为一些基本的要素或粒子，如原子、电子、质子、中子乃至夸克等，事物就是由这些粒子以机械作用的方式所构成的。这样一来，自然界就变成了一堆僵死的物质，对人类来说丧失了任何亲近感和亲和力，其结果是自然被置于和人类相对立的位置，成了人类征服、改造和利用的对象。借助于科学技术和近代工业，人类得以实际地认识和战胜了自然，因而人与自然的关系就颠倒了过来，自然成了人们居高临下地审视和奴役的对象。从生态学的角度来看，这种自然观显然是生态危机得以产生的重要根源。但从美学的角度来看，这种自然观却导致了对自然的审美价值的发现。这是因为，人们既然已经借助科学和工业的力量战胜了自然，就不再把自然作为自己崇拜的对象，而是能

---

① 参看［英］柯林伍德《自然的观念》，吴国盛、柯映红译，华夏出版社1999年版，第34页。

够以欣赏的态度对待自然，从而把自然变成了自己的审美对象。在古代人眼中，自然曾经是混乱而神秘的，近代人却能够以科学的眼光对待自然，从而发现了自然物所包含的规则和秩序。正是由于这个原因，近代美学家往往把自然美归结为形式美，用黑格尔的话说，"这种形式就是人们所说的整齐一律，平衡对称，符合规律与和谐"①。

　　不过，近代自然观还包含另一种重要形态，这就是随着浪漫主义运动而产生的浪漫自然观。这种自然观同样是工业文明的产物，但却与机械自然观针锋相对。机械自然观来自近代的自然科学和工业实践；浪漫自然观则来自浪漫主义艺术和诗学，来自诗人和艺术家对于工业文明的反思和批判。在浪漫派的笔下，自然被描绘为荒野、原野、乡土和田园，与建立在工业文明基础上的城市相对照，后者整齐、刻板而僵死。城市生活充满了法律条文和道德规范的约束，人们一方面疯狂地追求物质欲望的满足，另一方面又被社会分工和阶级压迫折磨，被工业巨兽摧残，过着一种双重的异化生活。与之相对，自然则是充满生机、生动活泼的，足以激发人们的想象，让人们摆脱生存的重负，重获心灵的自由。因此，自然美呈现为多样性、丰富性，呈现为自由与活力，成为人类心灵的慰藉者和拯救者。如果说机械自然观把自然当作观看的对象，那么浪漫自然观则把自然视为体验的对象。对于浪漫派艺术家来说，自然之美不在于其外在的形式，而在于其内在的生命。通过与大自然的亲密交融，诗人的灵魂得到了慰藉和重生。正是因此，浪漫派诗人无不喜欢在大自然中徜徉、流连，湖畔派诗人华兹华斯（William Wordsworth）、柯勒律治（Samuel Taylor Coleridge）自不必说，拜伦、雪莱、济慈等也概莫能外。

　　当代的自然观则是生态自然观，是后工业社会的产物。生态自然观是一种有机自然观，认为自然并不是，或不仅仅是人类开发和利用的对象，相反，自然是一个有机整体，万事万物都是其中的有机元素，

---

　　①　［德］黑格尔：《美学》第一卷，朱光潜译，商务印书馆1991年版，第173页。

它们共同组成一种生生不息的循环。美国当代学者詹姆斯·洛夫洛克和莱恩·马格里斯所提出的著名的"该亚假设"就是这种自然观的典型代表。这一假设认为，"地球的行为就像一个活生生的有机体，它通过自我调节海藻和其他生物有机体的数量来积极保持大气层中维持生命的化学成分。……生命是一个地球和生物圈相互作用的现象。世界上栖息于地区生态系统中的生物有机体调节着地球的大气层，这就是说，大地（该亚）的动态平衡是由个体有机体的地区性活动形成的"。① 按照这种观点，人类同样是自然的一部分，因而也必须为维护自然的动态平衡而努力。由此出发，人类过去那种无节制、无休止地开采和利用自然的做法就必须加以抑制或者终止，使其维持在一定的限度之内。不难看出，这种自然观是对机械自然观的彻底批判，同时是对神话自然观和浪漫自然观的重新肯定。这是因为，后两种自然观都包含有机自然观的因子。简单地说，神话自然观认为自然万物都有自己的灵魂，浪漫自然观认为自然物包含丰富的生机与活力，实际上都隐含着把自然物当作有机体的思想。如果说机械自然观是工业文明的产物，那么生态自然观则是生态文明的结果。

在这种前提下，自然不再只是人们的观赏对象，而成了人们与之平等交流的环境。近代自然观把自然变成了风景，变成了绘画艺术的相似物，对自然美的鉴赏成了一种主客对立的认识活动，视觉在其中充当重要角色，心灵则成为鉴赏活动的主体。生态自然观则把自然视作环境，鉴赏者不再是主体，而成了环境当中的一个元素，不是心灵在鉴赏，而是身体在感受，视觉不再是当仁不让的主角，听觉、嗅觉、味觉、触觉都得到了充分的激发。美国学者阿诺德·柏林特认为，"在环境体验中视觉、触觉、听觉、嗅觉和味觉都很活跃"②，加拿大

---

① ［美］查伦·斯普瑞特奈克：《真实之复兴》，张妮妮译，中央编译出版社2001年版，第27页。
② ［美］阿诺德·柏林特：《生活在景观中》，陈盼译，湖南科学技术出版社2006年版，第27页。

学者卡尔松也认为，在身处自然环境之中的时候，"鉴赏对象也强烈地作用于我们的全部感官。当我们栖居其内抑或活动于其中，我们对它目有凝视、耳有聆听、肤有所感、鼻有所嗅，甚至也许还舌有所尝。简而言之，对于鉴赏环境对象的体验一开始就是亲密，整体而包容的。"① 生态旅游和风景旅游有着本质的区别：风景旅游与参观博物馆或者画廊大同小异，要求观赏者乘坐一定的交通工具，到达一定的地点，从固定的角度，观看固定的风景，实际上是把自然当成了一幅画。或者让欣赏者站在固定的地点聆听风声、水声，把自然当成了一首乐曲。生态旅游则是一种行为艺术，旅游者的行为本身就构成了欣赏的对象，或者说这种欣赏本身就是非对象性的，因为旅游者自身就是风景的一部分，从他进入自然开始，他自身就变成了环境的一部分，他与环境之间的密切互动，让他与自然建立起一种全身心的交流关系，这种交流消泯了人与自然、心灵和肉体之间的分离和对立，让人从异化状态中摆脱出来，获得自由与和谐。如果说近代美学属于认识论，生态美学则属于存在论；前者是心灵之事业，后者则是一种身体美学。

二

乡村并不是人类最古老的栖居方式，原始社会初期，人类依靠采集、渔猎为生，或栖身于天然洞穴，或逐水草而居。直到新石器时代，人类掌握了农业生产技术，能够耕种土地、饲养家畜，才开始建造自己的居住场所，村落就由此产生了。因此，乡村乃是农业文明的产物，与农业生产方式相适应。这种生产方式对自然有着高度的依赖性，必须依靠土地、水源、气候、植被等自然因素，自然界的任何变化都会直接影响到人类的生活，人类的智慧和生产力还无法战胜自然力，因此只能被动地顺应自然。由此导致的结果是，在整个农业文明时代，

①　［加］艾伦·卡尔松：《环境美学——自然、艺术与建筑的鉴赏》，杨平译，四川人民出版社 2006 年版，第 5 页。

乡村与自然都处于和谐统一的状态，乡村的存在和发展从不曾对生态平衡造成较为严重的伤害。加拿大学者罗德尼·怀特（Rodney R. White）曾经指出，"直到近250年，人类人口与生物圈间的基本平衡才被打破"①，这显然是说，近代的工业文明才是生态危机的元凶。

乡村在生态系统中的这种位置从根本上决定了其审美景观。最初的乡村建筑只具有简单的栖居功能，或掘地为穴，或筑茅草为屋，显然谈不上有什么艺术风格和审美价值。随着生产力的发展和工艺技术的进步，乡村建筑在实用功能之外，也开始形成自身的特定风格。大体上来说，其特征是与自然和谐统一，比如建筑的高度不会破坏自然景观的轮廓线，房屋依山傍水，掩映在树荫之中，其线条和轮廓尽管符合形式美的规范，但显得并不突兀，而是与自然的多样性、变化性相映成趣。人类栖息于这样的环境之中，自然能够体会到天人合一、物我两忘的和谐境界，中国古诗词中对此多有描绘："采菊东篱下，悠然见南山"（陶渊明）、"鸡声茅店月，人迹板桥霜"（温庭筠）、"枯藤老树昏鸦，小桥流水人家"（马致远）……诸如此类的美妙诗句不胜枚举。当然，这种诗情画意在一定程度上来自诗人的艺术想象，却无疑真实地反映了乡村景观的审美价值。

工业文明的来临彻底改变了乡村在人类生存活动中的位置。工业化的进程是以资本的原始积累为开端的，其典型形式是英国的"圈地运动"。英国资产阶级革命胜利以后，政府颁布了一系列圈地法令，导致大批工厂主和资本家肆无忌惮地圈占农民的土地，使他们成为无家可归的流浪者。这个过程如此残暴和野蛮，以至于马克思宣称它"是以血和火的文字载入人类编年史的"②。随着工业化的进展，大量人口开始从乡村向城市转移，许多乡村走向没落、衰败，在其废墟上则建起了庞大的城市群落。农业生产在经济和政治活动中的地位一落

---

① ［加］Rodney R. White：《生态城市的规划与建设》，沈清基、吴斐琼译，同济大学出版社2009年版，第5页。

② 《马克思恩格斯全集》第二十三卷，人民出版社1956年版，第783页。

千丈，城市成为人类活动的中心。工业城市的崛起使得乡村成了人类生态循环中的配角，在自然、乡村和城市的三角关系中，乡村其实成了自然的补充，在城市居民的眼中，乡村只是自然的一部分，成了原始、野蛮、落后、愚昧的代名词。这种看法在一定程度上有其内在的合理性，因为即便是在农业社会中，乡村与城市相比也是一种较为落后的文明形态。美国学者刘易斯·芒福德（Lewis Mumford）在其名著《城市发展史》中，曾对这两种生活方式进行过深入的比较，他认为，"周而复始的农业生产活动把人们束缚于日常任务：使他们沉湎于普通的事务，并习惯于自己狭小的天地和短浅的眼界。而在城市中，连最卑微的人也能假想自己参与重要事务，并声言这是他的权利，城里有公众均可参加的盛大庆典和自治市所属的各种新机构操办的嬉戏活动"。[①] "城市突破了乡村文化那种极度俭省的自给自足方式和睡意朦胧的自我陶醉。城市在使边远地区的人们来到大河流域的同时，也向那些过去过游牧生活的民族提供了经久性的聚会地点，同时又向那些长期定居生活的人们以'外域'经验提出挑战。"[②] 不过在我们看来，乡村生活的这种缺陷并不是其走向衰败的根本原因，因为在农业社会中，乡村尽管在文化、艺术、思想、商业、手工业等方面都落后于城市，但在生产力方面却处于先进水平，是社会财富的主要创造者，所以乡村的发展能够自成一体，在文化、艺术等方面形成自己的特定风格。工业社会则不同，城市在原有的优势之外，还成了先进生产力的代表，乡村因此处于全方位的落后之中，其衰落自然就不可避免了。

正是由于这个原因，工业社会的乡村在一定程度上失去了其合法性和真实性。对于土生土长的农民来说，乡村当然仍是一种真实的存在，但在整个人类的生活中，乡村其实已经变得可有可无，因为借助

---

① ［美］刘易斯·芒福德：《城市发展史——起源、演变和前景》，宋俊岭、倪文彦译，中国建筑工业出版社 2005 年版，第 74 页。

② ［美］刘易斯·芒福德：《城市发展史——起源、演变和前景》，宋俊岭、倪文彦译，中国建筑工业出版社 2005 年版，第 103 页。

于工业化的威力，只需极少数的农村人口就可完成农业生产任务，当今发达国家农民只占总人口的2%—5%，就充分地说明了这一点。在广大的城市居民眼中，乡村已经景观化、图像化了，变成了供人们赏玩的风景。只有艺术家才穿行在乡野之间，但他们也只是从中寻找创作的素材和灵感，或者是让田园风光来疗救自己疲惫、受伤的心灵。深陷工业文明的异化之中的城市居民，则只是把乡村当作想象的对象，从中寻找自己失落了的乡村记忆。为了更好地承担这种想象功能，各种农家乐等娱乐设施被兴建，废弃了的农具被陈列和展示，供人们参观和遐想。游人们乘坐各种现代化的交通工具前往这些旅游景点，众多的村寨在窗外一闪即逝，成了自然当中可有可无的点缀。与城市景观日新月异的变化相比，乡村风景实际上是一成不变的，只能在停顿、衰败中苟延残喘。

生态文明的来临拯救了乡村，重新提升了乡村在生态系统中的地位。生态文明之所以产生，就是因为工业文明已经充分暴露出难以克服的缺陷，这就是其大规模地开采和利用自然资源，从根本上破坏了人类与自然之间的生态平衡，从而危及了人类自身的可持续生存和发展。要想克服这种缺陷，就必须树立起一种新的生态价值观："生态意识的基本价值观允许人类和非人类的各种正当的利益在一个动力平衡的系统中相互作用。世界的形象既不是一个有待挖掘的资源库，也不是一个避之不及的荒原，而是一个有待照料、关心、收获和爱护的大花园。"① 要想修复工业文明在大自然的躯体上留下的满目疮痍、千疮百孔，将其重新变为一座美丽的大花园，乡村的作用显然是必不可少的，因为只有乡村的生产和生活方式，才能给予自然以足够的尊重和爱护，让自然在生生不息的循环中恢复生机和活力。毋庸讳言，农耕文明也会给自然打上自己的烙印，但这与工业文明对自然的戕害有着天壤之别："农业在大自然与人类社会需要之间创造了一种平衡。

---

① ［美］大卫·雷·格里芬：《后现代科学——科学魅力的再现》，马季方译，中央编译出版社1998年版，第133页。

它谨慎地恢复了人们从大地上取走的东西；而犁过的地田，修整的果园，一排排的葡萄园，各种各样的蔬菜和五谷粮食，千姿百态的花卉，这些都说明，它们有一个科学的目的，一年四季，按时生长，形状美丽。相反，开采矿藏的过程却完全是破坏性的：它的直接的生产物是散乱的无机物，而从采石场或矿井口取走的东西不能恢复。"① 这就是说，农业文明不是单纯地向自然索取，而是能反过来为自然增色；工业文明却只是贪婪地攫取自然资源，因此只能把美丽的自然变成一片废墟。

当然，生态文明并不是要彻底抹去工业文明的痕迹，重新恢复农业社会的乡村景观。事实上，乡村在生态文明时代之所以能重新恢复活力，恰恰是由于其积极地利用了工业文明的成果和优势。诸如浙江滕头村等一批生态模范村的实践，已经为此提供了许多成功的经验。这些村落充分利用自身的自然条件，积极发展生态农业和生态旅游，从而既保护了自然环境，又极大地提高了自身的生产力。生态农业与传统农业有着明显的区别，它要求把粮食生产与多种作物生产，大田种植与农、林、副、渔业，大农业与第三产业结合起来，这就要求把现代科技精华与传统农业生产结合起来，通过人工设计的生态工程，协调经济发展与环境保护之间的关系，从而实现经济效益、生态效益与社会效益之间的统一。在此基础上，乡村景观就得到了极大的改善，乡村建筑不再是过去那种陈旧、破败、肮脏的模样，而是在保持其传统特色的基础上，合理地吸收了城市建筑的部分元素，实现了自身的风格嬗变。荷兰的羊角村至今仍保持着过去的茅屋建筑，但却实行了现代化的改造，实现了传统与现代的有机统一，从而成为世界著名的旅游景点。乡村景观的嬗变极大地提高了其审美价值，使得乡村旅游不再只是一种虚拟的怀旧和想象，而是成了对于生态文明的真实体验。生态农村的发展不仅能有效地修复被工业文明破坏的自然景观，还能

---

① ［美］刘易斯·芒福德：《城市发展史——起源、演变和前景》，宋俊岭、倪文彦译，中国建筑工业出版社 2005 年版，第 465 页。

够中止甚至逆转近代以来农村人口向城市大规模迁移的趋势，从而极大地减轻城市化的压力。尽管这样的村落目前还只是凤毛麟角，未来却必然是生态文明的发展趋势。

三

罗德尼·怀特认为，城市的历史可以追溯到 9000 年以前："自人们所知最早的城市居民点——哈塔尔赫尤克（现土耳其境内）形成发展以来已经 9000 年了。"[①] 这种说法与刘易斯·芒福德基本一致，后者认为"城市主要是新石器文化同更古老的旧石器文化相互结合的产物"[②]。从这里可以看出，城市尽管已经具有了十分悠久的历史，但其产生晚于农村。换句话说，城市实际上是在农业文明的怀抱中孕育出来的。有关城市的起源并无统一的说法，或以为起源于集市，或以为是为了作为宗教中心，但其最基本的前提，显然是乡村的发展达到了一定程度，从而产生了人口聚居的需要。由于城市具有各种得天独厚的优势，比如有城墙和军队来保护其安全、众多人口的聚居导致了思想和文化的繁荣，如此等等，遂使其逐渐成为农业社会的中心，并且对乡村具有了统治地位。在这种情况下，农业文明的各种精华都集中到了城市，从而催生了辉煌的城市文明。世界各主要民族都建立了自己的历史名城，如古希腊的雅典，罗马帝国的首都——罗马和拜占庭，中世纪意大利的威尼斯、佛罗伦萨，法国的巴黎，英国的伦敦，更不必说中国历朝历代的著名古都，如汉代和唐代的长安、宋代的汴梁、元代的大都等。这些名城无不盛极一时，在城市规划和建筑设计方面达到了极高的水平，某些城市至今仍长盛不衰，保持着恒久的魅力。

---

① ［加］Rodney R. White：《生态城市的规划与建设》，沈清基、吴斐琼译，同济大学出版社 2009 年版，第 5 页。

② ［美］刘易斯·芒福德：《城市发展史——起源、演变和前景》，宋俊岭、倪文彦译，中国建筑工业出版社 2005 年版，第 28 页。

不过从生态美学的角度来看，农业社会的城市无论多么美丽、辉煌，却都无法取代乡村在生态循环中的位置。这是因为，尽管城市代表了农业文明在文化、艺术、建筑设计和制造工艺等方面所达到的最高水平，然而农业社会的主要生产活动却集中于乡村。正是由于这个原因，农业社会的城市景观实际上是乡村景观的放大和完善，城市建筑在风格上与乡村并无本质的区别，只不过房屋规模更大一些，建筑材料和式样设计更加考究一些，街道更加平整、宽广、规范一些，娱乐、休闲设施更多一些，哪怕是金碧辉煌的宫殿建筑也与乡村富豪的深宅大院十分相似，更不必说最壮观的寺庙和道观往往都隐没在乡野山水之间。从根本上说来，城市与乡村一样，都没有摆脱自然力的支配，城市景观具有鲜明的地域性和民族性，一旦自然条件改变，或者人类的活动超出了自然所能容忍的限度，城市经常无法应对自然的报复，只能被迫迁移或者废弃，辉煌的玛雅文明、丝绸之路上的楼兰古城、亚平宁半岛上沉睡在火山灰烬之下的庞贝城，在在昭示着农业文明时代城市生活的自然属性。

城市文明发展的高峰无疑是在工业社会出现的。工业生产方式从根本上改变了城市与乡村、城市与自然之间的关系，使城市一跃而为当之无愧的主角。工业社会的城市大多是在古代城市的基础上发展起来的，但增添了许多新的元素，其中最重要的就是大量的工厂和企业，这些现代化的生产实体使得城市迅速成为社会的工业中心，城市在生产和消费的链条上都处于枢纽地位，其职能因此得以大规模地拓展，城市因此走向前所未有的繁荣。依托着科学技术和工业生产，城市成为人类文明的代表，乡村则日渐退居边缘，城市与乡村的矛盾以城市的大获全胜而告终，城市与自然的矛盾成为生态循环的主题，这一矛盾成为人与自然关系的缩影。人在征服自然的过程中节节胜利，城市的地平线便不断地伸向自然的腹地，自然那神秘的面纱被毫不留情地揭开，在机器的铁蹄践踏之下变得千疮百孔、丑陋不堪，或者被孤立出来成为风景，以供城市居民赏玩。至于那些缺乏利用价值的地方，则蜕变为被遗忘的荒野，只有诗人和艺术家才有兴趣问津。

与其在生态循环中的地位相适应，城市的景观因此变得咄咄逼人，在水平和垂直方向不断向自然侵蚀。于是，城市的面积不断扩大，摩天大楼拔地而起。与机械的自然观相对应，城市建筑和规划也变得高度地规范化，直线、折线和方形构成了现代城市的基本轮廓，富于变化的曲线或波浪线则日渐稀少，就连棱角尖锐的哥特式或宫殿式建筑，也因其变化过分繁复而被抛弃，城市景观因此失去了地域性和民族性，除了那些专门设计的地标性建筑外，现代城市的面貌是千篇一律、毫无个性的。自然山水要么被夷为平地，成为城市建筑的地基；要么被城市蚕食进来，变成绿地和公园，成为城市布局中的点缀。同时，在摩天大楼的背后，在那五光十色的霓虹灯照射不到的地方，则是肮脏和杂乱的贫民窟。近代城市的这一阴暗面可以说是工业文明那光鲜的外表之下所掩盖着的丑陋疮疤。英国19世纪的著名批评家约翰·拉斯金（John Ruskin）对此曾有传神的刻画："人世间的大城市……已经变成了……充斥着淫荡和贪婪、令人厌恶的中心。如同索多玛的熊熊烈焰，它们罪恶的烟雾升腾到天堂前，所散发出的污秽腐蚀着大城市周围农民的骨骼和灵魂。似乎每一个大城市都是一座火山，它们喷发的尘灰成股地溅射到生灵万物上。"① 拉斯金的描绘虽然是基于对19世纪大城市的观察，但对许多当代城市来说仍然是适用的。尽管工业城市的发展至今仍方兴未艾，在工业化的浪潮席卷之下，摩天大楼在世界各地竞相拔地而起，然而只要看看众多大城市那拥挤的住房、堵塞的交通、弥漫的烟尘，就不难明白工业文明业已危机重重，工业都市决不能代表城市文明的未来。

所幸，生态文明的曙光已经浮现在天际。实际上，对于生态城市的呼唤早在一个世纪之前就已发出。1898年，埃比尼泽·霍华德

---

① ［英］约翰·拉斯金：《写给教士的有关上帝的祈祷者和教堂的新见》，转引自［英］Peter Hall《明日之城——一部关于20世纪城市规划与设计的思想史》，童明译，同济大学出版社2009年版，第13页。

（Ebenezer Howard）出版了他的不朽名著《明日的田园城市》，在这本书中，他提出了田园城市的理念和规划。按照他的设想，这种城市应该是城市与乡村联姻的结果，它将吸收城市与乡村各自的优势，同时又克服它们的缺陷。用他的话说，"城市是人类社会的标志——父母、兄弟、姐妹以及人与人之间广泛交往、互助合作的标志，是彼此同情的标志，是科学、艺术、文化、宗教的标志。乡村是上帝爱世人的标志。我们以及我们的一切都来自乡村。我们的肉体赖之以形成，并以之为归宿。我们靠它吃穿，靠它遮风御寒，我们置身于它的怀抱。它的美是艺术、音乐、诗歌的启示。它的力量推动着所有的工业机轮。它是健康、财富、知识的源泉。……城市和乡村必须成婚，这种愉快的结合将迸发出新的希望、新的生活、新的文明"。[1]尽管这种田园城市的理想至今仍未真正实现，[2]然而霍华德的思想已经对20世纪的城市规划和设计思想产生了深远的影响。

　　在我们看来，霍华德所说的田园城市实际上就是一种生态城市。尽管他的真正设想是通过这种城市的发展来消除资本主义和社会主义之间的矛盾，从而实现对于资本主义社会的变革（该书第一版的标题《明日：一条通向真正改革的和平道路》就清楚地透露出了这一信息），但这种城市形态与生态文明的需要无疑是极为吻合的。我们认为，要想遏止工业城市的畸形扩张，就必须从根本上限制城市的人口和空间规模，防止城市无休止地侵吞乡村和自然。这样一来，生态城市就必须向小型化方向发展，并且消除城市与乡村之间的对立，这与田园城市的理念显然是基本一致的。事实上，这种趋势在当代城市的发展中已经变得越来越明显。为了缓解城市的过分扩张给城市的管理和居民的生活带来的巨大压力，西方发达国家的许多大都市已经开始

---

① ［英］埃比尼泽·霍华德：《明日的田园城市》，金经元译，商务印书馆2012年版，第9页。
② 尽管在英国已经按照田园城市的理念建成了莱切沃斯、汉普斯特德等城市，但这些城市在规划和建设的过程中都发生了不同程度的变异，未能真正贯彻霍华德的思想。对此可参看 Peter Hall《明日之城———一部关于20世纪城市规划与设计的思想史》第四章《田园之城》。

分解、蜕变为城市群落，在以往的都市周边开始发展起星罗棋布的卫星城市，郊区的职能得到凸显。城市空心化的趋势开始出现，城市居民逐渐习惯于钟摆式的生活方式。随着生态文明的发展，那种把政治、经济、文化等诸种职能集于一身的利维坦式的工业都市将逐渐过时，中小型城市以及现代乡村将越来越显示出全方位的优越性，社会生活将呈现为多元化、去中心的状态，自然、乡村、城市三者泾渭分明的格局将逐渐被打破，其间的界限越来越模糊，它们之间的矛盾和冲突也将逐渐得到缓解。后工业社会的城市将是谦逊的、收敛的，不再肆无忌惮地侵蚀自然和乡村，自然身上的伤口将逐渐愈合，奄奄一息的乡村也将慢慢恢复元气。城市景观也因此将发生新的嬗变，政府、工厂、商业、金融、文化等功能区域条块分割的状态将被打破，取而代之的是相对独立和自治的多功能社区，这些社区不仅仅只是居民的聚居区，同时也是他们工作、购物、生活、娱乐、休闲的场所，它们将成为城市中的乡村，或者说是乡村化的城市。城市建筑的风格也将因此而改变，那种整齐划一的设计风格将被抛弃，具有地域特征的多样化风格重新受到青睐。最终，城市与乡村的界限将趋于模糊，自然与人类也将不再两军对垒，阵线分明，而是你中有我、水乳交融。

第三节　生态美学的身体之维

在传统的美学理论中，身体一直充当着一个尴尬而诡异的角色：作为审美主体——人——的组成部分，却一直被当作审美客体或者对象，或者被看作审美活动的工具。究其根源，是因为审美经验一直被视为一种精神性、认识性的活动，因此审美主体就只能是主观的心灵或者自我，身体则被看作一种物质性的存在，只能归属于审美对象的领域。生态美学的产生却给了我们新的启示。在生态学的视野下，身体在审美活动中就不再是客体而成了主体：它不再是被审视的对象，而成了审美经验的积极参与者。与此相应，心灵和自我不再是独立的精神实体，而还原成了身体的灵性。由此出发，审美经验不再是对象性的认识活动，而是有灵性的身体与事物之间的相互作用和交流。因此，生态美学不属于认识论，而属于存在论。

一

客观地说，在认识论的美学体系中，身体也并非只是纯然的客体，因为审美经验作为感性认识离不开感觉器官的参与，而感觉器官则是身体的组成部分，因此身体在一定意义上也作为主体参与到了审美活动中来。不过，这种参与显然是局部的和有限的，因为身体并不是作为整体参与进来的，而是被划分成了不同的器官，而且在五种感觉器官中，只有视觉和听觉获得了优先地位，至于嗅觉、味觉和触觉则基本上被排除在了审美活动之外。那么，传统美学何以要对身体进行划分，并且赋予视听感官以优先地位呢？黑格尔对此说得很明白："艺术的感性事物只涉及视听两个认识性的感觉，至于嗅觉，味觉和触觉则完全与艺术欣赏无关。因为嗅觉、味觉和触觉只涉及单纯的物质和它的可直接用感官接触的性质，例如嗅觉只涉及空气中飞扬的物质，味觉只涉及溶解的物质，触觉只涉及冷热平滑等等性质。因此，这三种感觉与艺术品无关，艺术品应保持它的实际独立存在，不能与主体只发生单纯的感官关系。这三种感觉的快感并不起于艺术的美。"[1] 这也就是说，视听感官的优越性在于它们所产生的是"认识性的感觉"，而其他三种感觉器官所把握到的则是事物的物质属性。事实上这种看法在西方思想史上是始终一贯的，柏拉图就曾经说过，"视觉器官是肉体中最敏锐的感官"[2]，亚里士多德也认为，视觉"最能使我们识别

---

① ［德］黑格尔：《美学》第一卷，朱光潜译，商务印书馆1991年版，第48—49页。
② ［古希腊］柏拉图：《斐德罗篇》，载于王晓朝译《柏拉图全集》第二卷，人民出版社2003年版，第165页。

事物，并揭示各种各样的区别"①。由此可见，视听感官之所以在传统美学中获得了优先地位，是因为审美经验被当成了认识活动，而这两种感官则具有较强的认识功能。据此我们不难理解，身体之所以只能部分地参与审美活动，是因为只有当身体蜕变为孤立的感觉器官的时候，才能在一定程度上消解其物质性，成为认识活动的驯服工具。

生态美学的产生则带来了身体地位的显著提升。这种提升的直接体现，就是身体从部分的参与转向了整体性和全方位的参与。与传统美学强调视听感官的优先地位不同，生态美学主张各种感觉器官全方位地参与了审美活动。美国学者阿诺德·柏林特认为，"在环境体验中视觉、触觉、听觉、嗅觉和味觉都很活跃"②，加拿大学者卡尔松也认为，在身处自然环境之中的时候，"鉴赏对象也强烈地作用于我们的全部感官。当我们栖居其内抑或活动于其中，我们对它目有凝视、耳有聆听、肤有所感、鼻有所嗅，甚至也许还舌有所尝。简而言之，对于鉴赏环境对象的体验一开始就是亲密，整体而包容的"③。在这些学者看来，当我们面对自然环境或景观的时候，我们并非只动用自己的视听感官，而是把各种感觉器官都动员起来，与景物展开了全方位的交流。其之所以如此，是因为环境美或景观美与传统美学所谈论的自然美有着本质的区别。通常所说的自然美指的是自然物的形状和色彩等形式特征，与其实际的物质属性无关。康德就曾明确强调，他所说的"自然的美"指的是"自然的美的形式"④，黑格尔也把自然美归结为"整齐一律，平衡对称，符合规律与和谐"等"抽象形式的美"⑤。既然自然美来自对象的形式特征，因此就只能诉诸视觉和听觉

---

① ［古希腊］亚里士多德：《形而上学》，苗力田主编《亚里士多德全集》第七卷，中国人民大学出版社1993年版，第27页。

② ［美］阿诺德·柏林特：《生活在景观中》，陈盼译，湖南科学技术出版社2006年版，第27页。

③ ［加拿大］艾伦·卡尔松：《环境美学——自然、艺术与建筑的鉴赏》，杨平译，四川人民出版社2006年版，第5页。

④ ［德］康德：《判断力批判》，邓晓芒译，人民出版社2002年版，第141页。

⑤ ［德］黑格尔：《美学》第一卷，朱光潜译，人民出版社2002年版，第173页。

等"认识性的感官"，而与嗅觉、味觉等"物质性的感官"无缘。更进一步来说，自然美的形式特征使其蜕变成了艺术美的附庸，因为自然物的形式总是存在各种缺陷，只有艺术美才能严格符合形式美的理想。正是因此，黑格尔主张艺术美高于自然美："我们可以肯定地说，艺术美高于自然。因为艺术美是由心灵产生和再生的美，心灵和它的产品比自然和它的现象高多少，艺术美也就比自然美高多少。"① 由于艺术美乃是自然美的理想和样本，对自然美的欣赏就必然以艺术鉴赏为参照，这正如伽达默尔所说："我们实际上是以由艺术熏陶出来的眼睛去看自然的。"② 由于艺术欣赏只诉诸人们的视觉和听觉，因此对自然美的鉴赏自然也不例外。

而对环境美或景观美的鉴赏则截然不同。从生态学的角度来看，环境或景观并不是作为艺术作品的类比物出现的，因为它们不是像艺术品那样与我们相对而立，等待我们去静观和认识，而是从四面八方包围着我们，使我们置身于风景之中，并且成为风景的一部分。阿诺德·柏林特认为，"美学所说的环境不仅是横亘眼前的一片悦目景色，或者从望远镜中看到的事物，抑或被参观平台圈起来的那块地方而已。它无处不在，是一切与我相关的存在者。不光眼前，还包括身后、脚下、头顶的景色"。③ 在这种情况下，我们不仅需要运用自己的认识性感官，还必须动用自己的各种物质性感官，因为自然物并不仅仅是以其形式特征吸引着我们，而是同时以其气味、冷暖、软硬等物质属性刺激、触动着我们。在这种情况下，对环境的鉴赏就与艺术欣赏有了明显的区别："环境中审美参与的核心是感知力的持续在场。艺术中，通常由一到两种感觉主导，并借助想象力，让其他感觉参与进来。环境体验则不同，它调动了所有感知器官，不光要看、听、嗅和触，而

① ［德］黑格尔：《美学》第一卷，朱光潜译，人民出版社2002年版，第4页。

② ［德］伽达默尔：《美的现实性》，张志扬等译，生活·读书·新知三联书店1991年版，第50页。

③ ［美］阿诺德·柏林特：《环境美学》，张敏、周雨译，湖南科学技术出版社2006年版，第27页。

且用手、脚去感受它们，在呼吸中品尝它们，甚至改变姿势以平衡身体去适应地势的起伏和土质的变化。"① 从这里可以看出，对环境的鉴赏不仅需要动用各种感觉器官，而且要求这些感官必须协同运作，构成一个有机整体。因此，身体不是以局部的方式，而是作为一个整体全方位地参与到了审美活动当中。就此而言，身体已经不再只是心灵的工具或中介，而直接成了审美活动的主体。

二

在传统美学看来，把身体当作审美活动的主体乃是一件十分荒唐的事情，因为身体只是一种物质性的存在物，即便它在对环境的鉴赏中全方位地参与进来了，也只能是作为一种载体和工具，把心灵"运载"到景物的面前，并通过感官把景物的形式特征传递给心灵，至于对这种形式的鉴赏和判断，则只能由心灵或自我来进行。自从笛卡尔把心灵和肉体归结为不同的实体（"一方面我对自己有一个清楚、分明的观念，即我只是一个在思维的东西而没有广延，而另一方面我对于肉体有一个分明的观念，即它只是一个有广延的东西而不能思维"②）以来，身体始终就只是认识活动的对象和工具，审美经验也不例外。正是由于这个原因，康德认为审美对象作为一种感性表象是通过感觉器官而产生的，但审美判断的主体却只能是心灵及其主观的心意状态。

然而生态美学却启示我们，在对环境和景观的鉴赏过程中，身体并不仅仅只是作为感觉器官来提供感性表象，因为环境美和景观美不仅是指自然景物的外在形式，也不仅是指感官呈现给我们的知觉表象，而是同时包括景物的实际存在。康德曾经强调，"为了分辨某物是美还是不美的，我们不是把表象通过知性联系着客体来认识，而是通过

---

① ［美］阿诺德·柏林特：《环境美学》，张敏、周雨译，湖南科学技术出版社2006年版，第28页。

② ［法］笛卡尔：《第一哲学沉思录》，庞景仁译，商务印书馆1996年版，第82页。

想象力（也许是与知性结合着的）而与主体及其愉快或不愉快的情感相联系"。① 从这段话来看，审美对象只是一种纯粹的知觉表象，与对象的实存无关。然而在对环境和景观的鉴赏过程中，事物却并不仅仅是通过其优美的形式来打动我们的。从生态学的角度来看，决定事物审美价值的并不是其外观是否符合形式美的基本法则，而在于其在生态体系和循环中所处的位置。正是由于这个原因，生态旅游与传统的风景旅游有着根本的区别：风景旅游实际上是一种变相的艺术欣赏，它总是选取那些像艺术品一样富有秩序和形式感的自然景物，也就是所谓"如画"的风景，而欣赏的过程也仿佛艺术鉴赏一样，通过设置固定的观景台，把景物置于一定的视角之中，从而成为一幅被框定的"画面"。生态旅游则不同，它所关注的总是那些具有丰富、多样、独特的生态资源的风景，让旅游者置身其中，与生态系统中的各种动植物、山川、水流亲密接触，相互交流，从而感受到自身与生态环境的一体性，把自己当成生态循环的一个环节，而不是把景物当作端详、把玩的对象。从这个角度来看，西方学者提出的"自然全美说"就有了一定的合理性。"肯定美学"的倡导者卡尔松认为，"自然界在本质上具有肯定的审美价值"，哈格若夫也认为，"自然总是美的，自然从来就不丑"②。在传统美学看来，这种观点显然是无法理解的，因为自然物的形式总是有美有丑，不可能总是具有肯定的审美价值。然而从生态美学的角度来看，任何丑陋的事物都可能在生态系统中拥有自己的位置和作用，因而都具有一定的审美价值。在这种情况下，审美对象就不再是事物的外观和形式，而直接就是其存在本身。

既然生态美学所谈论的审美对象不再是感性表象和形式，那么身体及其器官就变成了审美活动的主体，因为审美经验不再是心灵对事物的认识活动，而是身体与事物之间的直接交流。然而如此一来，审美经验不就成为纯粹的物质活动了吗？不难看出，这种疑惑产生的根

---

① ［德］康德：《判断力批判》，邓晓芒译，人民出版社2002年版，第37页。
② 转引自彭锋《完美的自然》，北京大学出版社2005年版，第14页。

源在于把身体当成了纯粹的物质实体。从生态学的角度来看，这种笛卡尔式的本体论偏见已经在根本上站不住脚了。生态学思想的根本要义，就在于把人类当作生态系统的一个环节和部分，认为人与自然之间具有同质性和一体性。需要注意的是，这种同质性并不等同于物质性，相反，生态学的内在旨趣就是要消解传统思想所设置的精神与物质的二元对立。众所周知，生态学思想之所以在当代得以勃兴，原因就在于近代工业对自然资源的掠夺性开采和利用，造成了自然环境和生态系统的严重破坏，并进而危及了人类自身的生存和发展。而与近代工业相伴随的思维方式，就是把人与自然当作两种相互对立和异质的实体，由此导致了一种机械论的自然观，认为自然只是一种僵死的物质实体，因而就是人类可以任意开采和利用的资源。要想克服近代工业的这种缺陷，就必须首先消除机械论的自然观及其与之相伴的二元论思维方式。因此当生态学思想强调人与自然的一体性的时候，就不是把身体当作物质实体而重蹈二元论之覆辙，而是把包括人在内的整个生态系统当成了一个生命有机体，这种有机体既不是纯粹的物质，也不是纯粹的精神，而是一种有灵性的物。

　　站在近代思想的立场上，把自然当作有灵性的物是一种倒退，是古希腊的"万物有灵论"的复辟。从某种意义上来说，这种说法确实不无道理，因为生态学的自然观的确是古希腊有机自然观的复兴。在古希腊人看来，"自然原来是一种模糊而神秘的东西，充满了各种藏身于树中水下的神明和精灵。星辰和动物都有灵魂，它们与人相处或好或坏。人们永远不能得到他们所企望的东西，需要奇迹的降临，或者通过重建与世界联系的巫术、咒语、法术或祷告去创造奇迹。在这个感觉、机体、想象的世界中，魔法的作用借助于咒语、感应以及表达爱恋与仇恨、恐惧与渴望等激情的象征性动作，即巫魅世界的各种奇迹和巫术"。[①] 如果说近代机械论自然观的产生导致了世界的"祛

---

　　① ［法］塞尔日·莫斯科维奇：《还自然之魅：对生态运动的思考》，庄晨燕、邱寅晨译，生活·读书·新知三联书店 2005 年版，第 92 页。

魅"（马克斯·韦伯语），那么生态学自然观的兴起则意味着世界的"复魅"。当然，这并不意味着生态学要恢复古希腊人的神话思维方式，而是要重新确立自然作为有机体的思想。美国学者大卫·格里芬认为，"生态科学涉及一种实在观，它与从现代科学中阐发出来的毫无生机的、异化的形象截然不同。后现代的实在观点来源于生态学对世界形象的描绘：世界是一个有机体和密切相互作用的、永无止境的复杂的网络。在每一系统中，较小的部分（它们远不能提供所有的解释）只有置身于它们发挥作用的较大的统一体中才是清晰明了的。而且，这些统一体本身不只是部分的聚集"。① 或许有人会说，这种观点只是表明自然是一个相互联系的整体，而并不意味着各种自然物都是具有生命的。然而问题在于，生态学所说的这种有机联系并不是机械的因果关系，而是生命有机体的内在关联。美国学者洛夫洛克和马格里斯提出的富有影响的"该亚假设"认为，"地球的行为就像一个活生生的有机体，它通过自我调节海藻和其他生物有机体的数量来积极保持大气层中维持生命的化学成分，在大气层失去平衡的情况下，地球不可能保持其生物圈的生命维持条件经久不变。……所有这一切的依据在于，生命是一个地球和生物圈相互作用的现象。世界上栖息于地区生态系统中的生物有机体调节地球的大气层，这就是说，大地（该亚）的动态平衡是由个体有机体的地区性活动形成的。与机械论的单一因果观相反，物种及其直接的环境应被理解成一个单一的相互作用系统，其中每一物都适应着、影响着另一物"。② 从这里可以看出，生态系统中的每个事物都是生命有机体的组成部分，因而都不是纯粹的物质，而是介于精神和物质之间的一种有灵性的存在。

---

① ［美］大卫·雷·格里芬：《后现代科学——科学魅力的再现》，马季方译，中央编译出版社1998年版，第132—133页。

② ［美］查伦·斯普瑞特奈克：《真实之复兴》，张妮妮译，中央编译出版社2001年版，第27页。

三

现在的问题是，如果说对生态环境的鉴赏乃是身体与事物之间的直接交流，那么审美经验不就与一般的生态体验混为一谈了吗？事实上某些西方学者所持的正是这种观点。当代西方的环境美学把对自然的审美经验划分为分离式和介入式两种类型，其中分离式经验的代表是自然景观面前的匆匆过客，比如那些旅游观光者；介入式经验的典型代表则是原住民，即长期生活在某个生态环境中的居民。在这些学者看来，原住民在居住地的生存活动，就是一种介入式的审美经验。①阿伦·卡尔松借马克·吐温（Mark Twain）的一段文字对这两种审美经验进行了生动的区分。马克·吐温曾经对自己在密西西比河上的航行经验进行过这样的比较：当他年轻的时候，河上的各种事物在他眼中呈现出千姿百态的色彩和形式之美，但当他成了一个有经验的船员的时候，这一切景观的含义却发生了彻底的变化："阳光意味着我们明天早上将遇到大风；漂浮的原木意味着河水上涨，对此应表示些许谢意；水面上的斜影提示一段陡立的暗礁，如果它还一直像那样伸展出来的话，某人的汽船将在某一天晚上被它摧毁；翻滚的'沸点'表明那里有一个毁灭性的障碍和改变了的水道；在那边的光滑水面上圆圈和线条是一个警告，那是一个正在变成危险的浅滩的棘手的地方……"在马克·吐温看来，这表明他对河水的态度从审美经验转向了生存体验，随着这种转向，密西西比河的美感对他来说就一去不复返了。但在阿伦·卡尔松看来，这只是表明他的审美经验从分离式转向了介入式，也就是说介入式审美实际上就是一种生存活动。②

---

① 参看 Steven Bourassa, *The Aesthetics of Landscape*, London and New York: Belhaven Press, 1991, p. 27。

② 参看 Allen Carlson, *Aesthetics and the Environment: The Appreciation of Nature*, London and New York: Routledge, 2000, pp. 16－18。

从某种意义上来说，这种区分的确反映了生态美学与传统美学之间的根本差异：传统美学是一种认识论美学，把审美活动当作一种主客二分的认识活动，因此关注的是一种分离式的审美经验；生态美学则是一种存在论或本体论美学，把审美活动当作一种生存活动，当作生态体系内部循环的一部分，因此强调介入式的审美经验。不过，这并不是说审美经验就可以简单地等同于生存活动，或者说一切生存活动都是一种介入式的审美经验。当然，一个走马观花的旅游者与自然景观之间的关联，较之长期居住于这景观之中的原住民，显然要疏远和隔膜得多，在这个意义上，前者的确是分离式的，后者才是介入式的。用布莱萨的话说，"一般来说，只要因为一个地方的常住居民必须每日都经验他们的环境，而旅游者或其他外在者的经验只是暂时的，那么存在论意义上的内在者的审美价值就应该享有优先权"。① 问题在于，这种生存体验上的介入感能够直接等同于审美经验吗？事实上大多数原住民几乎从不以审美的态度来对待自然，马克·吐温的看法就有力地证明了这一点。

那么，生存体验和审美经验之间的区别究竟何在呢？要回答这一问题，我们必须首先追问，这些西方学者何以会把这两种经验混为一谈呢？仔细考究他们对于分离式和介入式审美经验的划分，我们发现这一区分所针对的其实是自康德以来的审美现代性理论所确立的"审美无功利"思想。康德强调，美感与快感的区别就在于前者是非功利、无利害的，后者则是功利性的。由此出发，审美经验就成了一种分离性的认识活动。当代的环境美学家则认为，对于生态环境的审美经验恰恰是一种介入式、功利性的活动，因而这种审美自律的观点就站不住脚了。从这里可以看出，这些学者所说的分离和对立，其实对应的是非功利性和功利性，正是因此，当他们把功利性活动看作介入式审美经验的时候，自然就把审美经验与生存体验混为一谈了。然而

---

① 转引自彭锋《完美的自然》，北京大学出版社 2005 年版，第 42 页。

在我们看来，所谓分离式的审美经验，并不是指以非功利的态度来对待事物，而是指审美经验建立在主客二元对立的基础上。反过来，介入式的审美经验也不是指以功利性的态度来对待事物，而是指审美经验超越了主客二分，成为一种物我不分、主客交融的一体性关系。从这个角度来看，功利性的生存活动恰恰是分离式的，由于这种活动把事物看作满足主体需要的对象和工具，因而建立在主客二分的基础上，与认识论意义上的审美经验并无二致。

据此我们认为，对于生态环境的鉴赏之所以是一种介入式的审美经验，并不是因为这种鉴赏是一种功利性的生存活动，而是因为它是一种一体化、非二元的本源性活动。那么，对于生态之美的鉴赏何以具有这种本源性的特征呢？恰恰是因为这种鉴赏不同于那种精神性的认识活动，而是一种身体性行为。在传统哲学当中，身体被看作一种物质性存在，因而身体性行为就成了一种物质活动。而在对生态环境的鉴赏当中，身体则是一种介于精神和物质之间的有灵性的物，用梅洛－庞蒂的话来说，这是一种"世界之肉"。这里所说的"肉"是梅洛－庞蒂后期哲学的核心概念，所指的并不是人以及动物的肉体，而是人以及各种事物共同具有的某种属性："它（肉身）是一种新的存在类型，是一个多孔性、孕含性或普遍性的存在，是视域在其面前展开的存在被捕捉、被包含在自己之中的存在。"① 作为一种新的存在类型，它既不是精神也不是物质，而是彻底超越了这种二元论的划分："我们称之为肉身的东西，这个内在地工作的东西在任何哲学中都没有名称。作为客体和主体的构成性介质，它不是存在的原子，不是处在唯一地点和时间中的实在存在。"② 那么，究竟应该如何界定它的存在方式呢？梅洛－庞蒂指出："这意味着，我的身体是用与世界（它是被知觉的）同样的肉身做成的，还有，我的身体的肉身也被世界所分享，世界反射我的身体的肉身，世界和我的身体的肉身相互僭越

---

① ［法］梅洛－庞蒂：《可见的与不可见的》，杨大春译，商务印书馆 2008 年版，第 184 页。

② ［法］梅洛－庞蒂：《可见的与不可见的》，杨大春译，商务印书馆 2008 年版，第 182 页。

（感觉同时充满了主观性，充满了物质性），它们进入了一种互相对抗又互相融合的关系。"① 这就是说，我的身体和世界有着相同的肉身性，因此两者之间并不存在二元对立的关系，而是一种相互反射、相互僭越、相互对抗又相互融合的可逆性关系。传统哲学在谈论精神与物质、主体与客体关系的时候，也常常强调两者之间是既对立又统一的关系，但在两者之间，精神、主体总是被看作能动、积极的一方，物质、客体则被看作消极、被动的一方，而在梅洛－庞蒂这里，身体与世界则是完全平等的，因而它们之间的关系才是一体化、非二元的。

我们认为，在对生态环境的鉴赏活动中，所唤起的正是这样一种崭新的肉身性经验。当我们沉浸在生态环境之中的时候，随着生态意识的觉醒，我们深切地体会到自身与环境的一体性，从而不再把自己看作与自然分离和对立，并凌驾于自然之上的异己之物，而是重新体验到自身乃是大自然的一部分，自然乃是养育我们的母亲，我们仿佛重新返回到了母体之中，体会到自己与自然之间水乳交融、血肉不分的亲密关系。在这种情况下，我们就不再是纯然的精神或意识，自然也不再是没有生命的僵死物质，两者都成了一种富有灵性的肉身。正是在此意义上，生态美学才确立起了一种真正介入式的审美经验，这种经验足以克服现代社会的发展所导致的人与自然的疏离和对立，克服现代人类以及社会的异化状态。

---

① ［法］梅洛－庞蒂：《可见的与不可见的》，杨大春译，商务印书馆 2008 年版，第 317 页。

附录一 探寻现象学与中国当代美学的
融合之路（节选）

苏宏斌 廖雨声

廖雨声（以下简称廖）：苏老师好！很高兴有机会就您的治学道路对您进行访谈。据我所知，您的硕士生导师是国内著名的文艺理论家王元骧先生，但他的专业方向主要是文艺学基础理论，致力于坚持和发展马克思主义文艺观，为何您并没有继承导师的衣钵，而是转向了现象学美学和文学理论呢？

苏：王元骧先生在治学方面一向强调问题意识的重要性，他指导学生时总是鼓励学生研究某个理论问题，而不是某个理论家的思想，因此我在他门下读书时，所关注的也主要是基础理论问题，对于学界当时讨论的文学的本质、文学价值论、艺术生产论、形象思维、内容与形式的关系等问题十分感兴趣，自己也写了几篇论文，尝试参与这些讨论。我的学术处女作题为《论象征思维与象征艺术》，其中对形象思维和象征思维、典型形象和象征形象进行了比较，经王元骧老师推荐，发表在《杭州大学学报》上。第二篇论文主要讨论内容与形式关系问题，文章分别对现实主义文论和形式主义文论进行了分析和批评，在此基础上提出了自己的看法，由王老师推荐发表在《文艺理论与批评》上。1993年留校工作之后，由《学术月刊》发起的美学讨论引起了我的强烈兴趣。这场讨论的缘起是陈炎教授对李泽厚的"积淀说"提出了批评，由此引起了一场关于实践美学的争论，美学界的许多知名学者都参与进来了。在此基础上，有些学者还提出了自己的美学主张，诸如杨春时的"超越美学"、王一川的"修辞论美学"、张弘的"存在论美学"等纷纷登场亮相。在阅读了他们的文章之后，我对美学研究产生了浓厚的兴趣，自己也开始思考美的本质等问题，由此我向前追溯到了80年代围绕李泽厚美学的争论，进而回溯到五六十年代的"美学大讨论"。在阅读这些争论文章的时候，我陷入了一种方法论上的困惑：数十年来中国学界围绕美学和文艺学问题所展开的种种争论，总是会陷入一种难以摆脱的怪圈，即双方总是在唯心与唯物、主观与客观等问题上相互诘难，最终在基本问题上难以达成共识，也难以取得理论的进展。这种争论总是遵循某种固定的套路：当一方站在唯物主义的立场上，批评对方陷入了唯心主义之时，对方便会反诘批评者所坚持的是机械唯物主义；当第三方试图采用辩证思维的方法，把两者的立场综合起来的时候，又会有学者批评他采用的是唯心辩证法；对于声称采用唯物辩证法的学者来说，仍然会面临如何给予主观因素以合理地位的难题。举例来说，在当年的"美学大讨论"中，产生了以蔡仪为代表的"客观派"、以高尔泰和吕荧为代表的"主观派"、以朱光潜为代表的"主客观关系派"、以李泽厚为代表的"社会派"，其中蔡仪受到的批评是陷入了机械唯物主义，高尔泰和吕荧受到的批评是陷入了唯心主义，朱光潜受到的批评是采用了唯心辩证法，李泽厚虽然声称采用了唯物辩证法，但他所说的美的社会性究竟是主观的还是客观的，仍然是一个难以解决的问题。即便李泽厚在70年代末的《批判哲学的批判》中从"社会派"转向了"实践派"，但也仍然面临着如何处理实践的主观性和客观性关系的难题，因此尽管这派美学在80年代之后占据了主导地位，但仍不断受到人们的批评。这种困惑驱使我去寻找一种能够避免二元论困境的新观念和新方法，正是这种探寻把我引向了现象学。

廖：反对二元论可以说是西方现代哲学的共同追求，因为现代哲学的根本目标是反对和超越形而上学，而形而上学所采用的就是二元论的思维方式，为何在众多的西方现代思潮中，您对现象学会情有独钟呢？

苏：的确，现代哲学的主要流派都把反对和超越形而上学作为目标，因此我在寻找超越二元论的思想资源时是经过仔细的比较和鉴别的。在集中了解了当时国内翻译和引进的各种西方现代思潮之后，我形成了这样的看法：分析哲学把哲学研究变成了一种语言分析，并且认为这种分析是一种哲学治疗，因为它相信大多数传统哲学的概念和命题经过分析都会被证明是无意义的，这让我觉得分析哲学无法建构起自己的美学体系；德里达是第一个把形而上学归结为一种二元论思维方式的哲学家，他所倡导的解构主义在批判和消解各种哲学体系时可以说是鞭辟入里、所向披靡，但他始终没有提出一种新的观念和方法来取代形而上学；唯有胡塞尔的现象学在把各种传统哲学立场悬搁起来之后，找到了介于主体与客体之间的一个领域——意向对象和意向作用的领域，对于这个领域的分析在一定程度上可以避免陷入唯物与唯心之争，同时产生积极性、建设性的思想成果。这些看法现在看来难免有些肤浅和片面，因为事实上分析哲学也在逐渐以自己的方式来回答和解决各种形而上学问题，而同为解构主义者的德勒兹也提出了许多后形而上学的概念和命题，因而我选择现象学也无非是为自己确定了一条可能的思想路径而已。但在当时的视野之内，这些认识已经让我有一种豁然开朗之感。90年代中期正值王元骧先生探讨艺术的实践本性问题，我受现象学对于本源性的追求的启发，主张把实践看作一个本体论范畴，认为实践既不是物质活动也不是精神活动，相反，物质和精神、主体和客体的分离和对立都建立在实践的基础上，也只有在实践的基础上才能得到统一。这个观点体现在我当时的两篇文章《走向艺术实践论——兼谈文艺学的方法论变革》《实践：艺术活动的本体之维——兼论马克思主义文艺学的当代性》之中。不过我自己很清楚，要想真正了解现象学的真谛，就必须对其进行系统、深入的研究，正是抱着这个目的，我在1996年报考了复旦大学文艺学专业，师从朱立元先生攻读博士学位。

廖：王元骧先生和朱立元先生都是国内著名学者，您能够先后师从这两位名师，可以说是非常幸运啊！那么你是怎样在朱先生的指导下走上现象学研究之路的呢？

苏：朱老师本人的专长是黑格尔美学和马克思《1844年经济学哲学手稿》中的美学思想，复旦大学文艺学专业又是国内德国古典美学研究的高地，因此朱门弟子也大多以康德、黑格尔等人的美学思想为选题，但他是一个胸襟十分开阔的老师，对我选择现象学美学一开始就十分支持。加上当时我的师兄李均研究的是海德格尔，可以时时相互切磋，称得上是其乐融融。不过因为我主要关心的是现象学在方法论上的特征，因此我并没有选择某一个现象学家来进行专题研究，而是把现象学作为一个整体来把握。我首先从胡塞尔的著作读起，了解现象学哲学的基本观念和方法，而后再依次阅读海德格尔、萨特、梅洛－庞蒂、茵加登、杜夫海纳等人的著作。当时国内对于现象学哲学和美学的研究都还处于起步阶段，资料十分匮乏，我的野心又过于庞大，因此难免会出现贪多嚼不烂的现象。好在我在攻读博士之前已经经过了大约两年的准备，加上我是带着明确的目的和问题来研究现象学的，因此博士论文的进展还算顺利。尽管直到答辩的时候，我的论文还有部分章节只是"存目"，并没有彻底完成，但我觉得自己的研究目标还是初步实现了，因为我大体上弄清了现象学哲学的发展脉络及其方法论特征，勾勒出了现象学美学的基本框架，这为我今后的研究打下了一个良好的基础。不过回过头来看，我还是觉得自己当年的选题实在是太大了，我后来在指导博士生时就尽力避免这一点。

廖：我完全能够理解，在那个年代您要完成这样一个庞大的研究计划，肯定是十分艰难的。那么在完成博士论文之后，您是怎样继续自己的学术道路的呢？

苏：正如前面所说，我之所以攻读博士学位，是为了解决我在以往的研究中所面临的方法论问题，因此我在完成了博士论文之后，一方面继续深入研究现象学美学，撰写了一些关于胡塞尔等现象学家的专题论文，论题涵盖了哲学、美学和文艺理论等各个方面；另一方面则是尝试用现象学方法来解决自己以往所关注的文艺理论问题。在20世纪90年代中期对马克思实践概念的重新阐释把我引向了对本体论问题的思考，对于现象学哲学和美学的研究又为我探讨本体论问题提供了方法论的指引，因此我在2001年申报了一个国家社科基金青年项目，题目就是"文学本体论问题研究"。2005年，我的博士论文在经过大幅度的修改和扩充之后，由商务印书馆出版，题目改为《现象学美学导论》，这本书被列入了"浙江大学学术精品书系"，算是我研究现象学美学的一个阶段性成果。2006年，我关于文学本体论问题的研究成果也在上海三联书店出版，名叫《文学本体论引论》。不过我对这本著作并不满意，因为其中大部分内容是对以往学术史的梳理，在提出自己对于文学本体论的理论构想时，又始终无法摆脱海德格尔的影响。这个问题曾经长期困扰着我，直到后来我在研究胡塞尔的本质直观理论和康德的图式理论时有了自己的心得，才逐渐确立起了自己的学术立场。

廖：从您刚才的介绍中可以看出，您研究现象学始终有着明确的目的，就是服务于解决自己所关注的理论问题。在这方面，您这些年取得了哪些进展呢？

苏：我在这方面所做的第一个尝试，就是运用现象学的观念和方法来探讨文学本体论问题。中国当代学界对这一问题的研究开始于20世纪80年代，当时英美新批评的代表人物之一兰色姆的论文《诗歌：本体论札记》和著作片段《征求本体论批评家》被译成了中文，这对于长期坚持文学反映论这种认识论文艺观的中国学界来说，无疑有令人耳目一新的感觉，因此引发了研究文学本体论的热潮。我在阅读了相关的文献之后，发现这一领域的研究尽管不乏创见，但在本体、本体论、存在、存在论等基本概念的界定和运用上却十分混乱。因此我花了很大力气去梳理这些问题在西方思想史上的发展过程，试图澄清学界的种种误解和误区。在此基础上，结合现象学尤其是海德格尔的存在哲学，形成了自己的基本看法，主张"本体论"一词实际上是对"ontology"的误译，正确的译法应该是"存在论"、"有论"或"是论"，因此文学本体论研究的不是文学和本体的关系，而是文学和存在的关系。文学本体论的出发点是把文学活动视为存在意义显现的重要方式，所要解决的是三个主要问题：存在的意义在文学活动中如何显现？文学作品如何言说和表达存在的意义？读者如何通过阅读文学作品来把握存在的意义？可惜的是，限于自己当时的知识储备，这三个问题都没有得到充分展开，因此给我留下了深深的遗憾。

廖：除了文学本体论之外，您对现象学美学和文学理论的研究也一直没有中断。我注意到，您近些年来所写的不少论文都有一个共同的特点，即都有一个"××美学的现象学阐释"之类的副标题，这是否说明您对现象学的研究已经进入了一个新的阶段？

苏：确实如此。我对现象学的研究大概以 2008 年为分界线，如果说在此以前我是在研究现象学，那么在此以后则是在进行现象学研究。这种研究的第一步是从现象学出发对历史上美学大家的思想进行重新阐释。这个工作已经从古希腊进展到了 19 世纪，涉及的美学家有柏拉图、康德、黑格尔、马克思、叔本华等，目前正在研究的是克罗齐。关于柏拉图，我写了两篇文章，一篇讨论他的诗学，另一篇讨论他的美学。前一篇文章指出艺术家的模仿是以对于对象的本质即相（或理念）的直观为基础的，因此艺术家拥有对于模仿对象的真正知识，由此推翻了柏拉图对于诗人的指控，并且把迷狂说和模仿说统一起来了。后一篇文章则指出，柏拉图美学中的种种困难和矛盾都源于他把美的相与其他的相并列起来，事实上美并不是一种独立的相，而是其他各种相在直观活动中的显现物，因此文章的正标题是"美是被直观的相"。关于康德，我写了四篇文章，第一篇是比较他和胡塞尔直观学说的异同，第二篇则主张康德所说的审美判断实际上就是他在认识论上所否定的智性直观，两者都通向胡塞尔所说的范畴直观和本质直观，第三篇是对康德图式概念进行了重新阐发，认为这不仅是一个认识论概念，同时也是一个重要的美学范畴，第四篇讨论的是康德美学中艺术形象与理性理念的关系问题。关于黑格尔，我通过对他的艺术类型学和精神现象学的重新解释，把他的著名命题"美是理念的感性显现"改造成了"美是理念的直观显现"。关于叔本华，则是把他的美学思想重构为"美是意志的直观显现"。关于马克思，主要是对他的名言"感觉通过实践直接变成了理论家"进行了深入的探讨，认为他所说的"理论家"指的是一种融合了理性的新感性能力，这种能力实际上就是胡塞尔所说的本质直观，它构成了审美能力的根本基础。这项工作尚未完成，目前正在做的是重新阐释克罗齐的美学思想，今后还打算对康德美学进行系统性的重构。除此之外，我还尝试运用现象学的方法来阐释现代艺术，第一篇试笔之作是《时间意识的觉醒与现代艺术的开端——印象派绘画的现象学阐释》，这篇论文似乎颇受好评，不仅被多家刊物转载，还被评为首届中国文艺理论学会会刊双年奖。我打算把这类文章也做成一个系列，对后期印象派、立体主义、抽象主义等现代艺术流派依次进行现象学阐释。

廖：可以看出您的美学史研究文章都有一个共同特点，即把各家各派的观点与胡塞尔的本质直观理论联系起来，您这样做的理由和目的究竟是什么？

苏：这就涉及我进行现象学研究的第二步工作了。我之所以采取这种做法，是因为在我看来，这种理论是现象学美学的一个理论生长点。迄今为止的现象学美学主要还是以胡塞尔的意向性理论为基础，把对审美经验的意向性分析作为自己的主要任务，这一点在杜夫海纳那本集大成式的著作《审美经验现象学》中体现得十分明显。至于胡塞尔所说的本质直观或本质还原，则一向被看作现象学研究的一种基本方法，与美学之间并无特殊关联。但我却认为，这种通过直观来把握本质或一般的方法，恰好和审美以及艺术活动所具有的理性与感性、个别与一般相统一的特点相契合。近代美学的巅峰是德国古典美学，而德国古典美学的主要贡献就在于抓住了审美活动的这个特点。康德指出审美判断尽管不涉及概念，却能够提出普遍性的要求，认为诗人能够借助创造性的想象力把抽象的理念转化为感性表象；谢林认为艺术创作的根本目的就是通过有限来表达无限，艺术家之所以能做到这一点，就是因为他所拥有的美感直观乃是一种"业已变得客观的理智直观"；这条道路的终点就是黑格尔的命题"美是理念的感性显现"。不难看出，德国古典美学所谈论的创造性想象力、理智直观等概念与胡塞尔的本质直观理论之间实际上只有一步之遥，但这一步最终成了无法逾越的天堑，原因就在于理智直观这个源自近代理性主义哲学的概念始终笼罩着一层神秘的色彩，哲学家们只是断言这是一种自明的认识能力，但对其内在机制却从未做出清晰的说明。由于这个原因，理性和感性最终被当成了两种相互对立的认识能力，因此德国古典美学尽管以辩证法为思想武器，却也未能真正说明审美和艺术何以能够将这两种认识能力统一起来。胡塞尔则不同，他并没有把本质直观神秘化，而是将其视为一种基本而常见的认识能力，认为任何主体都能够以感性直观为基础，通过想象力的自由变更来使本质作为同一之物呈现出来。由此出发，我认为可以建构出一种新的直观论美学。

廖：您对德国古典美学的评析让我有一种耳目一新的感觉，不过我还是感到困惑，如果说本质直观只是一种基本的认识能力的话，那么它与审美经验显然不是一回事，何以就能够成为建构美学理论的基础呢？

苏：我主张把胡塞尔的本质直观理论当作美学研究的基础，并不是说要将其照搬过来，把本质直观与审美经验混为一谈。事实上我对胡塞尔的这种理论并不完全认同，因为在我看来胡塞尔夸大了直观的功能，使直观僭越到了理性的范围。他在描述本质直观内在机制的时候，认为当自由变更进行到足够充分的程度的时候，就可以把本质直接析取出来，但我认为这种析取只有通过理性活动才能完成，直观活动是做不到这一点的，因为自由变更无论多么充分，在意识活动中显现出来的都不可能是一种纯粹的本质，原因在于本质乃是一般之物，而通过想象产生的永远是与个别表象结合在一起的一般性，只不过由于变更的不断进行而使表象之间的个别差异变得模糊了而已。正是在这里我找到了胡塞尔的本质直观理论与美学研究之间的契合点，因为这种既具有一般性又具有个别性的想象物和艺术形象不正是同一类存在物吗？因此我认为，胡塞尔的本质直观理论经过改造可以成为美学研究的基础。根据我的看法，通过直观所把握到的并不是纯粹的一般本质，而是介于感性表象和抽象本质之间的某种中介物，这种中介物就是康德所说的图式。康德认为图式只与认识活动相关，审美鉴赏所涉及的则是象征，但我认为图式是认识活动和审美活动的共有范畴，或者准确地说，图式乃是审美经验的产物，它反过来构成了认识活动的基础。艺术活动之所以能够实现感性和理性、个别和一般的统一，就是因为艺术家的思维是一种直观活动，通过直观所产生的图式构成了艺术形象的基础，因此艺术形象尽管看起来是感性和个别性的，但却蕴含着理性和一般性。艺术家的天赋并不是像康德所说的那样可以给抽象的理念配备一个感性表象，而是通过直观找到了感性表象和理性理念的共同基础和中介。

廖：看起来您是从对胡塞尔和康德思想的改造和综合中找到了一个新的美学生长点。您认为从这个生长点出发足以建构一种新的美学理论吗？

苏：这一点正是我所努力的目标。从哲学上来说，这意味着我们把直观当成了一种本源性的认识能力。康德主张感性和知性是两种基本的认识能力，但他在《纯粹理性批判》导言中也曾含蓄地提到，这两种认识能力也许拥有某种共同的根基，我认为这种根基恰恰就是直观。正是从直观能力中分化出了感性和知性，因此从直观活动中获得的图式才能成为沟通感性表象和知性范畴的中介。而审美活动恰恰是一种最典型、最纯粹的直观活动，当我们通过直观来把握事物的时候，事物就转化成了我们的审美对象，在此意义上，我主张美是物的直观显现。这个定义是我运用现象学方法重新审视西方美学史所获得的结论。黑格尔主张美是理念的感性显现，我则认为美是任何物的直观显现。在我看来，无论是具体事物还是抽象理念、经验之物还是超验之物，只要其以直观的方式显现出来，就都变成了审美对象，因为直观所获得的图式既具有感性表象的直观性，也具有理性理念的抽象性。在此基础上，我认为艺术是物在符号中的直观显现，而文学则是物在语言中的直观显现。以这几个基本命题为基础，我们就有望建立一个崭新的美学体系。

廖：从思想史的角度来看，我认为您的这个理论构想是很有新意和价值的，但从中国当代美学研究的需要来看，这个构想是否也具有相应的现实意义呢？

苏：我认为是有的。正像我一开始所说的，我之所以走向现象学的研究道路，就是为了运用现象学的方法来解决中国当代的美学和文学理论问题。如果说我在探讨文学本体论问题时较多地受到了海德格尔的影响，那么我在建构美学理论的时候则更多地求助于胡塞尔。从20世纪50年代至今，美的本质问题在我国当代的美学研究中一直占据着重要位置，但又始终陷于唯物与唯心、主观与客观之争而难于推进。我认为胡塞尔的本质直观学说和意向性分析方法对于我们摆脱这一困境是十分有益的。即以我给美所下的这个定义来说，我没有把美归结于物本身，而是主张美是一种直观活动的显现物，这看起来是采纳了一种唯心论或主观论的立场，但实际上我是借鉴了胡塞尔关于实在对象和意向对象的区分，把美视为一种意向对象而非实在之物。意向对象是介于主观和客观、精神和物质之间的一种存在物，因此美既不是纯然客观的，也不是纯然主观的。我把审美经验界定为一种直观行为，这对李泽厚的"积淀说"也是一种重构。李泽厚只是笼统地指出，通过实践活动，理性可以积淀于感性、社会性可以积淀于个体性、必然性可以积淀于偶然性，但这种积淀究竟是如何实现的，他并没有做出清楚的说明。按照我的看法，理性之所以能积淀到感性之中，原因在于两者之间是以直观为中介的，主体通过直观所把握到的图式本来就兼有一般性和个别性，因此每一次的审美鉴赏都是一种对于理性能力的训练和操演。除此之外，20 世纪 80 年代曾经引起热烈讨论的形象思维问题，也可以从直观论的角度来加以重新阐释。总之，通过创造性地运用现象学的观念和方法，就能够为解决我国当代美学中的一些理论难题带来新的理论视角。

廖：我对您这种建构自己的美学理论体系的理论勇气十分钦佩，也很期待这一体系早日问世。令人感到欣慰的是，近些年来我国学界逐渐走出了曾经困扰我们的"失语症"，许多学者纷纷提出了自己的理论主张，曾繁仁先生的"生态存在论美学"、朱立元先生的"实践存在论美学"、王晓华的"身体美学"、刘悦笛的"生活美学"等，都是其中的代表。衷心希望您所倡导的"直观论美学"也能成为其中的一员！

苏：多谢！让我们共同期待我国的文艺学和美学研究能够越来越繁荣昌盛！

（该访谈原载于《社会科学家》2021 年第 7 期，收入本书时做了一定删改。）

附录二 关于"形式本体"问题的通信

王元骧 苏宏斌

【编者按】

形式问题是西方美学和艺术理论中的一个关键问题，也是我国美学和文艺学研究的一个重要领域。为了推进这一问题的研究，本刊去年第 10 期编发了苏宏斌教授的《形式何以成为本体——西方美学中的形式观念探本》一文。该文认为，西方艺术和美学中存在两种基本的形式观念：一种是质料—形式模型，认为艺术作品是形式与质料的统一体，形式乃是作品的本体；另一种是内容—形式模型，认为形式只是现象，是由作品的内容所决定的。西方现代艺术抛弃了内容—形式模型，采用纯粹的质料—形式模型，因此走向了形式主义和抽象主义。文章发表之后，引起了学界的广泛关注。近日，我国著名文艺理论家王元骧先生与苏宏斌教授就该文所涉及的问题，以书信的形式展开了争论。我们认为，发表这些通信，对于推进有关形式问题的研究、加深对于现代艺术的理解，都是不无裨益的。

宏斌君：

您好！看到您刊于《学术研究》2010 年第 10 期上的文章《形式何以成为本体——西方美学中的形式观念探本》，我很感兴趣，因为这是长期以来我所困惑的一个问题。但是看了之后，原有的困惑似乎没有消除，倒是产生了一些新的困惑。现在我把这些困惑写出来，希望能进一步听听您的意见。

如果我没有理解错的话，您文章的中心论题好像是西方哲学史上有两种形式观，一种是与"质料"相对的形式（Forms），一种是与"内容"相对的形式（form）。自 19 世纪后期开始，后一种形式观逐渐被抛弃而使前一种形式观占据主导地位，西方现代艺术由此也走向了抽象主义和形式主义。这就让我感到有些百思不得其解了。"质料—形式"这对概念最初是由亚里士多德提出来的，认为质料是"潜在的实体"，待到与"形式"结合后，潜在的实体才能转化为"实在的实体"。如木材在木匠那里只不过是质料，待到木匠按桌子或椅子的"形式"制作成为桌子和椅子之后，那么这实际的桌子和椅子也就成了实在的实体。所以他认为"质料因"也就是"目的因"和"动力因"，表明他所说的"形式"实际上也就是柏拉图的理念（理式），在美学上也就是康德所说的"审美理想"，是一种"观念的表象"，它不同于"知觉的表象"，就在于它既是一般的、普遍的、抽象的，又是以感性的形式而存在的。为了与作为与内容相对的事物感性状貌的具体的形式 form 相区别，它作为一个哲学专有名词，通常以复数的词Forms 来表达。这一"形式"在艺术家的创作过程中作为一种预定目的存在于他的头脑中，驱使着艺术家采取一定的手段和技法使他所使用的材料转化为他的作品。所以席勒说创作就是"使材料消融在形式中"，对于一件人物雕塑来说，就是使坚硬的大理石消融在柔韧的肉体中。所以从"质料—形式"模式中，我认为是得不出抽象主义和形式主义的走向是现代艺术的"一种必然"的结论的。

您为了说明这一"必然性"在理论上做了这样的分析和推导：把"内容—形式"模式说成是"质料—形式"的"衍生物"。您的分析是：按内容—形式的观点，内容是本质，形式是现象；而按照质料—形式的观点，形式也就是事物的本质，就是事物的"本体和本原"，"是事物得以产生的原因和根据"，"就是事物的内在结构"。这样一来，构成艺术内容核心的恰恰是"作为一般本质的形式，因而内容在根本上是由形式所决定的"。这里有两个问题需要我们做进一步辨析：一、我觉得您混淆了两种不同"形式"的概念。按质料—形式的模式这一"形式"可以说是本质；但是现代形式主义画论与文论都不是按质料—形式的观点而是按内容—形式的观点来看待形式的，如抽象画派的创始人康定斯基就是把形式理解为绘画中的"点·线·面"；俄国形式主义文论的创始人之一什克洛夫斯基也把形式理解为只是写作的手法，认为"文学性"的根本问题不在于"写什么"而在于"如何写"，所指的都是"form"，都丝毫看不出有作为"理念"、作为"世界本原"的"形式"（Forms）的影子。所以我认为您在这一推论过程中似乎有意无意地把作为本质、本原的形式（Forms）与作为事物形态的形式（form）混淆起来使用，而犯了偷换概念的毛病。二、就算是您把抽象主义、形式主义所说的"形式"理解为事物的本体、本原、本质的见解能够成立，也很难成为西方现代艺术必然走向抽象主义的理由。您认为"西方思想的根本特点是认为个别性只是事物的现象，一般性和普遍性才是事物的本质"，好像本质就是"抽象的真理"，这我认为似乎也并不全面，或者说只是古希腊哲学才作这样理解的，到了黑格尔那里，就已不再沿袭此说，而强调本质是处于一定关系之中的，是与现象不可分离的，"如果真理是抽象的，则它就不是真理"，强调哲学就是要"反对抽象而使之回到具体"。他提出美是"理念的感性显现"就是为了与柏拉图的"抽象无形式"的理念划清界限，认为艺术所表现的理念必须是一种具体的真理。这些思想后来为马克思主义所继承和发展，我们把事物的本质分为一般性（普遍性）、特殊性和个别性这样三个层面来进行考察，认为一般性只不过是一个"贫乏的规定"，只有进入特殊性层面，我们才有可能真正认识事物的本质。所以，即使您把与质料相对的形式看作事物的本原、本质，认为内容—形式模式中的内容就是质料—形式模式中的形式，而内容根本上就是由"形式"（Forms）所决定的，我觉得也难以成为为抽象主义、形式主义辩护，而把它们看作是现代艺术的一种必然趋向的理由。

为了说明抽象主义、形式主义是艺术发展的历史必然，您还力图从理论和现实两方面寻找它的客观根源。您把理论根源归结为康德美学，这也是中外学界所流行的见解，我是不赞同的。我认为真正的源头在于戈蒂耶对康德美学的误解和曲解，是戈蒂耶把美看作只在表现形式而导致唯美主义、形式主义，撇开内容只从表现形式和技巧上去追寻美；我们不能再让康德蒙冤。不久前我写了一篇《论国人对康德美学的三大误解》，《社会科学战线》今年第七期将会刊发，此处我就不多说了。我想着重谈一谈您说的"现代科学和技术的发展充当了重要的幕后推手"，具体地说也就是照相术的发明而使得再现性的艺术相形见绌的问题。这见解我也听得多了，但我感到实在是不值一驳！理由是：一、人的眼睛不同于自然的眼睛，它是一种"文化的感官"、是人的大脑对外的门户，是照相机的镜头所不能等同的。二、人的知觉表象是一种"心理映象"，作为心理映象，它总是受到主体的情感、兴趣、定式的选择和调节的，多多少少都打上主体的主观印记，是不可能为反映在照相机镜头里的"物理映象"所取代的。三、"摹仿"只是古希腊美学中提出来的一个素朴的概念，只不过表明艺术来自生活、源于生活，从科学的高度来说，自然是不够辩证的；但这观念后世也不断地在发展和完善，如别林斯基认为模仿就是"把现实作为可能性加以创造性的再现"，表明模仿与创造这两者是不可分离的，所以即使面对同一现实，不同画家画出来的作品也是不一样的，这里有画家自己的选择、理解、意愿、期望、处理方式和笔墨技巧在内，否则照相术 19 世纪虽然就产生了，但籍里柯（Theodore Gericault）、德拉克洛瓦（Eugène Delacroix）、柯罗、米勒、列宾（Ilya Efimovich Repin）、苏里柯夫（Vasily Ivanovich Surikov）、希施金（Ivan I. Shishkin）、列维坦（Isaak Iliich Levitan）、吴昌硕、齐白石、黄宾虹、李可染、徐悲鸿、潘天寿非但没有因此消失，却反而日益显其伟大的价值，这又怎么解释呢？

这里就涉及一个您文中提到的"意义"的问题，也就是艺术对于人的价值的问题：这价值我认为就根本上来说就是陶冶人的情操、提升人的人生境界。所以艺术的意义是不可能脱离人生意义，以及人的情感生活与人生境界的关系来谈的。狄德罗说"只有强大的情感才会使灵魂达到伟大的成就"，"情感淡漠使人平庸，情感衰退使杰出的人物失色，丧失伟大的力量"，这我认为是千真万确的真理。所以马克思在批判资本主义异化劳动所造成的人的"异化"时，所着眼的不是人的知识和技能的退化，而是情感的欲望化和荒漠化。因此在抵御当今社会人的日趋物化和异化的险境中，我觉得艺术正日益显示出它为其他意识形式所不可取代的意义和价值，要是艺术丧失了这一人文的精神，那么它的意义就无从谈起。所以许多科学家虽然按古希腊形式美学，按比例、对称、均衡、变化统一的观点从数学公式、物理实验、化学反应中都感到美的存在，但却从未想到以此可以取代艺术，甚至没有比那些伟大的科学家，如达尔文、赫胥黎（Thomas Henry Huxley）、爱因斯坦（Albert Einstein）、钱学森……那样，如此强调艺术的重要性和科学对艺术的不可取代性。如赫胥黎在他的著名演讲词《科学与艺术》中，就是这样阐述艺术对人的意义的：当人们再无爱与恨，当苦难再无人怜悯，丰功伟绩再无人激动，当田野里的百合花再不能与至尊的所罗门媲美，雪峰和深谷再不能引人惊叹，当科学的怪兽完全吞噬了艺术，那么人类也就丧失了它所应有的天性中的一半。如果您也赞同赫胥黎的见解的话，那么，按照您文中所引的蒙德里安、柯布西奥的话，按数学的观点，把意义理解为"就是发现事物内部的这种固定的秩序和结构"，这样艺术岂不就完全被科学同化？它的人文价值从何谈起？它还有什么自身存在的特殊的价值呢？

这里我得谈谈我对抽象主义、形式主义的理解。我理解的抽象艺术是康定斯基、蒙德里安、波洛克以及我国旅法画家赵无极的一些作品，不包括半抽象的。它的特点就是完全排斥客体、对象，把线条、色彩不再当作媒介而就是绘画本身。这些抽空了内容的线条和色彩的组合，其中一些优秀的作品作为装饰艺术，如花布图案倒也好看；但是似乎很难求之过深说它有什么深刻的思想意义。您在文章所引的那些抽象派画家所提出的为他们作品辩护的理由（如前文所引的表现"事物内部的秩序和结构之类"）似乎都是些让人堕入五里迷雾的玄虚之谈，从未见到他们联系具体"作品"做出过有说服力的分析的，让我觉得似乎都是一种骗子的谎言，以致不少人像安徒生童话《皇帝的新装》中的那些臣民那样怕被讥笑为愚昧无知而甘愿跟着受骗。后来叶圣陶为《皇帝的新装》写了续篇：最终被一个小孩道破真相而结束了这场骗局。因为小孩天真无邪而无被人讥为愚昧无知之忧。这些话我只能与您通讯时私底里说说，要是在论文里我是绝不敢写的，怕的是也被人讥为愚昧、无知，因为我毕竟早已不是小孩了！

您非常勤奋，不仅对西方现代哲学如胡塞尔、海德格尔、哈贝马斯、鲍德里亚等相当精通，从大作来看，对于古典哲学如柏拉图、亚里士多德、康德、黑格尔等也都读得很熟、理解得较深。这些方面我都不如您。在当代我国美学界和文艺理论界的青年学者中也是为数不多的。按照实力，您应该写出更有说服力的文章来，可能是由于您对抽象主义、形式主义爱之过深，我总觉得您的文章是刻意在为抽象主义、形式主义辩护，而使得您的评价和结论有失客观公允。我对大作读得不细，有些理解可能不够准确，自己对抽象主义、形式主义的认识也可能偏于保守，对这些抽象主义，形式主义画家的违背艺术所固有的人文精神、一味玩弄形式的艺术探索的态度显得有些粗暴，不够"宽容"（现在的问题是在"宽容"的口号下我们的评论正在日益丧失原则，这恐怕是洛克当年提出这口号时所未曾预料到的），在这里提出来只想进一步听听您的意见，使自己的认识有所提高、完善。密尔（John Stuart Mill）（一译穆勒）说"真理遇见谬误才会闪闪放光"，我信中所说的可能是一些谬见，但若能彰显真理，我这封信也就算是有它的价值了。

握手！

元骧匆匆，2011 年 4 月 5 日

元骧师：

您好！看了您对拙文《形式何以成为本体》提出的批评，深为您探求真理的热忱所感动。您的意见直中肯綮，逻辑严谨，让我很受启发，促使我从另一个角度对自己的观点进行推敲和反省。现就您信中提出的几个问题谈谈我的看法，希望得到您的进一步指教。

一 质料—形式说与抽象主义、形式主义的关系问题

针对拙文中提出的在现代艺术中"内容—形式模型被彻底抛弃，由此开创了现代艺术和美学的形式主义和抽象主义潮流"这一观点，您主张从"质料—形式"模式中得不出现代艺术必然走向抽象主义和形式主义这一结论。对此我想指出，我并不认为"质料—形式"说本身会导致抽象主义和形式主义，而是认为"质料—形式"说一旦与"内容—形式"说分离开来，就必然会使艺术走向抽象主义，使艺术理论走向形式主义。我想您不难看出，原文的意思不是说现代艺术采用了"质料—形式"模型，而是指其抛弃了"内容—形式"模型。这里的关键在于，这两种形式模型并不是并列的，内容—形式说隐含在质料—形式说之中，是从后者引申而来的。具体地说，内容实际上是质料和形式的结合体，正如黑格尔所说，"内容……具有一个形式和一个质料，它们属于内容并且是本质的；内容是它们的统一"。由于在形式和质料之间，形式才是本体，因此内容根本上是由形式所决定的。但这个内容一旦形成以后，就具有了自己的感性形式，因为形式与质料的结合所产生的必然是一个具体事物。这样一来，从质料—形式说中就分化出了内容—形式说。拿艺术活动来说，创作的过程就是形式与质料相结合的过程，而产生出来的作品则是内容与形式的统一体。西方传统艺术表面上采用的是"质料—形式"模型，实际上却是

把两种形式观结合在一起，既追求对一般本质或形式的把握，又追求对具体事物及其外形的描绘和再现，因此既是抽象的又是具象的。传统理论把这种艺术说成纯感性或纯具象的，显然只是一种误解。现代西方艺术则逐渐抛弃了再现和模仿，因此就抛弃了"内容—形式"模型，只能用纯粹的"质料—形式"模型来解释。这种变化导致的最大后果，就是质料的含义发生了变化，因为艺术家既然不再描绘具体事物，艺术创作的材料就不再是具体的事件或情感体验，而只能是纯粹的媒介材料，比如作家只能使用不及物的语言，画家只能使用不描绘任何具体事物的颜料，这样的材料与形式结合之后，所产生的就不是带有一定感性形式的内容，而是通过媒介得到外化的纯形式，这样的艺术自然就走向了抽象主义和形式主义。您提出现代形式主义画论和文论所说的形式只是技巧和手法，而不是作为本质或本原的抽象形式，我认为这是一种误解。事实上技巧和手法本身就是艺术创作的动力因，可以归属到形式之中去，因为亚里士多德的"质料—形式"说本来就是从"四因说"发展而来的，是他把后一种学说中的"形式因""动力因""目的因"合并为"形式"的结果（因此您所说的在亚里士多德那里"质料因也就是目的因和动力因"是不够准确的，亚氏的说法是"形式因、动力因和目的因三者常常可以合并"）。至于康定斯基所说的"点""线""面"也绝不是感性形式，而是典型的抽象形式，因为它们都不是对具体事物外形的描绘，而是某种抽象意义和情感的外在对应物，抽象主义画家所致力的目标，就是发现这两者之间的对应关系。

您以席勒的观点为例，证明"质料—形式"模型并不必然导致形式主义，但我认为席勒所坚持的并不是纯粹的"质料—形式"模型，而是两种形式观的统一。表面上看来，他的确只使用质料与形式的关系来说明艺术创作的过程，但这是由于理论形态的"内容—形式"模型直到黑格尔才明确提出来，在此之前它是隐含在质料—形式模型之中的，因此理论家们只能使用后者来说明艺术。显然，判定一个理论家是否使用了内容—形式模型，不能只看他是否使用了这两个概念，而要看他是否主张艺术创作要描绘具体的人物和事件，因为内容范畴是和具体事物联系在一起的。从席勒的理论主张和创作实践来看，他显然对此持肯定态度，因此我认为席勒所坚持的是两种形式观的统一。这一点可以说是传统理论的一贯立场，因为单纯的质料—形式模型是伴随着现代抽象主义和形式主义才确立起来的。当然，准确地说这是对亚里士多德质料—形式说的改造。

二 关于西方现代艺术走向抽象主义的原因问题

从您的信中来看，您主张抽象主义并不是西方现代艺术发展的必然，而是艺术家误入歧途的结果，因此您认为拙文提出的导致抽象艺术得以产生的原因是站不住脚的。对此我认为，这里的关键在于应该如何看待西方现代艺术的发展趋势。按照您的论述，您所反对的只是以康定斯基、蒙德里安、波洛克为代表的纯抽象艺术，至于像毕加索、马蒂斯（Henri Matisse）那样的半抽象艺术则还是能够接受的。问题在于，"纯抽象"艺术不正是"半抽象"艺术发展的必然结果吗？事实上抽象主义艺术正是蒙德里安等人自觉地继承和发展现代半抽象艺术的结果。从艺术史上来看，现代艺术中的抽象化趋势并不是由康定斯基这样的抽象主义艺术家所开创的，而恰恰是从塞尚、梵·高、高更等人的后印象派艺术，以及毕加索、勃拉克等人的立体主义开始的。塞尚关于要用圆柱体、圆锥体等几何图形来描绘自然的信条给了立体主义者以直接启示，而蒙德里安之走向抽象主义恰恰是从他亲赴巴黎学习立体主义方法开始的。因此，如果您认可了半抽象艺术，也就不应该彻底否定纯抽象艺术。

为了证明抽象主义不是现代艺术发展的必然结果，您指出导致抽象主义的几个重要原因都是出于误解。对此我认为，这些误解在一定意义上是客观存在的，但这并不能成为否定抽象艺术的理由，因为任何艺术家的艺术理念当中都包含误解甚至错误的成分，历史上也从来没有哪个艺术家的主张和作品是"完全正确"的。恩格斯也曾指出过巴尔扎克思想中的落后甚至反动成分，难道这能证明巴尔扎克的作品不是近代艺术发展的必然结果吗？就现代形式主义的产生来看，戈蒂耶的唯美主义思想的确包含对康德的误解甚至曲解，但这能否定康德思想与形式主义、抽象主义之间的关联吗？且不说康德美学中明显存在的形式主义成分（强调审美判断的无功利性，强调美感与快适、善的愉悦之间的差异，强调纯粹美和依存美的区分，强调审美判断与认识判断的区分，如此等等），即便康德美学的确还包含另一面，或者说康德是在从这一面向另一面过渡，最终把美确立为道德的象征，问题在于艺术家在吸收学者思想的时候，从来都是有高度选择性的，他们只关注那些有助于表达自己艺术理念的思想，而无意于全面地了解和评价学者的思想。事实上在现代艺术的发展中，康德的确产生了全方位的影响，塞尚之所以形成几何体的思想，就是由于道听途说，以为这些就是康德所说的"知性范畴"，无论这其中包含多么大的误解，这种观点的确帮助他克服了前期印象派的缺陷，创作出了具有古典艺术造型风范的现代艺术。而这个潮流一旦开启，就不会停留于您所肯定的"半抽象"艺术，因为这种抽象的几何图形根本不是从具体事物中概括出来的，而是艺术家人为地建构起来的抽象形式。塞尚之所以被尊为"现代艺术之父"，就是因为他为现代艺术家指出了一条非再现性的抽象之路，在此之后，从半抽象发展到纯抽象就成了一种必然。

至于现代照相术与模仿的关系问题，我当然不认为照相机可以取代拉斐尔和达·芬奇，但我的确认为照相术的出现是促使现代艺术家抛弃再现的一个重要因素。您深入地分析了照相术与人的视觉、知觉以及艺术家的创作活动之间的根本差异，对此我都是基本认同的，然而问题并不在于我们应该如何正确地对待照相术，而在于当时的艺术家实际上是如何看待照相术的。就此而言，我以为绝对不应低估当时的艺术家所受到的冲击，因为这一点有着众多历史事实的支撑。须知无论照相术和艺术活动之间有多少差异，关键在于照相机的成像原理恰恰是文艺复兴所产生的透视法。当然，艺术家在具体创作中很少机械地照搬透视法，问题是既然透视法是近代绘画再现自然的基本方式，那么照相术的出现就必然带来绘画技法的重大革命，因为即便再现自然并没有过时，透视法却的确过时了，这不正是促使现代画家探索新方法的根本动力吗？当然这种绘画技法的革新不是一蹴而就的，文艺复兴时期透视法的确立就用了两个世纪之久，因此在目前阶段出现像您所理解的那些传统性画家是毫不奇怪的。问题是这些画家能够代表西方现代绘画的发展趋势和成就吗？除了几位中国画家之外，您所列举的西方画家主要都是 19 世纪而不是 20 世纪的，这不正好说明他们只是传统艺术的余绪而不是现代艺术的先声吗？

三 关于对现代艺术的评价问题

您之所以对抽象主义绘画持否定态度，是因为在您看来，这种艺术完全排斥任何客体、对象，把线条、色彩不再当作媒介而直接当成了作品，使得艺术完全数学化、科学化了，从而丧失了应有的人文精神和价值，不再能陶冶人的情操、提升人的人生境界。那么，抽象主义艺术是否真的数学化、科学化了呢？我以为并非如此。前文说过，抽象艺术是把抽象形式与媒介材料结合起来的产物，因此并不等于媒介本身，而接近于克莱夫·贝尔（Clive Bell）所说的"有意味的形式"。您之所以指责抽象艺术数学化、科学化了，大概是因为这种艺术采取的是一种几何式的抽象形式，但这种形式显然与数学或科学图形有着本质的区别，因为科学图像只是概念的图解，是知性思维的产物，而抽象艺术的形式则是直观活动的结果。拙文之所以对抽象艺术采取肯定的态度，就是因为抽象艺术仍具有明显的直观性，而直观性正是艺术的根本特征。表面上看来，直观性和抽象性似乎水火不容，因为人们一贯认为直观性乃是感性活动的特征，抽象性则是知性或理性活动的特征。由于从柏拉图以来艺术就被当成了感性活动，因此抽象性似乎就只是科学的特征而与艺术无缘。从您对抽象艺术的批评来看，显然也属于这种立场。但在我看来，这种观点只是一种认识论上的偏见。从思想史上来看，把直观和感性联系在一起，是从康德开始才确立起来的认识论观点，在此以前，从柏拉图到莱布尼茨的西方思想都认为直观是一种理性能力而不是感性能力。这一点并不奇怪，因为在西方语言当中，直观（intuition）一词指的是心灵无须感官刺激，也无须推理，就能直接看见或领悟真理的能力，因此直观既不同于感性，也不同于知性。传统思想认为，由于直观活动所把握到的是公理等自明的真理，这些真理构成了推理活动的前提，因此直观必然是比知性更高的理性能力。但在我看来，直观的自明性所证明的乃是直观活动的基础性和本源性，因此直观并不是比知性更高的理性能力，而是感性和知性的共同基础和根源。人类的一切认识活动都是从直观开始的，直观所把握到的是事物的内在本质，感性活动以个别化和具象化的方式来表达这种本质，理性活动则通过概念对这种本质加以分解。从这种观点出发，抽象性就不是知性活动的专利，因为直观活动把握到的既然是本质一般，就同样具有抽象性的特征（顺便说一下，您提出只有古希腊哲学才把本质当作一般和普遍，从黑格尔开始的西方思想已经把本质当成了一般性和个别性、普遍性和特殊性的统一，我以为这是由于您把本质和具体事物混为一谈了，因为本质总是一般的，现象则是个别的，只有具体事物才是一般性和个别性的统一，具体事物是本质和现象的统一体——黑格尔的说法是，本质和现象统一于现实。认识事物当然既要把握其一般性，又要把握其个别性，但这指的是完整地认识事物既要把握其本质，又要把握其现象，而不是说本质就是一般性和个别性的统一）。

按照这样一种认识论思想，我认为艺术在根本上不是感性活动而是直观活动。只有在这一基础上，我们才能真正推翻柏拉图对艺术的判决，把艺术确立为把握真理的根本方式。抽象艺术把直观到的本质通过媒介表达出来了，因此仍属于艺术而没有蜕变为数学或科学。当然，这并不是反过来否定了传统艺术，因为传统艺术是以感性的形式来表现某种抽象本质，所以并不是纯感性的，而是感性和直观性的统一。据此我认为，传统艺术与现代抽象艺术之间并无高下之分，只有艺术风格的不同。或许您会说，康定斯基和蒙德里安的作品并未达到达·芬奇和拉斐尔的高度，但我以为这主要是因为抽象主义仍是一种新兴的艺术形式，而不是因为他们采取了错误的创作方法。抽象艺术至今还在继续发展，谁能断言其将来不能创造新的艺术高峰呢？

现在的问题是，抽象艺术是否已经丧失了人文精神，不再能陶冶人们的心灵了呢？客观地说，抽象艺术的确不像传统艺术那样为人们所喜闻乐见，似乎很难打动人们的情感，但我认为这并不意味着抽象艺术已经不具有情感性了。事实上抽象主义与表现主义之间有着十分密切的关系，几乎所有的抽象艺术家都十分强调艺术的情感表现功能。现代表现主义与近代的表现论或浪漫主义艺术一样，都否定艺术的再现性，强调艺术是对情感的表现，差别在于浪漫派是以感性的方式表达情感，表现主义则是以抽象的方式来表达。抽象主义把表现主义的抽象化趋势推向了极端，以至于作品中不再出现对任何具体物象的描绘，就连表现主义艺术中那种高度变形和扭曲的图像也完全消失了，但并未抛弃艺术的情感表现功能。正如拙文所指出的，抽象艺术试图表现和唤起的不是某种具体的情感，而是某种一般和抽象的情感体验，这种情感不是由某个具体事物及其外形所引起的，而是来自人们对某种色彩或造型的一般性情感反应。从康定斯基的著作来看，他显然在这方面进行了大量的试验和观察，而他的作品就建立在这种深入研究的基础上。事实上，传统艺术也包含抽象性的一面，只不过这种抽象的意义和情感与具体的感性形象结合在一起，因此人们可以较为容易地实现从具象到抽象、从感性到直观的过渡。抽象艺术则抛弃了感性形象，把抽象的本质直接呈现出来，因此就只能完全诉诸人们的直观能力，从而对观众提出了更高的要求。从这个意义上来说，传统艺术与抽象艺术的区别并不在于是否表现情感，而在于表现和唤起情感的方式不同。

或许在您看来，无论抽象派画家是否在创作中传达了某种情感，只要作品无法唤起观众的情感体验，就表明其已经丧失了情感功能。从抽象艺术的接受情况来看，这在一定程度上是一个客观的事实。但我以为，这并不是由于抽象艺术在表现情感方面陷于失败，而是由于观众本身已经丧失了应有的直观能力。从历史上来看，人类本来并不缺乏这种能力，原始艺术恰恰是高度抽象的，古代器物上的装饰花纹也是高度抽象的，非洲土著部落以及埃及人的艺术也是十分抽象的，可见古人并不缺乏对于抽象艺术的鉴赏能力。今天我们之所以对抽象艺术感到格格不入，把这种抽象的线条和造型贬低为纯粹的装饰艺术，一方面是由于长期受到传统感性和再现性艺术的熏陶，另一方面则是因为人类的直观能力随着理性能力的高度发展而日益退化了。儿童天然具有这种直观能力，但知性能力发展之后却不再习惯于直观，总是把事物当作符号和标志来辨认。像您这样具有高度艺术修养的鉴赏者自然并不欠缺这种直观能力，只不过您囿于自己的艺术观念，只是以感性而不是以直观的方式对待艺术罢了。当然，今天的抽象艺术相比古代又有了新的特点，即格外钟情于规范的几何线条和图形，我以为这和现代工业文明的发展是分不开的。看看今天的城市建筑，看看当今的服装设计，看看那些笔直的公路、铁路和桥梁，就可以明白规范的几何图形正是当今人类的思考方式和行为方式，也是其趣味之所在。抽象艺术重视几何图形，恰恰是由于艺术家敏锐地把握到了现代人类感知世界的方式。从这个意义上来说，无论我们是否喜欢，抽象艺术就是我们这个时代的艺术。

最后我想说明的是，我并不是一个抽象艺术的爱好者，也不是为了怕被人讥为无知而佯作欣赏之态，但我的确认为抽象艺术有其存在的合理性和必然性。从某种意义上来说，抽象性是西方现代艺术的主要特征，也是其与传统艺术的根本区别之一。所谓"存在的就是合理的",一场持续了一个世纪之久（包括您所说的半抽象艺术）、至今仍未结束的艺术运动，其背后怎么可能不包含艺术发展的内在规律？又怎么可能没有深刻的社会和历史原因？怎么能简单地解释成一场骗局呢？您是国内著名的马克思主义文艺理论家，对马克思的社会历史分析方法造诣深湛，因此在面对这一艺术和文化现象的时候，似乎不应局限于自己的艺术趣味和欣赏习惯，而应有更为广阔的批评视野，不知您以为然否？

以上观点当否，敬请批评指正！

　　顺祝

春安！

苏宏斌，2011 年 4 月 9 日

（原载于《学术研究》2011 年第 6 期）

参考文献

一　中文文献

（一）中文著作

邓晓芒、易中天：《黄与蓝的交响》，人民文学出版社 1999 年版。

郭绍虞主编：《中国历代文论选》，上海古籍出版社 1979 年版。

李超杰：《理解生命——狄尔泰哲学引论》，中央编译出版社 1994 年版。

李泽厚：《李泽厚十年集》第一卷，安徽文艺出版社 1994 年版。

李泽厚：《美学论集》，上海文艺出版社 1980 年版。

李泽厚：《美学四讲》，安徽文艺出版社 1994 年版。

李泽厚：《批判哲学的批判》，安徽文艺出版社 1994 年版。

林焕平编：《高尔基论文学》，广西人民出版社 1980 年版。

鲁迅：《鲁迅全集》第五卷，人民文学出版社 1957 年版。

鲁迅：《鲁迅全集》第六卷，人民文学出版社 1957 年版。

《美学问题讨论集》（六），作家出版社 1964 年版。

苗力田主编：《亚里士多德全集》第一卷，中国人民大学出版社 1990
　　年版。

彭锋：《完美的自然》，北京大学出版社 2005 年版。

汪子嵩、范明生、陈村富、姚介厚：《希腊哲学史》第一卷，人民出版
　　社 1997 年版。

汪子嵩等：《希腊哲学史》第二卷，人民出版社 1993 年版。

王理平：《差异与绵延——柏格森哲学及其当代命运》，人民出版社 2007 年版。

王晓华：《身体美学导论》，中国社会科学出版社 2016 年版。

徐中玉主编：《意境·典型·比兴编》，中国社会科学出版社 1994 年版。

张京媛主编：《当代女性主义文学批评》，北京大学出版社 1992 年版。

张永清、陈奇佳主编：《当代批评理论》，人民出版社 2013 年版。

张玉能等：《新实践美学论》，人民出版社 2007 年版。

赵澧、徐京安主编：《唯美主义》，中国人民大学出版社 1988 年版。

朱光潜：《西方美学史》，人民文学出版社 1979 年版。

朱光潜：《朱光潜选集》，天津人民出版社 1993 年版。

（二）中译著作

阿多诺：《美学理论》，王柯平译，四川人民出版社 1998 年版。

阿恩海姆：《视觉思维——审美直觉心理学》，滕守尧译，四川人民出版社 1998 年版。

阿恩海姆：《艺术与视知觉》，滕守尧、朱疆源译，中国社会科学出版社 1984 年版。

阿尔弗雷德·诺思·怀特海：《过程与实在：宇宙论研究》，杨富斌译，中国城市出版社 2003 年版。

阿诺德·柏林特：《生活在景观中》，陈盼译，湖南科学技术出版社 2006 年版。

阿瑟·丹托：《寻常物的嬗变——一种关于艺术的哲学》，陈岸瑛译，江苏人民出版社 2012 年版。

阿瑟·丹托：《艺术的终结》，欧阳英译，江苏人民出版社 2001 年版。

埃比尼泽·霍华德：《明日的田园城市》，金经元译，商务印书馆 2012 年版。

艾伦·卡尔松：《环境美学——自然、艺术与建筑的鉴赏》，杨平译，四川人民出版社 2006 年版。

爱克曼辑录：《歌德谈话录》，吴象婴、潘岳、肖芸译，上海社会科学院出版社 2001 年版。

巴尔扎克：《巴尔扎克论文艺》，艾珉、黄晋凯选编，袁树仁等译，人民文学出版社 2003 年版。

柏格森：《创造进化论》，王珍丽、余习广译，湖南人民出版社 1989年版。

柏拉图：《柏拉图全集》第二卷，王晓朝译，人民出版社 2003 年版。

柏拉图：《理想国》，郭斌和、张竹明译，商务印书馆 1986 年版。

鲍姆加登：《美学》，简明、王旭晓译，文化艺术出版社 1987 年版。

鲍桑葵：《美学史》，张今译，商务印书馆 1985 年版。

本雅明：《发达资本主义时代的抒情诗人》，张旭东、魏文生译，生活·读书·新知三联书店 1989 年版。

波德莱尔：《现代生活的画家》，郭宏安译，浙江文艺出版社 2007 年版。

勃兰兑斯：《十九世纪文学主流》第五分册，李宗杰译，人民文学出版社 1982 年版。

茨维坦·托多罗夫编选：《俄苏形式主义文论选》，蔡鸿宾译，中国社会科学出版社 1989 年版。

大卫·戈德布拉特、李·B. 布朗选编：《艺术哲学读本》，牛宏宝等译，中国人民大学出版社 2016 年版。

大卫·雷·格里芬：《后现代科学——科学魅力的再现》，马季方译，中央编译出版社 1998 年版。

德里达：《结构，符号，与人文科学话语中的嬉戏》，王逢振、盛宁、李自修编《最新西方文论选》，漓江出版社 1991 年版。

德里达：《书写与差异》下册，张宁译，生活·读书·新知三联书店 2001 年版。

（伪）狄奥尼修斯：《神秘神学》，包利民译，商务印书馆 2018 年版。

笛卡尔：《第一哲学沉思录》，庞景仁译，商务印书馆 1996 年版。

杜夫海纳：《审美经验现象学》，韩树站译，文化艺术出版社 1992 年版。

费尔巴哈：《费尔巴哈哲学著作选集》上卷，荣震华、李金山等译，商务印书馆 1984 年版。

弗朗索瓦兹·巴尔伯·嗄尔：《读懂印象派》，王文佳译，北京美术摄影出版社 2015 年版。

伽达默尔：《美的现实性》，张志扬等译，生活·读书·新知三联书店 1991 年版。

伽达默尔：《赞美理论——伽达默尔选集》，夏镇平译，生活·读书·新知三联书店 1988 年版。

伽达默尔：《真理与方法》，洪汉鼎译，上海译文出版社 1999 年版。

伽达默尔、德里达：《德法之争——伽达默尔与德里达的对话》，孙周兴、孙善春编译，同济大学出版社 2004 年版。

歌德：《歌德格言和感想集》，程代熙、张惠民译，中国社会科学出版社 1982 年版。

贡布里希：《艺术的故事》，范景中译，广西美术出版社 2008 年版。

贡布里希：《艺术与错觉——图画再现的心理学研究》，杨成凯、李本正、范景中译，广西美术出版社 2012 年版。

哈罗德·奥斯本：《20 世纪艺术中的抽象和技巧》，阎嘉、黄欢译，四川美术出版社 1988 年版。

海德格尔：《存在与时间》，陈嘉映、王庆节译，生活·读书·新知三联书店 1987 年版。

海德格尔：《对亚里士多德的现象学解释——现象学研究导论》，赵卫国译，华夏出版社 2012 年版。

海德格尔：《海德格尔文集：面向思的事情》，孙周兴、王庆节主编，商务印书馆 2014 年版。

海德格尔：《海德格尔选集》，孙周兴译，生活·读书·新知三联书店 1996 年版。

海德格尔：《康德与形而上学疑难》，王庆节译，上海译文出版社 2011 年版。

海德格尔：《林中路》，孙周兴译，上海译文出版社 1997 年版。

黑格尔：《精神现象学》上卷，贺麟译，商务印书馆 1996 年版。

黑格尔：《精神哲学》，杨祖陶译，人民出版社 2006 年版。

黑格尔：《逻辑学》，杨一之译，商务印书馆 1991 年版。

黑格尔：《美学》，朱光潜译，商务印书馆 1991 年版。

黑格尔：《美学》第三卷，下册，朱光潜译，商务印书馆 1991 年版。

黑格尔：《小逻辑》，贺麟译，商务印书馆 1980 年版。

黑格尔：《哲学史讲演录》第四卷，贺麟、王玖兴译，商务印书馆 1978 年版。

胡塞尔：《纯粹现象学通论》，李幼蒸译，商务印书馆 1992 年版。

胡塞尔：《纯粹现象学通论》，李幼蒸译，商务印书馆 1996 年版。

胡塞尔：《关于时间意识的贝尔瑙手稿（1917—1918）》，肖德生译，商务印书馆 2016 年版。

胡塞尔：《胡塞尔选集》，倪梁康选编，上海三联书店 1997 年版。

胡塞尔：《经验与判断》，邓晓芒、张廷国译，生活·读书·新知三联书店 1999 年版。

胡塞尔：《逻辑研究》第二卷，倪梁康译，上海译文出版社 1999 年版。

胡塞尔：《内时间意识现象学》，倪梁康译，商务印书馆 2009 年版。

胡塞尔：《现象学的观念》，倪梁康译，上海译文出版社 1986 年版。

J. 克拉克：《现代生活的画像——马奈及其追随者艺术中的巴黎》，沈语冰、诸葛沂译，江苏美术出版社 2013 年版。

康德：《纯粹理性批判》，邓晓芒译，人民出版社 2004 年版。

康德：《判断力批判》，邓晓芒译，人民出版社 2002 年版。

康定斯基：《艺术中的精神》，李政文译，云南人民出版社 1999 年版。

柯林伍德：《自然的观念》，吴国盛、柯映红译，华夏出版社 1999 年版。

拉·美特里：《人是机器》，顾寿观译，商务印书馆 1996 年版。

莱布尼茨：《人类理智新论》上册，陈修斋译，商务印书馆 1982 年版。

莱布尼茨：《人类理智新论》下册，陈修斋译，商务印书馆 1996 年版。

莱辛：《拉奥孔》，朱光潜译，人民文学出版社 1988 年版。

列特科娃：《关于屠格涅夫》，中国社会科学院外国文学研究所编《外国理论家作家论形象思维》，中国社会科学出版社 1979 年版。

刘小枫主编：《德语美学文选》，华东师范大学出版社 2006 年版。

刘易斯·芒福德：《城市发展史——起源、演变和前景》，宋俊岭、倪文彦译，中国建筑工业出版社 2005 年版。

罗伯特·L. 赫伯特编：《现代艺术大师论艺术》，林森、辛丽译，江苏美术出版社 1990 年版。

罗曼·罗兰：《罗曼·罗兰文钞》，孙梁译，新文艺出版社 1957 年版。

M. 李普曼编：《当代美学》，邓鹏译，光明日报出版社 1986 年版。

马尔库塞：《现代美学析疑》，绿原译，文化艺术出版社 1987 年版。

马克思、恩格斯：《马克思恩格斯文集》，中共中央马克思恩格斯列宁斯大林著作编译局编译，人民出版社 2009 年版。

马克斯·韦伯：《学术与政治》，钱永祥译，广西师范大学出版社 2004 年版。

迈耶·夏皮罗：《艺术的理论与哲学——风格、艺术家和社会》，沈语冰译，江苏凤凰美术出版社 2016 年版。

梅洛－庞蒂：《可见的与不可见的》，罗国祥译，商务印书馆 2008 年版。

梅洛－庞蒂：《眼与心——梅洛－庞蒂现象学美学文集》，刘韵涵译，中国社会科学出版社 1992 年版。

梅洛－庞蒂：《眼与心》，杨大春译，商务印书馆 2007 年版。

梅洛－庞蒂：《知觉的首要地位及其哲学结论》，王东亮译，生活·读书·新知三联书店 2002 年版。

梅洛－庞蒂：《知觉现象学》，杨大春、张尧均、关群德译，商务印书馆 2021 年版。

苗力田主编：《亚里士多德全集》第 8 卷，中国人民大学出版社 1992 年版。

娜塔莉亚·布罗茨卡雅：《印象主义　后印象主义》，刘乐、张晨译，人民美术出版社 2014 年版。

尼采：《悲剧的诞生》，周国平译，生活·读书·新知三联书店 1986
年版。

Peter Hall：《明日之城———部关于 20 世纪城市规划与设计的思想史》，
童明译，同济大学出版社 2009 年版。

乔治·普莱：《批评意识》，郭宏安译，百花洲文艺出版社 1993 年版。

Rodney R. White：《生态城市的规划与建设》，沈清基、吴斐琼译，同
济大学出版社 2009 年版。

萨特：《存在与虚无》，陈宣良等译，生活·读书·新知三联书店 1987
年版。

萨特：《萨特文学论文集》，施康强等译，安徽文艺出版社 1998 年版。

萨特：《影象论》，魏金声译，李瑜青、凡人主编《萨特哲学论文集》，
安徽文艺出版社 1998 版。

塞尔日·莫斯科维奇：《还自然之魅：对生态运动的思考》，庄晨燕、
丘寅晨译，生活·读书·新知三联书店 2005 年版。

什克洛夫斯基：《艺术作为手法》，［法］茨维坦·托多罗夫编选：《俄
苏形式主义文论选》，蔡鸿宾译，中国社会科学出版社 1989 年版。

什克洛夫斯基等：《俄国形式主义文论选》，方珊等译，生活·读书·
新知三联书店 1989 年版。

叔本华：《作为意志和表象的世界》，石冲白译，商务印书馆 1982 年版。

斯宾诺莎：《伦理学》，贺麟译，商务印书馆 1991 年版。

索绪尔：《普通语言学教程》，高名凯译，商务印书馆 1996 年版。

唐纳德·普雷齐奥西主编：《艺术史的艺术：批评读本》，易英、王春
辰、彭筠译，上海世纪出版股份有限公司 2016 年版。

威廉·冯·洪堡特：《论人类语言结构的差异及其对人类精神发展的
影响》，姚小平译，商务印书馆 1999 年版。

沃林格：《抽象与移情：对艺术风格的心理学研究》，王才勇译，金城
出版社 2010 年版。

席勒：《美育书简》，徐恒醇译，中国文联出版公司 1984 年版。

席勒：《秀美与尊严——席勒艺术和美学文集》，张玉能译，文化艺术出版社 1996 年版。

休谟：《人性论》，关文运译，商务印书馆 1991 年版。

亚里士多德：《诗学》，陈中梅译，商务印书馆 1996 年版。

亚里士多德：《形而上学》，吴寿朋译，商务印书馆 1991 年版。

英加登：《论文学作品》，张振辉译，河南大学出版社 2008 年版。

约阿基姆·加斯凯：《画室——塞尚与加斯凯的对话》，章晓明、许苈译，浙江文艺出版社 2007 年版。

查伦·斯普瑞特奈克：《真实之复兴》，张妮妮译，中央编译出版社 2001 年版。

章安祺编订：《缪灵珠美学译文集》第四卷，缪灵珠译，中国人民大学出版社 1991 年版。

（三）中文期刊

阿列西·艾尔雅维奇：《当代生活与艺术之死：第二、第三和第一世界》，周正兵译，《学术月刊》2006 年第 3 期。

曹俊峰：《"积淀说"质疑》，《学术月刊》1994 年第 7 期。

陈涌：《文艺方法论问题》，《红旗》1986 年第 8 期。

邓晓芒：《康德的"智性直观"探微》，《文史哲》2006 年第 1 期。

董学文、陈诚：《"实践存在论"美学、文艺学本体观辨析——以"实践"与"存在论"关系为中心》，《上海大学学报》2009 年第 3 期。

董学文、陈诚：《超越"二元对立"与"存在论"思维模式——马克思主义实践观与文学、美学本体论》，《杭州师范大学学报》2009 年第 3 期。

黄应全：《解构"身体写作"的女权主义颠覆神话》，《求实学刊》2004 年第 4 期。

柯罗连科：《致彼得洛巴夫洛夫斯基》，《世界文学》1959 年 8 月号。

刘旭光：《谁是梵·高那双鞋的主人——关于现象学视野下艺术中的

真理问题》，《学术月刊》2007 年第 9 期。

刘再复：《论文学的主体性》，《文学评论》1986 年第 1 期。

棉棉：《一场"美女作家"的闹剧》，《文学自由谈》2001 年第 5 期。

倪梁康：《"智性直观"在东西方思想中的不同命运》，《社会科学战线》2002 年第 1、2 期。

倪梁康：《康德"智性直观"概念的基本含义》，《哲学研究》2001 年第 10 期。

彭锋：《艺术的终结与重生》，《文艺研究》2007 年第 7 期。

沈浩波：《下半身写作及反对上半身》，《诗刊》2002 年 8 月上半月刊。

宋荣、高新民：《思维语言——福多心灵哲学思想的逻辑起点》，《山东师范大学学报》（人文社会科学版）2009 年第 2 期。

苏宏斌：《论克罗齐美学的发展过程——兼谈朱光潜对克罗齐美学的误译和误解》，《文学评论》2020 年第 4 期。

苏宏斌：《美是理念的直观显现——黑格尔美学的现象学阐释》，《文艺理论研究》2013 年第 2 期。

苏宏斌：《生成·直观·积淀——李泽厚"积淀说"的现象学重构》，《社会科学家》2021 年第 7 期。

王元骧：《对于文艺研究中"主客二分"思维模式的批判性考察》，《学术月刊》2004 年第 5 期。

杨春时：《超越实践美学　建立超越美学》，《社会科学战线》1994 年第 1 期。

杨春时：《论文艺的充分主体性和超越性》，《文学评论》1986 年第 6 期。

仰海峰：《"实践"与"烦"》，《学习与探索》2001 年第 2 期。

余纪元：《亚里士多德论 ON》，《哲学研究》1995 年第 4 期。

张弘：《存在论美学：走向后实践美学的新视界》，《学术月刊》1995 年第 8 期。

张廷国、蒋邦琴：《真理：去弊与经验——兼论"谁是梵·高那双鞋的主人"》，《哲学研究》2009 年第 1 期。

二 外文文献

Allen Carlson, *Aesthetics and the Environment*: *The Appreciation of Nature*, London and New York: Routledge, 2000.

Angela Hague, *Fiction*, *Intuition and Creativity*: *Studies in Bronte*, *James*, *Woolf and Lessing*, Washington, D. C. : Catholic University of America Press, c2003.

Edmund Husserl, *Phantasy*, *Image Consciousness and Memory*, Trans. Hohn B. Brough, Washington D. C. : Georgetown university Press, 2005.

Elijah Chudnoff, *Intuition*, New York: Oxford University Press, 2013.

Emmaunel Levinas, *The Theory of Intuition in Husserl's Phenomenology*, Evanston: Northwestern University Press, 1995.

Jacques Derrida, *Dissemination*, trans. Barbara Johnson, Chicago: University of Chicago Press, 1981.

Lisa M. Osbeck and Barbara S. Held eds. , *Rational Intuition*: *Philosophical Roots*, *Scientific Investigations*, New York: Cambridge University Press, 2014.

Martin Heidegger, *Phenomenology of Intuition and Expression*, Trans. Tracy Colony, London: Continuum International Publishing Group Press, 2010.

Merleau-Ponty, *Phenomenology of Perception*, trans. by Colin Smith, London Routledge & Kegan Paul.

Peter Lamarque and Stein Haugom Olsen eds. , *Aesthetics and the Philosophy of Art*: *The Analytic Tradition*, Singapore: Blackwell Publishing Ltd. Press, 2004.

Roman Ingarden, *the Cognition of the Literary Work of Art*, trans. Ruth Ann Crowley and Kenneth R. Olson, Evanston: Northwestern University Press,

1973.

Roman Ingarden, *the Literary Work of Art*: *an Investigation on the Borderlines of ontology*, *Logic and Theory of Literature*, trans. George G. Grabowicz, Evanston: Northwestern University Press, 1973.

Rudolf Arnheim, *Art and Visual Perception*: *a Psychology of the Creative Eye*, Berkeley & Los Angeles: University of California Press, 1954.

Stephen R. Palmquist ed. , *Kant on Intuition*: *Western and Asian Perspectives on Transcendental Idealism*, New York and London: Routledge Press, 2019.

Steven Bourassa, *The Aesthetics of Landscape*, London and New York: Belhaven Press, 1991.

Tamar Szabó Gendler, *Intuition*, *Imagination and Philosophical Methodology*, Oxford University Press, 2010.

外文人名索引